普通高等教育“十二五”重点规划教材 公共课系列
中国科学院教材建设专家委员会“十二五”规划教材

Visual FoxPro 6.0 程序设计教程

侯仲尼 朱丽莉 张丹彤 主编
梁银山 刘国成 董迎红 刘 钱 副主编

科学出版社
北 京

内 容 简 介

本书以 Visual FoxPro 6.0 为基础，深入浅出地介绍了关系数据库管理系统的基础理论及数据库应用系统的开发过程。本书主要内容包括概述、VFP 6.0 基础知识、表的基本操作、数据库的基本操作、结构化查询语言与数据查询、程序设计、表单设计、报表与标签设计、菜单设计、数据库应用系统开发，共 10 章。书中例题均上机调试通过，每章均配有丰富的习题。

本书可作为各类高等院校学生学习“Visual FoxPro 6.0 程序设计”课程的教材，也可作为计算机二级等级考试的培训教材，也适合广大计算机用户和数据库应用系统开发人员自学使用，还可供有经验的 IT 工程技术人员参考使用。

图书在版编目(CIP)数据

Visual FoxPro 6.0 程序设计教程/侯仲尼，朱丽莉，张丹彤主编. 科学出版社，2012

（普通高等教育“十二五”重点规划教材　公共课系列・中国科学院教材建设专家委员会“十二五”规划教材）

ISBN 978-7-03-032994-3

Ⅰ. ①V…　Ⅱ. ①侯…　②朱…　③张…　Ⅲ. ①关系数据库-数据库管理系统，Visual FoxPro 6.0-程序设计-高等学校-教材　Ⅳ. ①TP311.138

中国版本图书馆 CIP 数据核字（2011）第 257055 号

责任编辑：戴　薇　李　瑜 / 责任校对：王万红

责任印制：吕春珉 / 封面设计：东方人华平面设计部

科学出版社出版

北京东黄城根北街 16 号

邮政编码：100717

http://www.sciencep.com

新科印刷有限公司 印刷

科学出版社发行　各地新华书店经销

*

2012年1月第　一　版　开本：787×1092　1/16

2012年1月第一次印刷　印张：19 3/4

字数：451 000

定价：34. 00 元

（如有印装质量问题，我社负责调换〈新科〉）

销售部电话 010-62140850　编辑部电话 010-62135763-2038

序

在21世纪的今天，随着社会的发展和科学技术的进步，尤其是计算机技术的飞速发展和计算机应用的普及与推广，为人类的生活带来了很大的改变。作为数据管理和信息处理的数据库技术已广泛应用于各个领域，迅速改变着人们的观念、生活和社会结构。而要成为21世纪的新型人才，不仅要丰富自己的专业知识和科学知识，而且要有各种专长和技术（尤其是计算机技术），还要有独立分析问题、解决问题的能力，更要有创新意识和潜力。

为使高等学校培养的人才适应现代化建设的需求，加强人才培养的针对性、应用性和实践性，许多专业的学生都应掌握当前数据库中应用广泛、实用性强的关系数据库管理系统。而Visual FoxPro 6.0是美国Microsoft公司推出的32位关系数据库管理系统，具有强大的数据库管理系统功能，提供了结构化程序设计和面向对象程序设计的各类的开发工具，具有性能好、速度快、工具丰富、界面友好等特点。它不仅可以用来开发小型数据库应用系统，而且可以广泛用于大型数据库的前端开发，还可以广泛应用于财务管理系统。而Visual FoxPro的最新版本，也与大型数据库管理系统兼容。因此，作为21世纪的大学生与各类新型人才都应很好地掌握数据库相关知识。

为适应不同层次教学和自学的需要，在新世纪的今天，我们组织编写了本教材。

本书的作者都是多年来一直从事一线计算机基础教学工作的高校教师，他们在多年教学实践的基础上，精心策划和设计了本教材的体系结构，并根据多年在高校从事计算机程序设计语言教学的经验，结合Visual FoxPro 6.0的特点，编写了既适合各类高校学生学习Visual FoxPro 6.0程序设计，又适合其他读者自学使用的教材。

本书以教育部高等学校计算机基础课程教学指导委员会颁布的大纲和教育部颁布的计算机二级等级考试大纲为标准，兼顾各层次的需要，精心编撰而成。在内容安排上，从数据库系统基础知识出发，由浅入深，循序渐进，利于教学和自学。

本书以易学易用为重点，充分考虑实际教学和自学需求，兼顾数据库应用系统开发需要，用大量的例题引导读者掌握Visual FoxPro 6.0程序设计课程的基础知识和基本内容，以及数据库应用系统开发方法和技巧，使读者学习本书内容后，既能应付各类考试，又能开发数据库应用系统项目。

由于编者水平有限，书中不足之处在所难免，敬请同行和读者批评指正。

侯仲尼

2011年10月5日于长春

前　言

Visual FoxPro 6.0（以下简称 VFP）程序设计课程的教学主要体现在程序设计和可视化界面操作两个方面。程序设计方面主要是掌握 VFP 结构化程序设计和面向对象程序设计的基本知识、基本语法和编程方法，培养学生分析问题、解决问题的能力，这既是本课程的重点，又是难点。可视化界面操作方面主要是掌握各种向导和菜单操作以及各种界面的设计知识，培养学生可视化操作的能力。在目前出版的一些同类教材中，大多数太偏重可视化界面操作方面，而不重视程序设计方面，尤其是结构化查询语言 SQL，致使学生学习完 VFP 程序设计课程，仅仅会可视化操作的内容，而不会编写应用程序，更谈不上数据库应用系统设计开发。当然也不能只顾程序设计而不重视可视化操作，二者应相辅相成，缺一不可。

本书的主要特点是使读者能由浅入深、循序渐进地掌握 VFP 程序设计的思想方法与数据库应用系统的开发方法。

在编写本书的过程中，力求做到概念准确、内容正确、循序渐进、繁简适当。全书共分 10 章，从数据库系统的基本概念出发，由浅入深地介绍了 VFP 基础知识，表和数据库的建立与操作，非常详尽地讲述了结构化查询语言 SQL 的应用（这一章的内容是目前难得的资料），查询与视图，程序设计与面向对象程序设计，表单与报表及菜单设计技术，数据库系统开发过程。本书所用例题贯穿始终，且所有例题均已上机调试通过，前后呼应，最后形成一个数据库应用系统。课后习题有利于帮助读者自学和检查学习效果。为进一步满足本书实验教学的需要，与本书配套的《Visual FoxPro 6.0 程序设计实践教程》（吴德胜、岳莉、高鹏主编，科学出版社）也同步出版，供读者学习时参考使用。

本书既适于案例教学，又适于分层教学。本书可以分为三个层次教学：第一层次安排 32 学时，内容为数据库及 VFP 基础知识，表与数据库的建立及其使用，即本书第 1～4 章的内容；第二层次为 64 学时，除第一层次的内容外，还包括结构化查询语言 SQL 和结构化程序设计的内容，即本书第 1～5 章及第 6 章结构化程序设计的内容；第三层次为 96 学时，除第二层次外，还包括面向对象程序设计、表单设计、报表与标签设计、菜单设计与数据库应用系统开发的内容。各层次教学上机学时一般不低于二分之一。本书内容符合教育部高等学校计算机基础课程教学指导委员会颁布的大纲要求。

本书由侯仲尼、朱丽莉、张丹彤担任主编，由梁银山、刘国成、董迎红、刘钱担任副主编。参加编写的还有侯亭玉、张颜晰。书后习题全部由梁银山副教授精选并解答。全书最后由侯仲尼统稿。

感谢在本书编写和出版过程中科学出版社给予的大力支持和帮助。

由于编者水平有限，书中难免存在不足之处，恳请读者提出宝贵意见和建议。

编者联系邮箱：houzn@163.com。

编　者

2011 年 10 月

目　录

第1章　概　述

随着计算机技术的发展，计算机的应用领域日益扩大，已经进入社会的各个领域，在信息化社会中，使用计算机进行数据处理已成为人们日常工作的内容。数据库系统技术是用计算机进行数据处理的最简单、易学、易掌握的技术。本章主要介绍数据库的基本知识和Visual FoxPro 6.0系统的基本概念，为后续章节的学习打下基础。

1.1　数据库系统基础知识

1.1.1　计算机数据管理的发展

1．数据与数据处理

（1）数据

数据是描述客观事物的物理符号及其集合，在这里是指凡是输入到计算机中并被计算机程序加工处理的符号及其集合，包括文字、图形、图像、声音等。

（2）信息

信息是对现实世界中客观事物的反映，数据是信息的表示形式，信息是对数据进行加工而得到的有用数据。

（3）结构化数据

按一定方式组织起来的数据称为结构化数据。

（4）数据处理

数据处理是指对数据进行收集、存储、分类、计算或加工、检索和传输等工作过程。数据处理也称信息处理。数据处理的中心是数据管理。

2．计算机数据管理的发展

计算机数据管理是随着计算机的硬件、软件技术和计算机的应用技术的发展而不断发展的，经历了由低级到高级的发展过程。

（1）人工管理阶段

20世纪50年代中期以前，采用人工管理数据，其特点是，数据与程序不具有独立性，一组数据对应一组程序；数据不能单独长期保存；数据不能共享；数据存在大量的冗余。

（2）文件系统阶段

20世纪50年代后期到60年代中期，采用文件系统管理数据，其特点是，数据由专门的软件即文件系统负责管理，如图1.1所示；数据和程序具有一定的独立性；数据可以单独以文件的形式长期保存；数据和程序相互依赖；数据共享性差；数据冗余度大。

（3）数据库系统阶段

20世纪60年代以来，采用数据系统库管理数据，其特点是，数据由数据库管理系统

（database management system，DBMS）统一管理和控制，如图 1.2 所示；数据结构化；具有较高的数据独立性；实现了数据的共享，减小了数据冗余度。数据库系统具有共享性高、冗余度小、数据的独立性好等优点使它成为当今数据处理的主要工具。

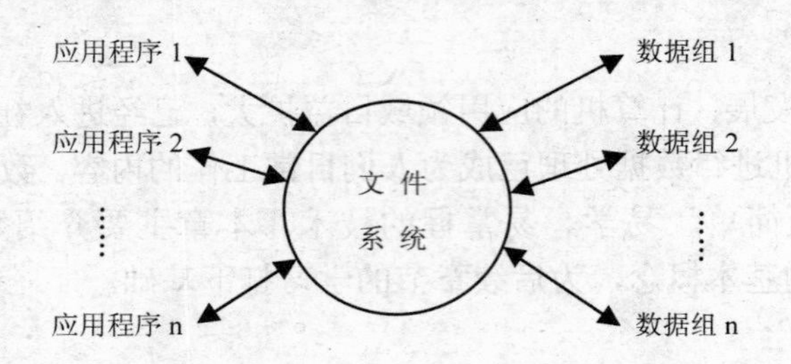

图 1.1 文件系统阶段应用程序与数据之间的关系

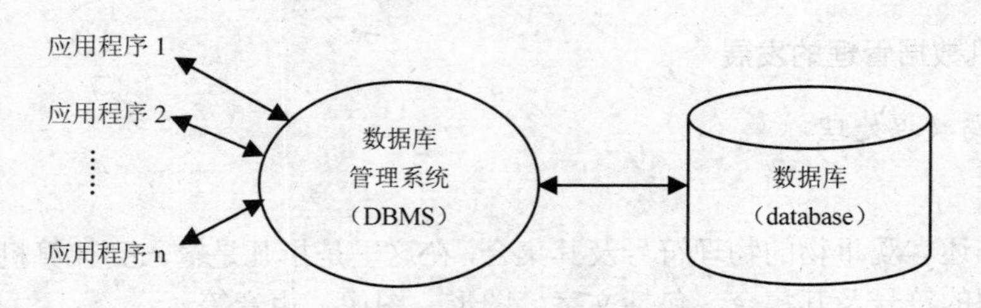

图 1.2 数据库系统阶段应用程序与数据库之间的关系

（4）分布式数据库系统阶段

分布式数据库系统是数据库系统与计算机网络技术紧密结合的产物，产生于 20 世纪 70 年代后期。

（5）面向对象数据库系统阶段

面向对象数据库系统是面向对象程序设计和数据库技术相结合的产物。面向对象数据库系统是面向对象方法在数据库领域中的实现和应用，它既是一个面向对象的系统，又是一个数据库系统。

1.1.2 数据库系统的特点

随着信息化社会的发展，数据库系统的应用更为广泛，技术也更加成熟，它与人工管理、文件系统相比较有如下的特点。

1. 数据的结构化

在人工管理中，数据文件中的每个数据项之间是无结构的。在文件系统中的数据文件中的每个数据项虽然是有结构的，但整体是无结构的。而数据库系统中的数据文件（即数据表）中的每一个数据项之间是有结构的，在数据库中的数据文件之间是有联系的，整体是有结构的。

2. 数据的高共享与低冗余

人工管理中的数据文件是不共享的。文件系统中的数据文件虽然可共享，但由于数据文件是面向应用程序的，当不同的应用程序需要不同的数据时，就需要建立各自的数据文件，故共享性差。而数据库系统中的数据文件不是面向某一个应用程序，而是面向整个系统，因

此可被多个应用程序共享使用，故共享性高。数据库系统的共享性比文件系统要好得多，共享性可以减少数据的冗余，提高了数据的一致性与完整性。

3. 数据的独立性

在人工管理中数据文件与程序是不独立的。文件系统中的数据文件，虽然有一定的独立性，但数据文件结构是面向应用程序的，数据文件的结构一旦改变，就会导致应用程序的改变，相应的应用程序改变也导致数据文件结构改变，这样造成了文件系统中数据独立性差的问题。而数据库中的数据文件是面向整个系统的数据文件，数据文件的结构改变应用程序可以不变，这样就突出了数据库系统的重要特点，即数据独立性高。

4. 数据统一管理与控制

数据库系统不仅为数据提供高度集成环境，同时还为数据提供统一管理的手段，这主要包含以下三个方面。

（1）数据的完整性检查

检查数据库中的数据的正确性以保证数据正确。

（2）数据的安全性保护

检查数据库访问者以防止非法访问。

（3）并发控制

控制多个应用的并发访问所产生的相互干扰以保证其正确性。

1.1.3 数据库系统

1. 数据库

数据库（database）是指存储在计算机存储器中结构化的、能为多个用户共享且又独立于应用程序的相关数据的集合。

2. 数据库管理系统

数据库管理系统是指可以对数据库进行建立、使用和维护管理的软件。它包括数据定义语言 DDL（data definition language）、数据操纵语言 DML（data manipulation language）、数据控制语言 DCL（data control language）、管理和服务程序。以上内容决定了数据库管理系统的功能。数据库管理系统是数据库系统的核心。

3. 数据库系统

数据库系统（database system，DBS）是指在计算机系统中引入数据库后形成的系统，它由硬件系统、数据库（数据集合）、数据库管理系统、相关软件（操作系统、开发工具及接口软件）、数据库管理员及用户组成。

4. 数据库应用系统

数据库应用系统（database application system，DBAS）是指用数据库系统资源，面向某一实际应用而开发的具体应用软件系统，它是由数据库系统与应用软件及应用程序界面组成。如学籍管理系统、工资管理系统等。

1.2 数据模型

1.2.1 数据模型的基本概念

1. 数据模型

模型是人们对现实世界中事物的概括和抽象，即人们把研究对象进行抽象化、形式化的描述过程称为模型。在数据世界中，人们把表示客观事物及其联系的数据和结构称为数据模型。数据模型从抽象层次上描述了系统的静态特征、动态行为和约束条件，为数据库系统的信息表示与操作提供一个抽象的框架。数据模型所描述的内容有以下三个部分。

（1）数据结构

数据模型中的数据结构主要描述数据的类型、内容、性质以及数据间的联系等。数据结构是数据模型的基础，数据操作与约束均建立在数据结构上。不同数据结构有不同的操作与约束，因此，一般数据模型的分类均以数据结构的不同而分类。

（2）数据操作

数据模型中的数据操作主要描述在相应数据结构上的操作类型与操作方式。

（3）数据约束

数据模型中的数据约束主要描述数据结构内数据间的语法、语义联系，它们之间的制约与依存关系，以及数据动态变化的规则，以保证数据的正确性、有效性与相容性。

2. 数据模型分类

数据模型按不同应用层次分为以下三种类型。

（1）概念模型

反映实体之间的联系，给出数据概念化结构的数据模型称为概念模型（conceptual model），它是一种面向客观世界、面向用户的模型；它与具体的数据库管理系统无关，与具体的计算机平台也无关。概念模型着重于对客观世界复杂事物的结构描述及它们之间内在联系的刻画。概念模型是整个数据模型的基础。目前较为知名的概念模型有 E-R 模型、扩充的 E-R 模型、面向对象模型及谓词模型等。

（2）逻辑模型

反映实体之间逻辑关系的数据模型称为逻辑模型（logic model）。逻辑模型是逻辑数据模型的简称，逻辑模型又称数据模型，它是一种面向数据库系统的模型，该模型着重于在数据库系统一级的实现。概念模型只有在转换成逻辑模型后才能在数据库中得以表示。目前，逻辑模型也有很多种，较为成熟并被人们大量使用的有层次模型、网状模型、关系模型、关系对象模型等。

（3）物理模型

物理模型（physical model）又称物理数据模型，是一种面向计算机物理表示的模型，此模型给出了数据模型在计算机上的物理结构（存储结构）的表示。

3. 描述客观事物常用的术语

（1）实体

客观存在并可以相互区别的事物称为实体。如一个学生、一门课等。

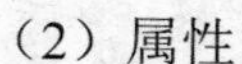

（2）属性

实体所具有的某一特性称为属性。如一个学生实体可由学号、姓名等属性组成。

（3）域

属性的取值范围称为域。如学生的一门课成绩取值为0～100。

（4）实体型

若干个属性名所组成的集合表示一个实体的类型称为实体型。如学号、姓名等。

（5）实体值

实体值是实体实例，它是属性值的集合。如学生“王红”的实体值是“20100001”、“王红”。

（6）实体集

相同类型的实体的集合称为实体集。如一个班的学生实体就是一个实体集。

4. 实体的联系

实体的联系有内部联系与外部联系。实体的内部联系是指实体内部各属性之间的联系；实体的外部联系也称实体之间的联系，通常是指不同实体集之间的联系。实体集之间的联系可分为以下三类。

（1）一对一联系

实体集A中的一个实体与实体集B中的一个实体至多有一个实体相对应，反之亦然，则称实体集A与实体集B有一对一联系，记为1∶1。如旅客与车票等。

（2）一对多联系

实体集A中的一个实体与实体集B中有n个实体相对应，反之实体集B中的一个实体至多与实体集A中的一个实体相对应，则称实体集A与实体集B有一对多联系，记为1∶n。实体集B与实体集A是多对一的联系。如一个学校的班级与学生之间是一对多联系（反之是多对一的联系）。

（3）多对多联系

实体集A中的一个实体与实体集B中的n（n>1）个实体相对应，反之实体集B中的一个实体与实体集A中的m（m>1）个实体相对应，则称实体集A与实体集B有多对多联系，记为m∶n。

1.2.2 常用的数据模型

1. E-R模型

E-R模型（entity-relationship model）也称实体联系模型，1976年Peter Chen首先提出该模型。该模型将现实世界的要求转化成实体、属性、联系几个基本概念，以及它们间的两种基本联接关系，并且用E-R图非常直观地表示出来。

（1）实体集表示法

在E-R图中用矩形表示实体集，在矩形内写上该实体集的名字（中英文均可）。如实体集“学生”、“课程”，可用图1.3表示。

（2）属性表示法

在E-R图中用椭圆形表示属性，在椭圆内写上属性的名称。如学生的属性有“学号”、“姓名”、“性别”等，它们可用图1.4表示。

学 生	课 程

图1.3 实体集表示法

（3）联系表示法

在 E-R 图中用菱形表示联系，在菱形内写上联系名。如学生与课程的联系“选课”，可用图 1.5 表示。

图 1.4 属性表示法

图 1.5 联系表示法

（4）实体集与属性间的联接关系

属性依附于实体集，因此它们之间有联接关系。在 E-R 图中，这种关系可用联接这两个图形间的线段表示。如实体集学生有属性“学号”、“姓名”、“性别”、“出生日期”、“院系”；实体集课程有属性“课程号”（课程代码）、“课程名称”、“学分”。此时可用图 1.6 表示。

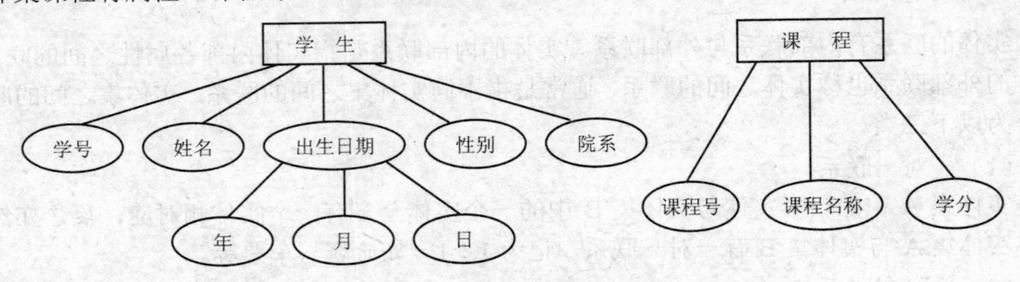

图 1.6 实体集与属性间的联接

属性也依附于联系，它们之间也有联接关系，因此也可用无向的线段表示。如联系“选课”与学生的课程“成绩”建立联接，可用图 1.7 表示。

（5）实体集与联系间的联接关系

在 E-R 图中，实体集与联系间的联接关系可用联接这两个图形的无向线段表示。如实体集“学生”和联系“选课”间的联接关系，实体集课程与选课间也有联接关系，因此它们之间可用无向线段相联，构成图 1.8。

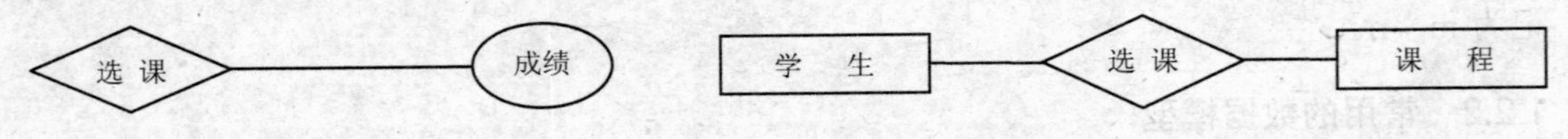

图 1.7 联系与属性间的联接

图 1.8 实体集与联系间的联接关系

有时为了进一步刻画实体间的函数关系，还可在一段边上注明其对应函数关系，如 1∶1，1∶n，m∶n 等，如“学生”与“课程”间有多对多联系，此时在图中可以用图 1.9 所示的形式表示。

图 1.9 实体集与联系间的联接关系

实体集与联系间的联接可以有多种，上面所举例子均是两个实体集之间的联系，称为二元联系，实体集与联系间也可以是多个实体集间的联系，称为多元联系。

一个实体集内部可以有联系。如某公司职工间上、下级管理的联系，此时，其联接关系可用图 1.10 表示。

实体间可有多种联系。如“教师”与“学生”之间可以有“教学”联系也可以有“管理”联系，此种联接关系可用图 1.11 表示。

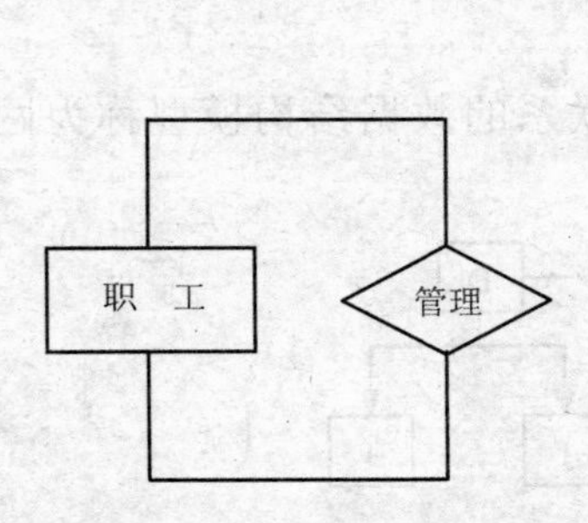

图 1.10　实体集间内部的联系

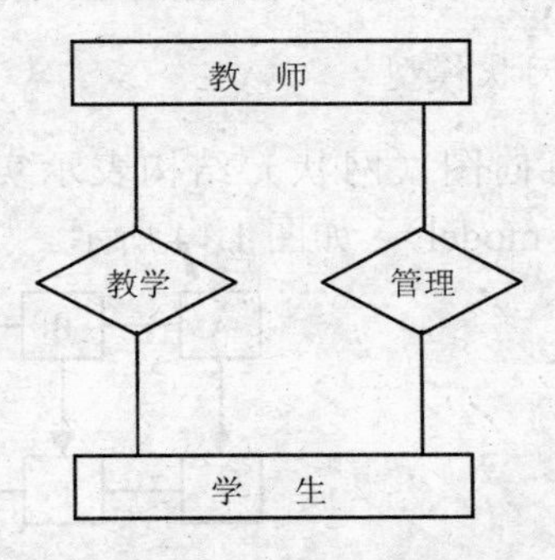

图 1.11　实体集间的多种联系

由矩形、椭圆形、菱形以及按一定要求相互联接的线段构成了一个完整的 E-R 图。

例 1.1　画出前面所述的实体集“学生”、“课程”以及附属于它们的属性和它们之间的联系“选课”以及附属于“选课”的属性“成绩”所构成的 E-R 图，如图 1.12 所示。

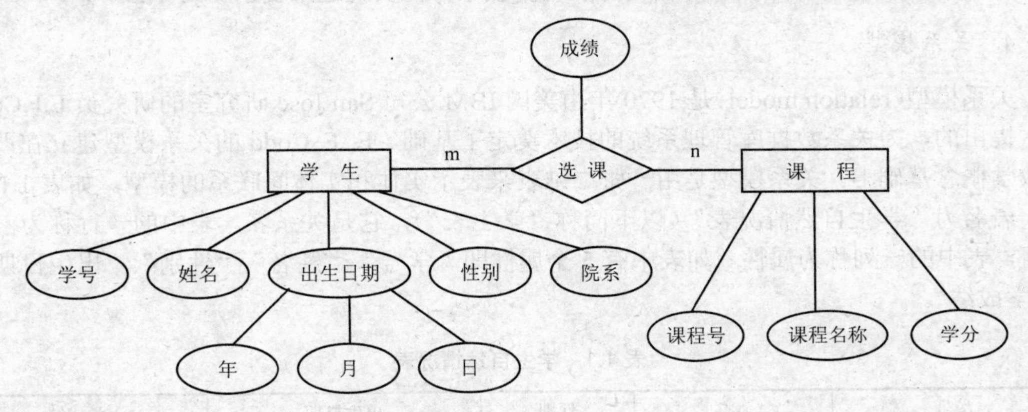

图 1.12　E-R 图的一个实例

2. *层次模型*

用树型（层次）结构表示实体类型及实体间联系的数据模型称为层次模型（hierarchical model）。树中每一个结点代表一个记录类型，用树状结构表示实体型之间的联系，如图 1.13 所示。

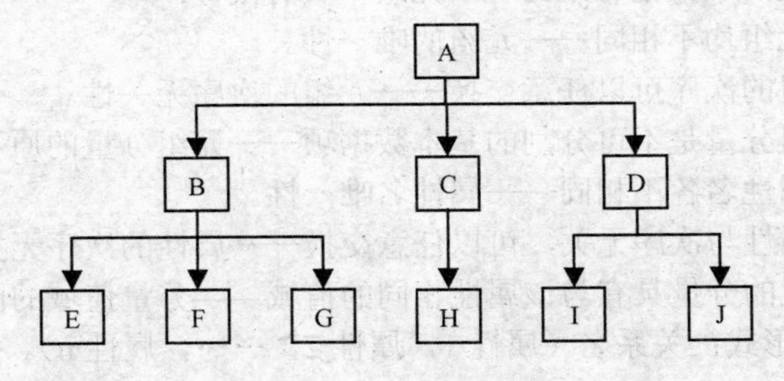

图 1.13　层次模型示例

层次模型有下列特性：有且仅有一个结点无双亲结点，此结点为树的根；其他结点有且仅有一个双亲结点。

采用层次模型作为数据的组织方式的数据库管理系统称为层次数据库管理系统。

3. 网状模型

用有向图（网状）结构表示实体类型及实体间联系的数据结构模型称为网状模型（network model），如图 1.14 所示。

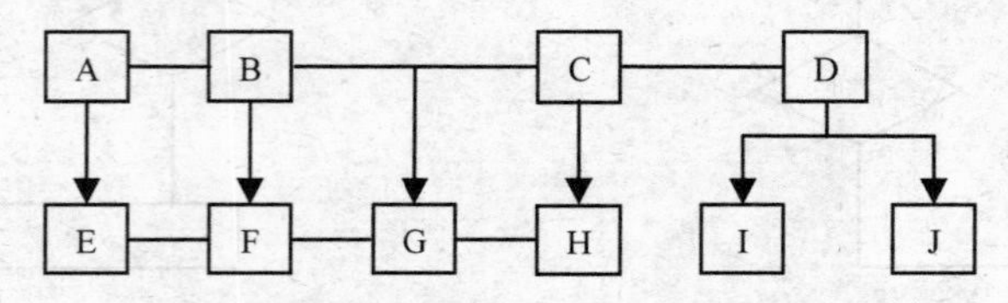

图 1.14 网状模型示例

网状模型有下列特性：允许一个以上的结点无双亲；一个结点可以有多于一个的双亲。采用网状模型作为数据的组织方式的数据库管理系统称为网状数据库管理系统。网状模型能更好地描述现实世界，且可以支持多对多联系，但实现起来复杂不易掌握。

4. 关系模型

关系模型(relation model)是 1970 年由美国 IBM 公司 San Jose 研究室的研究员 E.F.Codd 首次提出的，为关系数据库管理系统的技术奠定了基础。E. F. Codd 的关系模型建立在严格的数学概念基础上。关系模型是用一张二维表来表示实体和实体间联系的模型。如表 1.1 所示，表名为“学生自然情况表”(以下简称“学生表”)，它是关系名。表中的一行称为一个元组，表中的一列称为属性。如表中有 5 个属性即“学号”、“姓名”、“性别”、“出生日期”、“入学成绩”。

表 1.1 学生自然情况表

学号	姓名	性别	出生日期	入学成绩
20100001	李红玉	女	1991-12-11	530
20100002	王希望	男	1991-11-23	548
20100041	欧阳信	男	1992-10-11	529
20100042	文晓红	女	1992-12-11	550

关系的特点如下。

1）二维表中元组的个数是有限的——元组个数有限性。

2）二维表中的元组均不相同——元组的唯一性。

3）二维表中元组的次序可以任意交换——元组的次序无关性。

4）二维表中元组分量是不可分割的基本数据项——元组分量的原子性。

5）二维表中的属性名各不相同——属性名唯一性。

6）二维表中的属性与次序无关，可以任意交换——属性的次序无关性。

7）二维表中属性的分量具有与该属性相同的值域——分量值域的同一性。

关系模型的表示形式：关系名（属性 1，属性 2，……，属性 n）。关系的表示形式也称关系描述或关系模式。

例如，“学生表”可描述为，学生（学号，姓名，性别，出生日期，入学成绩）。

采用关系模型作为数据的组织形式的数据库管理系统称为关系数据库管理系统。

在 Visual FoxPro（以下简称 VFP）中一个表就是一个关系，它的表结构为：表名（字段名 1，字段名 2，……，字段名 n）。表名就是关系名；字段名 1，……，字段名 n，就是关系中的属性 1，……，属性 n。表中内容的一行称为一个记录，即关系中的一个元组。

关系模型的优点如下。

1）概念简单。数据结构简单（二维表格）、清晰，用户易懂易用。

2）扎实的理论基础。关系模型是建立在严格的数学概念基础上的，每个关系都用一张表格来描述，字段、记录描述得很清楚。更重要的是，可用关系的性质来衡量关系，包括关系运算理论和关系模式设计理论。

5. 关系对象模型

20 世纪 90 年代以来，人们发现关系模型存在查询效率不如非关系模型等一些缺陷，所以提出了关系对象模型。关系对象模型一方面对数据结构方面的关系结构进行了改良，另一方面对数据操作引入了对象操作的概念和手段。今天的数据库管理系统基本上都提供了这方面的功能。

1.2.3 关系操作

关系操作也称关系运算，常用的关系操作包括查询操作和插入、删除、修改操作两大部分。其中查询操作的表达能力最重要，包括选择、投影、联接、除、并、交、差等。关系运算的结果仍然是关系。

1. 传统的集合运算

传统的集合运算有并、交、差等。进行并、交、差集合运算的两个关系必须具有相同的关系模型，即相同的结构。

（1）并

设有两个关系 R 和 S 具有相同的关系模型，R 和 S 的并是由属于 R 和 S 的元组构成的集合，结果仍为 n 元关系，记为 R∪S。

（2）差

设有两个关系 R 和 S 具有相同的关系模型，R 和 S 的差是由属于 R 但不属于 S 的元组构成的集合，结果仍为 n 元关系，记为 R-S。

（3）交

设有两个关系 R 和 S 具有相同的关系模型，R 和 S 的交是由既属于 R 又属于 S 的元组构成的集合，结果仍为 n 元关系，记为 R∩S。

例 1.2 现给定两个关系 R 和 S，分别进行并、交、差运算，其结果如表 1.2 所示。

表 1.2 关系 R 和 S 进行的并、差、交运算

R			S			R∪S			R-S			R∩S		
A	B	C	A	B	C	A	B	C	A	B	C	A	B	C
a1	b1	c1	a1	b2	c2	a1	b1	c1	a1	b1	c1	a1	b2	c2
a1	b2	c2	a1	b3	c2	a1	b2	c2				a2	b2	c1
a2	b2	c1	a2	b2	c1	a2	b2	c1						
						a1	b3	c2						

（4）广义笛卡儿积

设关系 R 和 S 的元数分别为 n 和 m。两个分别为 n 元和 m 元的关系 R 和 S 的广义笛卡儿积是一个（n+m）元的元组的集合，每个元组的前 n 个分量（属性值）来自 R 的一个元组，后 m 个分量来自 S 的一个元组，记为 R×S。

2. 专门的关系操作

（1）选择

从关系中找出满足给定条件的所有元组称为选择。其中的条件是以逻辑表达式给出的，该逻辑表达式的值为真的元组被选择。这是从行的角度进行的运算，即水平方向抽取元组。经过选择运算得到的结果能形成新的关系，其关系模式不变，但其中元组的数目小于或等于原来关系中的元组的个数，它是原关系的一个子集。

（2）投影

从关系中挑选若干属性组成的新的关系称为投影。这是从列的角度进行的运算。经过投影运算能得到一个新关系，其关系所包含的属性个数往往比原关系少或属性的排列顺序不同。如果新关系中包含重复元组，则要删除重复元组。

（3）联接

联接运算是将两个关系模型拼接成一个更宽的关系模式。

1）等值联接。在联接运算中，按照属性值对应相等为条件进行的联接操作称为等值联接。

2）自然联接。自然联接是去掉重复属性的等值联接。

（4）除

给定关系 R（X，Y）和 S（Y，Z），其中 X，Y，Z 是属性组。R 中的 Y 与 S 中的 Y 可以有不同的属性名，但必须出自相同的域集。R 与 S 的除运算得到一个新关系 P（X），P 是 R 中满足下列条件的元组在 X 属性列上的投影：R 在 X 上分量值为 X 的诸元素在 Y 上投影的集合包含 S 在 Y 上投影的集合，记为 R÷S。

例 1.3 现给定关系 R 和 S_1、S_2、S_3 进行除运算，其结果如表 1.3 所示。

表 1.3 关系 R 分别和关系 S_1、S_2、S_3 进行的除运算

R				S_1		S_2		S_3		P=R÷S_1		P=R÷S_2		P=R÷S_3	
A	B	C	D	C	D	C	D	C	D	A	B	A	B	A	B
1	2	3	4	3	4	3	4	3	4	1	2	1	2	1	2
7	8	5	6			5	6	5	6	7	8	7	8		
7	8	3	4					4	2						
1	2	5	6												
1	2	4	2												

1.2.4 关系完整性

关系完整性是指数据的正确性和相容性。关系模型的完整性规则是对关系的某种约束条件。关系完整性包括域完整、实体完整性、参照完整性和用户定义完整性。下面介绍一下与完整性相关的概念。

1. 关系模型中的几个术语

（1）字段

关系中的属性也称字段（field），即数据中的“数据项”。属性=字段=数据项=列。如学生的“学号”、“姓名”、“性别”和“专业”就是字段名。

字段和属性一样，也用型和值表示。由此可见，字段、属性、数据项、列这些术语，所描述的对象是相同的，只是从不同角度对实体进行描述而已。

（2）记录

关系中的元组也称记录（record），它是字段的有序集合。在表中，记录称为行；在概念模型中，记录称为实体。实体=记录=元组=行。

实体、记录、元组和行分别是从不同的角度描述同一对象的术语。记录也由型和值来描述：记录型是字段型的集合，记录值是字段值的集合。

（3）表

记录的型和值构成了关系数据库的基本单位，即表（table）。表也分为型和值，表的型也称关系模型，或称表结构，由一系列字段组成。表的值是表中记录的集合。

（4）关系数据库

这是由若干表组成的集合，即关系数据库中至少有一个表。在实际应用中，关系数据库通常是由若干个有着一定关系的表组成的。在关系数据库系统中，关系是相对稳定的。因数据库中的数据需要不断更新，故关系数据是不断变化的。

（5）关键字

关键字就是能够唯一确定记录的字段或字段的最小集合。如“学生表”中的“学号”。

（6）候选关键字

候选关键字也是关键字，它是具有关键字特性的字段或字段的最小集合的统称。若“学生表”中“学号”、“姓名”都无重复值，则“学号”与“姓名”就是候选关键字。若“姓名”有重复值就不能为候选关键字。

（7）主关键字

主关键字是在多个候选关键字中选出的一个。一个关系中只能有一个主关键字。如在“学生表”中“学号”为主关键字。

（8）外部关键字

若在一个关系（表）R 中的一个字段（属性）不是本关系（表）中的主关键字或候选关键字，而是另外一个关系（表）S 中的主关键字或候选关键字则称此字段（属性）为本关系（表）的外部关键字。R 为参照关系（表），S 为被参照关系（表）。

2. 关系完整性

（1）域完整性

属性的取值范围称为域。域完整性是指对字段数据类型的约束，是关系模型中最基本的约束。如某字段的数据类型为数字（值）型，则该字段的值就不能为字符型。

（2）实体完整性

实体完整性是指关系中的主关键字的值必须唯一，且不能取空值。空值就是 NULL 值或

“不知道”、“不确定”的值。由于主关键字为空值，因而这个记录是无意义的。如“学生表”中，“学号”的值不能有重复值，且不能为空值，若为空值，而其他属性却有值，则该条记录无意义。

（3）参照完整性

参照完整性是用来约束关系与关系之间的关系，即约束数据库中表与表之间的关系。

参照完整性是指一个关系 R 的外部关键字 F 与另一个关系 S 的主关键字 K 相对应（即 F 是 S 的主关键字），则 R 中的每一个元组在 F 上的值必须为空值或等于 S 中某一个元素的主关键字的值，如有以下两个关系（表）。

学生（学号，姓名，性别，专业代码）

专业（专业代码，专业名称）

“学生”关系中的“专业代码”是外部关键字，但在“专业”关系中它是主关键字，这时，在“学生”关系中，“专业代码”的值或者取空值或者取“专业”关系中某个元组的“专业代码”的值，当在“学生”关系中的“专业代码”取空值时，表示该学生还没有分专业。用 VFP 数据库中的表来实现参照关系，应注意以下两点。

1）当对含有外部关键字的参照表进行创建、插入、修改时，必须检查外部关键字的值在被参照表中是否存在，若不存在，则不能进行该操作。

2）当对被参照的表进行删除，修改时必须检查被删除的行或修改的行的主关键字值是否正在被参照表的外部关键字参照，若是，则不能进行该操作。

域完整性约束、实体完整性约束和参照完整性约束是关系数据库所必须遵守的规则，在任何一个关系数据库管理系统（relational database management system，RDBMS）中均由系统自动支持。

（4）用户定义完整性

用户定义完整性是针对具体数据环境与应用环境由用户具体设置的约束，它反映了具体应用中数据的语义要求。通常用户定义完整性主要包括以下几个方面。

1）字段有效性。字段被定义以后，只是在值域范围内成立，对具体的问题仍需要进一步约束。如“学生表”中的“性别”字段，定义的数据类型是字符型，宽度为两字节的数据，而人的性别只能是“男”或“女”，但在该字段可以输入“aa”，“bb”等数据，这显然是不合理的，这就要对该字段进行进一步的约束，使其只能取“男”、“女”或空。再如“学生成绩表”中的某一科成绩的数据类型可为整型，定义其为两字节的宽度，进一步约束其取值范围为 0～100 之间的值。取值范围又可分为静态与动态，静态是指字段的取值范围是固定的，如“学生成绩表”中某一科成绩的值；动态取值范围是指该字段的取值范围由其他字段的值来确定或在修改时，由该字段原来的值来确定。

2）记录有效性约束。记录是字段的集合，但是当这些属性组合在一起时，必须是有意义的，不能造成逻辑上的错误，这也需要用户进一步约束。如“学生成绩表”中的“总评”字段的值只能是“平时”、“期中”、“期末”几个字段按一定比例的和，否则这个字段的值就会有逻辑上的错误。再如一个学生的班级不能有两个，“20100001，20100101，李红玉，女”，这条记录是正确的。若是输入“20100001，20100102，李红玉，女”，就出现了记录上的不一致。因为“李红玉”这个人不可能既是“20100101”班的学生，又是“20100102”班的学生，虽在值域上没有错（为八字节的字符），但在意义上的是错误的。因此，有必要对记录进行有效性约束。

3）表约束。表约束是对表中的数据操纵进行的进一步约束。这类约束，在数据库管理系统中，通常用触发器（trigger）方式进行约束。如当一届学生毕业后，需要将这届学生的记录从当前数据库中删除，移到历史数据库中。在删除一个学生的信息时，需要系统提供一种级联删除功能，能自动地将该学生的所有成绩记录全部删除，因为该学生记录已不在表中，其成绩就自然不应该在“学生成绩表”中。这时需要一个删除触发器，来完成这一任务。通常有删除、插入和更新三种触发器。

1.3　VFP 6.0 系统概述

根据不同的数据模型可开发出不同的数据库管理系统，基于关系模型开发的数据库管理系统称为关系数据库管理系统，VFP 6.0 就是以关系模型为基础的关系数据库管理系统。

1.3.1　数据库管理系统概述

由于关系数据库管理系统的主要特点是简单灵活，数据独立性高，理论严格，因此，目前市场上的数据库管理系统绝大部分是关系型数据库管理系统。

DBMS 是在操作系统（operation system，OS）支持下运行的，它是数据库系统的核心软件。DBMS 向用户提供数据操作语言，支持用户对数据库中的数据进行查询、编辑和维护等功能。

在不同的 DBMS 中，数据操作语言的语法格式也不同。按其实现方法可分为两类：一类是自含型或自主型语言，可独立使用，不依赖于任何其他程序设计语言；另一类是宿主型数据操作语言，需要嵌入宿主语言（如 FORTRAN，C 等）中使用。在使用高级语言编写应用程序时，若需要调用数据库中的数据，则需要用宿主型数据操作语言的语句来实现。

在关系数据库领域中有许多 DBMS，比较著名的有 dBASE、FoxBASE、FoxPro、Sybase、Informix、Oracle、SQL Server、Clipper、Ingres、Access 和 DB2 等。这些 DBMS 分为两类：一类属于大型数据库管理系统，如 Oracle、Sybase、DB2、Ingres 和 SQL Server；另一类属于小型数据库管理系统，如 FoxPro、Access、Clipper、dBASE 等。大型 DBMS 中也有许多经过简化而成为微型机上的版本，如 Oracle、Sybase。大型 DBMS 需要专人管理和维护，性能比较强，一般被应用于大型数据场所，如飞机订票系统、银行系统等。

1.3.2　VFP 的发展与特点

1. VFP 的发展

VFP 是在 xBASE 的基础上发展起来的关系数据库管理系统。dBASE 是数据库产品的代表之一，1975 年，美国工程师 Ratliff 开发出了在个人计算机上运行的交互式的数据库管理系统，当时命名为 dBASE；1980 年，Ratliff 组建了 Ashton-Tate 公司；1982 年，Ashton-Tate 公司推出 dBASE Ⅱ，1984 年推出了 dBASE Ⅲ，同年 Fox 公司推出 FoxBASE，1986 年 6 月推出了 FoxBASE+1.0，1987 年 7 月推出了 FoxBASE+ 2.0，1988 年 7 月推出了 FoxBASE+ 2.1，1989 年推出的 FoxPro 1.0（xBASE＋面向对象特点＋多媒体技术＋分布式数据库）是一个 dBASE 和 FoxBase 集成环境，1991 年 7 月推出了 FoxPro 2.0，FoxPro 2.0 第一次引入 SQL 结构化查询语言。1992 年，Fox 被 Microsoft 公司收购，1992 年下半年推出了 VFP 2.5，1994 年下半年推出了 VFP 2.6，1995 年 6 月推出了 VFP 3.0，1996 年 8 月推出了 VFP 5.0，1998 年 9 月推出了 VFP 6.0，之后又推出了 VFP 7.0 和 VFP 8.0，2004 年下半年推出了 VFP 9.0。

VFP 6.0 是由 Microsoft 公司推出的一个关系型 32 位数据库管理系统，也是最后一个正式中文化（即通常所说的汉化）版本，VFP 6.0 往后的版本都没有正式中文化。

2. VFP 6.0 的功能

VFP 6.0 是一个关系型数据管理系统，它是一个可视化数据库编程的开发工具，是一款用于建立表、数据库，对数据库中的表建立关系并进行可视化管理的软件。项目管理器是对多种文档、多种程序进行统一集中管理与维护的工具。VFP 6.0 运用自身的向导、设计器、生成器等实现可视化编程，它运用交互式与自动化工作方式，方便了不同层次、不同应用用户的需求，它支持多媒体、网络编程，它能高效、快捷地开发出令人满意的应用软件。

3. VFP 6.0 新特点

与以前的版本相比，VFP 6.0 具有以下的特点。

（1）增强了项目和数据库管理能力

VFP 6.0 中对“项目管理器”和“数据库设计器”进行了改进，可以方便地管理项目和数据库。

（2）改进了程序调试工具

VFP 6.0 中有一个更为简单的调试和修改应用程序工具，可以在主窗口打开调试工具，与应用程序界面一起显示；使用“代码范围分析仪”可以分析运行程序代码。

（3）提供了更简单的表设计

VFP 6.0 中，用户可以非常方便地利用“表设计器”创建表，可以在创建表字段的同时方便地添加索引，指定多种默认值，通过表设计器中的“表”选项卡，可以直接设定表的有效规则、触发器以及统计值。

（4）增强了查询和视图设计功能

VFP 6.0 中，使用“查询设计器”创建和修改查询，使用“视图设计器”创建和修改视图，用户既可以利用表之间已有的关系作为内部联接，也可以创建外部联接，为表指定别名等。

（5）增强了表单设计功能

表单及表单控件在原有的基础上增加了一些属性和方法程序，使其能更好地使用表单及其控件，在“表单设计器”的属性窗口可以选择多个控件查看并更改它们的共同属性。

（6）提供了更多更好的向导

VFP 6.0 中向导和实例提供了更强大的功能。“表单向导”允许添加一个页框控件，从而显示更多的字段。

（7）兼容性好

用 dBASE 或 FoxPro 的早期版本开发的程序，几乎不用修改就可在 VFP 6.0 中运行。

（8）应用程序开发更方便

VFP 6.0 新增了“应用程序向导”，可以更有效地开发应用程序。

（9）支持 2000 年日期

VFP 6.0 中的一些语言得到了改进，以在应用程序代码中支持 2000 年日期。

同时，VFP 6.0 还提供了一个 Web 页的搜索向导，用于创建查询或显示数据库记录用的 Web 页面。

1.3.3 VFP 6.0 安装、启动与卸载

1. VFP 6.0 的运行环境

（1）硬件环境

1）处理器：486DX/66MHz 以上的处理器。

2）内存储器：16MB 以上内存。

3）典型安装需 85MB 的硬盘空间，最大安装需 90MB 硬盘空间。

4）一个鼠标。

5）推荐使用 VGA 或更高分辨率的显示器。

（2）软件环境

操作系统：Windows 2000/XP/NT 4.0 或更高版本的操作系统。

（3）网络环境

“升迁向导”根据原有的 VFP 数据库，用同样的表结构、数据以及其他属性在服务器上创建数据库。运行“升迁向导”需要满足下列服务器、客户机和网络要求。

1）服务器。服务器应用以下产品之一。

①Microsoft SQL Server 1995 for Windows NT；②Microsoft SQL Server 4.x for Windows NT；③Microsoft SQL Server 4.x for OS/2；④Oracle Server 6.0 或更高版本。

2）客户机。客户机必须包括 ODBC 组件在内的 VFP。

3）网络。客户机和服务器必须用下列产品之一互连。

①Microsoft Windows 1995 或更高版本；②Microsoft Windows NT；③Microsoft LAN Manager；④其他与 Windows 兼容的网络软件，包括 Novell 公司的 NetWare。

2. VFP 6.0 的安装

1）将 VFP 6.0 软件光盘插入 CD-ROM 驱动器中。

2）采用下列两种方法之一。

①通过“我的电脑”或资源管理器找到“setup.exe”文件，双击该文件以后运行按照“安装向导”的进一步提示完成安装即可；②单击 Windows 的“开始”按钮，选择“运行”选项，输入光盘盘符:\setup.exe 并按 Enter 键，运行“安装向导”，并按照“安装向导”的进一步提示完成安装即可。

3. VFP 6.0 的启动

用下列方法之一就可以启动 VFP 6.0。

1）选择“开始→程序→Microsoft Visual FoxPro 6.0→Microsoft Visual FoxPro 6.0”选项。

2）双击桌面上的 VFP 6.0 图标。

3）单击 Windows 的“开始”按钮，选择“运行”选项，通过单击“浏览”按钮，找到

Visual FoxPro 6.0 .EXE”文件，选中后，单击“确定”按钮。

4）通过“我的电脑”或资源管理器找到安装后的“Visual FoxPro 6.0 .EXE”文件并双击。

4. VFP 6.0 的退出

采用下列方法之一就可以退出 VFP 6.0。

1）按 Alt+F4 组合键。

2）在“命令”窗口中输入“QUIT”，然后按 Enter 键。

3）从“文件”菜单中选择“退出”选项。

4）双击左上角的控制图标。

5）单击左上角控制图标选择“关闭”选项。

5. VFP 6.0 的卸载

在 Windows 系统中，被安装的程序都在其注册表中填写相应信息，这些信息需要专门的软件进行填写和删除，用户一般不易随便更改。卸载软件的工作分为两步：第一步是删除其程序，第二步是删除注册表中的相关信息。因此，简单地从系统中删除文件没有删除注册表中的信息，并不能真正从机器中卸载。要卸载 VFP 6.0 可以用以下两种方法。

1）在 Windows 系统中的“控制面板”下的“添加或删除程序”中卸载。

2）再次运行 VFP 6.0 的“setup.exe”文件，在相应的界面中选择“全部删除”选项即可。

1.3.4 VFP 6.0 的用户界面与工作方式

1. VFP 6.0 的用户界面

当在用户的计算机上第一次启动 VFP 6.0 时，系统打开如图 1.15 的用户界面。

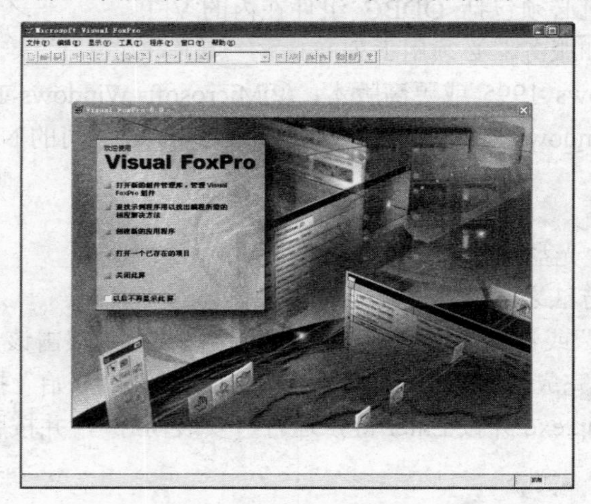

图 1.15 第一次启动 VFP 6.0 时的用户界面

图 1.15 所示的用户界面也称带有欢迎窗口的用户界面，该界面有几项帮助功能。如果在欢迎窗口上勾选“以后不再显示此屏”复选框，并且关闭欢迎窗口界面，则打开如图 1.16 所示的用户界面，当退出 VFP 6.0 后，再次或以后启动 VFP 6.0 时，系统不再打开欢迎窗口界面，直接进入如图 1.16 所示的 VFP 6.0 的用户界面。

VFP 6.0 的用户界面主要由标题栏、菜单栏、工具栏、主窗口、“命令”窗口、状态栏六部分组成。

（1）标题栏

标题栏用于显示“Microsoft Visual FoxPro”并且有三个常用的按钮，它们是“关闭”按钮、“最大化”按钮、“最小化”按钮，此外，标题栏中还有一个控制图标。

（2）菜单栏（主菜单）

菜单栏提供了多种选项供用户选择，如图 1.16 所示。每个选项都有下拉菜单，下拉菜单又提供了多个选项供用户使用。

单击某个菜单，选择下拉菜单中的菜单项，就可以执行菜单项对应的命令，如单击“文件”菜单，选择“新建”菜单项，即可执行“新建”命令（在本书中简写为执行“文件”→“新建”命令，以下同）。

VFP 6.0 的菜单不是静止不变的，它是一个动态可变的，根据 VFP 6.0 当时状态的不同，菜单栏中的选项及各下拉菜单的选项会有一些变化。这将在后续章节中逐步加以介绍。

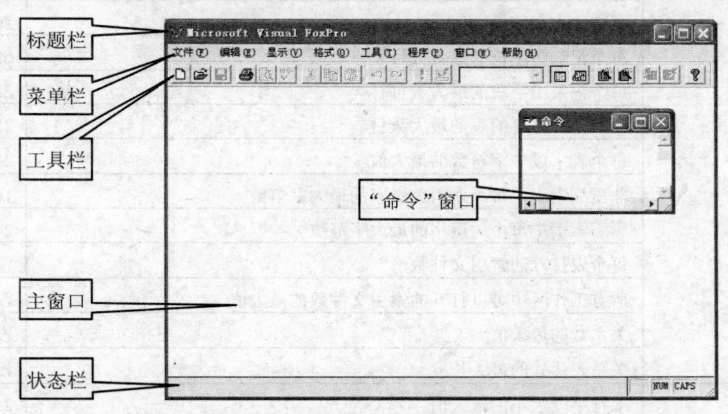

图 1.16　VFP 6.0 的用户界面

（3）工具栏

如图 1.16 所示，工具栏由若干个按钮组成，也称常用工具栏，每个按钮实现一个功能或命令以方便用户的使用。除常用工具栏以外，VFP 6.0 还有若干个其他的工具栏。在编辑相应的文档中可根据需要定制、编辑、隐藏、创建工具栏，这将在后续章节中逐步加以介绍。

（4）主窗口

主窗口也称工作窗口，它用于显示结果等。

（5）“命令”窗口

它可以输入、编辑、执行 VFP 6.0 的命令。输入一条命令后按 Enter 键即可执行。

（6）状态栏

它用于显示当前的状态，显示对用户有用的信息。

2. VFP 6.0 工作方式

VFP 6.0 工作方式主要分为两类。一类为交互式工作方式，这包括在“命令”窗口中直接输入一条命令执行一条命令（这种方式也称单命令操作方式）；用菜单执行操作命令（这种方式也称菜单操作方式、界面方式或可视化执行方式）；用工具栏按钮执行操作命令（这种方式也称工具操作方式）。另一类为程序（自动化）工作方式（这种方式也称批命令操作方式），它包括执行用户编写的程序，执行用各种生成器等自动生成的程序。在解决某一个问题时，既可以选用其中的一种工作方式，也可以两种方式结合使用。这两种工作方式为不同层次的用户、不同软件开发的用户提供了方便，用户可根据自身的实际情况进行选择使用。

1.3.5 VFP 6.0 主要技术指标和常用的文件类型

1. VFP 6.0 主要技术指标

VFP 作为一个关系型数据库，其主要技术指标如表 1.4 所示。

表 1.4 VFP 6.0 的主要技术指标

内 容	项 目	技术指标
表文件及索引文件	每个表文件中记录的最大数目	10^9（10 亿）条
	表文件大小的最大值	2GB
	每个记录中字符的最大数目	65 500 个
	每个记录中字段的最大数目	255 个
	一次同时打开的表的最大数目	255 个
	每个表字段中字符数的最大值	254 个
	非压缩索引中每个索引关键字的最大字节数	100B
	压缩索引中每个关键字的最大字节数	240B
	每个表打开的索引文件数	没有限制
	所有工作区中可以打开的索引文件数的最大值	没有限制
	关系数的最大值	没有限制
	关系表达式的最大长度	没有限制
字段的特征	字符字段大小的最大值	254 位
	数值型（以及浮点型）字段大小的最大值	20 位
	自由表中各字段名的字符数的最大值	10 个
	数据库包含的表中各字段名的字符数最大值	128 个
	整数的最小值	−2 147 483 647
	整数的最大值	2 147 483 647
	数值计算中精确值的位数	10 位
内存变量与数组	默认的内存变量数目	1024 个
	内存变量的最大数目	65 000 个
	数组的最大数目	65 000 个
内存变量与数组	每个数组中元素的最大数目	65 000 个
程序和过程文件	源程序文件中行的最大数目	没有限制
	编译后的程序模块大小的最大值	64KB
	每个文件中过程的最大数目	没有限制
报表设计器	嵌套的 DO 调用的最大数目	128 层
	嵌套的 READ 层次的最大数目	5 层
	嵌套的结构化程序设计命令的最大数目	384 个（层）
	传递参数的最大数目	27 个
	事务处理的最大数目	5 个

续表

内 容	项 目	技术指标
报表设计器	报表定义中对象数的最大值	没有限制
	报表定义的最大长度	20 英寸
	分组的最大层次数	128 层
	字符报表变量的最大长度	255
其他	打开的窗口（各种类型）的最大数目	没有限制
	打开的“浏览”窗口的最大数目	255 个
	每个字符串中字符数的最大值或内存变量	16 777 184
	每个命令行中字符数的最大值	8192 个
	报表的每个标签控件中字符数的最大值	252 个
	每个宏替换行中字符数的最大值	8192 个
	打开文件的最大数目	受系统限制
	键盘宏中键击数的最大值	1024 个
	SQL SELECT 语句可以选择的字段数的最大值	255 个

2. VFP 6.0 常用的文件类型

在计算机中，数据是以文件的形式存放在磁盘上的。对于文件的管理，采用了目录树的结构。为了便于查找，每个文件有一个确切的文件名称及其存放该文件的目录。VFP 也同样地采用这种方式来存放文件。VFP 默认的工作目录是 C:\Program Files\Microsoft Visual Studio\Vfp98，在操作中为了方便，用户可以改变默认的工作目录。

VFP 中常用的文件类型如表 1.5 所示。

表 1.5 VFP 常用的文件类型

扩展名	文件类型	扩展名	文件类型
.ACT	向导操作文档	.APP	生成的应用程序文件
.BAK	备份文件	.CDX	复合索引文件
.DBF	表文件	.DBC	数据库文件
.DBT	FoxBASE+风格的备注文件	.DCT	数据库备注文件
.DCX	数据库索引文件	.DOC	FoxDoc 报告
.ERR	编译错误信息文件	.ESL	Visual FoxPro 支持的函数库
.EXE	可执行程序文件	.FMT	格式文件
.FPT	表备注文件	.FRT	报表备注文件
.FRX	报表文件	.IDX	单（独立）索引文件
.FXP	编译后的程序文件	.LBX	标签文件
.HLP	帮助文件	.LST	清单文件
.LBT	标签备注文件	.NEM	内存变量存储文件
.LOG	记录文件	.MNT	菜单备注文件
.MNX	菜单文件	.MPR	生成的菜单程序
.PJX	项目文件	.PJT	项目备注文件
.PRG	程序文件	.PRX	编译后的格式文件
.QPR	生成的查询程序文件	.QPX	编译后的查询文件
.SCT	表单备注文件	.SCX	表单文件
.TXT	文本文件	.TMP	临时文件
.VCX	可视类库文件	.VCT	可视类库备注文件
.VUE	视图文件	.WIN	窗口文件

1.3.6 VFP 6.0 向导、设计器、生成器

VFP 的向导是一种交互式程序，用户在一系列向导对话框中回答问题或者选择选项，向导会根据用户的回答或选择生成文件或执行任务，帮助用户快速完成一般性的任务。例如，创建表单、编排报表的格式、建立查询、制作图表、生成数据透视表、生成交叉表报表及在 Web 上按 HTML 格式发布等。

VFP 的设计器是创建和修改应用系统各种组件的可视化工具。利用各种设计器使得用户可以轻松创建表、表单、数据库、查询和报表及管理数据，为初学者提供了方便的工具。

VFP 的生成器是带有选项卡的对话框，用于简化对表单、复杂控件及参照完整性代码的创建和修改过程。每个生成器显示一系列选项卡，用于设置选中对象的属性。可使用的生成器在数据库表之间生成控件、表单、设置控件格式和创建参照完整性。

习 题 1

一、思考题

1．以实例说明数据、信息和数据处理。
2．文件系统和数据库系统有何不同？
3．满足哪些条件的数据库可称为关系型数据库？
4．试举例说明什么是字段、字段值、记录、表。
5．目前常用的数据库管理系统软件主要有哪些？
6．VFP 6.0 主窗口主要由哪些部分组成？
7．试说明 VFP 6.0 两种工作方式的特点。

二、选择题

1．数据模型是将概念模型中的实体及实体间的联系表示成便于计算机处理的一种形式。数据模型一般有关系模型、层次模型和（　　）。

A．网络模型　　B．E-R 模型　　C．网状模型　　D．实体模型

2．存储在计算机内、有结构的相关数据的集合称为（　　）。

A．数据库　　B．数据库系统
C．数据库管理系统　　D．数据结构

3．数据库（DB）、数据库系统（DBS）和数据库管理系统（DBMS）之间的关系是（　　）。

A．DBMS 包括 DB 和 DBS　　B．DBS 包括 DB 和 DBMS
C．DB 包括 DBS 和 DBMS　　D．DB、DBS 和 DBMS 是平等关系

4．（　　）是处理数据库存取和各种管理控制的软件系统，是数据库系统的中心枢纽。

A．DB　　B．DBMS　　C．DBAS　　D．DML

5．下列关于数据库系统的叙述中，正确的是（　　）。

A．数据库系统只是比文件系统管理的数据更多
B．数据库系统中数据的一致性是指数据类型一致
C．数据库系统避免了数据冗余
D．数据库系统减少了数据冗余

6．能唯一标示实体的是（ ）。

A．属性 B．域 C．码 D．联系

7．VFP 是一种关系数据库管理系统，所谓关系是指（ ）。

A．表中各条记录彼此之间有一定的关系

B．表中各个字段彼此之间有一定的关系

C．一个表与另一个表之间有一定的关系

D．数据模型符合满足一定条件的二维表格式

8．如果一个部门有若干职员，每个职员只能属于某一个部门，则部门和职员两个实体之间的联系属于（ ）。

A．一对一联系 B．一对二联系 C．多对多联系 D．一对多联系

9．在数据库设计中，将 E-R 图转换为关系模型是在（ ）阶段。

A．需求分析 B．概念设计 C．逻辑设计 D．物理设计

10．下列叙述中正确的是（ ）。

A．数据库系统是一个独立的系统，不需要操作系统的支持

B．数据库技术的根本目标是要解决数据的共享问题

C．数据库管理系统就是数据库系统

D．以上三种说法都不对

11．如果把“学生”看做实体，某个“学生”的姓名为“王刚”，则“王刚”应为（ ）。

A．记录型 B．记录值 C．属性型 D．属性值

12．在概念模型中，一个实体相对于关系数据库中一个关系中的一个（ ）。

A．属性 B．元组 C．列 D．字段

13．关系数据库管理系统的三种基本关系运算不包括（ ）。

A．比较 B．选择 C．联接 D．投影

14．在有关数据库的概念中，若干记录的集合称为（ ）。

A．字段 B．文件 C．数据项 D．数据表

15．现实世界中的事物（对象或个体），在数据世界中则表示为（ ）。

A．记录 B．文件 C．数据项 D．数据表

16．如果要改变一个关系中属性的排列顺序，应使用的关系运算是（ ）。

A．重建 B．选择 C．联接 D．投影

17．一个关系是一个二维表。在 VFP 6.0 中，一个关系对应一个（ ）。

A．字段数据 B．记录 C．数据库文件 D．索引文件

18．在已知教学环境中，一名学生可以选择多门课程，一门课程可以被多名学生选择，这说明学生记录型与课程记录型之间的联系是（ ）。

A．一对一 B．一对多 C．多对多 D．未知

19．用户启动 VFP 后，若要退出 VFP 返回 Windows 环境，可在“命令”窗口中输入（ ）命令。

A．QUIT B．EXIT C．CLOSE D．CLOSE ALL

20．扩展名为.DBC 的文件是（ ）。

A．表单文件 B．数据库表文件 C．数据库文件 D．项目文件

21．VFP 6.0 是一个（ ）位的数据库管理系统。

A．8 B．16 C．32 D．64

22．关系数据库管理系统所管理的关系是（ ）。

A．一个.DBF 文件 B．若干二维表

C．一个.DBC 文件 D．若干.DBC 文件

23．在关系数据库中，二维表的列称为属性，二维表的行称为（　　）。

A．元组　　B．数据项　　C．元素　　D．字段

24．将一个关系数据库文件中的各条记录任意调换位置将（　　）。

A．不会影响库中数据的关系　　B．会影响统计处理的结果

C．会影响按字段索引的结果　　D．会影响关键字排列的结果

25．下列关于关系型数据库的正确描述是（　　）。

A．记录和元组都对应于二维表中的一行

B．属性和字段都对应于二维表中的一列

C．字段组成记录，记录组成数据表

D．以上均正确

26．对关系 S 和关系 R 进行集合运算，结果中既包含 S 中的元组也包含 R 中元组，这种集合运算称为（　　）。

A．并运算　　B．交运算　　C．差运算　　D．积运算

27．对于现实世界中的事物的特征，在实体-联系模型中使用（　　）。

A．属性描述　　B．关键字描述　　C．二维表格描述　　D．实体描述

28．从关系模型中指出若干属性组成新的关系的操作，称为（　　）。

A．联接　　B．投影　　C．选择　　D．索引

29．对于“关系”的描述，正确的是（　　）。

A．同一个关系中允许有完全相同的元组

B．在一个关系中元组必须按关键字升序存放

C．在一个关系中必须将关键字作为该关系的第一个属性

D．同一个关系中不能出现相同的属性

30．（　　）是 VFP 中专门用来输入各种命令的区域。

A．主窗口　　B．“命令”窗口　　C．菜单栏　　D．工具栏

31．VFP 6.0 的工作方式有（　　）。

A．利用菜单系统实现人机对话

B．利用各种生成器自动产生程序，或者编写 VFP 程序，然后执行程序

C．在“命令”窗口中直接输入命令进行交互操作

D．以上说法都正确

三、填空题

1．数据库系统的核心是________。

2．关系是具有相同性质的________的集合。

3．数据库管理系统常见的数据模型有层次模型、网状模型和________模型三种。

4．实体与实体之间的联系有三种，即一对一联系、一对多联系和________。

5．________是数据库的最小逻辑单位。

6．对关系进行选择、投影或联接运算后，运算的结果仍然是一个________。

7．数据处理技术大致经历的三个发展阶段是________、________和________。

8．数据库系统是由________、________、________和________组成的具有高度组织性的总体。

9．用实体名及其属性名集合来抽象和描述同类实体称为________。

10．数据模型不仅表示反映事物本身的数据，而且表示________。

11．用二维表的形式来表示实体之间联系的数据模型称为________。

12．在关系数据模型中，二维表的列称为________，二维表的行称为________。

13．在关系数据库的基本操作中，从表中选择满足条件的元组的操作称为________；从表中抽取属性值满足条件的列的操作称为________；把两个关系中相同属性的元组联接在一起构成新的二维表的操作称为________。

14．VFP 6.0 是________位的关系型数据库管理系统。

15．在“命令”窗口中输入命令后，按________键执行该命令。

16．VFP 的两类工作方式是________和________。

17．在 VFP 中，________是创建和修改应用系统各种组件的可视化工具。

18．向导是一种________程序，用户通过回答一系列问题或者选择选项，向导将根据用户的回答生成文件或者执行任务，帮助用户快速完成一般性任务。

第 2 章　VFP 6.0 基础知识

VFP 是一个关系型数据管理系统，它是自含数据操作语言的一个可视化数据库编程的开发工具，还具有计算机高级程序设计语言的特点。

2.1　VFP 的命令结构与语法规则

在使用 VFP 的操作过程中，主要是通过命令操作方式完成的，VFP 的每一条命令都有自己的语法格式。

2.1.1　本书对书写 VFP 命令的约定

1. < >

用< >括起来的内容是必选项，表示用户根据需要必须输入相应的内容。

例如，ERASE <文件名>

用户使用该命令时，根据自己的需要必须输入一个合法的文件名，而不输入< >。

例如，ERASE A1.DBF

2. [ ]

用[ ]括起来的内容是可选项，表示用户根据需要可以输入相应的内容，也可以不输入相应的内容，即可要可不要的内容。

例如，USE [表名]

用户使用该命令时，根据自己的需要可以输入一个表名，也可以不输入表名。当然，在使用时[ ]是不输入的。

3. |

用 | 分隔的内容中，表示用户根据需要只能选择其中的一个，而不能同时选择两个。

例如，LIST | DISPLAY 或 LIST/DISPLAY

用户已选择 LIST 命令就不能同时再使用 DISPLAY 命令，同样使用 DISPLAY 命令就不能同时使用 LIST 命令，两者只能在某一时刻只能使用其中之一，而不能同时执行这两条命令。

4. …

…表示某一部分可以按同一方式重复。

2.1.2　VFP 的命令结构

VFP 向用户提供了许多命令，大部分命令可以在单命令操作方式下执行，有的命令只能在程序中使用。正确理解命令结构并准确书写是能否顺利应用 VFP 的一个关键，因此，应认真掌握 VFP 的命令结构及书写规则，为以后的学习打下一个良好的基础。

VFP 的命令通常由两大部分组成：第一部分是命令动词，它表示要实现的某种功能；第二部分为跟在命令动词后面的一个或多个子句，子句对命令动词进行某些限制性地说明。VFP 命令的一般格式或语法格式（简写为格式，命令的功能简写为功能，以下同）如下。

格式： 命令动词 [子句 1] [子句 2] [……]

也可总结为如下形式。

格式： <命令动词>[<范围>] [<表达式表>] [FOR<条件>] [WHILE<条件>] [TO FILE <文件名> | TO PRINTER | TO ARRAY<数组名> | TO <内存变量>] [FIELDS <字段名表>] [ALL [LIKE | EXCEPT<通配符>]] [IN <别名> | <工作区>]

1. 命令动词

所有命令都以命令动词开头，命令动词是 VFP 命令的名字，它决定了命令的性质。命令动词一般为一个英文动词，该动词的英文含义表示要执行的功能。当一个动词的字母超过四个时，从第五个字母开始可以省略。例如，DISPLAY 可以写为 DISP。从程序可读性考虑，不提倡省略命令动词的写法。

2. 范围子句

范围子句用来表示命令操作的记录范围，其限定方法如下。

1）RECORD <n>　表示指定第 n 条记录。

2）NEXT <n>　表示从当前记录开始的共 n 个记录。

3）ALL　表示表中的所有记录。

4）REST　表示从当前记录开始到最后一条记录的所有记录。

3. 表达式表

表达式表用来指示计算机执行该命令所操作的内容。

4. FIELDS 子句

该子句说明要操作表的字段名称，字段名表是由一个或多个字段名组成的，每个字段名之间必须用逗号隔开，如果不选择这个子句，则表示选择所有的字段。

5. FOR<条件>

它规定只对满足条件的记录进行操作。

6. WHILE<条件>

从当前记录开始，按记录顺序从上（表头）向下（表尾）处理，一旦遇到不满足条件的记录，就停止搜索并结束该命令的执行。

7. TO 子句

它控制操作结果的输出去向。

8. ALL [LIKE/EXCEPT <通配符>]

它指出包括或不包括与通配符相匹配的文件、字段或内存变量。

9. IN <别名 | 工作区>

它允许在当前工作区操作指定工作区。

10. 命令书写规则

VFP 命令有的比较短，有的则相当长，书写时应遵循如下规则。

1）任何命令必须以命令动词开头，后面的多个子句通常与顺序无关，但必须符合命令格式的规定。

2）命令动词与子句之间、子句与子句之间、子句与其内容之间必须至少用一个空格分隔开。

3）一行只写一条命令，一条命令的最大长度为 2048 个字符，一行写不下时，可用“;”（英文分号）续行。

4）命令动词和子句单词可用四个字母或四个以上字母表示，如 DISPLAY 可写成 DISP 或 DISPL 等。为了保持程序的可读性，命令动词和子句单词一般不用缩写。

5）命令和子句单词用大写、小写或大小写混合具有同等效果，子句中的标点符号均为半角字符（即 ASCII 码字符）。为了全书统一和美观，本书全部采大写。

6）每条命令结束不用写标点符，而以 Enter 键作为结束标志。

11. “命令”窗口的使用技巧

在“命令”窗口中执行命令时，经常重复执行以前使用过的命令，这时，可不必重新输入以前用过的命令，只要将光标移到重复命令出现的位置，按 Enter 键即可重新执行该命令；如果要修改以前用过的命令，只要将光标移到前面命令出现的位置，在此基础上进行编辑，编辑完后，按 Enter 键即可执行修改后的命令；如果要执行前面用过的几条连续命令，则选中这几条命令后，按 Enter 键即可，也可选中这几条命令后，右击打开快捷菜单，在快捷菜单中选择“运行所选区域”选项即可。

2.2 VFP 的数据类型

所谓数据类型就是简单数据的基本属性。如 12 是一个数值（字），故它是数值（字）型数据。

2.2.1 VFP 的数据类型

VFP 数据类型如表 2.1 所示。

表 2.1 VFP 的数据类型

数据类型	占字节数	取值范围	说明
字符型 C	1～254	任意字符	任意文本
货币型 Y	8	-922 337 203 685 477.5808～922 337 203 685 477.5807	货币量
日期型 D	8	{^0001-01-01}～{^9999-12-31}	年、月、日表示的日期
日期时间型 T	8	{^0001-01-01 00:00:00 am}～{^9999-12-31 11:59:59 pm}	年、月、日、时间表示的日期和时间
逻辑型 L	1	真（.T.）或假（.F.）	布尔值
数值型 N	在内存中占 8 字节，在表中占 1～20 字节	-.9 999 999 999E+19～.9 999 999 999E+20	整数或小数
双精度 B	8	+/-4.94065645841247E－324～+/-8.9884656743115E+307	双精度浮点数
浮点型 F	同数值型相同	-.9 999 999 999E+19～.9 999 999 999E+20	同数值型一样
通用型 G	在表中占 4 字节	受可用空间限制	OLE 对象引用
整型 I	4	-2 147 483 647～2 147 483 647	整数值
备注型 M	在表中占 4 字节	受可用空间限制	数据块引用
字符型(二进制)	254	任意字符	任意不经过代码页修改而维护的字符型数据
备注型（二进制）	在表中占 4 字节	受可用空间限制	任意不经过代码页修改而维护的备注型数

注：备注型 M 与通用型 G 数据存放在.FPT 文件中，在表中占 4 字节，用于表示数据在.FPT 文件中的存储地址。

2.2.2 常量

常量就是在操作过程中或在程序执行中其值不变的量，VFP 中有六种类型的常量。

1. 数值型常量

（1）整数

整数由正、负号和数字字符组成，如 0，-2，3。

（2）实数

1）十进制表示形式，它由数字正、负号和小数点组成，如 0.23，-3.14 等。

2）用指数表示形式，它是由数字正、负号、小数点与 E 或 e 组成，如 1.28×10^3 可表示为 1.28E3 或 1.28E+3，而-1.28×10^{-2}可表示为-1.28e-2 或-1.28E-2。E 前要有数字，E 后要有整数。

2. 字符型常量

它是用定界符单引号' '、双引号" "、方括号[ ]括起来的一系列的有效字符，也称字符串。如'中国'、"abc"、[123]等。若字符串中含有定界符，则外面的定界符一定要与字符中的定界符不一样，如 ' 我们[爱好]计算机' 。

一个字符串的部分或全部称为该字符串的子字符串；一个字符串中含有字符的个数称为字符串的长度；长度等于 0 的字符串称为空字符串；空字符串是任何字符串的子字符串。

3. 逻辑型常量

它由“真”与“假”组成，“真”可用.T.、.t.、.Y.、.y.表示；“假”可用.F.、.f.、.N.、.n.表示。

4. 货币型常量

它由$、数字、小数点组成，如$1.23。

5. 日期型常量

其形式为{^yyyy-mm-dd}，如{^2010-11-12}。

6. 日期时间型常量

其形式为{^yyyy-mm-dd [hh[:mm][:ss] [am | pm]]}，如{^2010-11-12 2:21:33 am}。

7. 符号常量

在 VFP 的程序中，可以用#DEFINE 语句定义符号常量。如在程序中定义 E 的值为 2.71828，方法如下。

```
#DEFINE   E   2.71828
```

使用了此定义后，凡是使用 E 其值就为 2.71828，E 就是代表 2.71828 的符号常量。取消符号常量可用#UNDEFINE 语句。

2.2.3 变量

所谓变量就是在操作过程中或程序执行中其值可以改变的量。VFP 的变量分为两大类：一类为内存变量，另一类为字段变量。变量是通过变量名访问的，为了介绍变量的命名规则，下面先介绍标识符的概念。

1. 标识符

标识符是用来标示常量、变量、函数、表、数据库、文件等的名称，即标识符就是一个名称。在 VFP 中标识符的组成规则如下。

1）由字母、汉字、数字、下画线组成。

2）以字母、汉字、下画线开头。

3）长度一般如下。

①自由表名、自由表中的字段名、索引名为 1～10 个字符；②数据库表名和数据库表中的字段名为 1～128 个字符；③内存变量名为 1～254 个字符。

4）避免使用 VFP 的命令和子句单词。

5）文件名必须遵循所用操作系统的规定。

6）汉字与字母同等待遇（一个汉字占两个字符位）。

内存变量有 N、C、Y、D、T、L、O（对象型）、S（屏幕型）八种类型，常用的为前六种类型。VFP 规定，内存变量的类型可以改变，即同一变量可以赋予不同的值。需要说明的是，当内存变量与字段变量重名时，在访问内存变量时，VFP 规定在内存变量名前加 M->

或加 M.，否则系统默认是访问字段变量。

内存变量一般分为简单变量、数组、系统变量。

2. 简单变量

VFP 的简单变量的定义用“＝”命令或“STORE”命令。

（1）简单变量的赋值

格式 1：<变量名>＝<表达式>

格式 2：STORE <表达式> TO <变量名表>

功能：格式 1 将表达式的值赋给变量名指定的内存变量；格式 2 将表达式的值赋给变量名表中的所有内存变量。

说明：

1）表达式是运算符与操作对象连接起来的式子，表达式可为变量、常量、函数，也可为表达式。在这里我们把变量、常量、函数看作表达式的特例。

2）变量名表中的各变量名用逗号分隔。

（2）输出命令

格式：? | ?? [表达式表]

功能：显示输出表达表的值。

说明：

1）输出项目表中的各项是用逗号分隔的，命令执行时遇到逗号就空一格。

2）?表示在下一行输出各输出项，??表示在当前行当前列输出各表达式的值。

例 2.1　内存变量的应用。

```
a=1
b=.t.
c={^2010-11-12}
d='A'
e={^2010-11-12 2:30:28 am}
STORE 10 to f, g
h=$123.23
? a, b, c, d, e, f, g
a=[中国]
b="长春"
c=123
? a, b
?? "c=", c
? a, b, h
```

显示结果：

```
1 .T. 11/12/10 A 11/12/10 2:30:28 AM        10        10
中国  长春 c=         123
中国  长春            123.2300
```

3. 数组

数组是按一定顺序排列的数据集合。数组中的每一个数据称为一个元素，数组中每一个元素的序号称为一个下标。数组中的所有元素在内存中是连续存放的。

数组的定义如下。

格式：DIMENSION | DECLARE <数据组名> (<下标上限 1> [, <下标上限 2>])[，……]

功能：定义一个或多个数组。

说明：

1）数组定义后，系统自动为每一个元素赋逻辑“假值”，即“.F.”。

2）数组有一个下标的称为一维数组，有两个下标的称为二维数组。

3）数组的最小下标为 1。

4）数组的类型可以通过使用加以改变，同一数组的元素类型可以不同。

5）当在赋值、输入命令中只用数组名时，表示数组的所有元素有同一个值。

6）数组名不能与简单变量重名。

7）由于数组各元素在内存中是连续存放的，二维数组可作为一维数组来使用。

8）数组与后面章节中的表可相互传递数据。

9）数组中的每一个元素都是简单变量，因此简单变量所有的功能数组元素都具备，简单变量适用的场合数组元素都适用。

10）数组中的元素一定要先定义后使用。

例 2.2　一维数组的应用。

```
DIMENSION a(5), b(5)
a=10
a(5)=23
b(1)=2*a(1)
b(3)='中国'
b(4)={^2010-11-16}
b(5)=$123.2
?a(1), a(2), a(3), a(4), a(5)
?b(1), b(2), b(3), b(4), b(5)
```

显示结果：　　10　　10　　10　　10　　23

　　　　　　20 .F. 中国 11/16/10　　123.2000

例 2.3　二维数据组作为一维数组使用。

```
DIMENSION a(2, 2)
a(1,1)=2
a(1,2)="长春"
a(2,1)=6
a(2,2)={^2010-11-20}
? a(1), a(2), a(3), a(4)
? a(1,1), a(1,2), a(2,1), a(2,2)
```

显示结果：　　2 长春　　6 11/20/10

　　　　　　2 长春　　6 11/20/10

4. 系统内存变量

系统内存变量是 VFP 系统自动生成和维护的内存变量，为了与一般内存变量相区别，它们都以下画线开头，用于控制 VFP 的输出和显示信息的格式。如用于控制外部设备（打印机、鼠标等），屏幕输出格式或处理计算器、剪贴板等方面的信息。

5. 内存变量的显示

格式：LIST | DISPLAY MEMORY [LIKE <通配符>] [TO PRINT | TO FILE <文件名>]

功能：显示内存变量的名字、作用域、类型、值。

说明：

1）LIKE 子句显示与通配符相匹配的内存变量信息。通配符有“?”与“*”，“?”表示一个任意字符，“*”表示多个任意字符。

2）TO PRINT 子句是在显示内存变量信息的同时从打印机输出。

3）TO FILE <文件名>子句是在显示内存变量信息的同时存入由文件名指定的文本文件中。

4）LIST 不管显示的信息有多少，都一次显示完。

5）DISPLAY 显示的信息多于一屏时，分屏显示。每显示一屏就暂停，待用户按任意键后继续显示。

6. 内存变量的保存

格式：SAVE TO <文件名> [ALL LIKE | EXCEPT <通配符>]

功能：当无可选项时，将所有内存变量保存到文件名指定的内存变量文件中；当有可选项时，将用 LIKE 或用 EXCEPT 与通配符所指的内存变量保存到文件名指定的内存变量文件中，内存变量的扩展名为.MEM。

7. 内存变量的释放

格式 1：CLEAR MEMORY

格式 2：RELEASE <内存变量表>

格式 3：RELEASE ALL [EXTENDED]

格式 4：RELEASE ALL [LIKE <通配符> | EXCEPT <通配符>]

功能：格式 1 释放所有内存变量；格式 2 释放由内存变量表指定的内存变量；格式 3 释放所有内存变量，无任何选项释放所有内存变量，在程序中要选择 EXTENDED，否则不能释放公共变量；格式 4 当选择 LIKE <通配符>时，释放与<通配符>相匹配的内存变量，当选择 EXCEPT <通配符>时，释放与<通配符>不相匹配的内存变量。

8. 内存变量的恢复

格式：RESTORE FROM <文件名> [ADDITIVE]

功能：当无可选项时，清除内存，将内存变量文件名中保存的内存变量恢复到内存中；当有可选项时，不清除内存，将内存变量文件名中保存的内存变量加入到内存中。

例 2.4　有关内存变量的操作。

```
a=2
abc=6
b="中国"
```

```
a1=[长春]
a2=20
DIMENSION c(3)
c(1)={^2010-11-20}
c(2)=22
DISPLAY MEMORY LIKE a?
DISPLAY MEMORY LIKE a*
RELEASE ALL
```

显示结果：

```
A      Pub   N   2        (     2.00000000)
A1     Pub   C   "长春"
A2     Pub   N   20       (    20.00000000)

A      Pub   N   2        (     2.00000000)
ABC    Pub   N   6        (     6.00000000)
A1     Pub   C   "长春"
A2     Pub   N   20       (    20.00000000)
```

2.2.4 运算符与表达式

运算符也称操作符，它指明计算机要进行的运算或操作；用运算符和括号将运行对象连接起来而有意义的式子称为表达式，它是用户使用计算机进行各种计算的表现形式。

1. 算术运算符与算术表达式

算术运算符要求其操作数必须为数值。用算术运算符与操作数连接起来而有意义的式子称为算术表达式，算术表达式的运算结果为数值，因此，算术运算表达式也称数值（字）表达式。算术运算符与算术表达式如表 2.2 所示。

表 2.2　算术运算符与算术表达式

优先级	运算符	含义	算术表达式	结果
1	( )	括号	(4+5)*2	18
2	+	正号	2^+5	32
	—	负号	2^—2	0.25
3	^(**)	幂	2+3*2^3	26
4	*	乘	3*2	6
	/	除	10/2	5
	%	求模（取余）	10%3	1
5	+	加	2+3	5
	—	减	5−2	3

2. 字符运算符与字符表达式

字符运算符是用于连接两个字符串的，即其操作数是字符串。用字符运算符将运算对象（字符串）连接起来而有意义的式子称为字符表达式。字符运算符与字符表达式如表 2.3 所示。

表 2.3　字符运算符与字符表达式

运算符	含义	字符表达式	结果
+	将两个字符串连接起来组成一个新字符串	" 中国 " + " 北京 "	" 中国　北京 "
−	将两个字符串连接成一个新字符串。若第一个字符串尾部有空格，就将此空格移到“-”后面的字符串的尾部	" 中国 " - " 北京 "	" 中国　北京 "

例 2.5　字符运算符与字符表达式的应用。

```
a="吉林 "
b="长春 "
c="信息传播学院 "
? a+b+c, a-b-c
? a-b+c,a+b-c
```

显示结果：　　吉林　长春 信息传播学院　　吉林长春信息传播学院
　　　　　　　吉林长春　信息传播学院　　吉林 长春信息传播学院

3. *关系运算符与关系表达式*

关系运算符用于关系之间进行的关系比较，它的操作数是同类型的。用关系运算符将运算对象连接起来而有意义的式子称为关系表达式，简称关系式。关系表达式的结果是一个逻辑值，若关系成立结果为真.T.，否则为假.F.。关系运算符与表达式如表 2.4 所示。

表 2.4　关系运算符与关系表达式

运算符	含义	关系表达式	结果
>	大于	3>4	.F.
>=	大于或等于	10>=6	.T.
		"abc">="123"	.T.
<	小于	2<4	.T.
<=	小于或等于	3<=6	.T.
=	等于：字符串比较时，等号右边的字符串与等号左边的字符串串首相同得真	"AB"="ABC"	.F.
		"ABC"="AB"	.T.
==	完全相等：字符串比较时，两个字符串完全相同得真	"ABC"=="ABC"	.T.
<>、#、!=	不等于	2!=3	.T.
$	包含	"ab" $ "abcdef"	.T.

例 2.6　关系运算符与关系表达式的应用。

```
x=2
y=3
? x+3>=2, x!=y, x<y, x=y
x="abcde"
y="ab"
z="cd"
? x=y, x= = y, z$x, x!=y
```

显示结果：　.T.　.T.　.T.　.F.
　　　　　　.T.　.F.　.T.　.F.

4. 逻辑运算符与逻辑表达式

逻辑运算符用于逻辑运算。用逻辑运算符将运算对象连接起来而有意义的式子称为逻辑表达式。当逻辑表达式成立时，结果为.T.，否则为.F.。逻辑运算符与逻辑表达式如表 2.5 所示。

表 2.5　逻辑运算符与逻辑表达式

优先级	运算符	含义	逻辑表达式	结果
1	NOT、!、.NOT.	非：对操作对象的逻辑值取反	NOT 4>5	.T.
2	AND、.AND.	与：AND 两边操作对象全为真，结果才为真	10>4 AND 5>3	.T.
3	OR、.OR.	或：OR 两边操作有一个为真，结果就为真	10>4 OR 3>5	.T.

5. 日期、日期时间运算符与表达式

日期、日期时间运算符可以对操作对象进行加、减运算。用这种运算符将运算对象连接起来而有意义的式子称为日期、日期时间表达式。日期、日期时间运算符与日期、日期时间表达式如表 2.6 所示。

表 2.6　日期、日期时间运算符与日期、日期时间表达式

运算符	含义	表达式	结果
+	日期天数相加形成新的日期	{^2010-10-2}+10	{^2010-10-12}
	天数日期相加形成新的日期	20+{^2010-11-01}	{^2010-11-21}
-	日期天数相减形成新的日期	{^2010-10-20}-10	{^2010-10-10}
	日期与日期相减得两个日期相差的天数	{^2010-10-20}- {^2010-10-10}	10
+	日期时间与秒相加形成新的日期时间	{^2010-10-20 10:20:30 am}+10	{^2010-10-20 10:20:40 am}
	秒与日期时间相加形成新的日期时间	10+{^2010-10-20 10:20:30am}	{^2010-11-20 10:20:40 am}
-	日期时间与秒数相减形成新的日期时间	{^2010-10-20 10:20:30 am}-10	{^2010-10-20 10:20:20 am}
	日期时间与日期时间相减得相差的秒数	{^2010-10-20 10:20:30 am}- {^2010-10-20 10:20:30 am}	20

注　意

两个日期或两个日期时间不能相加；一个数值也不能减去一个日期或日期时间。

6. 宏替换运算符与宏替换表达式

宏替换运算符也称宏代换运算符，简称宏运算符，宏替换运算符的操作为字符型变量。用宏替换运算符将运算对象连接起来而有意义的式子称为宏替换表达式。

格式：&<字符型内存变量名[.]>

功能：取字符型内存变量名指定的内存变量的值，并去掉该值的定界符。.表示宏替换结束。

例 2.7　宏替换运算符的应用。

```
DIMENSION a(5)
a(1)= "中国"
a(2)= "吉林"
```

```
a(3)= "abc"
abc="学院"
c="&a(1).&a(2) "
d="&c.长春"
e="&c 长春"
? &a(3),c,d,e
```

显示结果： 学院 中国吉林 中国吉林长春 &c 长春

在含有字符运算符、日期和日期时间运算符、宏替换运算法、算术运算符、关系运算符和逻辑运算符的混合表达式中，前四者的优先级高于关系运算符，而关系运算符优先级高于逻辑运算符。

7. 名称运算符与名称表达式

由圆括号括起来的一个字符型内存变量或数组元素，可以用来替换命令或表达式中的名称。

例 2.8 名称表达式的应用。

```
f1="学生"
USE (f1)
STORE "学号,姓名,性别" TO cst
DISPLAY FIELDS (cst)
```

尽管名称表达式可以用宏替换处理，但名称表达式的处理速度要比宏替换快得多。

注 意

货币型数据与数值型数据或货币型数据用算术运算符进行运算得到的仍然是货币型数据，也可能称为货币表达式。

2.2.5 常用函数

VFP 中的函数从用户角度分为标准函数（也称库函数或系统函数）和用户自定义函数。VFP 中的标准函数有几百个，这些函数增强了 VFP 的功能，用户使用起来既简单又方便。本小节主要介绍 VFP 常用的标准函数，其他标准函数可根据需要查看 VFP 函数大全。用户自定义函数将在以后的章节中介绍。

1. 函数的一般形式

函数的一般形式如下。

函数名([形参表])

2. 函数的返回值

函数经过运算所得到的结果称为函数的返回值。通常把函数名、函数参数和函数的返回值称为函数的三要素。

3. 常用函数的分类

（1）按函数的返回值分类

按函数的返回值分为数值函数、字符函数、日期函数、日期时间函数、逻辑函数等。

（2）按函数的功能分类

按函数的功能分数值函数、字符处理函数、日期与日期时间类函数、数据类型转换函数、测试函数五种。下面分别对这五类常用函数进行介绍。

4. 常用函数

（1）数值函数

1）绝对值函数的格式及功能如下。

格式：ABS(<算术表达式>)

功能：求算术表达式的绝对值。

例 2.9 绝对值函数的应用。

```
y=-2
?  ABS(y), ABS(18+y), ABS(2+y), ABS(3*y)
```

显示结果：　　2　　16　　0　　6

2）符号函数的格式及功能如下。

格式：SIGN(<算术表达式>)

功能：返回算术表达式值的符号，当算术表达式的值分别为正、负、0 时，函数值分别为 1，-1，0。

例 2.10 符号函数的应用。

```
y=3
? SIGN(y),SIGN(-y), SIGN(y-3)
```

显示结果：　　1　　-1　　0

3）圆周率函数的格式及功能如下。

格式：PI( )

功能：返回圆周率 π 的值。

例 2.11 圆周率函数的应用。

```
s=PI()*10*10
?"s=", s
```

显示结果：　　s=　　314.16

4）求平方根函数的格式及功能如下。

格式：SQRT(<算术表达式>)

功能：返回算术表达式值的算术平方根，算术表达式的值不能为负。

例 2.12 求平方根函数的应用。

```
x=－4
y=2.22
? SQRT (ABS(y)), SQRT (10+y)
```

显示结果：　　2.00　　3.50

5）取整函数的格式及功能如下。

格式：INT(<算术表达式>)

功能：返回算术表达式整数部分的值。

例 2.13　取整函数的应用。

```
x=5.9
? INT(x), INT(-x)
```

显示结果：　　5　　　–5

6）四舍五入函数的格式及功能如下。

格式：ROUND(<算术表达式 1>,<算术表达式 2>)

功能：对算术表达式 1 的值保留算术表达式 2 的小数位数，对算术表达式 1 的第（算术表达式 2+1）位小数四舍五入。

例 2.14　四舍五入函数的应用。

```
x=12345.456
? ROUND(x, 2), ROUND(x, 1), ROUND(x, 0), ROUND(x,－1),ROUND(x, －2)
```

显示结果：　　12345.46　12345.5　　12345　　12350　　12300

7）求余函数的格式及功能如下。

格式：MOD(<算术表达式 1>, <算术表达式 2>)

功能：返回算术表达式 1 除以算术表达式 2 的余数，且余数的符号与除数相同。若算术表达式 1 与算术表达式 2 同号，函数值为两数的余数；若异号，函数值为两数的余数再加上除数的值。

例 2.15　求余函数的应用。

```
x=10
? MOD(x,3), MOD(x, -3), MOD(-x, 3), MOD(-x, -3)
```

显示结果：　　1　　–2　　2　　–1

8）求最大值函数的格式及功能如下。

格式：MAX(<算术表达式 1>, <算术表达式 2>, [<算术表达式 3>[,……]])

功能：求算术表达式 1，算术表达式 2，算术表达式 3，……中的最大值。

9）求最小值函数的格式及功能如下。

格式：MIN(<算术表达式 1>, <算术表达式 2>, [<算术表达式 3>[,……]])

功能：求算术表达式 1，算术表达式 2，算术表达式 3，……中的最小值。

10）求 e 的乘方函数的格式及功能如下。

格式：EXP(<算术表达式>)

功能：求 e 的算术表达式值的乘方。

例 2.16　求 e^2 的值。

```
? EXP(2)
```

显示结果：　　7.39

11）以 e 为底的对数函数的格式及功能如下。

格式：LOG(<算术表达式>)

功能：求以 e 为底的算术表达式值的对数。

例 2.17 求以 e 为底的 10 的对数。

```
? LOG(10)
```

显示结果： 2.30

（2）字符处理函数

1）测字符串长度函数的格式及功能如下。

格式：LEN(<字符表达式>)

功能：返回字符表达式值的长度。函数返回值为数值型数据。

例 2.18 测字符串长度函数的应用。

```
x="中国长春"
y="China"
? LEN(x),LEN(y)
```

显示结果： 8 5

2）大小写转换函数的格式及功能如下。

格式：LOWER(<字符表达式>)
UPPER(<字符表达式>)

功能：LOWER(<字符表达式>)是将字符表达式值中的大写字母转为小写字母；UPPER(<字符表达式>)是将字符表达式值中的小写字母转为大写字母。

例 2.19 大小写转换函数的应用。

```
x="123stUdent hard"
? LOWER( x ), UPPER(x)
```

显示结果： 123student hard 123STUDENDT HARD

3）空格字符串生成函数的格式及功能如下。

格式：SPACE(<算术表达式>)

功能：返回算术表达式值指定数目的空格字符串。

例 2.20 空格字符串生成函数的应用。

```
a="We"
b="are"
c="student"
? a+ SPACE (3)+b+ SPACE(3)+c
```

显示结果： We are students

4）删除字符串中前导、尾部空格函数的格式及功能如下。

格式：TRIM(<字符表达式>)
RTRIM(<字符表达式>)
LTRIM(<字符表达式>)
ALLTRIM(<字符表达式>)

功能：TRIM(<字符表达式>)与 RTRIM(<字符表达式>)将字符表达式值的尾部空格去掉；

LTRIM(<字符表达式>)将字符表达式值的前导空格去掉；ALLTRIM(<字符表达式>)将字符表达式值的前导与尾部空格同时去掉。

例 2.21 删除字符串中前导、尾部空格函数的应用。

```
a="  中国"
b="首都  "
c="  北京  "
? a+b+c+d
? LTRIM(a)+TRIM(b)+ALLTRIM(C)
```

显示结果： 中国首都 北京 中国首都北京

5）取子串函数的格式及功能如下。

格式：LEFT(<字符表达式>, <n>)

RIGHT(<字符表达式>, <n>)

SUBSTR(<字符表达式>, <m> [, <n>])

功能：LEFT(<字符表达式>, <n>)从字符表达式值的左端开始取 n 个字符；RIGHT(<字符表达式>, <n>)从字符表达式值的右端开始取 n 个字符；SUBSTR(<字符表达式>, <m> [, <n>])从字符表达式值的第 m 个位置开始取 n 个字符，若 n 省略，则取到最后一个字符为止。

例 2.22 取子串函数的应用。

```
x="中国北京首都"
? LEFT(x, 4), RIGHT(x, 4), SUBSTR(x, 5, 4)
```

显示结果： 中国 首都 北京

6）求子串位置函数的格式及功能如下。

格式：AT(<字符表达式 1>, <字符表达式 2>, [n])

ATC(<字符表达式 1>, <字符表达式 2>, [n])

功能：AT(<字符表达式 1>, <字符表达式 2>, [n]) 求字符表达式 1 值在字符表达式 2 值中第 n 次出现的起始位置。若字符表达式 1 值不是字符表达式 2 值的子字符串，则返回 0。n 省略时，默认值为 1。函数返回值为数值型数据。ATC( )与 AT( )相似，只是不区分字符串中字符的大小写。

例 2.23 求子串位置函数的应用。

```
x="This is a compute. The compute is our frienD. "
?AT("com", x ), AT ("com", x, 2), AT ("com", x, 3), AT("Thes", x)
```

显示结果： 11 24 0 0

（3）日期与日期时间类函数

1）日期函数的格式及功能如下。

格式：DATE( )

功能：返回当前系统日期。函数返回值为日期型数据。

2）时间函数的格式及功能如下。

格式：TIME( )

功能：返回当前系统时间。函数返回值为字符型数据。

3）日期时间函数的格式及功能如下。

格式：DATETIME( )

功能：返回当前系统的日期时间。函数返回值为日期时间型数据。

4）求天数函数的格式及功能如下。

格式：DAY(<日期表达式> | <日期时间表达式>)

功能：返回<日期表达式>或<日期时间表达式>值中的天数（日值）。函数返回值为数值型数据。

5）求年份函数的格式及功能如下。

格式：YEAR(<日期表达式> | <日期时间表达式>)

功能：返回<日期表达式>或<日期时间表达式>值中的年份。函数返回值为数值型数据。

6）月份函数的格式及功能如下。

格式：MONTH(<日期表达式> | <日期表达式>)

功能：返回<日期表达式>或<日期时间表达式>值中的月份。函数返回值为数值型数据。

7）求小时函数的格式及功能如下。

格式：HOUR(<日期时间表达式>)

功能：返回<日期时间表达式>值中的小时。函数返回值为数值型数据。

8）求分函数的格式及功能如下。

格式：MITUTE(<日期时间表达式>)

功能：返回<日期时间表达式>值中的分钟。函数返回值为数值型数据。

9）求秒函数的格式及功能如下。

格式：SEC (<日期时间表达式>)

功能：返回日期时间表达式值中的秒数。函数返回值为数值型数据。

例 2.24　与日期和日期时间有关的函数应用。

```
x={^2010-10-12 08:30:28}
? YEAR(X), MONTH(x), DAY(x) ,HOUR(x), MINUTE(x), SEC(x)
```

显示结果：　　2010　10　12　8　30　28

（4）数据类型转换函数

1）数值转换为字符串函数的格式及功能如下。

格式：STR(<算术表达式> [, <m> [,n]])

功能：将算术表达式的值转为长度为 m，小数位数为 n 的字符串。对第（n+1）位小数自动四舍五入。

例 2.25　数值转换为字符串函数的应用。

```
x=-1.278
?STR(x, 8, 2), STR(x, 2),STR(x),STR(x,1)
```

显示结果：　　−1.28　−1　　　−1

2）字符串转换为数值函数的格式及功能如下。

格式：VAL(<字符表达式>)

功能：将字符表达式值以数字开头的部分转换为对应的数值。

例 2.26　字符串转换为数值函数的应用。

```
x="-12.45ab"
y="b2.6ab"
z="-12.45e3ab"
?VAL(x), VAL(y),VAL(z)
```

显示结果：　　-12.45　　0.00　　-12450.00

3）将字符串转换为日期或日期时间函数的格式及功能如下。

格式：CTOD(<字符表达式>)

　　CTOT(<字符表达式>)

功能：CTOD(<字符表达式>)将字符表达式的值转为对应的日期；CTOT(<字符表达式>)将字符表达式的值转为对应的日期时间。

例 2.27　将字符串转换为日期或日期时间函数的应用。

```
? CTOD("9-2-2010"), CTOT("9-2-2010 10:30:51 am")
```

显示结果：　　09/02/10 09/02/10 10:30:51 AM

4）将日期或日期时间转换为字符串函数的格式及功能如下。

格式：DTOC(<日期表达式> | <日期时间表达式>[, 1])

　　TTOC(<日期时间表达式> [, 1])

功能：DTOC(<日期表达式> | <日期时间表达式>[, 1])将日期表达式或日期时间表达式的值转换为对应的字符串。若选 1，则字符串格式为 YYYYMMDD 共八个字符。TTOC(<日期时间表达式> [, 1])将日期时间表达式的值转换为对应的字符串。若选 1，则字符串格式为 YYYYMMDDHHMMSS 共 14 个字符。

例 2.28　将日期或日期时间转换为字符串函数的应用。

```
x={^2010-11-12 08:30:28 p}
? DTOC(x), DTOC(x,1), TTOC(x),TTOC(x,1)
```

显示结果：　　11/12/10 20101112 11/12/10 08:30:28 PM 20101112202028

（5）测试函数

1）值域测试函数的格式及功能如下。

格式：BETWEEN(<表达式 1>,<表达式 2>,<表达式 3>)

功能：若表达式 1 值大于等于表达式 2 值且小于等于表达式 3 值，则函数返回.T.，否则返回.F.；若表达式 2 的值为 NULL，表达式 3 的值大于或等于表达式 1 的值，则函数返回 NULL；若表达式 3 的值为 NULL，表达式 2 的值小于或等于表达式 1 的值，则函数返回 NULL。

例 2.29　值域测试函数的应用。

```
x=100
? BETWEEN(x, 10, 200), BETWEEN(x, 1, 20), BETWEEN(x, NULL, 200)
? BETWEEN(x, 10, 20), BETWEEN(x, NULL, 30), BETWEEN(x, NULL, NULL)
```

显示结果：　　.T.　.F.　.NULL.

　　　　　　　.F.　.F.　.NULL.

2）是否为空值测试函数的格式及功能如下。

格式：ISNULL(<表达式>)

功能：若表达式值为 NULL，函数返回.T.，否则返回.F.。

例 2.30 是否为空值测试函数的应用。

```
x=NULL
y=3
? ISNULL(x), ISNULL(y)
```

显示结果： .T. .F.

3）空值测试函数的格式及功能如下。

格式：EMPTY(<表达式>)

功能：若表达式值为空，函数返回.T.，否则返回.F.。

说明：数值型、双精度、货币、浮点、隐形为 0 就认为其值为空。字符型空串、空格、制表、回车、换行认为空。备注型无内容认为其值为空。逻辑型.F.认为其值为空。日期、日期时间型为空的日期或空的日期时间认为其值为空。如 CTOD("")，CTOT("")都认为其值为空。

例 2.31 EMPTY 函数的应用。

```
a=NULL
b=0
c=""
? EMPTY (a),EMPTY(b), EMPTY(c), EMPTY(5), EMPTY("abc")
```

显示结果： .F. .T. .T. .F. .F.

4）数据类型测试函数的格式及功能如下。

格式：VARTYPE(<表达式>[, <逻辑表达式>])
　　　TYPE(<表达式>)

功能：VARTYPE(<表达式>[, <逻辑表达式>]) 返回表达式的数据类型，数据类型用一个字母表示。当逻辑表达式的值为.T.时，NULL 返回 L，否则返回 X。TYPE(<表达式>) 返回表达式的数据类型，数据类型用一个字母表示。表达式必须用定界符括起来。

VARTYPE( )与 TYPE( )的返回值如表 2.7 所示。

表 2.7 VARTYPE( )与 TYPE( )的返回值

数据类型	VARTYPE( )返回的字符	TYPE( )返回的字符
字符型	C	C
数值型（或者整数、单精度浮点数和双精度浮点数）	N	N
货币型	Y	Y
日期型	D	D
日期时间型	T	T
逻辑型	L	L
备注型	M	M
对象型	O	O
通用型	G	G
屏幕型（用 SAVE SCREEN 命令建立）	S	S
未定义的表达式类型	U	U
NULL	X	L

例 2.32　数据类型测试函数的应用。

```
a="abc"
b=2
c=NULL
? VARTYPE(a), VARTYPE(b), VARTYPE(c)
? TYPE(" a"),TYPE("b"), TYPE("c")
```

显示结果：　C　N　X
　　　　　　C　N　L

注　意

VARTYPE( )与 TYPE( )的用法的区别。

5）表头测试函数的格式及功能如下。

格式：BOF([<工作区号> | <表别名>])

功能：若表记录指针指向表的第一条记录前面的位置，则表头返回.T.，否则返回.F.。若当前工作区无表打开，则返回.F.。若表无任何记录，则返回.T.。

6）表尾测试函数的格式及功能如下。

格式：EOF([<工作区号> | <表别名>])

功能：若表记录指针指向表的最后一个记录后面的位置，则表尾返回.T.，否则返回.F.。若当前工作区中无表打开，则返回.F.。若表无任何记录则返回.T.。

7）记录测试函数的格式及功能如下。

格式：RECNO([<工作区号> | <表别名>])

功能：返回工作区号或表别名指定表中的当前记录号。若不指定工作区号或表别名，则返回当前表中的当前记录号。若指针指向表尾，则返回（表中总记录数+1）的值。若指针指向表头，则返回 1。

8）记录个数测试函数的格式及功能如下。

格式：RECCOUNT([<工作区号>|<表别名>])

功能：返回工作区号或表别名指定表中的记录总数。若不指定工作区号或表别名，则返回当前表中的记录总数。若工作区号指定的工作区或当前工作区无表打开，则返回 0 。

9）记录逻辑删除测试函数的格式及功能如下。

格式：DELETED([<工作区号>|<表别名>])

功能：测试工作区号或表别名指定的表中指针所指的记录是否有逻辑删除标记“*”，若有为.T.，否则为.F.。若不指定工作区号或表别名，则测试当前记录是否有逻辑删除标记“*”。

10）判断查找是否成功函数的格式及功能如下。

格式：FOUND(([<工作区> | <表别名>])

功能：判断在指定工作区或指定表别名的表中查找是否成功，若成功返回.T.，否则返回.F.。若无任何选项，则默认为当前工作区中的表。

11）数组测试函数的格式及功能如下。

格式：ALEN(<数组名>, <算术表达式>)

功能：返回数组中元素、行或列的数目。当算术表达式为 0 时，返回数组元素数目。当算术表达式为 1 时，返回数组的行数。当算术表达式为 2 时，返回指定数组的列数，如果数组是一维数组（没有列），则返回 0。

（6）其他函数

1）对话框函数的格式及功能如下。

格式：[<变量>=]MESSAGEBOX(<提示信息>[, <对话框类型>[, <对话框标题>]])

功能：显示用户自定义对话框，返回值为数值型。

说明：

① 对话框类型由三部分组成，形式为<出现按钮>＋<出现图标>＋<默认按钮>。

② 对话框类型与函数的返回值如表 2.8 所示。

表 2.8 对话框函数的出现按钮、出现图标和默认按钮

对话框类型值	出现按钮	对话框类型值	出现图标	对话框类型值	默认按钮	函数返回值	单击的按钮
0	“确定”	16	终止	0	第 1 个按钮	1	“确定”
1	“确定”和“取消”	32	问号	256	第 2 个按钮	2	“取消”
2	“终止”、“重试”、“忽略”	48	感叹号	512	第 3 个按钮	3	“终止”
3	“是”、“否”、“取消”	64	信息			4	“重试”
4	“是”、“否”					5	“忽略”
5	“重试”、“取消”					6	“是”
						7	“否”

例 2.33 对话框函数的应用。

```
x=MESSAGEBOX("祝您成为 IT 精英!", 4+64+0, "欢迎使用 VFP")
? x
```

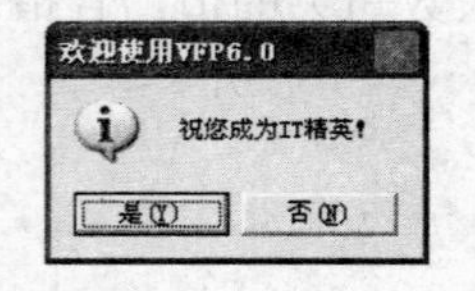

图 2.1 对话框函数使用示例

显示结果：如图 2.1 所示。

当用户单击“是”按钮后，输出 x 的值为 6。

2）条件函数的格式及功能如下。

格式：IIF(<逻辑值表达式>, <表达式 1>, <表达式 2>)

功能：若逻辑值表达式的值为.T.，则返回表达式 1 的值，否则返回表达式 2 的值。

例 2.34 条件函数的应用。

```
x=100
?IIF(x>10, x+10, x-10)
```

显示结果： 110

习 题 2

一、思考题

1．试说明 VFP 6.0 的字段类型和常量类型。

2．VFP 6.0 有哪些变量类型？

3．VFP 6.0 定义了哪些类型的运算符？在类型内部和类型之间，其优先级是如何规定的？
4．VFP 6.0 使用数组，是否需要先定义？用什么命令定义数组？
5．VFP 6.0 定义了哪些表达式类型？各举一例说明。
6．举例说明函数返回值的类型和函数对参数类型的要求。
7．举例说明下列函数的用法。
SUBSTR( )、STR( )、VAL( )、EOF( )、FOUND( )。
8．使用 VFP 6.0 命令时，应遵循哪些规则?

二、选择题

1．在以下四组函数运算中，结果相同的是（　　）。
A．LEFT("Visual FoxPro",6)与 SUBSTR("Visual FoxPro",1,6)
B．YEAR(DATE( ))与 SUBSTR(DTOC(DATE( )),7,2)
C．VARTYPE("36-5*4")与 VARTYPE(36-5*4)
D．假设 A="this　", B="is a string"，A-B 与 A+B
2．在下面的 VFP 表达式中，不正确的是（　　）。
A．{^2008-12-01 10:10:10AM}-10　　B．{^2008-12-01}-DATE( )
C．{^2008-12-01}+DATE( )　　D．[^2008-12-01]+[1000]
3．在下列函数中，函数值为数值的是（　　）。
A．AT('人民', '中华人民共和国')　　B．CTOD('01/01/96')
C．BOF( )　　D．SUBSTR(DTOC(DATE( )),7)
4．已知 D1 和 D2 为日期型变量，下列四个表达式中非法的是（　　）。
A．D1-D2　　B．D2-36　　C．D1+28　　D．D1+D2
5．函数 INT（数值表达式）的功能是（　　）。
A．按四舍五入取数值表达式值的整数部分
B．返回数值表达式值的整数部分
C．返回不大于数值表达式值的最大整数
D．返回不小于数值表达式值的最小整数
6．在下面的 VFP 表达式中，运算结果是逻辑真的是（　　）。
A．EMPTY(.NULL.)　　B．LIKE("ABC","AC?")
C．AT("A","123ABC")　　D．EMPTY(SPACE(2))
7．设 D=5>6，VARTYPE(D)的输出值是（　　）。
A．N　　B．C　　C．L　　D．D
8．设 N=886，M=345，K="M+N"，表达式 1+&K 的值是（　　）。
A．1232　　B．数据类型不匹配
C．1+M+N　　D．346
9．如果 X=10，Y="X=20"，则 TYPE("Y")的值是（　　）。
A．L　　B．N　　C．C　　D．出错
10．命令？VARTYPE（TIME（））结果是（　　）。
A．C　　B．D　　C．T　　D．出错
11．命令？LEN（SPACE（3）-SPACE（2））的结果是（　　）。
A．1　　B．2　　C．3　　D．5
12．VFP 数据库文件中的字段有字符型（C）、数值型（N）、日期型（D）、逻辑型（L）、（　　）（M）等。
A．浮点型　　B．备注型　　C．屏幕型　　D．时间型

13．下列为合法数值型常量的是（ ）。

A．3.1415E+6　　B．08/05/07　　C．123*100　　D．3.1415+E6

14．下列表达式结果为.F.的是（ ）。

A．"33">"300"　　B．"男">"女"

C．"CHINA">"CANADA"　　D．DATE()+5>DATE()

15．若 X=34.567，则命令?STR(X，2)-SUBS("34.567",5,1)的显示结果是（ ）。

A．346　　B．356　　C．357　　D．355

16．下列不正确的字符型常量有（ ）。

A．[计算机]　　B．'计算机'　　C．"计算机"　　D．(计算机)

17．若内存变量名与当前打开的数据表中的一个字段名均为 NAME，则执行? NAME 命令后，显示的是（ ）。

A．内存变量的值　　B．字段变量的值　　C．随机　　D．错误信息

18．若内存变量 DA 的类型是日期型，则下面正确的赋值是（ ）。

A．DA=07/07/07　　B．DA="07/07/07"

C．DA=CTOD("07/07/07")　　D．DA=CTOD(07/07/07)

19．若 DATE="99/12/20"表达式&DATE 的结果的数据类型是（ ）。

A．字符型　　B．数值型　　C．日期型　　D．不确定

20．顺序执行以下赋值命令之后，下列表达式中错误的是（ ）。

```
A="123"
B=3*5
C="XYZ"
```

A．&A+B　　B．&B+C　　C．VALA．+B　　D．STRB．+C

21．执行以下命令后，屏幕上显示的结果是（ ）。

```
STORE  2+3<7  TO  A
B=".T."> ". F."
?A.AND.B
```

A．.T.　　B．.F.　　C．A　　D．B

22．执行下列命令后，屏幕上显示的结果为（ ）。

```
STORE  "DEF"    TO  X
STORE  "ABC"+X  TO  Y
STORE  Y-"GHI"  TO  Z
?  Z
??  "A"
```

A．ABCDEF GHIA　　B．ABCDEFGHIA　　C．ABC DEFGHI　　D．ABCDEFGHI A

23．VFP 函数 ROUND(123456.789，-2)的值是（ ）。

A．123456　　B．123500.00　　C．123456.79　　D．123456.700

24．以下各表达式中，运算结果为数值型的是（ ）。

A．RECNO( )>10　　B．YEAR=2007　　C．DATE( )-50　　D．AT("IBM"，"Computer")

25．假设 A=14，X="A<20"，执行 TYPE("X")，TYPE(X)后，屏幕上显示的结果是（ ）。

A．CC　　B．NL　　C．LC　　D．CL

26．执行下列命令序列后，输出的结果是（ ）。

```
X="ABCD"
Y="EFG"
?SUBSTR(X,IIF(X< >Y,LEN(Y),LEN(X)),LEN(X)-LEN(Y))
```

A. A　　B. B　　C. C　　D. D

27．表达式 VAL(SUBSTR("等级考试 1/2/3/4"，9，1))*LEN("Visual FoxPro")的结果是（　　）。

A. 13　　B. 26　　C. 39　　D. 52

28．执行下列命令序列后，屏幕上显示的结果是（　　）。

```
D1=CTOD("01/10/2007")
D2=IIF(YEAR(D1)>2001,D1,"2001")
? D2
```

A. 01/10/07　　B. 2001　　C. D1　　D. 错误提示

29．执行下列命令序列，屏幕上显示的结果是（　　）。

```
S1="a+b+c"
S2="+"
?AT(S1,S2)
?AT(S2,S1)
```

A. 02　　B. 20　　C. 22　　D. 00

30．要判断数值型变量 Y 是否能够被 7 整除，错误的条件表达式为（　　）。

A. MOD(Y,7)=0　　B. INT(Y/7)=Y/7　　C. 0=MOD(Y,7)　　D. INT(Y/7)=MOD(Y,7)

31．可以参加“与”、“或”、“非”逻辑运算的对象（　　）。

A. 只能是逻辑型的数据

B. 可以是数值型、字符型的数据

C. 可以是数值型、字符型、日期型的数据

D. 可以是数值型、字符型、日期型、逻辑型的数据

32．执行下列命令后，屏幕上的显示结果是（　　）。

```
AA="visual FoxPro"
? UPPER(SUBSTR(AA,1,1))+LOWER(SUBSTR(AA,2))
```

A. VISUALFOXPRO　　B. visual foxpro　　C. Visual FoxPro　　D. Visual Foxpro

33．顺序执行下面的命令之后，屏幕上显示的结果是（　　）。

```
S="Happy New Year!"
T="New"
?AT(T,S)
```

A. 0　　B. 7　　C. 14　　D. 错误信息

34．在 VFP 中，可以使用的两类变量是（　　）。

A. 字段变量和简单变量　　B. 全局变量和局部变量

C. 内存变量和字段变量　　D. 内存变量和自动变量

35．执行下列命令后的结果是（　　）。

```
Ab=6.0
aB="Visual FoxPro"
?Ab+aB
```

A．6.0Visual FoxPro　B．Visual Foxpro　C．6.0 6.0　D．Visual FoxPro Visual FoxPro

36．设有变量 string="2007 年上半年全国计算机等级考试"，下列能够显示"2007 年上半年计算机等级考试"的命令是（　　）。

A．?string-"全国"

B．?SUBSTR(string,1,8)+SUBSTR(shing,11,17)

C．?SUBSTR(string,1,12)+SUBSTR(string,17,14)

D．?STR(string,1,12)+STR(string,17,14)

37．执行下列命令序列后，屏幕上显示的是（　　）。

```
AA="全国计算机等级考试"
BB="九八"
CC="一"
?AA
??BB+"年第"+CC+"次考试"
```

A．全国计算机等级考试九八年第一次考试

B．全国计算机等级考试　九八年第一次考试

C．全国计算机等级考试 BB 年第 CC 次考试

D．全国计算机等级考试 BB+年第+CC+次考试

38．设 A="123"，B="234"，下列表达式中结果为.F.的是（　　）。

A．.NOT.(A==B).OR.(B$"ABC")　B．.NOT.(A$"ABC").AND.(A< >B)

C．.NOT.(A< >B)　D．.NOT.(A>=B)

39．在“选项”对话框的“文件位置”选项卡中可以设置（　　）。

A．默认目录　B．日期和时间的显示格式

C．表单的默认大小　D．程序代码的颜色

三、填空题

1．数组的最小下标是________，数组元素的初值是________。

2．设系统日期为 2006 年 9 月 21 日，下列表达式显示的结果是________。

?VAL(SUBSTR('2006'，3)+RIGHT(STR(YEAR(DATE( )))，2))

3．如果 x=10，y=12，则?(x=y). AND.(x<y)的结果是________。

4．测试当前记录指针的位置可以用函数________。

5．表达式 2*3^2+2*9/3+3^2 的值为________。

6．表达式 LEN(DTOC(DATE( )))+DATE( )的类型是________。

7．关系运算符“$”用来判断一个字符串是否________另一个字符串中。

8．对于一个空数据库，执行?BOF( )命令的结果为________；执行?EOF( )命令的结果为________。

9．VFP 有两种变量，即内存变量和________变量。

10．设当前数据库有 N 条记录，当函数 EOF( )的值为.t.时，函数 RECNO( )的显示结果为________。

11．TYPE("10/25/08")的输出值是________。

12．设工资=1200，职称="教授"，下列逻辑表达式的值是________。

工资>1000 AND (职称="教授" OR 职称="副教授")

13．ROUND(337.2007,3)的结果是________。

14．LEN("THIS IS MY BOOK")的结果是________。

15．TIME( )返回值的数据类型是________。

16．MOD(9,−2)的返回值为________。

17．对 VFP 进行环境设置除了用 SET 命令外，还可以在________对话框中进行设置。

18．VFP 命令的续行符是________。

19．扩展名为.PRG 的程序文件在“项目管理器”的________选项卡中显示和管理。

20．如果一个表达式中包含算术运算、关系运算、逻辑运算和函数时，则运算的优先次序是________。

第 3 章　表的基本操作

在 VFP 中，表是处理数据和建立关系型数据库及其应用系统的基本单位和内容，它用于存储收集来的各种信息。而数据库是表的集合，数据库的管理最终是对表进行管理。由于表可以独立于程序，因而表使数据得以共享，同时使数据得到充分的利用。VFP 中的表可分为自由表、数据库表两种。本章主要介绍自由表的操作。

3.1　表 的 建 立

在 VFP 中表的建立方式有多种。本节中只介绍用可视化界面建立表和用命令建立表两种方式，其他几种方式将在后续章节中逐步介绍。建立表的过程一般可分为三步：第一步要确立表的名称和表的结构；第二步用界面或用命令开始建立表，即对表及其结构的定义；第三步输入表的内容。表 3.1 所示为学生自然情况表。

表 3.1　学生自然情况表

学号	班级	姓名	性别	出生日期	团员	专业代码	入学成绩	院系代码	简历	照片
20100001	20100101	李红玉	女	1991.12.11	否	DQ01	530.0	GD01	略	略
20100002	20100101	希望	男	1991.11.23	是	DQ01	548.0	GD01	略	略
20100041	20100102	欧阳东方	男	1992.10.11	是	DQ01	529.0	GD01	略	略
20100042	20100102	文晓红	女	1992.12.11	是	DQ01	550.0	GD01	略	略
20100081	20100201	王晓红	女	1992.06.15	是	CP02	524.0	GD02	略	略
20110082	20110201	王红	女	1993.06.23	是	CP02	570.0	GD02	略	略
20100121	20100202	刘江	男	1991.02.28	否	CP02	539.0	GD02	略	略
20100122	20100202	刘长江	男	1992.03.09	是	CP02	528.0	GD02	略	略
20110161	20110203	张强	男	1993.02.01	否	CP02	549.0	GD02	略	略
20100162	20100303	李文玲	女	1992.10.23	否	CP03	546.0	GD02	略	略
20110201	20110301	赵天明	男	1993.06.08	是	CP03	552.0	GD02	略	略
20110039	20110101	希望	男	1993.07.08	是	DQ01	560.0	GD01	略	略

VFP 中表的命名规则已在 2.2.3 小节中介绍过了，表的扩展名为.DBF。下面就以“学生自然情况表”为例，介绍表的建立及相关知识。

3.1.1　确定表的结构

确定表的结构也称表结构设计。一个二维表由它的列项与行项组成，在 1.2.2 小节中已经知道表的列项称为字段，表中内容一行称为一个记录。字段也是一种变量，它的命名规则已在前面章节中介绍了。字段变量类型可为表 2.1 中的所有数据类型。由表 3.1 来确定该表的表名为学生.DBF，其结构为学号 C(8)、班级 C(8)、姓名 C(8)、性别 C(2)、出生日期 D、团员 L、专业代码 C(4)、入学成绩 N(5,1)、院系代码 C(4)、简历 M、照片 G。

3.1.2　建立表

一个表的建立应首先确定表建立在磁盘中的位置，这样，在建立表后需要打开表时，只要按表在磁盘中的位置找到表将表打开即可。

在 X 盘上已经建立一个 Y 文件夹，X 盘表示任意磁盘，Y 文件夹表示任意名称的文件夹。如在 D 盘建立一个名称为“XSCJGL”的文件夹。建文件夹可通过 Windows 的“我的电脑”或资源管理器等建立。

建立好文件夹后，应设置 VFP 的默认目录（文件夹）。如果用户不设置默认目录，VFP 的默认目录是 C:\Program Files\Microsoft Visual Studio\Vfp98，在操作中为了方便，用户可以改变 VFP 的默认目录。下面介绍设置默认目录的方法。

1）执行“工具”→“选项”命令，打开“选项”对话框，如图 3.1 所示。

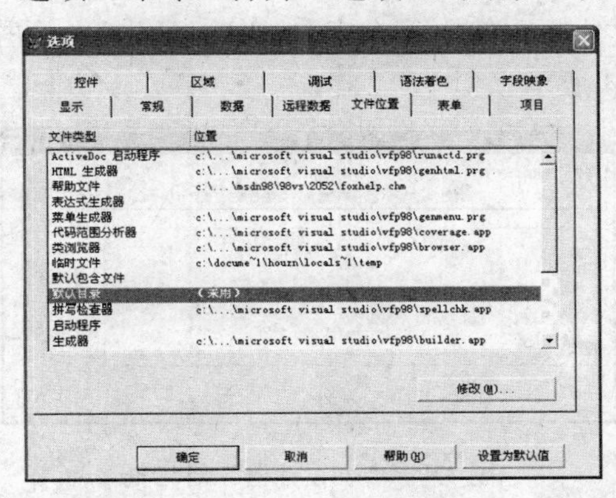

图 3.1　“选项”对话框

2）在“选项”对话框中单击“文件位置”选项卡，在“文件类型”和“位置”列表框中选择“默认目录”，单击“修改”按钮，打开“更改文件位置”对话框。勾选“使用默认目录”复选框，在“定位默认目录”文本框中输入默认目录，如 D:\XSCJGL，单击“确定”按钮（或单击“定位默认目录”文本框右侧的“...”按钮，打开“选择目录”对话框。在“选择目录”对话框的“驱动器”下拉列表中，选择相应的驱动器，在“选择目录”对话框的当前工作目录窗口中选择相应的目录，单击“选定”按钮，关闭“选择目录”对话框，单击“确定”按钮），关闭“更改文件位置”对话框，返回图 3.1，再单击“确定”按钮，关闭“选项”对话框，此时完成文件的默认目录设置。若要长期使用此默认目录，则应先单击“设置为默认值”按钮，再单击“确定”按钮。

除了使用上述方法设置默认目录外，还可以通过“命令”窗口中的 SET DEFAULT TO 命令设置，如 SET DEFAULT TO D:\XSCJGL。

1. 用菜单或工具栏打开“表设计器”创建表

其操作步骤如下。

1）执行“文件”→“新建”命令或单击常用工具栏中的“新建”按钮，打开“新建”对话框，如图 3.2 所示。

2）在“新建”对话框文件类型选项组中，点选“表”单选按钮，单击“新建文件”按钮，打开“创建”对话框，如图 3.3 所示。

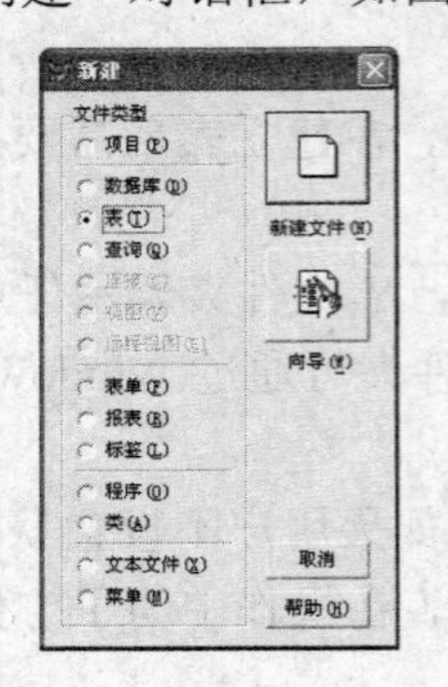

图 3.2 “新建”对话框

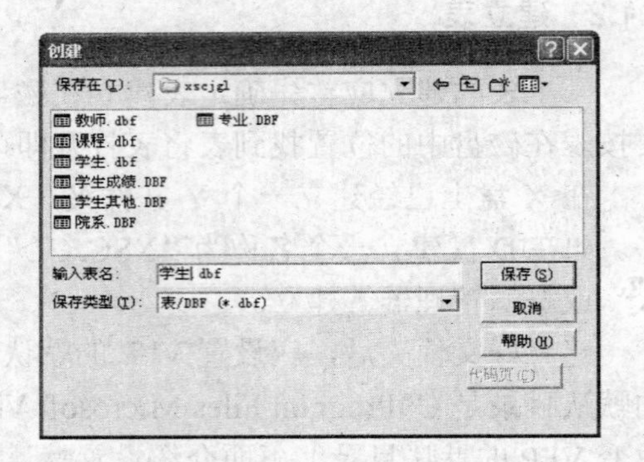

图 3.3 “创建”对话框

3）在“输入表名”文本框中输入一个表名，如“学生”，单击“保存”按钮，打开“表设计器”对话框，如图 3.4 所示。

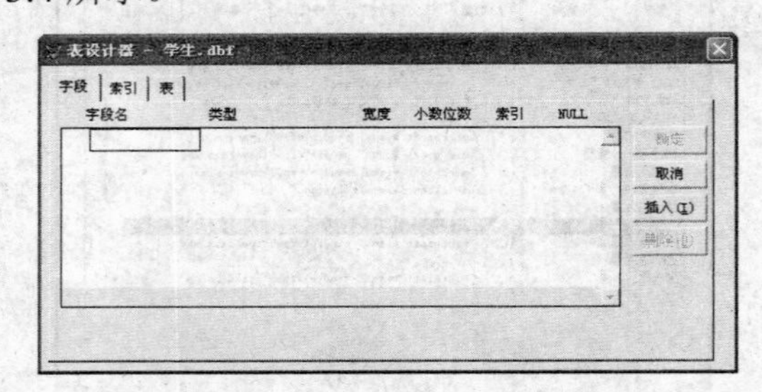

图 3.4 “表设计器”对话框

4）单击“字段”选项卡，在“字段名”列中输入字段名，如“学号”；在“类型”下拉列表中选择类型，如“字符型”；在“宽度”列中选择宽度，如“8”，如图 3.5 所示。

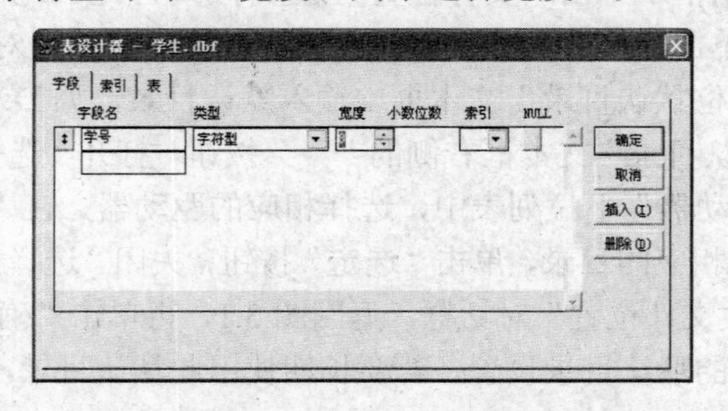

图 3.5 设置“字段”选项卡

在“小数位数”列中可输入小数位数，但字符型是不能输小数位数的。若需要索引，可在“索引”列中选择排列方式。若需要字段接受空值NULL，就可以选择“NULL”。

VFP 支持 NULL，NULL 是一个不确定的值，它不同于 0、空串、空格。

这样就完成了一个字段的定义。若单击下一行字段的各列，则可以开始对下一个字段进行定义，直到将表结构中的所有字段的定义完成。

当表结构建立完后，单击“确定”按钮，打开如图 3.6 所示的对话框。若单击“是”按钮，则立即输入记录；单击“否”按钮，则不输入记录。

2. 用命令打开“表设计器”

图 3.6　是否立即输入记录提示框

格式：CREATE <表名>

功能：打开“表设计器”并创建表名指定的表。

例如，在“命令”窗口中输入：CREATE　学生

按 Enter 键后，打开“表设计器”，就可以按上述方法建立表。

3. 用“表向导”创建表

其操作步骤如下。

1）执行“文件”→“新建”命令，打开“新建”对话框，如图 3.2 所示。在“文件类型”选项组中点选“表”单选按钮，单击“向导”按钮，打开“表向导”对话框，如图 3.7 所示。

2）在“样表”列表框中选择表，若无表可选，可单击“加入”按钮，将需要的表加入到“样表”列表框中，从“可用字段”列表框中选择需要的字段，单击“▸”或“▸▸|”按钮，将所选的字段加入到“选定字段”列表框中。单击“下一步”按钮，进入“表向导”对话框之“步骤 1a-选择数据库”，如图 3.8 所示。

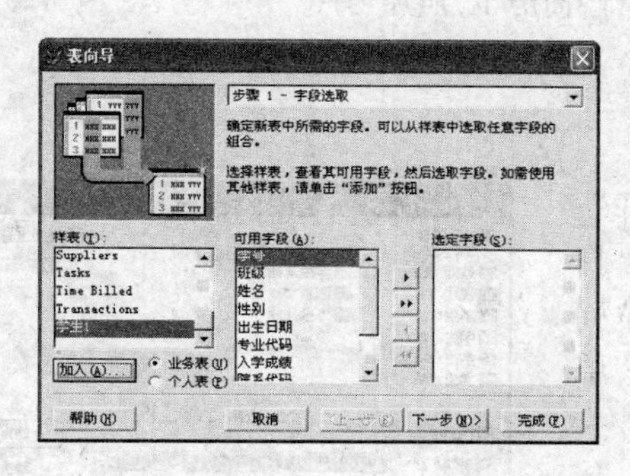

图 3.7　“表向导”对话框之“步骤 1-字段选取”

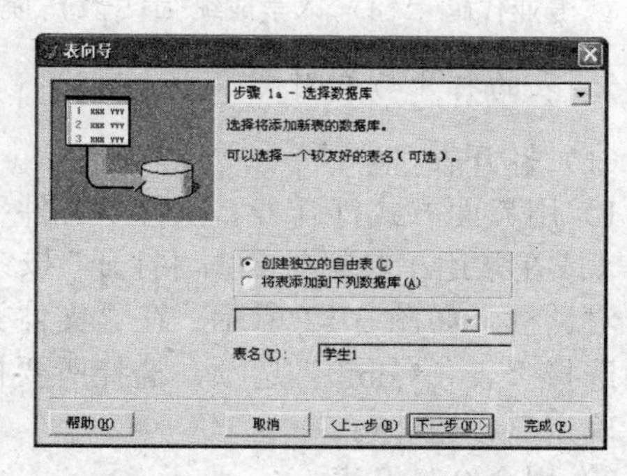

图 3.8　“表向导”对话框之“步骤 1a-选择数据库”

3）单击“下一步”按钮，进入“表向导”对话框之“步骤 2-修改字段设置”，如图 3.9 所示，此时可对所创建表的字段定义进行修改。

4）单击“下一步”按钮，进入“表向导”对话框之“步骤 3-为表建索引”，如图 3.10 所示。

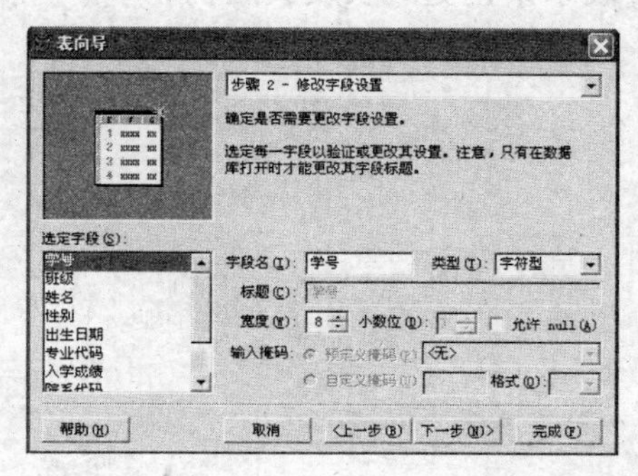

图 3.9　“表向导”对话框之“步骤 2-修改字段设置”

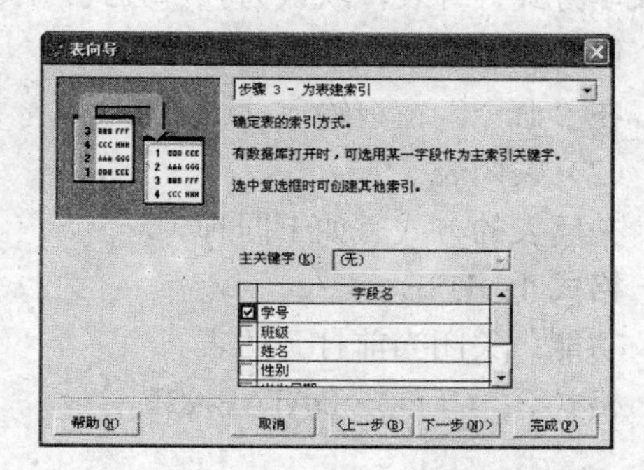

图 3.10　“表向导”对话框之“步骤 3-为表建索引”

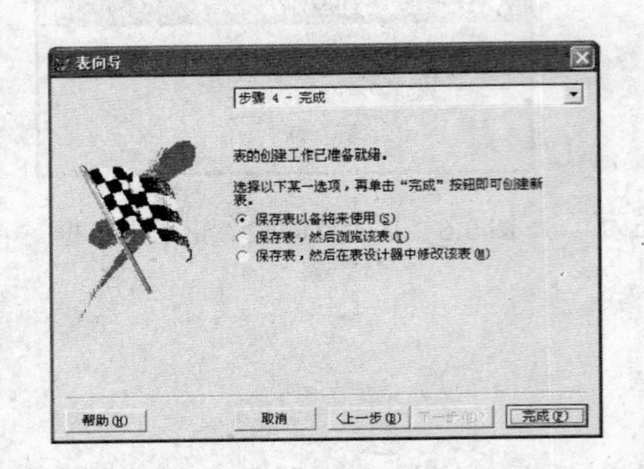

图 3.11 “表向导”对话框之“步骤 4-完成”

5）为表选择关键字和索引字段后，单击“下一步”按钮，进入“表向导”对话框之“步骤 4-完成”，如图 3.11 所示。

6）选择一种保存表的类型，单击“完成”按钮，打开“另存为”对话框。在输入表名文本框中输入一个表名。此时完成了用“表向导”创建表的过程。

4. 用命令创建表

格式：CREATE TABLE|DBF <表名> (<字段名 1> 类型 (<宽度>[,<小数位数>]) [,<字段名 2> <类型> (<宽度>[,<小数位数>])[,…])

功能：创建表名指定的表。此命令不用“表设计器”创建表。

说明：类型用单字母表示。如学生成绩 5 位，小数占 2 位，可表示为 N(5, 2)。

例 3.1 用命令方式创建表 3.1 中的“学生自然情况表”，表名为“学生 2”。

```
CREATE TABLE 学生 2 (学号 C(8), 班级 C(8), 姓名 C(8), 性别 C(2), 出生日期 D,
团员 L,专业代码 C(4),入学成绩 N(5,1),院系代码 C(4),简历 M,照片 G)
```

5. 表的打开与关闭

（1）打开表

1）用界面方式打开表。执行“文件”→“打开”命令（或在常用工具栏中单击“打开”按钮），打开“打开”对话框，如图 3.12 所示。在“文件类型”下拉列表中选择“表（*.dbf）”选项，选择所要打开的表，单击“确定”按钮即可。

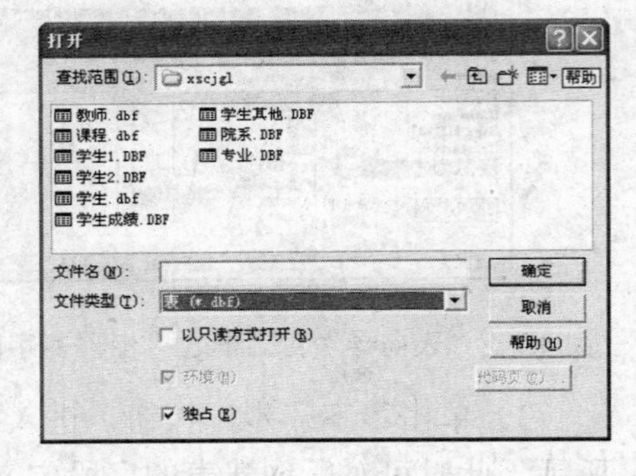

图 3.12 “打开”对话框

2）用命令打开表。

格式：USE <表名> [EXCLUSIVE] [SHARED] [NOUPDATE]

功能：关闭原来打开的表，打开指定表名的表。EXCLUSIVE 表示以独占方式打开表；SHARED 表示以共享方式打开表，默认为独占方式；NOUPDATE 表示禁止更改表及其结构。

例 3.2 用命令打开“学生”表。

在“命令”窗口输入：`USE 学生`

（2）关闭表

关闭表的方式有如下四种。

格式 1：USE

功能：关闭当前打开的表。

格式 2：CLOSE DATABASE

功能：关闭当前数据库和表。若没有当前数据库，则关闭所有工作区内所有打开的自由表、索引和格式文件，并选择 1 号工作区。

格式 3：CLOSE TABLE|DBF [ALL]

功能：关闭所有当前选中数据库中的所有表。若没有已打开的数据库，则 CLOSE TABLES 关闭所有工作区内的自由表。若包含 ALL，则可以关闭所有数据库中的所有表以及自由表，但所有数据库保持打开状态。

格式 4：CLOSE ALL

功能：关闭所有工作区中打开的数据库、表和索引，并选择 1 号工作区。

6. 显示表的结构

刚刚建立完的表是打开的（若表没有打开，可用 USE 命令打开），要显示该表的结构可以使用下列命令。

格式：LIST|DISPLAY STRUCTURE

功能：显示当前表（当前已打开的表）的结构。LIST 与 DISPLAY 的区别是，LIST 表示不分页显示，DISPLAY 表示分页显示。

例 3.3　显示“学生”表的结构。

```
USE 学生
LIST  STRUCTURE
表结构:                    D:\XSCJGL\学生.DBF
数据记录数:                12
最近更新的时间:            10/05/10
备注文件块大小:            64
代码页:                    936
   字段   字段名      类型      宽度    小数位    索引    排序    Nulls
      1   学号        字符型      8                                 否
      2   班级        字符型      8                                 是
      3   姓名        字符型      8                                 是
      4   性别        字符型      2                                 是
      5   出生日期    日期型      8                                 是
      6   专业代码    字符型      4                                 是
      7   入学成绩    数值型      5       1                         是
      8   院系代码    字符型      4                                 是
      9   简历        备注型      4                                 否
     10   照片        通用型      4                                 否
** 总计 **                       57
```

7. 表结构的修改

一个表在建立以后，有时由于实际需要发生了变化，或在建立表时表的结构不符合要求，需要对已存在的表结构进行全面修改，VFP 提供了界面与命令两种修改方式。

（1）在“表设计器”中修改表的结构

1）用菜单操作。在表打开的情况下执行菜单中的命令修改表结构步骤：执行“显示”→“表设计器”命令，打开“表设计器”，同建立表时一样对各个字段的内容进行修改。

2）用命令打开“表设计器”修改结构，其方法如下。

格式：MODIFY STRUCTURE

功能：打开“表设计器”，在其中修改当前表的结构。

例 3.4 修改“学生表”的结构，将“入学成绩”字段更改为 N(6,2)。

方法一：执行“显示”→“表设计器”命令，打开“表设计器”。选中“入学成绩”字段按题目要求进行修改，修改完后单击“表设计器”右侧的“确定”按钮，打开“确认”对话框，单击“是”按钮。

方法二：在“命令”窗口中输入“MODI STRUCTURE”并按 Enter 键，打开“表设计器”。选中“入学成绩”字段按题目要求进行修改，修改完后单击“表设计器”右侧的“确定”按钮，打开“确认”对话框，单击“是”按钮。

（2）用命令修改（不进入“表设计器”）

格式：ALTER TABLE <表名> ADD|ALTER [LOLUMN] <字段名> <数据类型> [(<字段宽度>[, <小数位数>]) DROP [COLNME] <字段名 1> REMAME [COLUMN] <字段名 2> TO <字段名 3>

功能：修改表的结构。

说明：

1）ADD [LOLUMN]子句用于增加新的字段。

2）ALTER [LOLUMN]子句用于修改原有字段。

3）DROP [LOLUMN] 子句用于删除字段。

4）RENAME [LOLUMN]子句用于将字段 2 指定的字段名更改为字段 3 指定的字段名。

例 3.5 对“学生 2”表增加“爱好”字段 C(20)；将“爱好”字段修改为 C(30)；将“爱好”字段名更改为“特长”字段名；删除“特长”字段。

实现题目要求需先后在“命令”窗口中输入如下命令。

```
ALTER TABLE 学生2 ADD COLUMN 爱好 C(20)
ALTER TABLE 学生2 ALTER COLUMN 爱好 C(30)
ALTER TABLE 学生2 RENAME COLUMN 爱好 TO 特长
ALTER TABLE 学生2 DROP 特长
```

下面将本书所用的表列出，供读者在练习建表和输入数据记录时使用，这些表的内容也是读者以后学习要使用到的内容。本书所用表如表 3.2～表 3.7 所示。

表 3.2 专业表

专业代码	专业名称	专业类别	类别说明
DQ01	电器工程及其自动化	A	理科生
CP02	计算机应用	A	理科生
CP03	信息工程	A	理科生
RW04	中文	A	文科生
GS05	国际贸易	C	文理兼招生
GS08	会计	C	文理兼招生

表 3.3　院系表

院系代码	院系名称
GD01	机电工程学院
GD02	计算机科学与工程学院
GD03	材料工程学院
GD04	化学工程学院
GD05	信息传播工程学院
GD06	工商管理学院

表 3.4　学生其他表

学号	身份证号码	籍贯	家庭地址	电话	特长	奖励	处分	病史
20110082	110111199306230108	北京	北京海淀区永生小区 13 幢 2 单元 302	82903132	演讲	无	无	无
20110039	110134199307085678	北京	北京沙城区杭州湖小区 4 幢 4 单元 502	33892178	排球、足球	2008 年获北京市长跑第三名		
20100121	110108199102281931	河南	郑州西城区方生小区 34 幢 3 单元 402	65883030	集邮	2000 年获校集邮展三等奖	无	肺炎
20110201	110234199306081512	河南	河南郑州市南湖小区 4 幢 3 单元 402	99665587	集邮	无		
20100081	410108199206151983	湖南	长沙北海区育新小区 64 幢 1302	62338090	排球、足球	无	无	无
20110161	220101199302010819	吉林	吉林市阳光小区 2 幢 3 单元 101	62113434	长跑、足球	2008 年获吉林市长跑第二名	无	无
20100162	220110199210231081	吉林	吉林长春市南湖小区 4 幢 3 单元 302	67857978	摄影	2009 年获优秀作品奖	无	无
20100042	310155199212110120	江苏	江苏北湖小区 4 幢 3 单元 502	50321872	跳舞、篮球	2007 年被评为三好学生	无	无
20100122	410111199203090735	山西	太原市温泉小区 3 幢 402	63227878	象棋	2005 年获太原市数学竞赛一等奖	因作弊受处分	无
20100002	310162199111233198	上海	上海市白马小区 3 幢 2 单元 304	47418738	跳高、足球	高一时被评为特等生	无	无
20100001	510101199112110829	四川	成都滨江区江岸小区 34 幢 3 单元	62313380	唱歌	高一时被评为三好学生	无	无
20100041	110230199210111210	天津	天津恒大小区 4 幢 3 单元 502	41332249	围棋	无	无	无

表 3.5　课程表

课程代码	课程名称	周课时	学分	专业类别
201001	英语	4	4	C
201002	数学	4	4	C
201003	大学计算机基础	2	2	C
201004	宪法	4	4	A
201005	计算机程序设计	5	4.5	C
201006	大学生就业指导	2	2	C
201007	C++程序设计	4	4	B
201008	数据库原理	4	4	B

表 3.6 教师表

教师代码	姓名	性别	出生日期	职称
1001	林木森	男	1972.06.19	副教授
2002	程万年	男	1964.03.16	副教授
3003	李木子	男	1950.02.23	教授
8008	李新欣	女	1988.11.15	讲师
9009	万长兰	女	1970.11.18	副教授
9010	张文强	男	1954.10.12	教授

表 3.7 成绩表

学号	课程代码	平时	期中	期末	总评	学号	课程代码	平时	期中	期末	总评
20100001	201001	80	89	91	88	20110201	201002	88	65	72	73
20100002	201001	91	83	85	86	20110039	201002	70	90	84	83
20100041	201001	78	86	81	82	20100001	201005	90	82	86	86
20100042	201001	80	90	90	88	20100002	201005	84	96	92	92
20100081	201001	95	93	90	92	20100041	201005	76	78	60	69
20110082	201001	90	91	87	89	20100042	201005	85	88	81	84
20100121	201001	90	97	96	95	20100081	201005	90	87	82	85
20100122	201001	88	69	76	76	20110082	201005	85	80	88	85
20110161	201001	88	65	72	73	20100121	201005	65	75	63	67
20100162	201001	70	90	84	83	20100122	201005	60	80	51	62
20110201	201001	80	70	70	72	20110161	201005	80	81	85	83
20110039	201001	78	84	82	82	20100162	201005	67	72	70	70
20100001	201002	95	88	90	90	20110201	201005	76	76	76	76
20100002	201002	75	87	82	82	20110039	201005	78	60	65	66
20100041	201002	80	89	91	88	20100001	201006	76	78	60	69
20100042	201002	91	83	85	86	20100002	201006	85	88	81	84
20100081	201002	78	86	81	82	20100041	201006	90	87	82	85
20110082	201002	80	90	90	88	20100081	201006	85	80	88	85
20100121	201002	95	93	90	92	20100121	201006	65	75	63	67
20100122	201002	90	91	87	89	20110161	201006	60	80	51	62
20110161	201002	90	97	96	95	20110201	201006	80	81	85	83
20100162	201002	88	69	76	76						

3.1.3 表中数据记录的输入

1. *在创建完表结构后直接输入数据记录*

当表结构建立完后，单击“确定”按钮，打开如图 3.6 所示提示对话框。若单击“是”按钮，则立即进入窗口编辑方式，可向表中输入数据记录。编辑窗口中首先显示的是第一条记录的各字段名以及其右侧编辑区，高亮度反相显示区在第一个字段的位置，如图 3.13 所示。

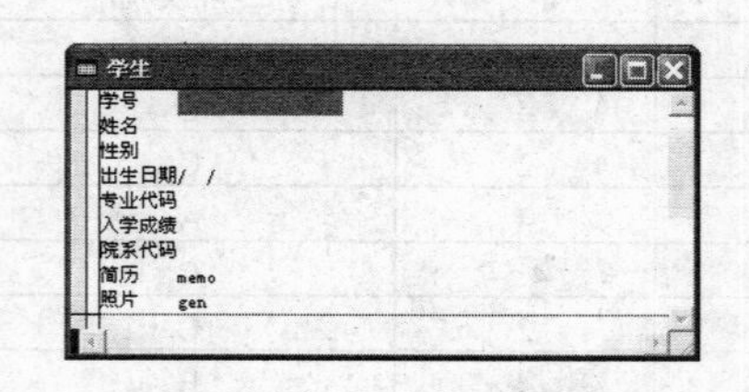

图 3.13 输入记录时的窗口编辑方式

说明：

1）光标首先定位在第一个字段的第一个字符处，等待输入数据。凡日期型字段系统均给出“ / / ”提示，凡日期时间型字段系统给出“ / / : : AM”提示，系统对含有小数的数值型字段在输入时将给出一个小数

点“.”提示，备注型字段标有“memo”字样，通用型字段标有“gen”字样，以提醒用户输入数据的类型。

2）系统有自动排错功能。例如，当输入日期型字段（或日期时间型字段）的数据超出规定范围时，系统将在主窗口的右上角显示“无效日期”。当按下任意键后，“无效日期”消失，用户可以重新在原来的基础上输入日期（或日期时间）。而当输入逻辑型字段的值时，如果不是规定的代表逻辑型的字母，系统将拒绝接受，直到输入正确为止。

3）当输入的数据刚好填满字段的宽度时，光标自动跳至下一个字段，并根据系统的默认状态响铃提醒用户。若填入数据超过字段宽度，则自动截断，响铃后光标自动跳到下一个字段。若输入数据填不满给定宽度，则需按 Enter 键（或↓箭头键），光标才会跳到下一个字段。对于多余宽度，字符型对齐方式是左对齐，数值型对齐方式是右对齐。

4）对备注型字段，光标开始定位于“memo”处。若不输入内容，可按 Enter 键（或↓箭头键）直接跳过；若输入内容，可按以下步骤进行。

① 在“memo”处按 Ctrl+PgDn 键（或 Ctrl+PgUp 键或 Ctrl+Home 键）进入备注型字段文字编辑窗口。

② 在文字编辑窗口中，输入需要输入的内容。

③ 输入完毕后按 Ctrl+W 键保存备注字段的内容，或关闭编辑窗口，退出文字编辑状态，返回开始的“Memo”处（此时“memo”的第一个字符已为大写）。若不保存备注字段的内容，按 Ctrl+Q 或 ESC 键，则打开如图 3.14 所示对话框。若单击“否”按钮，则返回原编辑状态；若单击“是”按钮，则返回开始的“memo”处，可重新再输入其他内容。

图 3.14　是否放弃修改提示框

5）对通用型字段，光标开始定位于“gen”处。若不输入内容，可按 Enter 键（或↓箭头键）直接跳过；若输入内容，可按以下步骤进行。

① 在“gen”处按 Ctrl+PgDn 键（或 Ctrl+PgUp 键或 Ctrl+Home 键）进入通用型字段编辑窗口。

② 执行“编辑”→“插入对象”命令，打开“插入对象”对话框，如图 3.15 所示。点选“由文件创建”单选按钮，在“文件”文本框中输入要插入的图片文件，单击“确定”按钮即可。也可以单击“浏览”按钮，打开“浏览”对话框，找到要插入的图片文件，单击“打开”按钮，返回如图 3.15 所示的状态，单击“确定”按钮。

③ 输入完毕后按 Ctrl+W 键、Ctrl+Q 键、ESC 键或单击“关闭”按钮，关闭通用型字段编辑窗口，返回开始的“Gen”处（此时“gen”的第一个字符已为大写）。若要删除插入的对象，在通用型字段编辑窗口打开的状态下，执行“编辑”→“清除”命令即可。

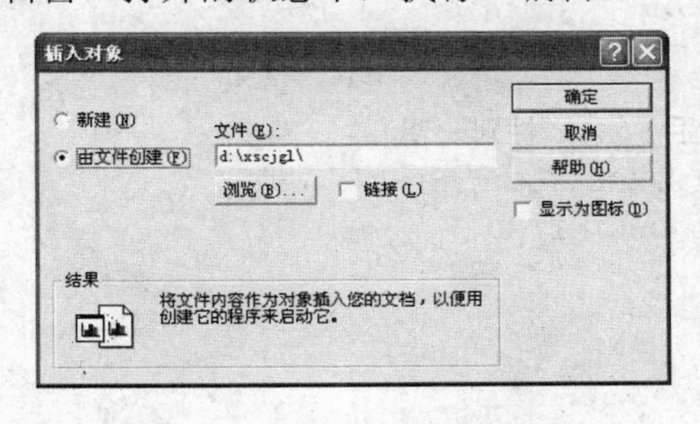

图 3.15　“插入对象”对话框

6）若一条记录输入完毕，则按 Enter 键后，下一条记录的各个字段及相应内容会自动在屏幕上出现，反复操作，直至把全部数据都输入完毕。

7）输入完毕后，在窗口编辑方式下，按 Ctrl+W 键或 Ctrl+End 键保存文件，并退出窗口编辑状态，也可单击工具栏上“保存”按钮，保存数据后，关闭编辑窗口。

8）为防止断电后数据丢失，建议输入完数据后关闭当前表，以后使用时再打开。

2. 向表中追加数据记录

若在建立表结构时没有立即输入数据记录，则只能在以后的使用过程中向表中追加数据记录。

（1）在编辑方式下向表中追加数据记录

格式：APPEND [BLANK]

功能：在窗口编辑方式下向表中追加数据记录，若原表中有 n 条记录，则从 n+1 条记录开始追加，直到按 Ctrl+W 保存文件退出为止。若选择了 BLANK，则追加一条空记录而不进入窗口编辑方式。

（2）用界面追加记录

在表打开的前提下，执行“显示”→“浏览”命令（显示打开的表），然后执行“显示”→“追加方式”命令，此时可在浏览方式下输入新的记录内容。

（3）从其他文件中向当前表追加记录

1）命令方式，其方法如下。

格式：APPEND FROM <文件名> [[TYPE] SDF|DELIMITED [WITH <定界符>|WITH BLANK|WITH TAB|WITH CHARACTER <分隔符>]|XLS] [FIELDS <字段名表>] [FOR <条件>]

功能：从文件名指定的文件中将符合条件的记录追加到当前表的尾部。若文件名指定的是表文件，无 FIELDS 选项，则只追加与当前表字段名相同的字段内容；若存在 FIELDS 选项，则追加 FIELDS 中指定字段的内容；若文件名指定的是文件类型指定的数据文件，无 FIELDS 选项，则将数据文件中从左边开始的数据项依次追加到当前表的各个字段中，若有 FIELDS 选项，则将数据文件中从左边开始的数据项依次追加到当前表的 FIELDS 中指定的字段顺序中。

例 3.6 在“学生 2”表中追加一条空记录；将“学生 1”表中性别为“男”的学生记录追加到“学生 2”表中；将“a1.xls”中的内容追加到“学生 2”表中；将 DELIMITED 格式的“t1.txt”的内容追加到“学生 2”表中。

在“命令”窗口输入以下命令。

```
USE 学生 2
APPEND
APPEND FROM 学生 1 FOR 性别='男'
APPEND FROM a1 TYPE XLS
APPEND FROM t1 DELIMITED
LIST
```

2）用界面追加，其操作步骤如下。

① 当表打开时，执行“显示”→“浏览”命令，此时，在主菜单中添加了“表”菜单。执行“表”→“追加记录”命令，打开“追加来源”对话框，如图3.16所示。

② 在“类型”下拉列表中选择相应的文件类型，在“来源于”文本框中输入相应的文件名，单击“选项”按钮，打开“追加来源选项”对话框，如图3.17所示。

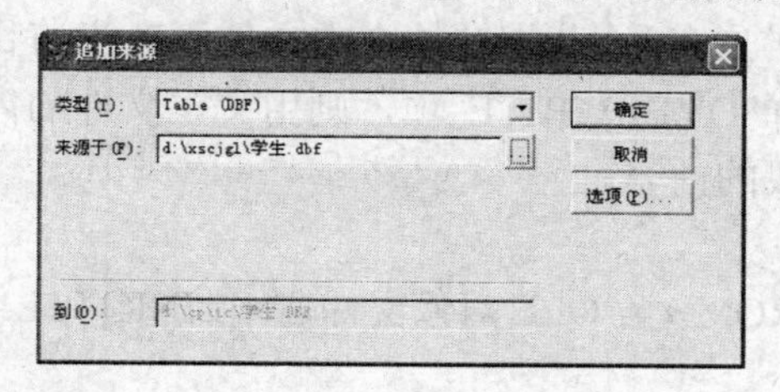

图3.16　“追加来源”对话框

图3.17　“追加来源选项”对话框

③ 在“追加来源选项”对话框中单击“字段”按钮，打开“字段选择器”对话框，如图3.18所示。

④ 在“字段选择器”对话框中的“所有字段”列表框中选择相应的字段，单击“添加”按钮，将所选字段添加到“选定字段”列表框中，单击“确定”按钮，返回“追加来源选项”对话框。

⑤ 在“追加来源选项”对话框中，单击“For”按钮，打开“表达式生成器”对话框，如图3.19所示。在“表达式”文本框中构造所需要的表达式，单击“确定”按钮，返回“追加来源选项”对话框。

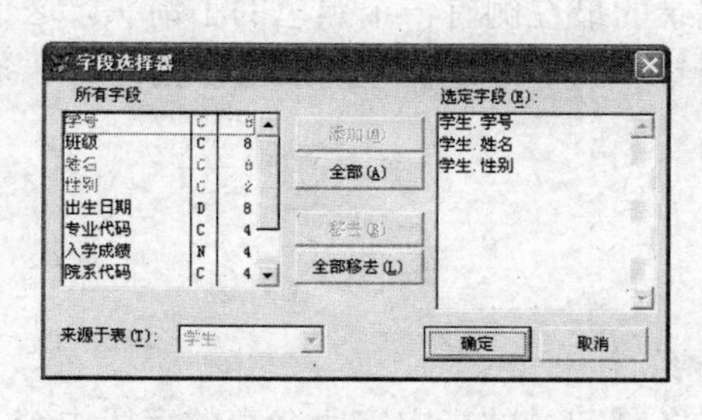

图3.18　“字段选择器”对话框

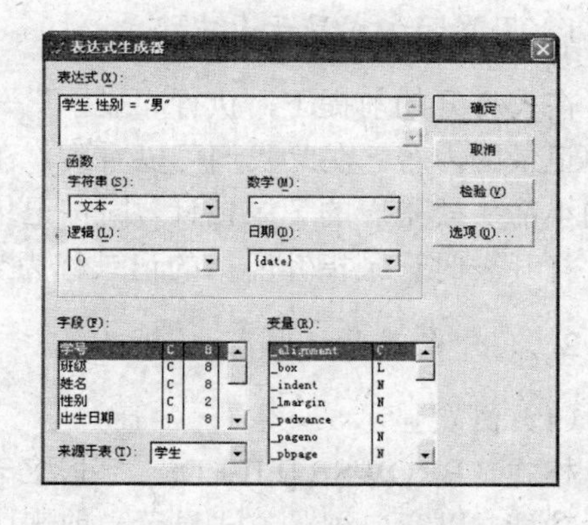

图3.19　“表达式生成器”对话框

⑥ 在“追加来源选项”对话框中单击“确定”按钮，返回“追加来源”对话框。在“追加来源”对话框中单击“确定”按钮，被追加的记录就出现在当前“浏览”窗口中。

（4）从数组中追加记录

格式：APPEND FROM ARRAY <数组名> [FIELDS <字段名表>] [FOR <条件>]

功能：从指定数组名的数组中将符合条件的记录追加到当前表的尾部。若数组名指定的数组是一维数组，则只追加一条记录；若数组名指定的是二维数组，则追加数组的行数条记录。

当一维数组中元素的个数或二维数组中的列数多于表中的字段数或FIELDS中指的字段数时，多余的元素个数或列数被忽略；当一维数组中元素的个数或二维数组中的列数少于表中的字段数或 FIELDS 中指的字段数时，多余的字段初始化为默认的空值。此命令忽略备注型字段与通用型字段。

（5）备注型字段内容的追加

格式： APPEND MEMO <备注型字段名> FROM <文本文件名> [OVERWRITE]

功能： 将文本文件名指定的文本文件的内容追加到当前记录的备注型字段名指定的备注字段中，文本文件名必须是全名（即包括文件的扩展名）。若指定的文本文件不在当前目录或当前文件夹中，还需要给出文件的路径。若选择 OVERWRITE 项，则用文本文件的内容替换当前备注字段的内容，否则续写当前备注字段的内容。

（6）通用型字段内容的追加

格式： APPEND GENERAL <通用型字段名> FROM <含 OLE 对象文件名> [LINK] [CLASS <OLE 类名>]

功能： 将指定 OLE 对象文件名的 OLE 对象追加到当前记录的通用型字段名指定的通用字段中，指定包含 OLE 对象的文件，必须给出文件全名（即包括扩展名）。如果文件不在当前目录或当前文件夹中，还需要给出文件的路径。LINK 用于建立 OLE 对象和包含对象的文件间的链接。CLASS OLE 类名用于 OLE 对象指定 OLE 类。

3.2 表中数据的整理

3.2.1 记录的显示

1. 用界面方式显示表中记录

在表打开的前提下，执行“显示”→“浏览”命令，此时将以窗口浏览的方式显示当前表中记录的内容。在此我们可以看到，在某一条记录的最左侧有一个黑色的小箭头，这个黑色的小箭头就是表的记录指针，简称记录指针或指针。当刚打开表时记录指针指向第一条记录，打开表时记录指针所指的记录称为当前记录。

2. 用命令显示记录

（1）浏览显示

格式： BROWSE [FIELDS <字段名表>][FOR <条件>]

功能： 以窗口浏览方式显示当前表中满足指定条件记录的指定字段名表的字段内容。无 FIELDS 选项时，显示当前表中的所有字段。

说明：<字段名表>中的每个字段包含以下若干选项。

<字段名> [:R] [:<数值表达式>] [:V=<表达式 1> [:F]] [:E=<字符表达式 1>] [:P=<字符表达式 2>] [B:=<表达式 2>, <表达式 3>[:F]] [:H=<字符表达式 3>] [:W=<逻辑表达式 1>]

1）:R 表示该字段为只读。

2）:<数值表达式>表示该字段的显示栏的宽度。

3）:V=<表达式 1>[:F][:E=<字符表达式 1>]为检验选项；:V=<表达式 1> 表示字段级数据校验。<表达式 1> 为校验条件；:F 是不管字段值修改与否都进行校验；:E=<字段表达式 1> 为用户为校验设置的出错信息。

4）:P=<字符表达式 2> 表示格式代码列表，如表 3.8 所示，控制浏览窗口显示和输入数据，它也是一种掩码。

表 3.8 掩码表

掩码	含义
X	允许输入任何字符
9	只允许输入数字
#	允许输入数字、空格、+、-
$	显示（SET CURRENCY 命令指出的）货币号
*	在指定宽度中，数值前显示*号
.	指定小数点位置
,	用来分隔小数点左侧的数字

5）:B=<表达式 2> <表达式 3> [:F] 用来对指定字段的范围进行检查。<表达式 2>为下界，<表达式 3>为上界，:F 为不管字段是否修改都校验。

6）:H=<字符表达式 3> 默认字段名为栏目名。若用此选项，则<字符表达式 3>为栏目名。

7）:W=<逻辑表达式 1> 设置光标进入该字段的条件。当<逻辑表达式 1>值为.T.时，表示可以进入该字段，否则不可以。

（2）显示文本文件内容命令

格式：TYPE <文件名>

功能：显示文本文件内容。

（3）在主窗口的屏幕中显示

格式：LIST|DISPLAY [<范围>] [[FIELDS] <字段名表>] [FOR <条件 1>] [WHILE <条件 2>] [OFF] [TO PRINTER [PROMPT] | TO FILE <文件名>]

功能：在屏幕上显示当前表中指定范围内，满足指定条件记录的字段名表指定的字段内容。若无字段名表项，则显示当前表中所有字段的内容。

说明：

1）LIST 是滚动显示，即使满屏也不停止；DISPLAY 是分屏显示。

2）当省略范围子句时，LIST 默认范围为 ALL，而 DISPLAY 默认范围是当前记录，即 NEXT 1。

3）若选用 OFF 子句，则不显示记录号。

4）TO PRINTER 子句使结果输出到打印机，若使用 PROMPT，在打印前会打开打印对话框，可对打印内容进行相应的设置。

5）TO FILE<文件名>子句使结果输出到由文件名指定的文本文件中，文本文件的扩展名默认为.TXT。要查看文本文件的内容可使用命令 TYPE <文本文件名>。

例 3.7 分别按以下要求显示“学生”表：①浏览显示全部内容；②浏览显示“学号”、“姓名”、“性别”、“出生日期”字段的内容，且“学号”为只读，“出生日期”的标题为“出生年月日”；③显示性别为“男”的学生；④显示性别为“女”的学生，输出到 g1.txt 文件中，并查看 g1.txt 文件的内容。

在“命令”窗口中分别输入以下命令。

```
USE 学生
```

```
①BROWSE
②BROWSE FIELDS 学号:R,姓名,性别,出生:H='出生年月日'
③LIST FOR 性别='男'
④LIST FOR 性别='女' TO FILE g1.txt
TYPE g1.txt
```

3. 过滤记录

当多个命令都使用同一个条件时，在每一个命令中都输入相同的条件，显然很浪费人力和时间，这时可以使用过滤器将不满足条件的记录过滤出去，暂时不参与任何操作，需要时只要撤销过滤器即可。

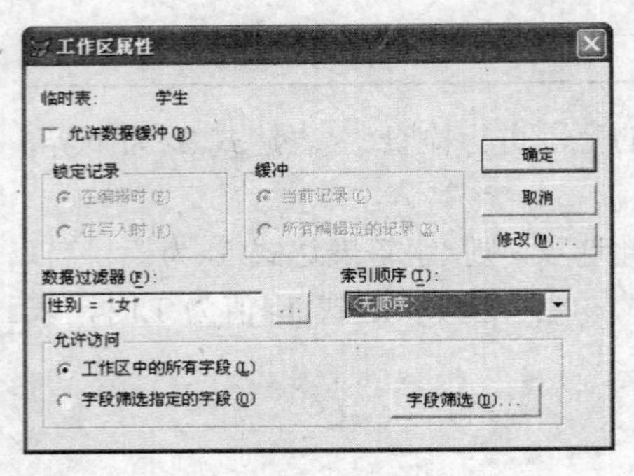

图 3.20 “工作区属性”对话框

（1）用界面方式

执行“表”→“属性”命令，打开“工作区属性”对话框，如图 3.20 所示。在“工作区属性”对话框中的“数据过滤器”下的文本框内输入条件，单击“确定”按钮。

（2）命令方式

格式： SET FILTER TO [条件]

功能： 设置访问当前表中记录的条件（即设置过滤器）。当省略条件时，取消所设条件（即撤销过滤器）。

例 3.8 过滤器命令的应用。

```
USE 学生
SET FILTER TO 性别='女'
LIST
SET FILTER TO
LIST
```

4. 设置字段表

若多个命令都使用相同的字段，在每一个命令中都输入相同的字段，显然也很浪费人力和时间，这时可以使用设置字段表的方法，将不用的字段暂时去掉，需要时只要撤销所设置的字段表即可。

格式： SET FIELDS TO [字段名表|ALL [LIKE|EXCEPT <通配符>]]

功能： 设置访问当前表中的字段表。

说明：

1）SET FIELSD ON|OFF 命令决定所设置的字段表是否有效。处于 ON 状态时，只能访问字段表所列的字段；处于 OFF 状态时，能访问表中的所有字段。

2）当用 SET FIELDS TO 命令设置字段表时，SET FIELSD 自动为 ON 状态。

例 3.9 字段表的设置。

```
USE 学生
SET FIELDS TO 学号,姓名,性别,入学成绩
LIST
```

```
SET FIELDS OFF
LIST
```

3.2.2　记录指针的移动

在显示表中的数据时，用户可能会发现数据中的错误，这时就需要改正这些错误，就要将记录指针移动到有错误的记录上。

1. 用命令方式移动记录指针

（1）绝对移动

格式： GO [TO] <TOP>|<BOTTOM>

[GO[TO]] <记录号>

功能： 实现记录指针的绝对移动。当使用 TOP 子句时，指针指向最上面的记录（无索引打开时为第一条记录）；当使用 BOTTOM 子句时，指针指向最下面的记录（无索引打开时为最后一条记录）；当使用记录号子句时，指针指向记录号确定的记录。

（2）相对移动

格式： SKIP [+n]

SKIP <-n>

功能： +n 表示从当前记录向后（表尾）移动 n 条记录，正号（+）可以不写，当 n 为 1 时，可省略为 SKIP 即可。-n 表示从当前记录向前（表头）移动 n 条记录。

例 3.10　GO 与 SKIP 的应用。

```
USE 学生
GO TOP
?RECNO()
?BOF()
DISPLAY
SKIP -1
? RECNO()
? BOF()
DISPLAY
GO BOTTOM
? RECNO()
? EOF()
DISPLAY
SKIP
? RECNO()
? EOF()
DISPLAY
GO 4
SKIP -2
? RECNO()
```

```
SKIP 3
? RECNO()
```

2. 用界面方式移动记录指针

在浏览方式下，执行“表”→“转到记录”命令，在打开的下一级菜单中，可选择“第一个”、“最后一个”、“下一个”、“上一个”、“记录号”或“定位”等选项。

3.2.3 表中数据记录的修改

1. 插入记录

格式： INSERT [BEFORE] [BLANK]

功能： 插入一条记录，在窗口编辑方式下输入数据，若无 BEFORE 子句，则在当前记录后插入一条记录；若有 BEFORE 子句，则在当前记录之前插入一条记录；若有 BLANK 子句，则直接插入一条空白记录，不进入窗口编辑方式。

2. 修改记录

（1）用界面方式修改记录

在表打开前提下，执行“显示”→“浏览”命令，打开浏览窗口就可以对各条记录进行修改。

（2）用命令修改记录

1）窗口编辑方式修改的方法如下。

格式 1： EDIT|CHANGE [n]

功能： 在窗口编辑方式下，从第 n 条记录开始修改当前表中的记录。若无可选项 n，则从当前记录开始修改。

格式 2： EDIT|CHANGE[范围][FIELDS<字段名表>][FOR <条件 1>][WHILE<条件 2>]

功能： 在窗口编辑方式下，修改当前表中指定范围内满足指定条件记录的字段名表指定的字段内容。无范围选项，则默认为 ALL；无 FIELDS 选项，则表示所有字段。

2）不进入窗口编辑方式直接修改表中的内容的方法如下。

格式： REPLACE [<范围>] <字段名 1> WITH <表达式 1> [, <字段名 2> WITH <表达式 2>[,…]] [FOR <条件 1>] [WHILE <条件 2>]

功能： 在指定范围内将符合条件的记录中的相关字段的内容用相关表达式的值直接替换。若省略范围，则默认范围为当前记录。

例 3.11 将“学生”表中“入学成绩”在 400～500 分的学生的成绩加 10 分。

```
USE 学生
REPLACE ALL 入学成绩 WITH 入学成绩+10 FOR 入学成绩>=400 AND 入学成绩<=500
```

3.2.4 记录的删除

删除表中的记录有三种方法：第一种为逻辑删除，这种删除只是将记录添加删除标记*；第二种删除是物理删除，这种删除是将具有删除标记的记录真正地从表中删除；第三种是物理删除表中所有记录，只剩一个空表。

1. 逻辑删除与恢复

（1）用界面方式为记录添加或删除删除标记

在表打开前提下，执行“显示”→“浏览”命令，打开浏览窗口，如图 3.21 所示。单击记录左面小方框，使该方框变为深色，即添加删除标记。若要恢复记录，再次单击深色方框使其变浅即可。

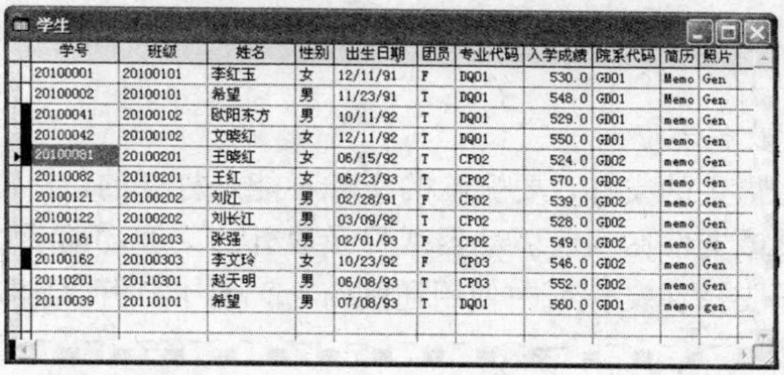

学生

学号	班级	姓名	性别	出生日期	团员	专业代码	入学成绩	院系代码	简历	照片
20100001	20100101	李红玉	女	12/11/91	F	DQ01	530.0	GD01	Memo	Gen
20100002	20100101	希望	男	11/23/91	T	DQ01	548.0	GD01	Memo	Gen
20100041	20100102	欧阳东方	男	10/11/92	T	DQ01	529.0	GD01	memo	Gen
20100042	20100102	文晓红	女	12/11/92	T	DQ01	550.0	GD01	memo	Gen
20100081	20100201	王晓红	女	06/15/92	T	CP02	524.0	GD02	memo	Gen
20110082	20110201	王红	女	06/23/93	T	CP02	570.0	GD02	memo	Gen
20100121	20100202	刘江	男	02/28/91	F	CP02	539.0	GD02	memo	Gen
20100122	20100202	刘长江	男	03/09/92	T	CP02	528.0	GD02	memo	Gen
20110161	20110203	张强	男	02/01/93	F	CP02	549.0	GD02	memo	Gen
20100162	20100303	李文玲	女	10/23/92	F	CP03	546.0	GD02	memo	Gen
20110201	20110301	赵天明	男	06/08/93	T	CP03	552.0	GD02	memo	Gen
20110039	20110101	希望	男	07/08/93	T	DQ01	560.0	GD01	memo	gen

图 3.21　添加、删除删除标记

（2）用命令为记录添加或删除删除标记

1）逻辑删除记录的命令如下。

格式：DELETE [范围] [FOR<条件 1>] [WHILE <条件 2>]

功能：对当前表中指定范围内满足指定条件的记录进行逻辑删除，即添加删除标记。若范围省略，则默认范围为当前记录。

2）恢复逻辑删除记录的方法如下。

格式：RECALL [范围] [FOR<条件 1>] [WHILE <条件 2>]

功能：恢复当前表中指定范围内满足指定条件的记录，即删除这些记录的删除标记。若范围省略，则默认范围为当前记录。

2. 物理删除记录

（1）用界面方式进行物理删除记录

在表打开前提下，执行“表”→“彻底删除”命令，然后单击“是”按钮即可。

（2）用命令进行物理删除

格式：PACK

功能：物理删除表中已进行逻辑删除的记录。

3. 物理删除表中所有记录

格式：ZAP

功能：将表中所有记录删除，只保留表结构。

例 3.12　将“学生 2”表中性别为“女”的记录逻辑删除和物理删除，将“学生 2”表的记录全部物理删除。

在“命令”窗口中输入以下命令。

```
USE 学生2
DELETE ALL FOR 性别='女'
LIST
PACK
LIST
ZAP
LIST
LIST STRUCTURE
```

4. 文件的删除

格式 1：ERASE <文件名|?>

功能：删除文件名指定的文件。要删除的文件不能是打开的。指定要删除的文件必须包括文件的扩展名。如果该文件在当前驱动器或目录以外的某驱动器或目录上，则应在文件名前包含路径。该命令不支持在文件名中使用通配符。? 用于打开“删除”对话框，从中可以选择要删除的文件。

注 意

当使用 ERASE 命令时，必须十分小心。此命令删除的文件不能恢复，且在删除文件前，即使 SET SAFETY 已设置为 ON，也不会有任何警告。

格式 2：DELETE FILE <文件名|?>

功能：删除指定文件名的文件。要删除的文件不能是打开的。指定要删除的文件必须包括文件的扩展名。如果该文件在当前驱动器或目录以外的某驱动器或目录上，则应在文件名前包含路径。该命令支持在文件名中使用通配符*和?。

例 3.13 删除当前目录中扩展名为.BAK 的备份文件。

```
DELETE FILE *.BAK
```

注 意

当使用 DELETE FILE 命令时，也必须十分小心。此命令删除的文件不能恢复，且在删除文件前，即使 SET SAFETY 已设置为 ON，也不会有任何警告。

3.2.5 数据的复制

1. 文件的复制命令

格式：COPY FILES <文件名 1> TO <文件名 2>

功能：创建文件名 1 指定文件的一个副本，即备份，文件名为文件名 2。可使用 COPY FILE 复制任何类型的文件。源文件不能打开。源文件名和目标文件名都要包含扩展名。

说明：若使用 COPY FILE 复制含有备注字段、结构索引或两者兼有的表，则必须同时复制.FPT 和.CDX 文件。将文件名 1 复制为文件名 2。

例 3.14 将“学生.DBF”复制为“学生 1.DBF”。

```
COPY FILES 学生.* TO 学生1.*
```

2. 表文件的复制命令

格式： COPY TO <文件名> [<范围>] [FOR <条件 1>] [WHILE <条件 2>] [FIELDS <字段名表>|FIELDS LIKE<通配符>|FIELDS EXCEPT <通配符>] [[TYPE][SDF|XLS|DELIMITED [WITH<定界符>|WITH BLANK|WITH TAB]]

功能： 将当前表复制为一个文件名指定的新表或其他类型的文件。

说明：

1）若无范围选项，则系统默认范围为 ALL。

2）FOR <条件 1>、WHILE <条件 2>都为条件，但 FOR 与 WHILE 是有区别的，FOR 是在指定范围内判断条件是否成立，而 WHILE 是只要在指定范围遇到一个条件不满足的就停止操作。当 FOR 与 WHILE 同时存在时，WHILE 优先。

3）FIELDS <字段名表>：用字段名表中的字段形成新文件。

4）FIELDS LIKE <通配符>：用符合通配符的字段形成新文件。通配符可为*与？，*代表任意多个任意字符，?代表一个任意字符。

5）FIELDS EXCEPT <通配符>：用除了符合通配符的字段形成新文件。

6）TYPE 子句：当形成新文件为文本文件时，子句取 SDF，数据之间无定界符和分隔符。当取 DELIMITED WITH<定界符>时，逗号作为分隔符，由<定界符>指定的字符作为定界符。当取 DELIMITED WITH BLANK 时，空格作为分隔符，无定界符。当取 DELIMITED WITH TAB 时，制表符作为分隔符，双引号为定界符。当形成新文件为 Excel 文件时，子句必须为 XLS。

例 3.15　①将“学生”表中的所有内容复制到“学生 2”中；②将“学生”表中性别为“男”的记录复制到文本文件“XSN.TXT”中，并查看其内容；③将学生表中的所有内容复制为 Excel 文件。

```
USE 学生
COPY TO 学生 2
COPY TO XSN FOR 性别='男' TYPE SDF
TYPE XSN.TXT
COPY TO 学生 XLS
```

3. 表结构的复制

格式： COPY STRUCTURE TO <文件名> [FIELDS <字段名表>] [EXTENDED]

功能： 将当前表复制为文件名指定的表且只复制结构不复制数据。若选择 EXTENDED，则生成结构描述文件。

例 3.16　将“学生”表的结构复制为“学生 2”。

```
USE 学生
COPY STRUCTURE TO 学生 2
USE 学生 2
LIST STRUCTURE
```

4. 单条记录与内存变量的数据传递

（1）将当前记录的数据传送给内存变量

格式：SCATTER [FIELDS <字段名表>|FIELDS LIKE <通配符>|FIELDS EXCEPT <通配符>][MEMO] TO <数组名> [BLANK] |MEMVAR [BLANK] |NAME <对象名>

功能：将当前表中当前记录的 FIELDS 子句指定的字段数据依次传送给数组元素或与字段名同名的内存变量。若无 FIELDS 选项，则为所有字段的数据。

说明：

1）TO <数组名>子句是字段数据传给由数组名指定的数组，若数组元素个数不够，则系统将自动为其扩充元素个数；若此数组没定义，则系统将自动创建数组；若选择 BLANK，则系统将自动创建一个与字段类型、大小相同的空值数组。

2）使用 MEMVAR 子句时，将字段数据传送给与字段名同名的简单内存变量，这些简单变量由系统自动创建，若后面有 BLANK 选项，则系统自动创建与字段同名的空值内存变量。

3）MEMO 子句是包含备注字段的数据。无此项时，不传送备注字段的数据。

4）NAME <对象名>子句创建一个对象名指定的对象，对象的属性与表中字段具有相同名称，每个对象属性的值都是表中对应字段的内容。对于表中的备注或通用型字段不能创建属性。

例 3.17 将“学生”表“3”号记录的内容和“5”号记录的内容分别传送到与该表字段名同名的内存变量和 a 数组中。

```
CLEAR
DIMENSION a(9)
USE 学生
GO 3
SCATTER MEMVAR
? m.学号, m.班级,m.姓名, m.性别, m.出生日期, m.团否, m.入学成绩
GO 5
SCATTER TO a
? a(1), a(2), a(3), a(4), a(5), a(6), a(7), a(8),a(9)
```

（2）将内存变量数据传送给当前记录

格式：GATHER FROM <数组名>|MEMVAR |NAME <对象名> [FIELDS <字段名表> |FIELDS LIKE <通配符>|FIELDS EXCEPT <通配符>][MEMO]

功能：将内存变量数据或数组中各元素的数据依次传送给当前表中的当前记录。

说明：

1）当数组元素个数多于字段个数时，多出的元素不传送。当元素个数少于字段个数时，多出的字段值不改变。

2）简单内存变量数据必须传送给同名字段，否则不传送。

3）若用 FIELDS<字段名表>子句，则只有列在字段名表中的字段，内存变量数据才传送。

4）省略 MEMO 子句时，不对备注型字段传送，即使有 MEMO 子句，也不对通用型字段传送。

5）选择 NAME <对象名>时，只传送与字段同名属性的值。

例 3.18　将内存变量数据传送给当前记录。

```
USE 学生2
APPEND FROM 学生
APPEND BLANK
DIMENSION a(9)
a(1)='20100040'
a(2)='20100201'
a(3)= '王小红'
a(4)= '女'
a(5)={^1990-10-2}
a(6)=.T.
a(7)= 'CP02'
a(8)=500
GATHER FROM A                    &&将数据传送给表中插入的新的空白记录
LIST
APPEND BLANK
学号='20100040'
班级='20100201'
姓名='刘常'
性别='男'
出生日期={^1991-10-3}
GATHER MEMVAR                    &&将与表中字段名同名的简单内存变量数据传送给对应的字段
LIST
```

5. 将多条记录数据传送给数组

格式：COPY TO ARRAY <数组名> [FIELDS <字段名表>|FIELDS LIKE <通配符>|FIELDS EXCEPT <通配符>] [<范围>] [FOR<条件 1>] [WHILE <条件 2>]

功能：将当前表中符合条件的记录的字段数据传送给指定数组名的数组中，但不复制M、G字段。

说明：

1）若数组没有定义，系统会自动创建数组。

2）可将单条记录字段数据传送给一维数组。将多个记录字段数据传送给二维数组，一个记录传送给二维数组的一行，若二维数组的列数少于字段个数，多余字段数据不传送；若二维数组列数多于字段个数，多余列元素值不变。若二维数组行数少于记录数，多余记录不传送；若二维数组行数多于记录个数，多余行的元素值不变。

例 3.19　将多条记录数据传送给数组。

```
USE 学生
DIMENSION b(2,8)
COPY TO ARRAY b
? b(1, 1), b(1, 2), b(1, 3), b(1, 4), b(1, 5), b(1, 6), b(1, 7), b(1, 8)
? b(2, 1), b(2, 2), b(2, 3), b(2, 4), b(2, 5), b(2, 6), b(2, 7), b(2, 8)
```

3.3 数据记录的排序与索引

用户在建表时不一定按某种顺序输入数据记录。在实际应用中，可能需要对某字段的顺序加以改变，或需要按另外一个或多个字段进行有序排列表中数据记录。如何解决这类问题呢，VFP 有两种方法：一种是排序，另一种是索引。

排序就是从物理上重新组织指定记录排列的先后顺序并生成新的表文件；索引不从物理上重新组织表文件，而是按照表中某字段或字段的集合（也称索引关键字表达式）值来建立原数据文件的索引文件，从而达到在使用中将记录按顺序排列的目的。表索引是索引表达式的值与记录号的一种对应关系，索引中不包括表记录的内容，因此不占用过多的磁盘空间。每一个索引代表一种处理记录的顺序。

3.3.1 排序

排序也称分类，即按照表中某些字段值的大小将记录的顺序重新排列，这些字段被称为关键字。VFP 有两种排序方式：升序和降序。升序是按关键字值由小到大排列记录的顺序，而降序是按关键字值由大到小排列记录的顺序。排序后将产生一个新表，其记录按新的顺序排列，而原表的顺序不变。

格式：SORT TO <新文件名> ON <字段名 1> [/A|/D] [/C] [, <字段名 2> [/A|/D][/C]…] [ASCENDING|DESCENDING] [<范围>] [FOR<条件>] [WHILE<条件>] [FIELDS <字段名表>|FIELDS LIKE <通配字段名>|FIELDS EXCEPT <通配字段名>]

功能：对当前表指定范围内符合条件的记录，按字段名指定的内容进行排序，并将排过序的记录输出到新表中。

说明：

1）ON 子句中<字段名 1>为第一排序字段，<字段名 2>为第二排序字段……。/A、/D 表示升序或降序排序，默认为升序。/C 不区分字段中的大小写字母。

2）ASCENDING 将所有不带 /D 的字段指定为升序排列。DESCENDING 将所有不带/A 的字段指定为降序排列。如果省略 ASCENDING 或 DESCENDING 参数，则排序顺序默认为升序。

3）M、G 字段不能用于排序字段。

例 3.20 SORT 命令的应用。

```
USE 学生
SORT TO 学生 3 ON 出生日期
USE 学生 3
LIST
```

排序命令已经解决了对已存在表按实际需要，按某一个字段或多个字段排序的问题。由于它使原表不变而又形成了一个新表，这样就在磁盘中造成很大的冗余，浪费了存储空间。如何解决这样的问题呢？VFP 用建立索引文件的方法来解决此问题。

3.3.2 索引文件的建立

1. 索引的概念

索引是根据表中的某一个或多个字段建立的一个逻辑顺序的文件，而不生成表文件，它并不改变表的物理位置。人们将这些建立索引的字段称为关键字。索引文件的内容只是关键字与记录号，占用的存储空间与排序表相比要小得多，它存储的是索引与表的映射关系。它就像一本书的目录，可由标题查到在书中的页码，查找的速度很快。当对表记录进行增加、删除、更改操作时，索引文件会因表的更新而更新。

2. 索引的分类

VFP 的索引分为四种，即主索引、候选索引、唯一索引和普通索引。

（1）主索引

主索引是不允许在索引关键字中出现重复值的索引。对于每一个数据库中的表，只能建立一个主索引。自由表没有主索引。主索引绝对不允许在指定的字段或表达式中有重复值，即表中的字段或表达式中无重复值，索引文件中也无重复值。

主索引可确保字段中输入值的唯一性。如果在任何已经包含了重复值的字段上建立主索引，VFP 将返回一个错误信息。

（2）候选索引

候选索引在索引关键字中也不允许出现重复值，即表中的字段或表达式中无重复值，索引文件中也无重复值。这种索引是作为主索引的候选者出现的，一个表可以创建多个候选索引。因为候选索引禁止重复值，所以它们在表中有资格被选作主索引，即主索引的“候选项”。

（3）唯一索引

在有重复值的字段或表达式中，建立无重复值的索引，这种索引称为唯一索引，即表中的字段或表达式中有重复值，索引文件中无重复值。唯一索引无法防止重复值记录的建立。但在唯一索引中，系统只在索引序列中保存第一次出现的索引值，即只能找到同一个索引关键值第一次出现时的记录。对于重复值的其他记录，尽管它们仍然保留在表中，但在唯一索引文件中却没有包括它们。对一个表可以创建多个唯一索引。

（4）普通索引

在有重复值的字段或表达式上，建立有重复值的索引，这种索引称为普通索引，即表中的字段或表达式中有重复值，索引文件中有重复值。若索引关键字段和表达式允许重复值出现，可用普通索引进行表中记录的排序或搜索。对一个表可以创建多个普通索引。

3. 索引文件的分类

索引文件主要分为两类，一类是单索引文件，也称独立索引文件；另一种为复合索引文件。单索引文件可分为标准单索引文件和压缩单索引文件。复合索引文件可分为结构复合索引文件和非结构复合索引文件。

（1）单索引文件

只存储一个索引内容的索引文件称为单索引文件，扩展名为.IDX。

（2）复合索引文件

能存储多个索引内容的索引文件称为复合索引文件，扩展名为.CDX。每个索引内容都有一个索引标识符，即索引名。

1）结构复合索引文件。复合索引文件的主文件名若与表的主文件名相同，则称该复合索引文件为结构复合索引文件，它随表的打开而打开，随表的关闭而关闭。

2）非结构复合索引文件。复合索引文件的主文件名若与表的主文件名不同，则称该复合索引文件为非结构复合索引文件。

注 意

一切索引文件均随表的关闭而自动关闭。

4. 建立索引

（1）用界面方式建立索引

1）单字段索引。在表打开的前提下，执行“显示”→“表设计器”命令，打开“表设计器”对话框。在“表设计器”对话框中单击“字段”选项卡，在“字段名”列中选择一个字段作为索引字段。在“索引”列的下拉列表中选择“升序”或“降序”，此时建立了一个普通索引，索引名与字段名相同，索引表达式就是对应的字段。如果想建立其他类型的索引，可继续单击“索引”选项卡，在“索引”选项卡中的“类型”列的下拉列表中出现三种索引类型，即普通索引、候选索引和唯一索引供用户选择。注意，没有主索引类型，因为主索引只有在数据库表中才能建立。可根据需要选择其中的一种索引类型，单击“表设计器”对话框的“确定”按钮即可。

2）多字段索引。在表打开前提下，执行“显示”→“表设计器”命令，打开“表设计器”对话框。在“表设计器”中单击“索引”选项卡，在“索引名”列下输入索引名，在“类型”的下拉列表中出现三种索引类型，即普通索引、候选索引和唯一索引供用户选择。根据需要选择其中的“普通索引”类型，单击“表达式”列下的文件框右边的按钮，打开“表达式生成器”，如图 3.19 所示。在“表达式”文本框中输入“性别+STR(入学成绩)”，单击“确定”按钮，返回“表设计器”对话框的“索引”选项卡，再单击“确定”按钮即可。

以上用界面通过“表设计器”建立的索引都是结构复合索引。

（2）用命令建立索引

格式：INDEX ON <索引关键字> TO <单索引文件名>|TAG <索引名> [OF <复合索引文件名>] [FOR<条件>] [COMPACT] [[ASCENDING]|[DESCENDING]] [UNIQUE| CANDIDATE] [ADDITIVE]

功能：建立索引文件或增加索引标志。

说明：

1）索引关键字可以是单个字段名，也可以是用字段名组成的表达式。

2）TO 子句用于建立单索引文件。单索引文件只能是升序。

3）TAG 用于建立复合索引标志，索引名必须以字母、汉字或下画线开头，最多可由十个字母、数字、汉字或下画线组成。当不选择 OF 子句时，建立的是结构复合索引文件，当选择 OF 子句时，建立的是非结构复合索引文件。

4）COMPACT 用来指定单索引文件是压缩的。复合索引总是压缩的。

5）ASCENDING、DESCENDING 子句表示升序、降序，默认为升序。

6）UNIQUE 子句用于建立唯一索引。

7）CANIDATE 子句用于建立候选索引。

8）ADDITIVE 子句用于建立该索引文件是不关闭以前打开的索引文件，默认是关闭以前打开的索引文件。

从以上命令看，若不选择 6）、7）子句，则建立的就是普通索引，但此命令不能建立主索引，建立主索引要在数据库表中建立，相关知识会在后续章节介绍。

例 3.21　索引的应用。

```
USE 学生
INDEX ON 姓名 TO X1 UNIQUE                    &&建立单索引文件中的唯一索引
LIST
INDEX ON 性别+STR(入学成绩) TO X2             &&建立单索引文件的普通索引
LIST
INDEX ON 入学成绩 TAG S1 DESCENDING           &&建立结构复合索引文件中的普通索引
LIST
INDEX ON 姓名 TAG S2 CANDIDATE                &&建立结构复合索引文件中的候选索引
INDEX ON 姓名 TAG S3 OF X3                    &&建立非结构复合索引文件中的普通索引
LIST
```

5. 索引的使用

（1）打开索引文件

格式 1：SET INDEX TO [<索引文件名表>] [ADDITIVE]

功能：打开当前表的索引文件名表指定的索引文件。

说明：

1）在<索引文件表>中，文件的扩展名既可以是.IDX，也可以是.CDX，且个数没有限制。第一个为主控索引文件，即按第一个索引文件的顺序显示表中的记录。

2）当无任何选项时，关闭当前工作区中除结构复合索引文件外的所有索引文件，取消主控索引。

3）若省略 ADDITIVE 子句，则关闭当前工作区除结构复合索引以外的以前打开的所有索引文件。

格式 2：USE <文件名> INDEX <索引文件名表>

功能：打开表与相应的索引文件。

例 3.22　打开索引文件的应用。

```
USE 学生
SET INDEX TO X1,X2,X3  &&打开 X1、X2、X3 索引文件，X1 为主控索引文件
```

（2）设置主控索引

格式：SET ORDER TO [<数值表达式> | <单索引文件名> | [TAG] <索引名> [OF <复合索引文件名>] [ASCENDING | DESCENDING]]

功能：设置主控索引文件。

说明：

1）<数值表达式>是指定主控索引文件或索引名编号。先按 USE 或 INDEX 出现顺序打开的单索引文件编号，然后按创建顺序指定结构复合索引表示的索引名编号，最后按创建顺序指定非结构复合索引的索引名编号。

2）<单索引文件名>指定此索引文件为主控索引。

3）[TAG]<索引名>[OF <复合索引文件名>]指定结构、非结构复合索引文件中的索引名为主控索引。[OF <复合索引文件名>]适用于打开非结构复合索引文件。

4）若无任何选项或 SET ORDER TO 0，则为取消主控索引，按原表的顺序显示。

5）ASCENDING、DESCENDING 用于重新设置主控索引文件升序或降序。

例 3.23 设置主控索引的应用。

```
USE 学生
SET INDEX TO X1.idx, X2.idx, x3.cdx
LIST
SET ORDER TO X2
LIST
SET ORDER TO S3 OF X3.cdx
LIST
SET ORDER TO
USE
```

（3）删除索引

格式：DELETE TAG ALL [OF <复合索引文件名>]|<索引名 1> [OF <复合索引文件名>][, <索引名 2> [OF <复合索引文件名>]][,…]]

功能：删除打开的复合索引文件的索引标志。

说明：

1）如果在打开的多个索引文件中有两个或更多同名的索引名，可以通过包含 OF <复合索引文件名> 从某一特定的索引文件中删除一个索引名。

2）使用 DELETE TAG ALL 从复合索引文件中删除所有索引名时，如果当前表中有结构复合索引文件，则从该索引文件中删除所有的标志，并从磁盘上删除该索引文件。

3）使用 DELETE TAG ALL 带有 OF <复合索引文件名> 时，可从另一个打开的复合索引文件中删除所有索引名，而不是从结构复合索引文件中删除索引名。

4）要删除单索引，关闭单索引后，删除相应的单索引文件。

例 3.24 删除索引的应用。

```
USE 学生
INDEX ON 学号 TO  X4
INDEX ON 性别 TAG  X5
DELETE TAG ALL
USE
```

（4）索引的更新

在表的记录发生变化时，打开的索引文件会随着表的变化而自动更新，但未打开的索引文件是不会自动根据表的变化而更新的。要想更新这些未打开的索引文件，首先打开这些文件，然后使用以下介绍的更新索引命令。

格式：REINDEX [COMPACT]

功能：重建当前打开的索引文件。COMPACT 子句可将已打开的.IDX 索引文件转换为压缩单索引文件。

3.3.3 记录的查找

可以根据条件用 LIST、DISPLAY 命令显示指定范围内满足条件的记录，但当记录数较多时速度较慢，且不具备定位功能。下面将介绍具有定位检索功能的 LOCATE 及 CONTINUE 命令，以及利用索引文件进行快速查找的 FIND 命令和 SEEK 命令。

1. 顺序检索定位命令

格式：LOCATE FOR <条件> [范围] [WHILE <条件>]
CONTINUE

功能：在当前表指定范围内按顺序查找到满足条件的第一条记录，即将表的记录指针指向满足条件的第一条记录。若表中无符合条件的记录，记录指针指向表尾，EOF( )返回.T.。

说明：

1）LOCATE 命令可以在表文件中查找，也可以在索引文件中查找，因此比较灵活和方便。查找方法一般是从指定范围内第一条记录往下顺序查找满足条件的记录，并首先定位于满足条件的第一条记录；然后可以用 CONTINUE 命令继续查找下一条满足条件的记录。当执行 CONTINUE 时，搜索操作从满足条件记录的下一条记录开始继续执行。可重复执行 CONTINUE，直到到达范围边界或表尾。

2）该命令只起到定位的作用。如果想要显示满足条件的记录，需要配合使用 DISPLAY 命令。

3）LOCATE 的默认范围是所有（ALL）记录。FOR <条件>子句一般不能省略。

4）执行 LOCATE 命令或 CONTINUE 后，可用 FOUND( )函数判定查找是否成功，若查找成功，FOUND( )返回.T.，否则返回.F.。

例 3.25 LOCATE 命令的应用。

```
USE 学生
LOCATE FOR 性别='男'
? FOUND()
DISPLAY
CONTINUE
? FOUND()
DISPLAY
```

2. 索引中的查询命令

索引的应用在于对关键字的快速查询，VFP 中有两个索引查询命令，即 FIND 与 SEEK。

（1）FIND 命令

格式：FIND <常量>

功能：在索引关键字中查找指定常量的第一条记录。若找到，则指针指向此记录，否则指针指向表尾。

说明：

1）一般用 FOUND( )函数判断是否查找到。

2）若用字符变量查找时，必须冠以&运算符。

3）常量为字符串时，定界符可加可不加，但字符串若有前导与尾部空格时，要加定界符。

4）若要查找下一个匹配记录可用 SKIP 命令。但若没有下一个满足条件的记录，则用 SKIP 时会出现错误结果；若有多个满足条件的记录，则不知 SKIP 多少次。为了解决这一问题，一般用 LIST|DISPLAY WHILE <条件>直接显示找到的所有记录。

5）查找字符型数据时，只要给出数据的左子字符串即可，若为 SET EXACT ON 状态，则要给出完整的字符串。

例 3.26　FIND 命令应用。

```
USE 学生
INDEX ON 姓名 TO X6
FIND 王晓红
? FOUND()
DISPLAY
X='刘'
FIND &X
?FOUND()
DISPLAY
DISPLAY WHILE 姓名='刘'       &&显示所有找到的记录
INDEX ON 入学成绩 TO X7
FIND 550
? FOUND()
DISPLAY
USE
```

（2）SEEK 命令

格式：SEEK <表达式> [ORDER <算术表达式>|<单索引文件名>|[TAG] <索引名> [OF <复合索引文件名>] [ASCENDING|DESCENDING]]

功能：在索引关键字中查找与表达式相匹配的第一条记录。当查找与之匹配的下一条记录时，可用 SKIP 命令。但若没有下一条满足条件的记录，则使用 SKIP 时会出现错误结果；若有多条满足条件的记录，则不知 SKIP 多少次。为了解决这一问题，一般用 LIST|DISPLAY WHILE <条件>直接显示找到的所有记录。

说明：

1）表达式可为关键字所能取的任何一种类型。

2）当表达式为字符串时要求用定界符。

3）ORDER <算术表达式>指定用来搜索关键字的索引文件或索引名的编号。<算术表达

式>指出了索引文件在 USE 和 SET INDEX 命令中列出的编号。首先，按照 USE 或 SET INDEX 中的顺序对打开的.IDX 文件进行编号；然后，对结构复合索引文件中的索引名进行编号，其顺序与创建它们的顺序相同；最后，对所有打开的非结构复合索引文件中的索引名进行编号，其顺序也与创建的顺序相同。

4）[TAG] <索引名> [OF <复合索引文件名>] 指定用来搜索索引关键字的.CDX 文件中的索引名。索引名可能在一个.CDX 结构文件中，也可以在任何其他打开的非.CDX 结构文件中。若在几个打开的非.CDX 结构文件中存在相同索引名，则应使用 OF<复合索引文件名> 指出包含所用索引名的.CDX 文件。

5）若存在相同的.IDX 文件和索引名时，.IDX 文件具有优先权。

例 3.27 SEEK 的应用。

```
USE 学生
INDEX ON 性别 TO X6
SEEK "男"
? FOUND()
DISPLAY WHILE 性别='男'
INDEX ON 出生日期 TAG S3
SEEK {^1991-11-23}
? FOUND()
DISPLAY
USE
```

3.4 数据的统计与计算

3.4.1 记录的统计

在表的使用中，有时需要知道在某范围内满足条件的记录的个数，而不必关心记录的内容，这时可用 COUNT 命令。

格式：COUNT [FOR <条件 1>] [WHILE <条件 2>] [TO <内存变量名>]

功能：统计当前表中指定范围内满足条件的记录的个数，且将统计结果传送给内存变量名指定的内存变量。

说明：

1）范围省略时，默认范围为 ALL。

2）无 TO <内存变量名>子句时，只在主窗口的状态栏上显示统计结果。

例 3.28 COUNT 命令的应用。

```
USE 学生
COUNT TO X1
COUNT FOR 性别='女'TO X2
? X1, X2
USE
```

3.4.2 数据的计算

1. 纵向求和

格式：SUM [<算术表达式表>] [<范围>] [FOR<条件>] [WHILE <条件>] [TO <内存变量名表>|TO ARRAY <数组名>]

功能：对当前表中指定范围内，符合条件的记录的算术表达式表中的各表达式纵向求和，且将结果依次传送给内存变量名表中指定的内存变量或数组名指定的数组。

说明：

1）算术表达式表中的表达式可为数值型字段，或由数值型字段组成的表达式。

2）范围省略时，默认范围为 ALL。

3）当无算术表达式表项时，对当前表中的所有数值型字段纵向求和。

4）当无 TO <内存变量名表>|TO ARRAY <数组名>子句时，只在屏幕上显示纵向的求和结果，而不保存。

5）若选择 TO ARRAY <数组名>子句，如果在 SUM 命令中指定的数组不存在，则 VFP 自动创建；如果数组存在但太小，不能包含所有的纵向求和值，则自动增加数组的大小以存放纵向求和的值；若数组比需要的大，则多余元素的内容保持不变。

例 3.29 对建立的学生成绩表（如表 3.7 所示）统计各成绩总和。

```
USE 成绩
SUM 平时,期中,期末 TO X1, X2, X3
? X1, X2, X3
SUM TO ARRAY FA
? FA(1),FA(2),FA(3) ,FA(4)
USE
```

2. 纵向求平均值

格式：AVERAGE [<算术表达式表>] [<范围>] [FOR<条件>] [WHILE <条件>] TO <内存变量名表>|TO ARRAY <数组名>

功能：对当前表中指定范围内符合条件记录的算术表达式表中的各表达式纵向求平均值，且将结果依次传送给内存变量名表中指定的内存变量或数组名指定的数组。

说明：各子句的说明同 SUM。

例 3.30 对学生“成绩”、“学生”表中各数值字段求平均值。

```
CLEAR
USE 成绩
AVERAGE 平时,期中,期末 TO y1, y2, y3
? y1, y2, y3
AVERAGE TO ARRAY FB
? FB(1), FB(2), FB(3),FB(4)
USE 学生
AVERAGE 入学成绩 TO Z1
? Z1
USE
```

3. 计算命令

格式：CALCULATE <表达式表> [<范围>] [FOR <条件>] [WHILE <条件>] TO <内存变量名表>|ARRAY <数组名>]

功能：在当前表的指定范围内，对符合条件记录的表达式表中的各表达式进行计算。

说明：

1）表达式必须包含 avg( )、cnt( )、max( )、min( )、sum( )、npv( )、std( )、var( )这八个函数中的一个或几个。函数详见系统 HELP。

2）其他说明见 SUM 命令。

例 3.31　求学生“成绩”表中平时、期末的总和，平时的最低分，期末的最高分。

```
CLEAR
USE 成绩
CALCULATE SUM(平时), SUM(期末) TO Z1, Z2
? Z1, Z2
CALCULATE MIN(平时), MAX(期末)TO ARRAY AA
? AA(1),AA(2)
USE
```

4. 横向计算

以上的计算都是纵向计算，如何进行横向计算呢？请参考 REPLAC 命令。

5. 分类汇总

格式：TOTAL TO <文件名> ON<关键字> [FIELDS <数值型字段名表>] [<范围>] [FOR <条件 1>] [WHILE <条件 2>]

功能：对已按关键字排序或已索引过的表，在指定范围内符合条件的记录，按指定关键字进行分组并对数值型字段名表的字段分组求和（分类汇总），对于非数值字段取组内第一个记录中的字段的值，每组形成一个新纪录，将这些记录按原来的顺序放到文件名指定的新表中。

说明：

1）选用 FIELDS <数值型字段名表>子句时，指出要汇总的字段。不指定时，为当前表的所有数值型字段。

2）文件名指定的新表的结构与当前表相同，但汇总的数值字段自动突破原表中字段宽度的限制。

例 3.32　建一个“学生成绩 1”表，在表 3.7 的基础上增加“姓名”与“性别”字段，这两个字段内容按照表 3.1 建立。将“学生成绩 1”表按“性别”索引分类汇总。

```
CREATE 学生成绩 1
INDEX ON 性别 TO X9
TOTAL TO 学生成绩 H ON 性别
USE 学生成绩 H
```

```
LIST
USE
```

3.5 多表的操作

在前面我们对表的操作中，每次只打开一个表。在例 3.29 中，打开了“成绩”表与“学生”表，但当“学生”表打开时，学生“成绩”表自动关闭。能否将“学生”表与“成绩”表同时打开呢？在实际应用中很多情况都需要将多表同时打开操作，同时从多表中获取有价值的数据。这类问题 VFP 用多工作区方式予以解决。

3.5.1 工作区及其选择

1. 工作区的概念

所谓工作区就是存放文件的内存空间。VFP 提供了 32 767 个工作区。VFP 允许在一个工作区中只能打开一个表，因此，最多可以同时打开 32 767 个表。

（1）工作区号

在 VFP 中，对每一个工作区用数字进行的编号称为工作区号。如第一个工作区用数字 1 表示，称为 1 号工作区，第二个工作区用数字 2 表示，称为 2 工作区，……。因此，VFP 的工作区号就是 1～32 767。

（2）工作区别名

除用工作区号表示各工作区外，还可以用 A～J 的单字母表示 1～10 号工作区，我们把 A～J 的字母称为 1～10 号工作区的别名。VFP 没有规定 11～32 767 号工作区的别名。

（3）指定表别名

VFP 规定打开表时可以为每个表取一个别名，即表别名。

格式：USE [<表名>] [ALIAS <别名>] [IN <工作区号>]

功能：在指定工作区号的工作区中打开表的同时为表指定一个别名，即表别名。若省略 ALIAS<别名>子句，默认表名就是表别名，别名的命名规则与表名相同。

说明：

1）工作区号取值范围为 0～32 767。若取 0，则选择一个最小的未使用的工作区（即最小的空闲工作区）；若不指明工作区号，则在当前工作区中打开表。

2）表别名不能用 A～J 的单字母。

3）用 SELECT( )函数可以返回当前工作区号。

例如，为打开的表指定别名，可以用如下命令。

```
USE 学生                  &&“学生”就是表别名
USE 专业 ALIAS ZY         &&“ZY”就是“专业”表的别名
```

（4）各工作区的性质

1）唯一性。在同一时刻，每个工作区只能打开一个表，且一个表也只能在一个工作区中被打开。在第二个工作区中打开已打开的表时，会提示“文件正在使用”的错误。

2）独立性。在各工作区中对表操作时不会相互影响，每个工作区中打开的表均有自己独立的记录指针，因此，一个工作区中表的指针移动时，不会影响其他工作区中表的记录指针。

3）联系性。在各工作区中打开的表之间可以通过操作命令互相访问，而且通过一些特定的命令还能使各表的指针进行关联移动。

2. 选择当前工作区

格式：SELECT <工作区号>|<工作区别名>|<表别名>

功能：选择由工作区号或工作区别名或表别名指定的工作区为当前工作区。

例 3.33　选择当前工作区的应用。

```
SELECT 1
USE 学生
INDEX ON 学号 TO XH1
LIST
SELECT 0                  &&选择最小的空闲工作区
USE 专业 ALIAS ZY         &&"ZY"就是专业表的别名
LIST
SELECT 3
USE 课程
LIST
SELECT ZY
LIST
SELECT 学生
LIST
CLOSE ALL                 &&若用 USE，则只关闭当前工作区的表
```

3. 从当前工作区中访问其他工作区中表的字段

格式：<别名>-<字段名>

<别名>.<字段名>

功能：在当前工作区访问非当前工作区表中的字段，即别名所在工作区中表的字段。

例 3.34　从当前工作区中访问其他工作区表中的字段的应用。

```
SELECT 1
USE 学生
USE 专业 IN 2
SELECT 3
USE 课程
SELECT 1
LIST 学号,姓名,专业代码, B->专业代码,B.专业名称,C.课程代码,课程.课程名称
CLOSE ALL
```

3.5.2 同时操作多个表

为了在多个表之间同时获取有价值的数据，就必须同时操作多个表。为了更好地操作多个表，首先必须掌握两个表之间的关系。

1. 表与表之间的关系

(1) 一对一关系

表A中的记录在表B中只有一个匹配项，同样，表B中的记录在表A中也只有一个匹配项。一对一关系是最简单的一种关系。如表3.1与表3.4之间就是一对一的关系。

(2) 一对多关系

表A中的一条记录在表B中能找到多条记录与之对应，而表B中的一条记录在表A中最多只能找到一条记录与之对应。一对多关系是关系数据库中最常用的一种关系。如表3.1与表3.7之间就是一对多的关系。

(3) 多对一关系

表A中的多条记录在表B中最多只能找到一条记录与之对应，而表B中的一条记录在表A中有多条记录与之对应。如表3.7与表3.1之间就是多对一的关系。这种关系一般用一对多关系表示。

(4) 多对多关系

表A中的一个记录在表B中能找到多个记录与之对应，而表B中的一个记录在表A中也可以找到多个记录与之对应。如表3.1与表3.5之间就是多对多关系。

多对多关系无法在 VFP 中直接实现。如果一定要在两个表之间使用多对多的关系，则可以在这两个表之间建立一个连接表（纽带表），两个表分别和连接表（纽带表）建立一对多的关系。这样，就可以间接实现多对多的关系。

2. 建立表的关联

所谓表的关联就是将两个表逻辑地连接起来，当一个表（父表）的记录指针移动时，另一个表（子表）的记录指针根据父表的要求（也称关联条件或称关联表达式）指向子表的相应记录，从而实现在多表之间同时获取有价值数据的目的。

(1) 建立一对一的关联

格式：SET RELATION TO [<关联表达式1> INTO <工作区号1>|<别名1>] [,<关联表达式2> INTO <工作区号2>|<别名2>[, …]] [IN <工作区号>|<别名>] [ADDITIVE]

功能：以当前表为父表,以<关联表达式1>为关联条件并以别名1表为子表建立一对一的关联，以<关联表达式2>为关联条件与别名2为子表建立一对一的关联，……。

说明：

1）若无任何选项，则将已建立的关联删除。

2）[ADDITIVE]子句是在建立关联时，保留以前建立的关联。若无此子句，则建立关联时，删除原来的关联。

3）IN <工作区号>|<别名> 指定父表的工作区或别名。

4）关联表达式可以是如下类型。

①算术表达式，此时，父表与子表按算术表达式的值进行关联，即当父表的记录指针移动时，子表的记录指针指向子表的算术表达式值的记录；②当前记录号函数，此时，父表与子表按当前记录号的返回值进行关联，即当父表的记录指针移动时，子表的记录指针指向子表的与父表记录号相同的记录；③父表与子表共有的字段，此时，要求子表必须按该字段建

立索引，并以该索引为主控索引方式打开。这种关联称为按字段名关联，即当父表的记录指针移动时，子表的记录指针指向子表的与父表字段值相等的第一条记录。

例 3.35 用命令建立以“学生”表为父表，“成绩”表为子表，按“学号”字段进行的一对一的关联。

```
CLEAR
SELECT 1
USE 学生
INDEX ON 学号 TAG T1 ADDITIVE  &&此索引可不建立，若要建立一对多关联则必须建立
SELECT 2
USE 成绩
INDEX ON 学号 TAG T2  ADDITIVE
SELECT 1
SET RELATION TO 学号 INTO B
LIST 学号,姓名,B.平时,B.期末,B.总评
BROWSE FIELDS 学号,姓名,B.平时,B.期末,B.总评
SET RELATION TO
CLOSE ALL
```

（2）建立一对多的关联

格式：SET SKIP TO [<别名 1> [, <别名 2>[, …]]]

功能：在一对一关联的基础上，以当前表为父表，以别名 1，别名 2，……为子表建立一对多关联。若无任何选项，则删除一对多关联，而由 SET RELATION 建立的一对一关联仍然存在。

说明：建立一对多关联时，父表与子表都必须按共有的字段建立索引，且都以该索引为主控索引方式打开。

例 3.36 用命令建立以“学生”表为父表，以“成绩”表为子表，按“学号”字段进行的一对多的关联。

```
SELECT 1
USE 学生
INDEX ON 学号 TAG T1 ADDITIVE
SELECT 2
USE 成绩
INDEX ON 学号 TAG T2  ADDITIVE
SELECT 1
SET RELATION TO 学号 INTO 成绩
BROWSE FIELDS 学号,姓名,B. 平时,B. 期末,B. 总评
SET SKIP TO B
BROWSE FIELDS 学号,姓名,B. 平时,B. 期末,B. 总评
SET SKIP TO
BROWSE FIELDS 学号,姓名,B. 平时,B. 期末,B. 总评
SET RELATION TO
BROWSE FIELDS 学号,姓名,B. 平时,B. 期末,B. 总评
CLOSE ALL
```

3. 删除关联

（1）删除一对多的关联

格式：SET SKIP TO

功能：删除当前表与其他表之间建立的所有一对多的关联，而由 SET RELATION 建立的一对一的关联仍然存在。

（2）删除一对一的关联

格式 1：SET RELATION TO

功能：删除当前表与其他表之间建立的所有一对一的关联。

格式 2：SET RELATION OFF <工作区号>|<别名>

功能：删除当前表（父表）与指定工作区号或别名的工作区中的表（子表）之间建立的一对一的关联。

4. 用界面方式进行关联

执行“窗口”→“数据工作期”命令或在常用工具栏中单击“数据工作期窗口”按钮，打开“数据工作期”窗口，如图 3.22 所示。

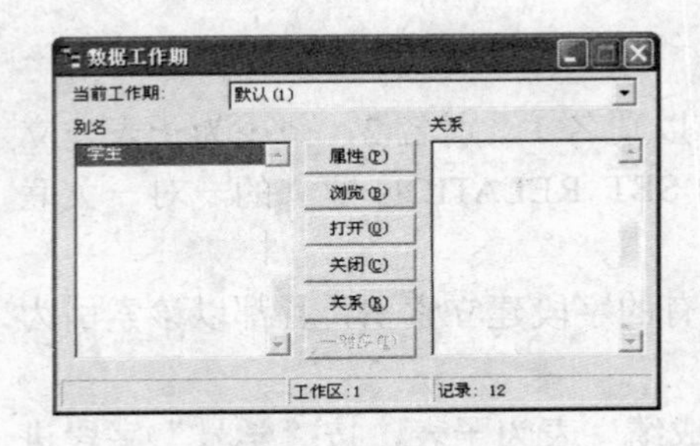

图 3.22 “数据工作期”窗口

1）在“数据工作期”窗口中单击“打开”按钮，打开“打开”对话框。在对话框中选择“学生”表后单击“确定”按钮，返回“数据工作期”窗口。在“数据工作期”窗口中单击“属性”按钮，打开“工作区属性”对话框，如图 3.20 所示。在“工作区属性”对话框中单击“修改”按钮，打开“表设计器”对话框，在“表设计器”对话框中选择“学号”字段，在“索引”下拉列表中选择“升序”选项，并在“索引”选项卡中将索引更改为“候选索引”，单击“确定”按钮，返回“工作区属性”对话框。在“工作区属性”对话框中的“索引顺序”下拉列表中选择“学生.学号”选项，单击“字段筛选”按钮，打开“字段选择器”对话框，如图 3.18 所示。单击“全部”按钮选择全部字段，单击“确定”按钮返回“工作区属性”对话框，再单击“确定”按钮返回“数据工作期”窗口。

2）按 1）中的操作将“成绩”表中的“学号”字段设置为升序，并将“成绩.学号”设置为索引顺序，并选择全部字段。

3）在“数据工作期”窗口中左侧“别名”列表框中选择“学生”表，单击“关系”按钮，则在右侧“关系”列表框中出现“学生”及一对一的关联连线，在左侧“别名”列表框中选择“成绩”表时，打开关联“表达式生成器”对话框，如图 3.23 所示（注意此时与图 3.18 的区别）。单击“确定”按钮，则在右侧“关系”列表框中出现了以“学生”表为父表，以“成绩”为子表的一对一的关联，如图 3.24 所示。

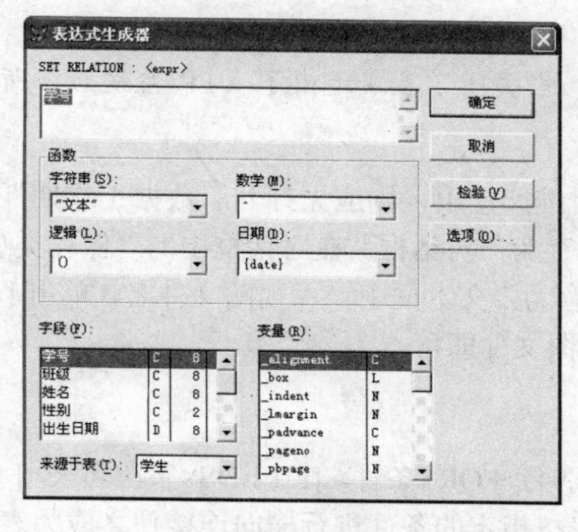

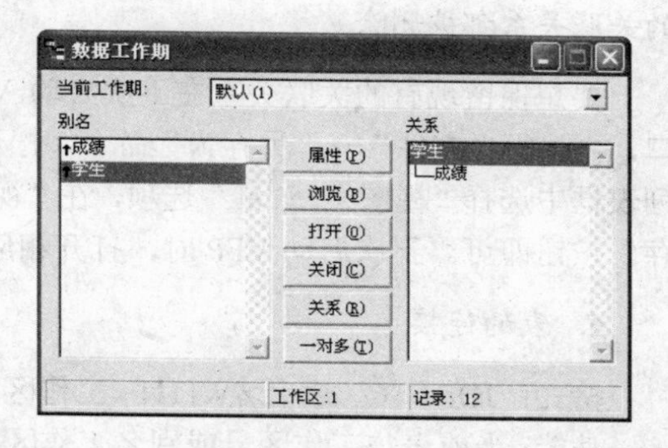

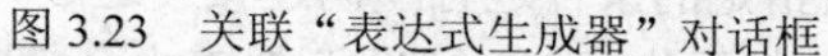

图 3.23　关联“表达式生成器”对话框　　图 3.24　“学生”表与“成绩”表一对一的关联

4）在“命令”窗口中输入：BROWSE FIELDS 学生.学号,学生.姓名,成绩.总评，可以看到“学生”表与“成绩”表是一对一的关联。若在此基础上建立一对多的关联，则进行下一步操作。

5）当建立完一对一的关联后，“一对多”按钮变为可用状态，此时单击“一对多”按钮，打开“创建一对多关系”对话框，如图 3.25 所示。将“成绩”表移动到“选定别名”列表框中，单击“确定”按钮，即在一对一的关联的基础上，建立了“学生”表与“成绩”表一对多的关联，如图 3.26 所示。

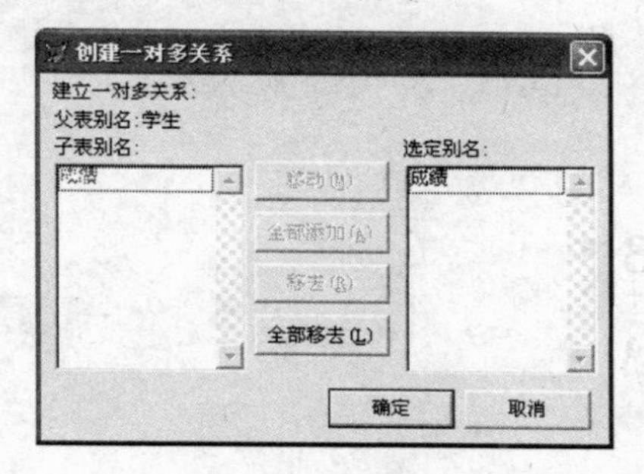

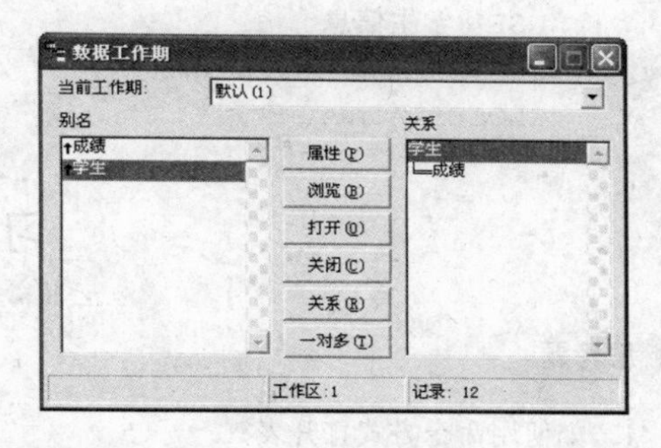

图 3.25　“创建一对多关系”对话框　　图 3.26“学生”表与“成绩”表一对多的关联

6）在“命令”窗口中输入：BROWSE FIELDS 学生.学号,学生.姓名,成绩.总评，可以看到“学生”表与“成绩”表是一对多的关联。

7）若要删除一对多的关联，则单击“一对多”按钮，打开“创建一对多关系”对话框。在“选定别名”列表框中选择“成绩”表，移去该表后，单击“确定”按钮，即删除了一对多的关联，保留了原来一对一的关联。

8）删除一对一的关联的方法如下。

①双击子表“成绩”表，打开关联“表达式生成器”对话框，在此将关联表达式删除后，单击“确定”即可；②关闭两个关联表中的一个表。

注 意

用命令或界面方式关联的表都是临时性关联，当关闭了表或退出了 VFP 系统后，所有的关联关系都被删除。

要想保留现有的关联关系在下次启动 VFP 时继续使用，则应先打开“数据工作期”窗口，再执行“文件”→“另存为”命令，打开“另存为”对话框。在对话框中的“保存类型”列表框中选择“视图（*.vue）”选项，在“视图保存为”文本框中输入视图文件名，单击“保存”按钮即可。下次启动 VFP 时，打开相应的视图文件即可。

5. 表的连接

格式：JOIN TO <表名> WITH <工作区号>|<别名>FOR<条件> [FIELDS<字段名表>]

功能：当前表与工作区号或别名工作区中的表按指定的条件进行横向连接使之成为表名指定的表。该表的字段由 FIELDS <字段名表>指定，若无此子句，则为两个表中全部字段，当字段个数超过 255 时，多余的字段将丢失。

例 3.37　将“学生”表与“学生其他”表连接为一个表，表名为“学生信息.DBF”。

```
SELECT 2
USE 学生其他
SELECT 1
USE 学生
JOIN TO 学生信息 WITH B FOR 学号=B.学号
USE  学生信息
LIST
CLOSE DATABASE
```

习　题　3

一、思考题

1. 如何用命令方式打开表？
2. 如何用命令方式浏览和编辑表中的记录数据？
3. 如何用命令方式在表中插入、删除和追加数据？
4. 备注型字段保存在什么文件中？
5. 索引有哪几种类型?索引文件有哪几种类型?
6. 显示记录时，有几种范围可供选择？
7. GO1 和 GOTOP 的作用是否相同？
8. 什么是工作区？如何选择工作区？
9. 表的物理排序和逻辑排序有何不同？
10. LOCATE 命令和 SEEK 命令有什么不同？

二、选择题

1. 不能对记录进行编辑修改的命令是（　　）。

A. BROWSE　　　　B. MODIFY STRUCTURE

C．CHANGE　　D．EDIT

2．已打开的表文件的当前记录号为150，要将记录指针移向记录号为100的命令是（　）。

A．SKIP l00　　B．SKIP 50　　C．GO -50　　D．GO 100

3．假定学生数据表 STUD.DBF 中前六条记录均为男生的记录，执行以下命令序列后，记录指针定位在（　）。

```
USE STRU
GOT 0  3
LOCATE  NEXT3  FOR 性别="男"
```

A．第五条记录上　　B．第六条记录上　　C．第四条记录上　　D．第三条记录上

4．若想对一个打开的数据表增加新字段，应当使用命令（　）。

A．APPEND　　B．MODIFY STRUCTURE

C．INSERT　　D．CHANGE

5．若想在一个打开的数据表中删除某些记录，应先后选用的两个命令是（　）。

A．DELETE、RECALL　　B．DELETE、PACK

C．DELETE、ZAP　　D．PACK、DELETE

6．执行　LIST NEXT 1　命令之后，记录指针的位置指向（　）。

A．下一条记录　　B．首记录　　C．尾记录　　D．原来记录

7．执行　DISPLAY 姓名，出生日期 FOR 性别="女"　命令之后，屏幕上显示的是所有“性别”字段值为“女”的记录，这时记录指针指向（　）。

A．文件尾　　B．最后一个性别为“女”记录的下一个记录

C．最后一个性别为“女”的记录　　D．状态视表文件中数据记录的实际情况而定

8．TOTAL 命令的功能是（　）。

A．对数据表的某些数值型字段按指定关键字进行分类汇总

B．对数据表的字段个数进行统计

C．对两个数据表的内容进行合并

D．对数据表的记录个数进行统计

9．执行命令　DISPLAY　WHILE　性别="女"　后，屏幕上显示了若干记录，但执行命令　DISPLAY WHILE；性别="男"　后，屏幕上没有显示任何记录，这说明（　）。

A．表文件是空文件

B．表文件中没有“性别”字段值为“男”的记录

C．表文件中的第一条记录的“性别”字段值不是“男”

D．表文件中当前记录的“性别”字段值不是“男”

10．当前数据表中有“基本工资”、“职务工资”、“津贴”和“工资总额”字段，都是N型。要将每个职工的全部收入汇总后写入其“工资总额”字段中，应当使用命令（　）。

A．REPLACE ALL 工资总额 WITH 基本工资+职务工资+津贴

B．TOTALON 工资总额 FIELDS 基本工资，职务工资，津贴

C．REPLACE 工资总额 WITH 基本工资+职务工资+津贴

D．SUM 基本工资+职务工资+津贴 TO 工资总额

11．在 VFP 中，能够进行条件定位的命令是（　）。

A．SKIP　　B．SEEK　　C．LOCATE　　D．GO

12．用 REPLACE 命令修改记录的特点是可以（　）。

A．边查阅边修改　　B．在数据表之间自动更新

C．成批自动替换　　D．按给定条件顺序修改更新

13．学生数据表中有 D 型字段“出生日期”，若要显示学生生日的月份和日期，应当使用命令（　　）。

A．?姓名+MONTH(出生日期)+"月"+DAY(出生日期)+"日"

B．?姓名+STR(MONTH(出生日期)+"月"+DAY(出生日期))+"日"

C．?姓名+STR(MONTH(出生日期),2)+"月"+STR(DAY(出生日期),2)+"日"

D．?姓名+SUBSTR(MONTH(出生日期))+"月"+SUBSTR(DAY(出生日期))+"日"

14．在 VFP 6.0 的表结构中，逻辑型、日期型和备注型字段的宽度分别为（　　）。

A．1、8、4　　B．1、8、10　　C．3、8、10　　D．3、8、任意

15．对于一个数据表文件，可以同时打开的索引文件的个数为（　　）。

A．7　　B．6　　C．5　　D．8

16．在 VFP 6.0 数据表中，记录是由字段值构成的数据序列，但数据长度要比各字段宽度之和多一个字节，这个字节用来存放（　　）。

A．记录分隔标记　　B．记录序号

C．记录指针定位标记　　D．删除标记

17．在以下各命令序列中，总能实现插入一条空记录并使其成为第八条记录的是（　　）。

A．SKIP 7
　　INSERT　BLANK

B．GOTO　7
　　INSERT　BLANK

C．LOCATE　FOR　RECNO( )=8
　　INSERT　BLANK

D．GOTO　7
　　INSERT　BLANK　BEFORE

18．下列是数据表复制命令 COPY TO 的功能说明，其中错误的是（　　）。

A．可以进行数据表部分字段的复制

B．可以进行数据表部分记录的复制

C．可以进行数据表记录的排序复制

D．若数据表有 MEMO 字段，则自动复制同名的备注文件

19．SORT 命令和 INDEX 命令的区别是（　　）。

A．前者按指定关键字排序，后者按指定记录排序

B．前者按指定记录排序，后者按指定关键字排序

C．前者改变了记录的物理位置，后者却不改变

D．后者改变了记录的物理位置，前者却不改变

20．顺序执行下面命令后，屏幕所显示的记录号顺序是（　　）。

```
USE  XYZ
GO  6
LIST  NEXT 4
```

A．1～4　　B．4～7　　C．6～9　　D．7～10

21．设当前数据表文件含有字段“salary”，命令　REPLACE　salary　WITH　1500　的功能是（　　）。

A．将数据表中所有记录的“salary”字段的值都更改为 1500

B．只将数据表中当前记录的“salary”字段的值更改为 1500

C．由于没有指定条件，所以不能确定

D．将数据表中以前未更改过的“salary”字段的值更改为 1500

22．要求一个数据表文件的数值型字段具有五位小数，则该字段的宽度最少应当定义为（　　）。

A．5 位　　B．6 位　　C．7 位　　D．8 位

23．“学生成绩.DBF”表文件中有“数学”、“英语”、“计算机”和“总分”四个数值型字段，要将当前记录的三科成绩汇总后存入“总分”字段中，应使用命令（　　）。

A．TOTAL　数学+英语+计算机　TO　总分　B．REPLACE　总分　WITH　数学+英语+计算机

C. SUM 数学,英语,计算机 TO 总分　　D. REPLACE ALL 数学+英语+计算机 WITH 总分

24. 数据表文件共有 30 条记录，当前记录号是 10，执行命令 LIST NEXT5 以后，当前记录号是（ ）。

A. 10　　B. 15　　C. 14　　D. 20

25. “工资数据”表文件共有十条记录，当前记录号是 5，若用 SUM 命令计算工资而没有给出范围短语，则该命令将（ ）。

A. 只计算当前记录工资值　　B. 计算全部记录工资值之和

C. 计算后 5 条记录工资值之和　　D. 计算后 6 条记录工资值之和

26. ZAP 命令可以删除当前数据表文件的（ ）。

A. 全部记录　　B. 满足条件的记录　　C. 结构　　D. 有删除标记的记录

27. 要删除当前数据表文件的“性别”字段，应当使用命令（ ）。

A. MODIFY STRUCTURE　　B. DELETE 性别

C. REPLACE 性别 WITH " "　　D. ZAP

28. 要显示“学生成绩.DBF”表文件中平均分超过 90 分和平均分不及格的全部女生记录，应当使用命令（ ）。

A. LIST FOR 性别="女",平均分>=90,平均分<=60

B. LIST FOR 性别="女".AND.平均分>90.AND.平均分<60

C. LIST FOR 性别="女".AND.平均分>90.OR.平均分<60

D. LIST FOR 性别="女".AND.(平均分>90.OR. 平均分<60)

29. 数据表有十条记录，当前记录号是 3，使用 APPEND BLANK 命令增加一条空记录后，则当前记录的序号是（ ）。

A. 4　　B. 3　　C. 1　　D. 11

30. 当前数据表文件有 25 条记录，当前记录号是 10。执行命令 LIST REST 以后，当前记录号是（ ）。

A. 10　　B. 26　　C. 11　　D. 1

31. 在 VFP 中，对数据表文件分别用 COPY 命令和 COPY FILE 命令进行复制时，下面错误的叙述是（ ）。

A. 使用 COPY 命令时必须先打开数据表　　B. 使用 COPY FILE 命令时数据表必须关闭

C. COPY FILE 命令可以自动复制备注文件

D. COPY 命令可以自动复制备注文件

32. 在“图书”表文件中，“书号”字段为字符型，要求将书号以字母 D 开头的所有图书记录打上删除标记，应使用命令（ ）。

A. DELETE FOR D$书号　　B. DELETE FOR SUBSTR(书号,1,1)="D"

C. DELETE FOR 书号=D　　D. DELETE FOR RIGHT(书号,1)="D"

33. 在“学生成绩.DBF”表文件中，“平均分”字段为数值型，假定表文件及按“姓名”字段建立的索引文件均已打开，为统计各位学生平均分的总和，应使用命令（ ）。

A. SUM 平均分 TO ZH　　B. COUNT 平均分 TO ZH

C. AVERAGE 平均分 TO ZH　　D. TOTAL ON 姓名 TO ZH FIELDS 平均分

34. 使用 USE 命令打开表文件时，能够同时自动打开一个相关的（ ）。

A. 备注文件　　B. 文本文件　　C. 内存变量文件　　D. 屏幕格式文件

35. 使用 TOTAL 命令生成的分类汇总表文件的扩展名是（ ）。

A. .DBT　　B. .DBF　　C. .BAS　　D. .BAK

36. 设某数值型字段宽度为 8，小数位数为 2，则该字段整数部分的最大取值为（ ）。

A. 99 999　　B. 999 999　　C. 9 999 999　　D. 99 999 999

37. 当使用 REPLACE 命令时，其范围子句为 ALL 或 REST，则执行该命令后记录指针指向（　　）。

A. 首记录　　B. 末记录　　C. 首记录的前面　　D. 末记录的后面

38. 在“教师档案.DBF”表文件中，“婚否”是 L 型字段（已婚为.T.，未婚为.F.），“性别”是 C 型字段，若要显示已婚的女职工，应该用（　　）。

A. LIST FOR 婚否.OR.性别="女"　　B. LIST FOR 已婚.AND.性别="女"

C. LIST FOR 已婚.OR.性别="女"　　D. LIST FOR 婚否.AND.性别="女"

39. 计算所有职称为正、副教授的工资总额，并将结果赋给变量 GZ，可使用的命令是（　　）。

A. SUM 工资 TO GZ FOR 职称="副教授".AND."教授"

B. SUM 工资 TO GZ FOR 职称="副教授".OR."教授"

C. SUM 工资 TO GZ FOR 职称="副教授".AND.职称="教授"

D. SUM 工资 TO GZ FOR 职称="副教授".OR.职称="教授"

40. 下面命令中的不能关闭数据表的是（　　）。

A. USE　　B. CLOSE DATABASE

C. CLEAR　　D. CLOSE ALL

41. 在打开的数据表文件中有“工资”字段（数值型），如果把所有记录的“工资”增加 10%，应使用的命令是（　　）。

A. SUM ALL 工资*1.1 TO 工资　　B. 工资=工资*1.1

C. STORE 工资*1.1 TO 工资　　D. REPLACE ALL 工资 WITH 工资*1.1

42. 当前数据表共有 20 条记录，且索引文件处于打开状态。若执行命令 GO 15 后，执行 INSERT BLANK BEFORE 命令，则此时记录指针指向第（　　）条记录。

A. 14　　B. 21　　C. 16　　D. 15

43. 假设 STUDENT.DBF 中共有 100 条记录，执行下列命令序列后 X1、X2、X3 的值分别是（　　）。

```
SET DELETED OFF
USE STUDENT
DELETE
COUNT TO X1
PACK
COUNT TO X2
ZAP
COUNT TO X3
USE
```

A. 100，99，0　　B. 99，99，0　　C. 100，100，0　　D. 100，99，99

44. 设有数据表 FILE.DBF，执行如下命令序列后，变量 S 的值应该是（　　）。

```
SET DELETED OFF
USE FILE
LIST
记录号    商品名    金额
1         洗衣机    2200.00
2         电冰箱    3500.00
3         电视机    3800.00
4         空调机    2300.0
GO 3
DELETE
GO BOTTOM
```

```
INSERT BLANK
REPLACE 商品名 WITH "34寸彩电",金额 WITH 6000
SUM 金额 TOS
```

A. 17 800　　B. 17 300　　C. 15 400　　D. 15 500

45. “STUDENT”表的“性别”字段为逻辑型（男为逻辑真、女为逻辑假），执行以下命令序列后，最后一条命令的显示结果是（　　）。

```
USE STUDENT
APPEND BLANK
REPLACE 姓名 WITH "李理",性别 WITH .F.
?IIF(性别,"男","女")
```

A. 女　　B. 男　　C. .r　　D. 卫

46. 执行以下命令序列后，显示的值是（　　）。

```
USE ZGGZ
SUM 工资 FOR 工资>=500 TO QWE
COPY TO QAZ FIELDS 职工号，姓名 FOR 工资>=500
USE QAZ
NUM=RECCOUNT()
AVER=QWE/NUM
? AVER
```

A. 所有工资在500元以上的职工人数　　B. 所有工资在500元以上的职工平均工资数
C. 所有职工的平均工资数　　D. 出错信息

47. 学生数据表文件“STLTDENT.DBF”中各记录的“姓名”字段值均为学生全名，执行如下命令序列后，EOF()函数的显示值是（　　）。

```
USE STLIDENT
INDEX ON 姓名 TO NAME
SET EXACT OFF
FIND 李
DISPLAY 姓名，年龄
记录号 姓名 年龄
1 李明 28
SET EXACT ON
FIND 李
? EOF()
```

A. 1　　B. 0　　C. .T.　　D. .F.

48. 执行如下命令序列后，最后一条LIST命令显示的姓名顺序是（　　）。

```
USE STUDENT
LIST
记录号  姓名    性别  入学成绩
1       丁向红  男    460.0
2       李琴    女    424.0
3       刘红军  男    480.0
4       张晓华  男    390.0
```

```
5      赵亚军    男      570.0
6      肖天天    女      446.0
SORT  TO  ST  ON  性别/D，入学成绩
USE  ST
LIST 姓名
```

A．李琴，肖天天，张晓华，丁向红，刘红军，赵亚军

B．丁向红，刘红军，张晓华，赵亚军，李琴，肖天天

C．李琴，肖天天，丁向红，刘红军，张晓华，赵亚军

D．肖天天，李琴，赵亚军，刘红军，丁向红，张晓华

49．可以使用 FOUND( )函数来检测查询是否成功的命令包括（　　）。

A．LIST、FIND、SEEK　　B．FIND、SEEK、LOCATE

C．FIND、DISPLAY、SEEK　　D．LIST、SEEK、LOCATE

50．设“职工数据”表文件已经打开，其中有“工资”字段，要把指针定位在第一个工资大于 620 元的记录上，应使用命令（　　）。

A．FIND　FOR 工资>620　　B．SEEK 工资>620

C．LOCATE　FOR 工资>620　　D．LIST　FOR 工资>620

51．设数据表文件已经打开，有关索引文件已经建立，要打开该数据表文件的某索引文件，应该使用命令（　　）。

A．SET　INDEX　TO<索引文件名>　　B．OPEN　INDEX<索引文件名>

C．USE　INDEX<索引文件名>　　D．必须与数据表文件一起打开

52．设职工数据表和按工作日期（D 型字段）索引的索引文件已经打开，要把记录指针定位到工作刚好满 30 天的职工记录上，应当使用命令（　　）。

A．FIND　DATE( )−30　　B．SEEK　DATE( )−30

C．FIND　DATE( )+30　　D．SEEK　DATE( )+30

53．设数据表文件“成绩.DBF”已经打开，共有 30 条记录，按关键字“姓名”排序，执行命令　SORT ON 姓名 TO 成绩　后，屏幕上将显示（　　）。

A．30 条记录排序完成　　B．成绩.DBF 已存在，覆盖它吗(Y/N)

C．文件正在使用　　D．出错信息

54．设数据表与相应索引文件已经打开，且有内存变量 XM="李春"，则执行时可能会产生错误的命令是（　　）。

A．LOCATE　FOR　姓名=XM　　B．LOCATE　FOR　姓名=&XM

C．SEEK　XM　　D．FIND　"&XM"

55．在 VFP 中，索引文件有两种扩展名，即.IDX 和.CDX。下列对这两种扩展名描述正确的是（　　）。

A．两者无区别

B．.IDX 是 FoxBASE 建立的索引文件，.CDX 是 VFP 建立的索引文件

C．.IDX 只含一个索引元的索引文件，.CDX 含多个索引元的复合索引文件

D．.IDX 是含多个索引元的复合索引文件，.CDX 是只含一个索引元的索引文件

56．下列关于 SEEK 命令和 LOCATE 命令的叙述，正确的是（　　）。

A．SEEK 命令可以一次找到全部记录，LOCATE 命令一次只能找到一条记录

B．SEEK 命令必须打开索引文件才能使用，LOCATE 命令不需要索引文件

C．SEEK 命令只能查找字符串，LOCATE 命令可以查找任何字段

D．SEEK 命令可以和 CONTINUE 连用，LOCATE 命令则不能

57．命令 SELECT　0 的功能是（　　）。

A．选择区号最小的空闲工作区　　B．选择区号最大的空闲工作区

C．选择当前工作区的区号加 1 的工作区　　D．随机选择一个工作区的区号

58．用 JOIN 命令对两个数据表进行物理连接时，对它们的要求是（　　）。

A．两个数据表都不能打开　　B．两个数据表必须打开

C．一个表打开，一个表关闭　　D．两个数据表必须结构相同

59．VFP 中的 SET RELATION 关联操作是一种（　　）。

A．逻辑连接　　B．物理连接　　C．逻辑排序　　D．物理排序

60．建立两个数据表关联，要求（　　）。

A．两个数据表都必须排序　　B．关联的数据表必须排序

C．两个数据表都必须索引　　D．被关联的数据表必须索引

61．下列叙述正确的是（　　）。

A．一个数据表被更新时，它所有的索引文件会被自动更新

B．一个数据表被更新时，它所有的索引文件不会被自动更新

C．一个数据表被更新时，处于打开状态下的索引文件会被自动更新

D．当两个数据表用 SET RELATION TO 命令建立关联后，调节任何一个数据表的指针，另一个数据表的指针将会同步移动

62．在 VFP 中，下列概念正确的是（　　）。

A．UPDATE 命令中的两个表必须按相同关键字建立索引

B．一个表文件可以在不同的工作区中同时打开

C．在同一个工作区中，某一时刻只能有一个表文件处于打开状态

D．JOIN 命令生成的表文件可以与被连接的表文件在一个工作区内同时打开

63．有以下两个数据表文件。

STl.DBF 文件的内容

姓名	年龄	性别
欧阳惠	25	女
李明	28	男
杨霞	25	女
吴友	23	男
郭吴	26	男

ST2.DBF 文件的内容

姓名	年龄	性别
李明	28	男
吴友	23	男
杨霞	25	女
欧阳惠	25	女
郭吴	26	男

```
SELECT 1
USE  ST1
SELECT 2
USE  ST2
LOCATE  FOR 姓名=A->姓名
?  RECNO()
```

执行以上命令序列后，所显示的记录号是（　　）。

A．2　　B．3　　C．4　　D．5

64．执行以下命令序列后，函数 RECNO (2)的显示值为（　　）。

```
USE  TEACHER
LIST
记录号  姓  名  性别  年龄  职称代码
1       李洋洋  女     25   1
2       刘涛    男     37   3
3       杨青    女     46   4
```

```
4        吴星      男      32    3
5        王田田    男      27    2
SELECT  2
USE  TITLE  ALIAS   Q
LIST
记录号    职称代码   职称
1         1          助教
2         2          讲师
3         3          副教授
4         4          教授
INDEX  ON  职称代码 TO  ZC
SELECT 1
SET  RELATION  TO  职称代码 INTO  Q
GOT0  2
? RECNO(2)
```

A. 1　　B. 2　　C. 3　　D. 4

65. 有以下两个数据表文件：

B1.DBF 文件的内容

姓名	性别	职称	工资
张三	男	讲师	600
李四	女	教授	900
王二	男	讲师	600

B2.DBF 文件的内容

编号	姓名	工资	补贴
1001	李四	900	300
1002	张三	600	200
1003	王二	600	200

```
SELE B
USE B2
SELE A
USE B1
JOIN WITH  B  TO  BA FOR 姓名=B.姓名 FIELDS  B->编号，姓名，职称，B.补贴
SELE C
USE BA
LIST 姓名
```

执行以上命令序列后，最后一条 LIST 命令显示的姓名依次是（　　）。

A. 李四、王二、张三　　B. 张三、李四、王二

C. 李四、张三　　D. 张三、李四

66. 在 VFP 中，说明数组的命令是（　　）。

A. DEMENSION 和 ARRAY　　B. DEMENSION 和 AEERY

C. DEMENSION 和 DECLARE　　D. 只有 DEMENSION

67. VFP 内存变量的数据类型不包括（　　）。

A. 数值型　　B. 货币型　　C. 逻辑型　　D. 备注型

68. 打开一个空表文件（无任何记录），未作记录指针移动操作时，RECNO( )、BOF( )和 EOF( )函数的值分别是（　　）。

A. 0，.T.和.T.　　B. 0，.T.和.F.　　C. 1，.T.和.T.　　D. 1，.T.和.F.

69. 在一个人事档案的表文件中，“婚否”是逻辑型字段，则对于“已婚的女性”的逻辑表达式正确的是（　　）。

A. 婚否="已婚".AND. 性别="女"　　B. 婚否="是".AND.性别="女"

C．.NOT.婚否.AND.性别="女"　　　　D．婚否.AND.性别="女"

70．函数SELECT(0)的返回值为（　　）。

A．当前工作区号　　　　B．当前未被使用的最小工作区号

C．当前未被使用的最大工作区号　　　　D．当前已被使用的最小工作区号

71．设当前表未建立索引，执行 LOCATE FOR 职称="讲师" 命令后，则（　　）。

A．从当前记录开始往后查找　　　　B．从当前记录的下一条开始往后查找

C．从最后一条记录开始向前查找　　　　D．从第一条记录开始往后查找

72．“ABC.DBF”是一个具有两个备注型字段的数据表文件，若使用 COPY TO TEMP 命令进行复制操作，其结果是（　　）。

A．得到一个新的数据表文件

B．得到一个新的数据表文件和一个新的备注文件

C．得到一个新的数据表文件和两个新的备注文件

D．错误信息，不能复制带有备注型字段的数据表文件

73．下列关系表达式中，运算结果为逻辑真.T.的是（　　）。

A．"副教授"$"教授"　　　　B．3+5#2*4

C．"计算机"<>"计算机世界"　　　　D．2004/05/01==CTOD("04/01/03")

74．假设表中共有十条记录，执行下列命令后，屏幕所显示的记录号顺序（　　）。

```
USE  ABC.dbf
GOTO 6
LIST  NEXT 5
```

A．1～5　　B．1～6　　C．5～10　　D．6～10

三、填空题

1．浏览窗口显示表记录有两种格式，即________和________。

2．在一对多关联中，父表中的索引是________，子表中的索引是________。

3．VFP支持两类索引文件，即独立索引文件和________。

4．使用SORT命令将记录按关键字段值升序排序时可以省略参数________，将记录按关键字段值降序排序时不可以省略参数________。

5．在VFP中，自由表字段名的长度不超过________个字符。

6．使用LOCATE、FIND或SEEK进行查找时，检测是否找到记录应使用________，检测是否到达文件尾部应使用________。

7．在DELETE和RECALL命令中，若省略所有子句，则只对________记录进行操作。

8．VFP中的索引分为主索引、候选索引、普通索引和________索引四种类型，其中________每个表只能有一个。

9．使用 LOCATE 命令查找失败时，若命令中无范围子句，则记录指针指向________；若命令中有范围子句，则记录指针指向________。

10．若想逐条显示当前表中的所有记录，则可以根据________函数值来判断是否已经显示完毕。

11．将当前表中所有的学生年龄加1，可使用命令：________年龄 WITH 年龄+1。

12．使用命令在结构复合索引添加一个对“姓名”字段的索引项，索引名为“xm”。请将语句填写完整。

INDEX________姓名________xm

第4章　数据库的基本操作

前面我们学习了自由表的知识，使用自由表可以完成我们日常进行数据处理工作的大部分需要。可是当我们进一步思考时会发现一些问题，在向自由表中录入内容或做增加、删除、插入、更改这些基本操作时，就要对字段级的内容加以限制，如“学生”表中的“性别”，只能输入“男”或“女”或为空，在“成绩”表中的每一项成绩不允许为小于0或大于100的值，这些问题怎样来解决呢？自由表本身的操作是不能解决这类问题的。若想解决可通过编程在程序中加以处理。自由表也不能解决对记录级的限制。此外，在表与表建立关联时，两表之间做增加、删除、插入、更改操作时相互之间也得不到有效的控制。若想得到有效控制也需要通过程序解决，自由表本身无法处理。前面我们已讲 VFP 还有一种表，就是数据库表。上述问题数据库表本身都可以解决。通过数据库，可以创建表之间的永久性关联关系和存储过程，建立字段和记录的有效性规则，设置字段的默认值，创建触发器等。

4.1　数据库的设计

4.1.1　数据库与数据库设计

1. 数据库

数据库就是存放数据的仓库，它是有结构的数据集合，它将相互之间有联系的数据有机地组织在一起，便于管理和使用。它是一个包含多种数据对象的抽象的“容器”。VFP 的数据库就是表的集合，是由相关的表通过其相关关系组合起来的数据集合。数据库的扩展名为.DBC，还有两个与它同时并存的文件，一个是数据库备注文件，扩展名为.DCT；另一个是数据库索引文件，扩展名为.DCX。这三个文件供 VFP 使用，用户一般不能直接使用它们。

2. 数据库设计

数据库设计是指对于一个给定的应用环境，构造最优的数据库模式，建立数据库及其应用系统，使之能够有效地存储数据，满足各种用户的应用需求（信息需求和处理需求）。

4.1.2　数据库设计的一般步骤

1. 需求分析

进行数据库系统开发，首先必须准确了解与分析用户需求。需求分析是整个开发过程的基础，是最困难和最耗时间的一步。需求分析是否做得充分与准确，决定了在其上构建数据库的速度与质量。需求分析时要注意两点：一是要强调用户的参与，在分析数据库需求时，最好和数据库使用人员多沟通并交换意见，并根据用户提出的要求，推敲数据库需要回答哪些问题；二是要充分考虑到数据库可能的扩充和改变，提高数据库的灵活性，只有创建一个设计灵活的数据库，才能保证所建立的数据库应用系统具有较高的性能。

例如，“学生成绩”数据库应主要存放学生成绩的信息。而学生成绩是离不开学生信息和课程信息的，学生信息离不开院系信息和专业信息，课程信息往往离不开教师信息。这就需要在进行需求分析时，分析抽出各种信息的主题。

2. 确定需要的表

确定数据库中需要的表是数据库设计过程中技巧性最强的一步。因为仅仅根据用户想从数据库中得到的结果（包括要打印的报表、要使用的表单等），只能确定需要数据库回答的问题。至于表的结构、表与表之间的关系，用户是不可能提出的，只能根据用户的需要通过分析归纳来确定需要哪些表，并将需要的信息分门别类地归纳到相应的表中。也就是说，在设计数据库时，应将不同主题的信息存储在不同的表中。

在设计数据库时，首先分离那些需要作为单个主题而独立保存的信息，然后设计这些主题之间有何关系。通过将不同的信息分散在不同的表中，可以使数据的组织工作和维护工作更简单，同时也容易保证数据库应用系统具有较高的性能。

例如，根据上面提出的“学生成绩”数据库的要求，确定这个数据库需要的表如表3.1～表3.7所示（见第3章），考虑教师与课程的关系还应加上“任课”表，如表4.1所示。表3.1与表3.4有人认为应放在一个表中，称为学生信息表，为什么分成两个表呢？原因是表3.4的内容是保密的，即表3.4的内容不是一般人员可以随便看到的，所以，把学生信息分为两个主题。

表4.1 教师任课表

教师代码	课程代码	教师代码	课程代码
01001	201007	01001	201008
02002	201003	02002	201005
03003	201003	03003	201005
08008	201003	08008	201005
09009	201003	09009	201005
09010	201008	09010	201007

3. 确定需要的字段

表是由多个记录组成的，而每个记录又由多个字段组成。在确定了所需表之后，应根据每个表中需要存储的信息确定该表需要的字段，这些字段既包括描述主题信息的字段，又包括建立关联关系的主关键字字段。

为了保证数据的冗余性小且不遗漏信息，在确定表所需要的字段时应遵循以下原则。

（1）字段唯一性

字段唯一性有两方面的内容：一是表中不能有重复的字段，二是描述不同主题的字段应属于不同的表。表中不能有与表内容无关的数据，必须确保一个表中的每个字段都直接描述该表的主题。例如，在“成绩”表中无需出生日期的信息，该表中就不应包含有“出生日期”字段。

（2）字段无关性

字段无关性原则是防止对表中数据做修改时出现错误，即在不影响其他字段的情况下，必须能够对任意字段进行修改。一些可以由其他字段推导或计算得到的数据不必存储到表中。例如，只要记录学生的“出生日期”就可计算其年龄，这样在“学生”表中就不要有“年龄”字段。但有特殊规定的除外，例如，财务数据中的“实发工资”字段就必须保存在表中。

（3）使用主关键字

实体完整性要求，数据库中的每个表都必须有一个主关键字唯一确定存储在表中的每个记录。通常要用主关键字的值来查找记录，其长度直接影响数据库的操作速度，所以不能太长，最好是满足存储要求的最小值，以便记忆和输入。

（4）使用外部关键字

在创建新表时，应该保留与其他表相关联的少量信息，如“成绩”表中的“学号”字段。使用外部关键字是为了帮助在维护数据库中相关表中的数据时，保证数据记录的一致性。

（5）使用尽可能多的字段

在不违背上述原则的基础上，使用尽可能多的字段来收集表中所需的全部信息，防止遗漏有用的信息。

（6）以最小的逻辑单位存储信息

如果把多个信息放入一个字段中，以后要获取单独的信息就会很困难，所以应尽量把信息分解为最小的逻辑单位存储。

4. 确定各表之间的关系

表与表之间的关系有一对一关系、一对多关系、多对一关系和多对多关系。在 3.5.2 小节中已作了详细介绍，在此不再赘述。

在这里需要说明的是，多对多关系无法在 VFP 中直接实现。要解决两个表之间多对多的关系，就必须将一个多对多的关系分解为两个一对多的关系，方法是在一个具有多对多关系的两个表之间创建第三个表。在 VFP 中，把用于分解多对多关系的表称为“纽带表”或“链接表”，因为它在两个表之间起着纽带或链接的作用。

纽带表可能只包含它所连接的两个表的主关键字，也可以包含其他信息。在纽带表中，两个字段连接在一起就能使每个记录具有唯一值。例如，“学生”表和“课程”表之间就是多对多的关系：每门课程可以有多个学生选修，同样一个学生也可以选修多门课程。而“成绩”表就是“学生”表和“课程”表之间的纽带表，通过“成绩”表把“学生”表和“课程”表联系起来。例如，通过“学生”表和“成绩”表，可以查出某个学生各门功课的成绩；而通过“课程”表和“成绩”表，可以查出某门课程都有哪些学生选修，以及这门课程的考试成绩等信息。若考虑到一个教师可能不止开一门课，而同一门课也可能有几位教师同时讲授的情况，则“教师”表和“课程”表也是多对多的关系。为此，也应该设置一个纽带表，以把“教师”表和“课程”表分解为两个一对多关系，这个表就是“任课”表。

这样，在“学生成绩”数据库中共有八个表：“学生”、“学生其他”、“教师”、“课程”、“任课”、“成绩”、“专业”和“院系”。其中“学生”表和“学生其他”表是通过“学号”联系起来的一对一的关系，而“专业”表与“学生”表、“学生”表与“成绩”表、“课程”表与“成绩”表、“课程”表与“任课”表、“教师”表与“任课”表之间都是通过对应字段联系起来的一对多关系。在一对多关系中，位于表“一”位置的表称为“父表”，和父表有关系的对应表为子表，父表也称主表或主控表，子表又称相关表或受控表。父表是一对一或一对多关系中被其他表所引用的表，子表是引用其他表中字段的表。在一对一或一对多关系中，父表用于建立关联关系的字段必须是主关键字或候选关键字，而子表中用于建立关系的字段可以是主关键字、候选关键字或外部关键字。

5. 完善数据库设计

完善数据库设计也称设计求精。在设计数据库时，由于信息复杂和情况变化会造成考虑不周的局面。如有些表没有包含属于自己主题的全部字段，或者包含了不属于自己主题的字段。此外，在设计数据库时忘记定义表与表之间的关系，或者定义的关系不正确。因此，在初步确定了数据库需要包含哪些表、每个表包含哪些字段以及各个表之间的关系以后，要根据设计创建表，并在表中加入几个示例数据记录，看能否从表中得到想要的结果。如果发现设计不完善，可以对设计做一些调整，或者重新研究一下设计方案，检查可能存在的缺陷，并进行相应的修改。只有通过反复修改、设计，才能设计出一个完善的数据库。

4.2 数据库的基本操作

4.2.1 数据库的建立

1. 用界面方式建立数据库

执行“文件”→“新建”命令或单击“常用”工具栏上的“新建”按钮，打开“新建”对话框。在“新建”对话框中点选“数据库”单选按钮，单击“新建文件”按钮，打开“创建”对话框，如图 4.1 所示。在“数据库名”文本框中输入数据库名，如“学生成绩”，单击“保存”按钮后，打开“数据库设计器”。

2. 用命令建立数据库

格式：CREATE DATABASE [<数据库文件名>|?]

功能：创建数据库文件名指定的数据库文件，若选？或不带任何参数，则执行此命令时打开“创建”对话框，然后输入数据库名，和界面方式类似，但不打开“数据库设计器”。

例 4.1　用命令方式建立“学生信息”和“学生成绩”数据库。

```
CREATE DATABASE 学生信息
CREATE DATABASE 学生成绩
```

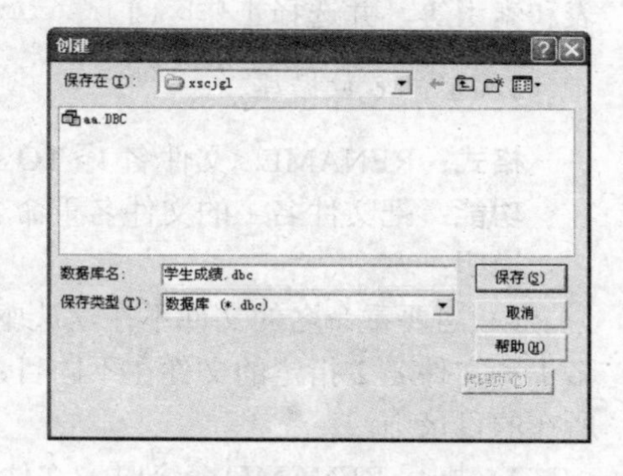

图 4.1　“创建”对话框

4.2.2 数据库的基本操作

1. 数据库的打开

（1）用界面方式打开数据库

执行“文件”→“打开”命令或单击常用工具栏的“打开”按钮，打开“打开”对话框，如图 3.12 所示。在“打开”对话框的“文件类型”下拉列表中选择“数据库（*.dbc）”，选择所要打开的数据库，单击“确定”按钮后，打开“数据库设计器”。

（2）用命令打开数据库

格式：OPEN DATABASE [<数据库名>|?] [EXCLUSIVE | SHARED] [NOUPDATE] [VALIDATE]

功能：打开数据库名指定的数据库。

说明：

1）EXCLUSIVE 以独占方式打开数据库，与勾选“打开”对话框中复选框“独占”是等效的。所谓独占方式是指在同一时刻不允许其他用户使用数据库。

2）SHARED 以共享方式打开数据库，与“打开”对话框中不勾选“独占”复选框是等效的。共享方式是指同一时刻允许其他用户使用数据库。

3）NOUPDATE 以只读方式打开数据库，与“打开”对话框中的勾选“只读”复选框等效。选择此子句不能对数据库做任何修改，但不影响对此数据库中表的存取，若使数据库表也为只读，在用 USE 打开表时，使用 NOUPDATE 参数即可。

4）VALIDATE 用于检验数据库中的引用对象是否有效，如检查数据库表和索引是否可用。被引用的字段和索引是否在表和索引中。

5）若选？或不带任何参数，执行此命令时打开“创建”对话框，然后输入数据库名，和界面方式类似，但不打开数据设计器。

2. 数据库的关闭

格式：CLOSE DATABASE [ALL|INDEXES|PROCEDURE|TABLES [ALL]]

功能：关闭各种类型的文件。若选择 ALL 子句，则关闭所有工作区中打开的数据库、表和索引等，并选择工作区 1。

3. 重命名数据库

格式：RENAME <文件名 1> TO <文件名 2>

功能：把文件名 1 的文件名重命名为指定文件名 2 的文件名。

说明：

1）当要重命名的文件不在默认驱动器和目录中时，将路径包括在文件名中。如果文件名 1 和文件名 2 指定的文件在不同目录中，此命令将把文件名 1 指定的文件移动到文件名 2 所在的目录中。

2）执行 RENAME 命令时，文件名 2 不能是已存的文件名，而且文件名 1 指定的文件必须存在并且没有打开。

例 4.2 将“学生信息”数据库重命名为“学生数据”数据库。

```
RENAME 学生信息.* TO 学生数据.*
```

4. 数据库的修改

前面介绍过数据库在建立时同时产生扩展名分别为.DBC、.DCT、.DCX 三个文件，由于不能对这三个文件直接进行修改，因此采用的修改方法是，打开“数据库设计器”，逐一对数据库中相关对象进行修改操作，这包括对数据库中对象的建立、修改和删除等。这些操作

可以在数据库打开后，通过右击打开快捷菜单，或通过数据库菜单、“数据库设计器”工具栏完成。这将在后面逐一介绍。打开“数据库设计器”可以通过前面介绍的界面方式实现。除此之外，下面再介绍一种打开“数据库设计器”的方法。

格式：MODIFY DATABASE [<数据库文件名> | ?] [NOWAIT] [NOEDIT]

功能：打开数据库文件名指定的数据库，并打开“数据库设计器”，使用户能够交互地修改当前数据库。

说明：

1）MODIFY DATABASE 后无任何选项。

① 修改当前数据库，且当前数据库必须以独占方式打开；②若当前无数据库打开，同选择？一样，打开“打开”对话框，可选择需要修改的数据库或输入数据库名，单击“打开”按钮后，打开“数据库设计器”。

2）当指定了数据库文件名后，若指定的数据库文件名存在，则打开指定的数据库，并打开“数据库设计器”；若指定的数据库文件名不存在，则建立数据库文件名指定的数据库，并打开“数据库设计器”。

3）NOWAIT 仅用于程序，打开“数据库设计器”后，程序继续执行。若省略此参数，则打开数据库后，设计的程序会暂停执行，“数据库设计器”关闭后继续执行。

4）选择 NOEDIT 子句，打开“数据库设计器”后，禁止对数据库进行修改。

5. 在数据库中建表

（1）界面方式

在“数据库设计器”打开的前提下，进行如下操作。

1）执行“数据库”→“新建表”命令后，以后的操作与 3.1.2 小节中打开“表设计器”创建表的过程类似。

2）在“数据库设计器”中右击，打开快捷菜单，执行“新建表”命令后，以下操作与步骤 1）相同。

3）单击“数据库设计器”工具栏中的“新建表”按钮，打开“新建表”对话框。在“新建表”对话框中单击“新建表”按钮，如图 4.2 所示。以后操作与 3.1.2 小节中打开“表设计器”创建表的过程类似。

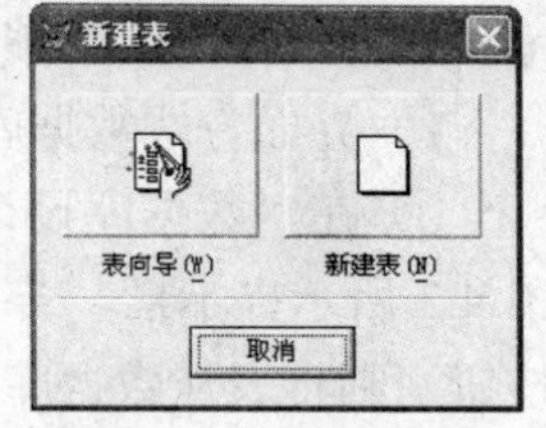

图 4.2 “新建表”对话框

（2）命令方式

在数据库打开的前提下，用 CREAT 或 CREAT TABLE 语句建立表。

例 4.3 在“学生成绩”数据库中建立一个“任课”表，并输入相应的数据。结构为：教师代码 C(6)、课程代码 C(6)。数据如表 4.1 所示。

```
OPEN DATABASE 学生成绩
CREAT TABLE 任课 (教师代码 C(6)、课程代码 C(6))
APPEND          &&输入数据
LIST
CLOSE DATABASE ALL
```

6. 将自由表添加到数据库中

数据库中表有两个来源：一个是在数据库中建立表，另一个是将自由表添加到数据库中，但不可以将一个数据库中的表添加到另一个数据库中。

（1）界面方式

在数据库打开的前提下，进行如下操作。

1）在“数据库设计器”打开的前提下，执行“数据库”→“添加表”命令后，打开“打开”对话框。在“打开”对话框中的“选择表名”文本框中输入表名或选择相应的表后，单击“确定”按钮即可。

2）在“数据库设计器”中右击，打开快捷菜单，执行“添加表”命令后，打开“打开”对话框。在“打开”对话框中的“选择表名”文本框中输入表名或选择相应的表后，单击“确定”按钮即可。

3）单击“数据库设计器”工具栏中的“添加表”按钮后，打开“打开”对话框。在“打开”对话框中的“选择表名”文本框中输入表名或选择相应的表后，单击“确定”按钮即可。

（2）命令方式

格式：ADD TABLE [表名|?] [NAME <长表名>]

功能：向当前数据库添加一个表名指定的自由表。

说明：

1）无任何选项或选择?时，打开“添加”对话框，选择一个自由表。

2）NAME <长表名>用于指定表的长表名，为 1～128 个字符。

7. 数据库表的移出与删除

（1）数据库表的移出

1）界面方式数据库表的移出方法如下。

① 在“数据库设计器”中选择要移出的表，执行“数据库”→“移去”命令，打开如图 4.3 所示提示框。若单击“移去”按钮，则打开如图 4.4 所示提示对话框；若单击“是”按钮，则将表从数据库中移去并转换为自由表。

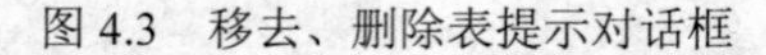
图 4.3 移去、删除表提示对话框

图 4.4 移去表确认提示对话框

② 在“数据库设计器”中选择要移出的表，右击，打开快捷菜单，执行“删除”命令，打开如图 4.3 所示提示对话框。若单击“移去”按钮，则打开如图 4.4 所示提示对话框；若单击“是”按钮，则将表从数据库中移去并转换为自由表。

③ 在“数据库设计器”中选择要移出的表，单击“数据库设计器”工具对话框中的“移去表”按钮，打开如图 4.3 所示提示对话框。若单击“移去”按钮，则打开如图 4.4 所示提

示对话框；若单击“是”按钮则将表从数据库中移去并转换为自由表。

2）用命令将表移出数据库表的方法如下。

格式：REMOVE TABLE [表名|?] [DELETE] [RECYCLE]

功能：从当前数据库中移去表名指定的表，若选择 DELETE 子句，在将表移出的同时从磁盘上删除；若选择 RECYCLE 子句，将表放入 Windows“回收站”。

例 4.4　建立一个“学生专业”数据库，将“学生 1”、“专业 1”表添加到库中。

```
CREATE DATABASE 学生专业
ADD TABLE 学生 1
ADD TABLE 专业 1
CLOSE DATABASE ALL
```

例 4.5　①将“成绩”表分别复制为“成绩 1”、“成绩 2”表，建立一个“学生”数据库；②将“学生 2”、“成绩 1”、“成绩 2”表添加到数据库中；③将“成绩 1”表移出数据库，将“成绩 2”表移出数据库并删除。

```
COPY FILE 成绩.* TO 成绩 1.*
COPY FILE 成绩.* TO 成绩 2.*
CREATE DATABASE 学生
ADD TABLE 学生 2
ADD TABLE 成绩 1
ADD TABLE 成绩 2
REMOVE TABLE 成绩 1
REMOVE TABLE 成绩 2  DELETE
CLOSE ALL
```

（2）数据库表的删除

1）界面方式删除数据库表方法如下。

在前面介绍的从数据库中移出表时，都可以在移出表的同时将表删除。删除表还有一个简单的方法就是，在“数据库设计器”中，直接选择数据库表并按 Delete 键，确认删除即可。

2）命令方式删除数据库表方法如下。

除用 REMOVE TABLE 命令移出并删除数据库表外，还可用如下命令。

格式：DROP TABLE [表名|?] [RECYCLE]

功能：在当前数据库中将表名指定的数据库表移出，且从磁盘上删除。若选择 RECYCLE 子句，将删除表放入 Windows“回收站”。

说明：

① 当无任何选项或选择？时，打开“删除”对话框，从中选择要删除的表即可。

② 当无数据库打开时，将表名指定的自由表从磁盘上删除。

③ 无论表是否打开，此命令都将表文件从磁盘上删除。

8. 设置当前数据库

VFP 可以打开多个数据库，而在某一时刻只能对当前数据库操作，因此，要将数据库设置为当前数据库，才能对其进行相应的操作。

格式：SET DATABASE TO [数据库文件名]

功能：设置数据库文件名指定并打开的数据库为当前数据库。如果省略数据库文件名，则所有打开的数据库都不会成为当前数据库。

9. 显示当前数据库信息

格式：LIST|DISPLAY DATABASE [TO PRINTER [PROMPT]|TO FILE <文件名>] [NOCONSOLE]

功能：显示有关当前数据库的信息，即当前数据库中表的字段、命名连接、表或视图的信息。

说明：

1）TO PRINTER [PROMPT]将 DISPLAY DATABASE 的结果定向输出到打印机。若选择 PROMPT 子句，则在打印开始前打开“打印”对话框。

2）TO FILE <文件名>子句将 DISPLAY DATABASE 的结果定向输出到指定文件名的文件中。如果文件已经存在，且 SET SAFETY 设置为 ON，VFP 将提示用户是否要改写此文件。

3）NOCONSOLE 表示不向 VFP 的主窗口或活动的用户自定义窗口输出。

10. 显示数据库中的表

格式：LIST|DISPLAY TABLES [TO PRINTER [PROMPT]|TO FILE <文件名>] [NOCONSOLE]

功能：显示包含在当前数据库中所有的表和表的信息，但不包括表中各字段的信息。

11. 重命名数据库表

格式：RENAME TABLE <表名 1> TO <表名 2>

功能：重命名当前数据库中的表的长表名，将表名 1 更改为表名 2。RENAME TABLE 不能用来更改自由表的名称。要更改自由表的名称，可使用 RENAME 命令。

12. 数据库的删除

格式：DELETE DATABASE <数据库文件名|?> [DELETE TABLES][RECYCLE]

功能：删除数据库中文件名指定的数据库。从磁盘上删除数据库文件，要求数据库必须是关闭状态。

说明：

1）选择 DELETE TABLES 子句，表示在删除数据库同时也从磁盘上将数据库表删除。

2）选择 RECYCLE 子句，表示将删除的数据库与表放入 Windows“回收站”中。

例 4.6 数据库操作的应用。

```
CREATE DATABASE 职工 1
CREATE DATABASE 职工 2
```

```
SET DATABASE TO 职工1
MODIFY DATABASE
CLOSE DATABASE
DELETE DATABASE 职工1
CLOSE DATABASE ALL
```

13. 作用域

VFP 把当前数据库作为操作对象的主作用域。当打开一个数据库时，VFP 首先在已打开的数据库中搜索所需要的任何对象（如表、视图、连接等）。只有在当前数据库中找不到所需要的对象时，才在默认目录或搜索路径上查找。

（1）设置默认目录

格式：SET DEFULT TO [路径]

功能：将默认目录设置为路径指定的目录。若 SET DEFULT TO 后无参数，则将默认目录恢复成为 VFP 的启动目录。

（2）设置搜索路径

格式：SET PATH TO [路径表]

功能：指定查找文件的路径。路径表是用逗号或分号隔开的多个路径。若 SET PATH TO 后无参数，则将路径恢复为默认目录。

4.2.3 数据库表的组织

1. 在数据库中查找数据库表或视图

如果数据库中有多个表和视图，在“数据库设计器”打开时，执行“数据库”→“查找对象”命令，然后从如图 4.5 所示的“查找表或视图”对话框中选择需要的表或视图，单击“查找”按钮。这时，在“数据库设计器”中，标题加亮显示的就是被选择的表。

2. 展开或折叠数据表

在“数据库设计器”中可调整表的显示区域大小，也可以折叠只显示表的名称。

当右击“数据库设计器”中某个表，在打开的快捷菜单中执行“展开”或“折叠”命令时，就可以展开或折叠该表；若要展开或折叠所有的表，则在“数据库设计器”窗口的空白处右击，然后在打开的快捷菜单中执行“全部展开”或“全部折叠”命令。

3. 重排数据库表

在“数据库设计器”打开时，可以用鼠标手工排列各数据库表，也可以执行“数据库”→“重排”命令，打开如图 4.6 所示的“重排表和视图”对话框。根据需要选择适当的选项，即可在“数据库设计器”中按不同的要求重新排列各数据库表，也可以将表恢复为默认的高度和宽度。

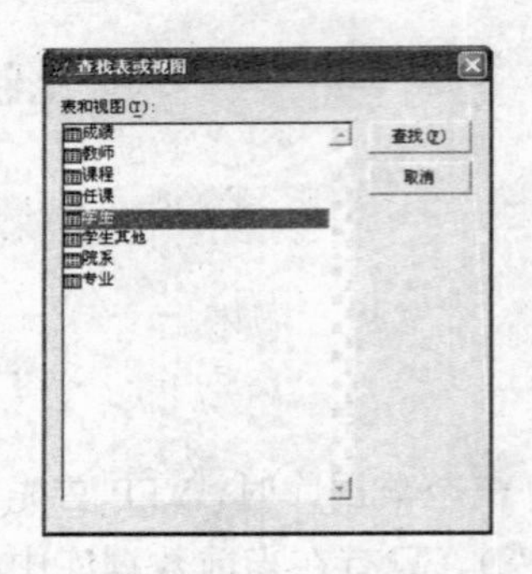

图 4.5 “查找表或视图”对话框

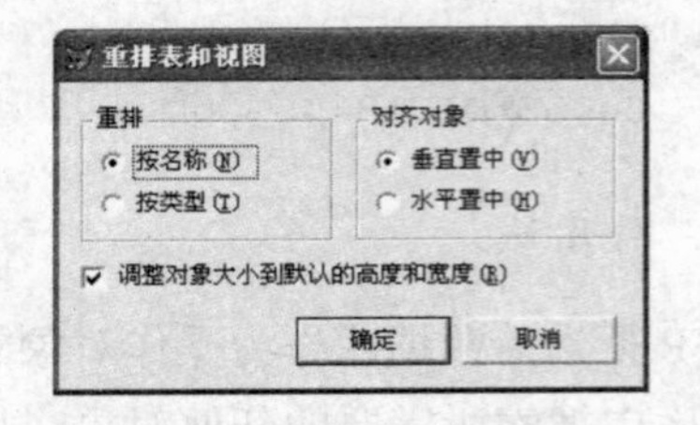

图 4.6 “重排表和视图”对话框

4.3 数据库表的设置

4.3.1 设置字段显示属性

数据字典是数据库管理数据库表的一个重要工具，它是保存包含数据库所有信息的一个表。如字段、表的属性，字段、记录的规则，表间关联关系、参照完整性规则等。因此，有了数据字典能使数据库有效地对数据库中相关对象进行管理，使数据库表比自由表有更多的功能。

在建立数据库表或将自由表添加到数据库中使其成为数据库表时，打开“表设计器”就会发现数据库表的“表设计器”比自由表的“表设计器”多了一些项目，特别是在“字段”选项卡与“表”选项卡中，如图 4.7 所示。下面对这些项目逐一加以说明。

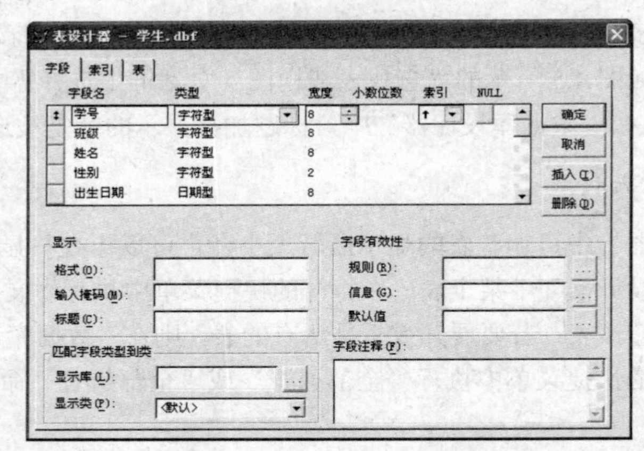

图 4.7 数据库表的“表设计器”

1. 字段选项卡

（1）字段名

在自由表“表设计器”中字段名最长为 10 个字符，在数据库“表设计器”中的字段名支持长字段名，字段名最长可为 128 个字符（当表移出数据库中，字段名不能为 128 字符）。当数据库表移出数据库成为自由表时，字段名被截为前 10 个字符，若长字段名前 10 个字符在表中不唯一，取字段名前几个字符后，在后面追加顺序号共同组成 10 个字符的字段名。

（2）"显示"选项组

1）格式。格式指字段显示时的格式，可以在该文本框中输入所需的各式常用的格式控制字符，格式控制字符决定了字段的显示格式。常用的格式控制字符有以下几种。

A　只允许输入文字字符（禁止输入数字、空格和标点符号）。

D　使用当前系统设置日期的格式。

L　在数之前显示填充的前导 0 字符，而不是空格字符。

T　禁止输入字段的前导与尾部空格。

!　将输入的小写字母转换为大写字母。如在格式文本框中输入"!"，则在显示对应字段的内容时，若输入的是小写字母，显示为大写字母。

2）输入掩码。输入掩码是指字段输入值的格式。使用输入掩码可屏蔽非法输入，减少人为的数据输入错误，提高输入工作效率，保证输入的字段数据格式统一和有效。常用的输入掩码有以下几种。

X　表示可输入任何字符。

9　表示可输入数字和正负符号。

#　表示可输入数字、空格和正负符号。

$　表示在固定的位置上显示当前货币符号。

$$ 表示显示当前货币符号。

*　表示在值的左侧显示星号。

.　表示用点分隔符指定数值的小数点位置。

,　表示用逗号分割小数点左边的整数部分，一般用来分隔千分位。

3）标题。标题用于输入字段名在显示时所用的显示标题。如"学号"字段的标题文本框中输入"学生学号"，在"浏览"窗口中，"学号"字段的标题栏将显示"学生学号"。

（3）"字段有效性"选项组

1）规则。此文本框用于输入字段数据有效性规则，限制非法数据的输入。如"入学成绩"字段取值为 480～650，可在文本框内输入　入学成绩>=480 AND 入学成绩<=650，作为此字段的有效性规则。当对"入学成绩"字段进行编辑操作时，数据必须符合有效性规则，否则拒绝所输入的数据并显示出错信息。

2）信息。此文本框用于输入用字符定界符括起来的显示错误提示信息。当字段数据不符合字段有效性规则时，将显示此信息。如在"入学成绩"字段信息中输入　分数应在 480～650。当为"入学成绩"字段输入-3 时，将显示：分数应在 480～630。

3）默认值。用于输入指定字段的默认值。如"性别"字段默认值是"女"，新增一条记录时就会显示其性别为"女"。如果此学生"性别"为"女"，就直接取默认值从而提高输入的速度。

（4）字段注释选项组

用于输入对此字段的说明，它将在后续章节的"项目管理器"中出现。在"项目管理器"表中的字段列表中选择字段时，在"项目管理器"底部将出现字段注释内容。

（5）匹配字段类型到类选项组

该选项组用于设置扩充字段类型，它包含“显示库”文本框与“显示类”下拉列表，通常不用填写，取系统默认即可。

1）显示库。“显示库”文本框用于显示所需类库。

2）显示类。“显示类”用于显示匹配的类。

2. 表选项卡

（1）表名

数据库表的表名支持长表名，最长 128 个字符。当表被移出库时，长表名被截为按系统要求的短表名。

（2）“记录有效性”选项组

1）规则。规则用于输入记录有效性检验，当光标离开当前记录时进行校验。如在“学生”表中要表示“性别”为“女”必为“团员”，若“性别”为“男”不要求，作为有效性，可输入 (性别='女' AND 团员否) OR 性别='男'。

2）信息。信息用于输入记录不符合规则时显示的提示信息，如“女生全是团员”。

（3）“触发器”选项组

1）插入触发器。插入触发器用于输入在向表中插入或追加记录时触发的有效性规则。如要求插入与追加记录只能在每年 8 月或 9 月进行，可输入 MONTH(DATE( ))=8 OR MONTH(DATE( ))=9。

2）更新触发器。更新触发器用于更新记录时触发的有效性规则，如要求在每月的前 10 天可以更新记录，可输入 DAY(DATE( ))>=1 OR DAY(DATE( ))<=10。

3）删除触发器。删除触发器用于输入删除记录时触发的有效性规则。如要求当前日期的年份减去学号前四位字符转为数值后大于等于 4 的允许删除。可输入 YEAR(DATE( ))-VAL(LEFT(学号,4))>=4。

4）表注释。表注释用于输入对表的说明信息，此信息只在“项目管理器”中当选择表时显示在“项目管理器”的底部。

4.3.2 建立永久性关联关系

在实际应用中，同时操作多个表的情况很多。VFP 多表同时使用是运用关联关系机制实现的。在第 3 章中通过关联建立的关联关系为临时关联关系。当建立关联关系的相关表被关闭后，关联关系即被取消。若表在打开时，表之间又需要原来的关系就要重新建立。永久性关联关系是在“数据库设计器”中建立的，它不随“数据库设计器”的关闭而消逝。关联关系一旦建立，数据库设计器每次打开时关联关系都存在。因为永久性关联关系已存入数据库的数据字典中。

1. 建立关联关系前的准备

在第 3 章介绍了多表之间记录的对应关系时，将关系分为三种，即一对一、一对多和多对多。多对多关系处理起来较为复杂，通常是通过建立钮带表或链接表的方法转换为两个一对多关系。在建立关联关系前要做以下准备。

1）确定哪一个表为父表，哪一个表为子表。

2）确定是建立一对一关系，还是一对多关系。

3）不管是一对一关系还是一对多关系，父表要对关键字段建立主索引；对于一对一关系，子表要对相关字段作候选索引或主索引；对于一对多关系，子表要对相关字段作普通索引。

4）主索引与主索引、主索引与候选索引、候选索引与主索引、候选索引与候选索引建立的关联关系是一对一的关系；主索引与普通索引、主索引与唯一索引、候选索引与普通索引、候选索引与唯一索引建立的关联关系是一对多的关系；唯一索引与唯一索引、唯一索引与普通索引、普通索引与普通索引、普通索引与唯一索引不能建立关联关系。

2. 建立永久性关联关系

建立永久性关联关系非常简单，在“数据库设计器”中，选择父表中想要关联的索引名，然后将它拖动到相关表（子表）匹配的索引上即可。

例 4.7　将在 4.1.2 小节中为“学生成绩”数据库设计的八个表全部添加到“学生成绩”数据库中，并建立各表之间的永久性关联关系，如图 4.8 所示。

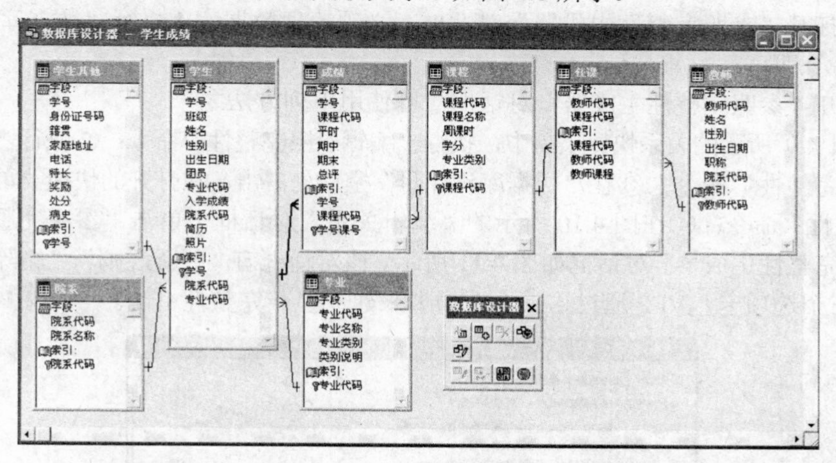

图 4.8　“学生成绩”数据库各表的永久性关联关系

3. 编辑关联关系

选择关联关系连线，如图 4.8 所示，此时的关联关系线变粗，在关联关系线上右击或双击，打开关系快捷菜单，如图 4.9 所示。执行“编辑关系”命令，打开“编辑关系”对话框，如图 4.10 所示，在下拉列表中选择表（父表）、相关表（子表）的索引名进行编辑。

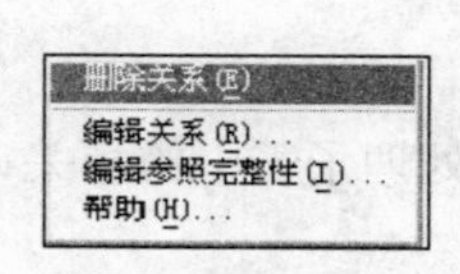

图 4.9　关系快捷菜单

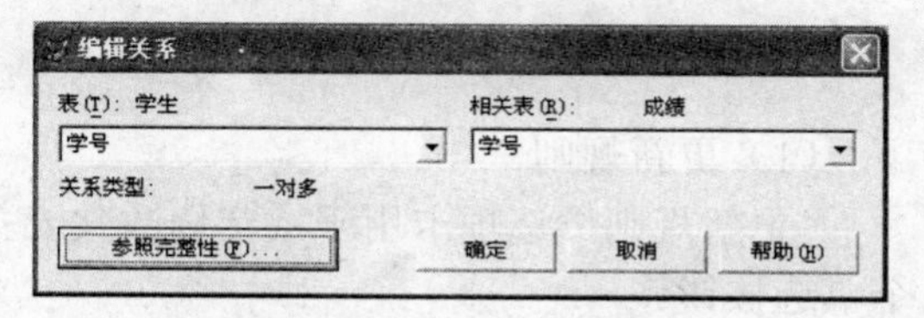

图 4.10　“编辑关系”对话框

4. 删除关系

单击两表之间的关系连线按 Delete 键，或在图 4.9 所示关系快捷菜单中执行“删除关系”命令即可。

4.3.3 建立参照完整性

在两个表之间建立永久性关系后，存在着相互之间一致性、完整性问题。如父表的一条记录与子表有相对应的记录。若将父表这条记录删除，或修改了主索引关键字，子表就无法找到与父表对应的记录，一致性与完整性就遭到破坏。此外，若子表增加记录或修改一个与父表对应的记录的索引关键字，在父表中无法找到对应记录这也使得一致性、完整性得到了破坏。为了解决这类问题，VFP 提供了参照完整性机制，从而保证了在两表建立关系后表之间的关系不被破坏。

1. 打开“参照完整性生成器”对话框

1）要打开“参照完整性生成器”对话框，必须清理数据库，执行“数据库”→“清理数据库”命令即可。

2）打开“参照完整性生成器”对话框，可使用下列方法之一。

①在图 4.9 所示的关系快捷菜单中，执行“编辑参照完整性”命令；②执行“数据库”→“编辑参照完整性”命令；③在“数据库设计器”空白处右击，在打开的快捷菜单中执行“编辑参照完整性”命令；④在图 4.10 所示的“编辑关系”对话框中单击“参照完整性”按钮。

“参照完整性生成器”对话框如图 4.11 所示。该对话框有“更新规则”、“删除规则”、“插入规则”三个选项卡，VFP 通过这三个选项卡来建立参照完整性机制。

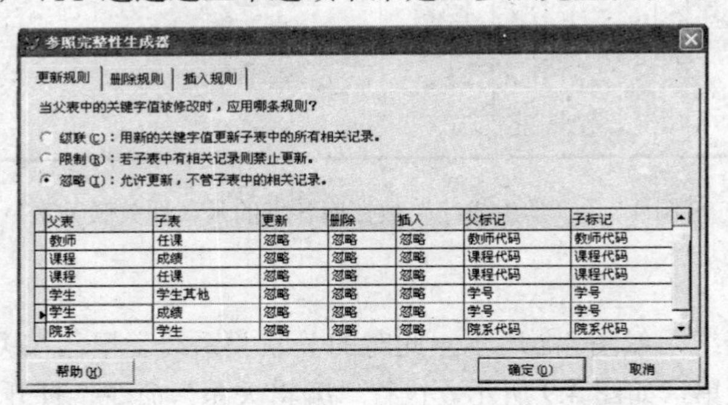

图 4.11 “参照完整性生成器”对话框

2. 各选项卡的内容

（1）更新规则

“更新规则”选项卡用于决定修改父表关键字时，如何处理子表中的相关记录，它有三个单选按钮。

1）级联：级联是指当修改父表记录中关键字时，用新的关键字值更新子表中所有相关的记录。

2）限制：限制是指当修改父表记录中的关键字时，若子表中有与此关键字值相关的记

录，则禁止修改父表记录中的关键字值的操作。

3）忽略：忽略是指允许父表进行更新，不管子表中的相关记录。

（2）删除规则

“删除规则”选项卡用于决定删除父表记录时如何处理子表中的相关记录的规则。

1）级联：级联是指当删除父表中的记录时，删除子表中的相关记录。

2）限制：若在删除父表记录时，子表中有与之相关的记录，则禁止删除父表的记录操作，使删除失败。

3）忽略：当父表的记录删除时，允许删除，不管子表中的相关记录。

（3）插入规则

“插入规则”选项卡用于在子表中插入一个新记录，或更新一个已存在的记录时，对子表的处理规则。

1）限制：在子表中插入一个新记录或更新一个已存在的记录时，若父表的记录中没有相匹配的关键字值，则禁止插入。

2）忽略：子表的插入与父表无关。

3. 建立参照完整性

1）打开“参照完整性生成器”对话框。

2）在“参照完整性生成器”对话框的表格中选择一行。

3）单击某一选项卡。

4）点选某一单选按钮。

5）单击“参照完整性生成器”对话框的“确定”按钮，打开是否保存代码提示对话框，如图4.12所示。

6）单击“参照完整性生成器”提示框中的“是”按钮，打开新的“参照完整性”提示对话框，如图4.13所示。

7）单击图4.13中的“是”按钮完成建立。

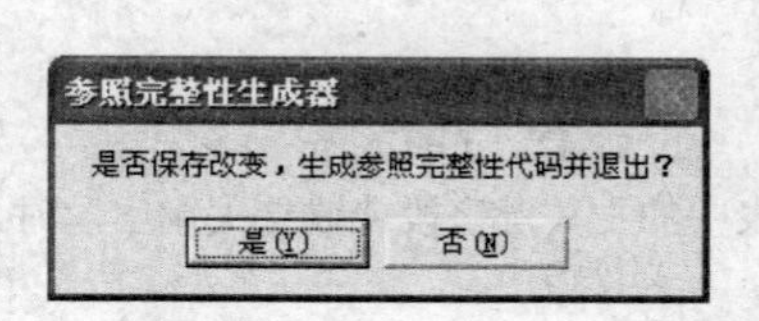

图4.12 是否保存代码提示框

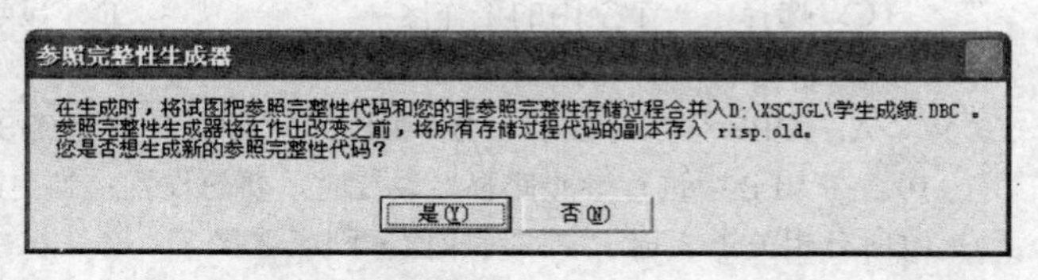

图4.13 新的“参照完整性”提示对话框

习 题 4

一、思考题

1. 如何创建一个数据库？
2. 字段级规则和记录级规则有何不同？
3. 数据库表之间有哪几种关联？
4. 触发器有几种？每一种触发器的作用是什么？

5．试说明参照完整性以及设置参照完整性规则的目的。

二、选择题

1．要控制两个表中数据的完整性和一致性可以设置参照完整性，要求这两个表（　　）。

A．是同一个数据库中的两个表　　B．不同数据库中的两个表

C．两个自由表　　D．一个是数据库表另一个是自由表

2．在 VFP 中，可以对字段设置默认值的表（　　）。

A．必须是数据库表　　B．必须是自由表

C．可以是自由表或数据库表　　D．可以是自由表和数据库表

3．在 VFP 中，打开数据库的命令是（　　）。

A．OPEN <数据库名>　　B．OPEN DATABASE <数据库名>

C．USE <数据库名>　　D．USE DATABASE <数据库名>

4．在 VFP 的“数据工作期”窗口，使用 SET RELATION 命令可以建立两个表之间的关联，这种关联是（　　）。

A．永久性关联　　B．永久性关联或临时性关联

C．临时性关联　　D．永久性关联和临时性关联

5．在 VFP 中，通用型字段 C 和备注型字段 M 在表中的宽度都是（　　）。

A．2 字节　　B．4 字节　　C．8 字节　　D．10 字节

6．VFP 参照完整性规则不包括（　　）。

A．更新规则　　B．查询规则　　C．删除规则　　D．插入规则

7．在“数据库设计器”中，建立两个表之间的一对多联系是通过（　　）索引实现的。

A．“一方”表的主索引或候选索引，“多方”表的普通索引

B．“一方”表的主索引，“多方”表的普通索引或候选索引

C．“一方”表的普通索引，“多方”表的主索引或候选索引

D．“一方”表的普通索引，“多方”表的候选索引或普通索引

8．执行 SELECT 0 选择工作区的结果是（　　）。

A．选择了 0 号工作区　　B．选择了空闲的最小号工作区

C．选择了一个空闲的工作区　　D．显示出错信息

9．数据库文件默认的扩展名是（　　）。

A．.DBF　　B．.DBC　　C．.DBT　　D．.FPT

10．在 VFP 中进行参照完整性设置时，要想设置：当更改父表中的主关键字段或候选关键字段时，自动更改所有相关子表记录中的对应值，则应选择（　　）。

A．限制（restrict）　　B．忽略（ignore）

C．级联（cascade）　　D．级联（cascade）或限制（restrict）

11．一个数据库表最多能设置的触发器个数是（　　）。

A．1　　B．2　　C．3　　D．4

12．数据库表的索引共有（　　）种。

A．1　　B．2　　C．3　　D．4

13．要限制数据库表中字段的重复值，可以使用（　　）。

A．主索引或候选索引　　B．主索引或唯一索引

C．主索引或普通索引　　D．唯一索引或普通索引

14．定义参照完整性的目的是（　　）。
A．定义表的临时联接　　B．定义表的永久联接
C．定义表的外部联接
D．在插入、删除、更新记录时，确保已定义的表间关系

15．默认的表间联接类型是（　　）。
A．内部联接　　B．左联接　　C．右联接　　D．完全联接

16．在“表设计器”的字段有效性验证中可以设置（　　）、信息和默认值三项内容。
A．格式　　B．标题　　C．规则　　D．输入掩码

17．在“参照完整性生成器”中单击“删除规则”选项卡，当单击“限制”按钮时，完成的功能是（　　）。
A．删除子表中的所有相关记录　　B．允许删除，不管子表中的相关记录
C．对所有记录均限制删除　　D．若子表中有相关记录，则禁止删除

18．多表操作的实质是（　　）。
A．把多个表物理地联接在一起　　B．临时建立一个虚拟表
C．反映多表之间的关系　　D．建立一个新的表

19．在数据库中设置了“参照完整性”规则的删除为级联，则（　　）。
A．删除子表的记录，主表的相关记录自动删除
B．删除主表的记录，子表的相关记录自动删除
C．能够删除主表的记录，不能够删除子表的记录
D．主表和子表都不能删除任何删除

20．关于数据库表和自由表的候选索引，正确的是（　　）。
A．1 个数据库表只能建立 1 个候选索引，自由表不能建立候选索引
B．1 个数据库表只能建立 1 个候选索引，1 个自由表能够建立多个候选索引
C．数据库表不能建立候选索引，1 个自由表只够建立 1 个候选索引
D．数据库表和自由表都可以建立多个候选索引

21．在 VFP 中，建立数据库文件时，把年龄字段值限定在 18～28 岁之间的这种约束属于（　　）。
A．实体完整性约束　　B．参照完整性约束
C．域完整性约束　　D．视图完整性约束

22．要使“学生”数据库表中不出现同名的学生的记录，需对学生字段建立（　　）。
A．字段有效性限制　　B．主索引或候选索引
C．记录有效性限制　　D．设置触发器

23．要对数据库中的两个表建立永久关系，下列叙述中不正确的是（　　）。
A．主表必须建立主索引或候选索引
B．子表必须建立主索引或候选索引或普通索引
C．两个表必须有同名字段
D．子表中的记录数不一定多于主表

24．在关系模型中，为了实现“关系中不允许出现相同元组”的约束，应使用（　　）。
A．临时关键字　　B．主关键字　　C．外部关键字　　D．索引关键字

25．在 VFP 中，可以对字段设置默认值的表是（　　）。
A．自由表　　B．数据库表
C．自由表或数据库表　　D．都不能设置

26．下列关于自由表的说法中，错误的是（　　）。
A．在没有打开数据库的情况下所建立的数据表，就是自由表
B．自由表不属于任何一个数据库

C．自由表不能转换为数据库表

D．数据库表可以转换为自由表

27．要将数据库表从数据库中移出成为自由表，可使用命令（　　）。

A．DELETE TABLE<数据表名>　　B．REMOVE TABLE<数据表名>

C．DROP TABLE<数据表名>　　D．RELEASE TABLE<数据表名>

三、填空题

1．VFP 中有两种表，即________和________。

2．在联接运算中，________是去掉重复属性的等值联接。

3．VFP 中数据库文件的扩展名是________。

4．字段或记录的有效性规则的设置是在________中进行的。

5．删除数据库表中的记录有________方式。

6．将“工资”表中“总金额”字段的默认值设置为 0.00，这属于定义数据________完整性。

7．在“数据库设计器”中设计表之间的联系时，要在父表中建立________，在子表中建立________。

第5章　结构化查询语言与数据查询

在软件开发中经常用到数据的查询，如学生成绩管理系统，人事档案管理系统，图书管理系统等软件。查询的准确与否、速度快慢，直接影响软件的质量、效率、应用及维护，VFP 用三个途径解决查询问题：一是运用 SQL 的查询语句，二是用“查询设计器”建立快速查询，三是用“视图设计器”建立视图，实现快速查询。下面对这三方面的内容进行介绍。

5.1　SQL　概　述

结构化查询语言（structured query language，SQL）既可以用于大型数据库系统，也可以用于微型数据库系统。SQL 已被国际标准化组织（International Organization for Standardization，ISO）认定为关系数据库标准语言，其核心是数据查询。VFP 数据库管理系统，既有自己的命令，也支持结构化查询语言命令，一条 SQL 命令可以代替多条 VFP 命令。

5.1.1　SQL 的产生、发展及其标准

SQL 首先由 Boyceh、Chamberlin 于 1974 年提出，1979 年由 IBM 公司首次在 San Jose Research Laboratory 研制的 RDBMS（relational database management system，关系数据库管理系统）System R 上实现。与此同时，Oracle 公司首先提出了商用的 SQL，后来在其他几种 RDBMS 中得以实现。由于 SQL 广泛地被多种 RDBMS 支持和使用，为避免 SQL 语言的不兼容，以便基于 SQL 语言的程序易移植，在权威标准机构多年的工作和努力下，制定了不断完善的 SQL。

1. 第一个 SQL 标准（SQL-86）

它由 ANSI（american National Standards Institute，美国国家标准协会）于 1986 年 10 月制定，标准文本为 ANSI x3.135-1986，简称 SQL-86。1987 年 ISO 也通过这一标准。

2. SQL-89

1989 年，在 SQL-86 上作了一些改进，推出的版本为 ANSI x3.135-1989，简称 SQL-89。

3. SQL-92

1992 年，由 ANSI 和 ISO 合作，对 SQL-89 作了改善，推出的版本为 ANSI x3.135-1992，简称 SQL-92，这是目前绝大多数商用 RDBMS 支持的版本。

4. SQL-1999

1999 年推出的 SQL-1999 是在 SQL-92 的基础上扩展而成的。

因为大多数商用 RDBMS 只是遵循 SQL-92 的大部分特性，为了提高系统性能，这些系统还提供针对各自系统的、特定的、非 SQL 标准的功能。用户在使用不同的关系数据库管

理系统时，请参照其相应的 RDBMS 技术手册。

5.1.2 SQL 的特点

1. 一体化语言

SQL 集数据定义语言（database definition language，DDL）、数据操纵语言（database manipulation language，DML）、数据控制语言（database control language，DCL）的功能于一体，可以独立完成数据库生命周期中的全部活动，包括定义表结构，录入数据及数据库查询、更新、维护和重构以及数据库安全性控制等一系列操作，这就为数据库应用系统的开发提供了良好的环境。

2. 高度非过程化

用 SQL 进行数据操作时，用户只需提出做什么，而不必指明怎么做，这不但大大减轻了用户的负担，而且还有利于提高数据独立性。

3. 集合化操作方式

SQL 语言采用集合化操作方式，不仅查找的结果可以是记录的集合，而且操作对象的一次插入、删除、更新也可以是记录的集合。

4. 以同一种语法结构提供两种使用方式

SQL 既是自含式语言，又是嵌入式语言。作为自含式语言，它能够独立地用于联机交互，也可以在程序中使用；作为嵌入式语言，SQL 语句能够嵌入到高级语言（如 C、FORTRAN 等）程序中，供程序员设计程序时使用。而在这两种不同的使用方式下，SQL 语言的语法结构基本上是一致的。这种以统一的语法结构提供两种不同的使用方法的做法，为用户设计程序提供了极大的灵活性与方便性。

5. 语言简洁，易学易用

SQL 功能极强，但由于设计巧妙，语言十分简洁，完成数据定义、数据操纵、数据控制核心功能只用了九个动词：CREATE，DROP，ALTER，SELECT，INSERT，UPDATE，DELETE，GRANT，REVOKE。易学易用是 SQL 的最大特点。VFP 无 GRANT 与 REVOKE 命令。

5.1.3 数据定义语言

数据定义语言由 CREATE、ALTER、DROP 命令组成。

1. 表的建立

（1）创建表

在 3.1.2 小节中介绍了用命令创建表，此格式为 SQL 创建表的基本语句，现给出它的完整形式。

格式： CREATE TABLE|DBF <表名 1> [NAME <长表名>] [FREE] (<字段名 1> 类型 [(字段宽度[,<小数位数>)] [NULL|NOT NULL]

```
[CHECK <逻辑值表达式 1> [ERROR <出错提示信息文本 1>]] [DEFAULT <表达式 1>]
[PRIMARY KEY|UNIQUE] [REFERENCES <表名 2>  [TAG <索引名 1>]]
[NOCPTRANS]
[,<字段名 2> …]
[,PRIMARY KEY<表达式 2> TAG <索引名 2>|,UNIQUE <表达式 3> TAG<索引名 3>]
[,FOREIGN KEY <表达式 4> TAG <索引名 4> [NODUP]
REFERENCES <表名 3> [TAG <索引名 5>]]
[,CHECK <逻辑值表达式 2>   [ERROR <出错提示信息文本 2>]])
|FROM ARRAY <数组名>
```

功能：创建表名 1 指定的表。表名 1 可以是一个名称表达式。

说明：

1）TABLE 和 DBF 选项作用相同。

2）NAME <长表名> 指定表的长表名。因为长表名存储在数据库中，只有在打开数据库时才能指定长表名。长名最多可包括 128 个字符，在数据库中可用来代替短名。

3）FREE 指定所创建的表为自由表，不添加到数据库中。如果没有打开数据库，则不需要 FREE。当建立自由表时，有关数据库表的内容均不可用。

4）<字段名 1> 类型[(字段宽度[,<小数位数>])]分别指定字段名、字段类型、字段宽度和字段小数位数。类型是用单字符表示的数据类型。有些字段数据类型要求指定字段宽度或小数位数或两者都要指定。

5）NULL | NOT NULL 子句说明字段是否可取空值（NULL）。

6）CHECK <逻辑值表达式 1> [ERROR <出错提示信息文本 1>] 子句用于说明字段的有效性规则。<逻辑值表达式 1>是有效性规则，<出错提示信息文本 1>是为字段有效性规则检查出错时给出的提示信息。

7）DEFAULT <表达式 1> 子句使用表达式值给出字段的默认值。表达式 1 的数据类型必须和字段的数据类型相同。

8）PRIMARY KEY|UNIQUE 子句是以该字段创建索引。取 PRIMARY KEY 创建的是主索引，取 UNIQUE 创建的是候选索引。

9）REFERENCES <表名 2> [TAG <索引名 1>] 子句用于指定建立永久关联关系的父表，<表名 2>为父表名。若省略 TAG <索引名 1>，则使用父表的主索引关键字建立关联关系，如果父表没有主索引，则出错。父表不能是自由表。

10）NOCPTRANS 防止字符字段和备注字段转换到另一个代码页。如果要将表转换到其他代码页，则指定了 NOCPTRANS 的字段不转换。只能为字符字段和备注字段指定不进行代码页转换。

11）PRIMARY KEY <表达式 2> TAG <索引名 2> 子句指定要创建的主索引。<表达式 2>为表中字段组合。一个表只能有一个主索引，如已建立主索引就不可以用此子句。

12）UNIQUE <表达式 3> TAG <索引名 3> 创建候选索引。<表达式 3>可指定表中的任一字段或字段组合。但是，如果已经用一个 PRIMARY KEY 选项创建了一个主索引，则不能包含指定为主索引的字段。一个表可以有多个候选索引。

13）FOREIGN KEY <表达式 4> TAG <索引名 4>[NODUP] REFERENCES <表名 3>

[TAG <索引名 5>] 子句，用于建立普通索引，并与父表建立关联关系。可以建立多个普通索引，但索引表达式必须指定表中的不同字段。包含 NODUP 项创建一个候选索引。REFERENCES <表名 3> [TAG <索引名 5>] 指定建立永久关联关系的父表。可包含 TAG <索引名 5>，为父表建立一个基于索引名 5 的关联关系。如果省略 TAG<索引名 5>，则默认用父表的主索引关键字建立关联关系。

14）CHECK <逻辑值表达式 2> [ERROR <出错信息 2>] 子句用于说明字段的有效性规则。<逻辑值表达式 2>是有效性规则，<出错提示信息文本 2>是为字段有效性规则检查出错时给出的提示信息。

15）FROM ARRAY <数组名> 子句指定一个已存在的数组名称，数组中包含表的每个字段的名称、类型、精度以及宽度。

例 5.1 在“学生信息”数据库中，①建立表 3.1 的表，表名为“学生信息”，并建立以“学号”为主索引的索引，且限定在该表中的“性别”字段中只能输入“男”或“女”或为空，默认值为“男”；②建立表 3.5 的表，表名为“学生课程”，并建立以“课程代码”为候选索引的索引。

```
OPEN DATABASE 学生信息
CREATE TABLE 学生信息 (学号 C(8) PRIMARY KEY，班级 C(8)，姓名 C(8)，性别 C(2) CHECK 性别="男" OR 性别="女" OR 性别="  " ERROR "性别只能是男或女或为空" DEFAULT "男"，出生日期 D,团员 L，专业代码 C(4)，入学成绩 N(5,1)，院系代码 C(4)，简历 M，照片 G)
CREATE TABLE 学生课程 (课程代码 C(6),课程名称 C(20),周学时 N(2),学分 N(4,1),专业类别 C(1)，UNIQUE 课程代码 TAG 课程代码)
CLOSE DATABASE ALL
```

例 5.2 在“学生信息”数据库中建立表 3.4 的表，表名为“学生另外”，并建立以“学号”为主索引的索引，并以主索引与“学生信息”表建立永久性的关联关系。

```
OPEN DATABASE 学生信息
CREATE TABLE 学生另外 (学号 C(8) PRIMARY KEY REFERENCES 学生信息,身份证号码 C(18),籍贯 C(10),家庭地址 C(50),电话 C(15),特长 C(60),奖励 C(60),处分 C(60),病史 C(60))
CLOSE DATABASE
```

例 5.3 在“学生信息”数据库中建立表 3.7 的表，表名为“学生成绩”，并建立以“学号+课程代码”为主索引的索引，索引名为“学号课号”，以“学号”为普通索引与“学生信息”表（父表）建立永久性关联关系，以“课程代码”为普通索引与“学生课程”表（父表）建立永久性关联关系。

```
OPEN DATABASE 学生信息
CREATE TABLE 学生成绩 (学号 C(8),课程代码 C(6),平时 N(5,1),期中 N(5,1), 期末 N(5,1),总评 N(3),PRIMARY KEY 学号+课程代码 TAG 学号课号,FOREIGN KEY 学号 TAG 学号 REFERENCES 学生信息,FOREIGN KEY 课程代码 TAG 课程代码 REFERENCES 学生课程 TAG 课程代码)
CLOSE DATABASE ALL
```

（2）创建临时表

格式： CREATE CURSOR <表名> (<字段名 1> 类型[(字段宽度[,<小数位数>)]

[NULL|NOT NULL]
[CHECK <逻辑值表达式 1> [ERROR <出错提示信息文本 1>]] [DEFAULT <表达式 1>]
[UNIQUE] [NOCPTRANS][,<字段名 2> …])|FROM ARRAY <数组名>

功能：创建表名指定的一个临时表。

说明：

1）创建的临时表只在内存中保存，一旦关闭就删除临时表。

2）临时表在最低的可用工作区中以独占方式打开。可像其他表一样操作，即进行浏览和索引，追加和修改记录。临时表一般用来暂存数据。

2. 修改表

格式 1：ALTER TABLE <表名 1> ADD|ALTER [COLUMN] <字段名 1> 类型
[(字段宽度[, 小数位数])] [NULL|NOT NULL]
[CHECK <逻辑值表达式 1> [ERROR 出错提示信息文本 1]] [DEFAULT <表达式 1>]
[PRIMARY KEY|UNIQUE] [REFERENCES <表名 2> [TAG <索引名 1]]
[NOCPTRANS] [NOVALIDATE]

功能：修改表名为表名 1 的表结构。增加或修改字段名 1 的内容。

说明：

1）ADD|ALTER [COLUMN] <字段名 1> 类型[(字段宽度[, 小数位数])]指定要添加的新字段名或指定要修改的已有的字段名的字段类型、字段宽度和小数位数。

2）NULL|NOT NULL 子句说明字段是否可取空值（NULL）。

3）CHECK <逻辑值表达式 1> [ERROR <出错提示信息文本 1>] [DEFAULT <表达式 1>]子句用于说明字段的有效性规则。<逻辑值表达式 1>是有效性规则，<出错提示信息文本 1>是为字段有效性规则检查出错时给出的提示信息。DEFAULT <表达式 1> 给出字段的默认值为表达式 1 的值。

4）PRIMARY KEY|UNIQUE 子句是以该字段创建索引。取 PRIMARY KEY 创建的是主索引，取 UNIQUE 创建的是候选索引。

5）REFERENCE <表名 2> [TAG <索引名 1>] 子句用于指定建立永久关联关系的父表，<表名 2>为父表名。若省略 TAG <索引名 1>，则使用父表的主索引关键字建立关联关系，如果父表没有主索引，则出错。

6）NOCPTRANS 防止字符字段和备注字段转换到另一个代码页。如果要将表转换到其他代码页，则指定 NOCPTRANS 的字段不转换。

7）选择 NOVALIDATE 后，修改表的结构不受表中数据完整性的约束。默认为修改表结构将受到表中数据的完整性约束。使用 NOVALIDATE 参数将使默认情况无效。

格式 2：ALTER TABLE <表名 1> ALTER [COLUMN] <字段名 2> [NULL|NOT NULL]
[SET DEFAULT <表达式 2>] [SET CHECK <逻辑值表达式 2>
[ERROR <出错提示信息文本 2]]
[DROP DEFAULT] [DROP CHECK] [NOVALIDATE]

功能：修改表名 1 指定的表结构，修改字段名 2 的内容。

说明：

1）ALTER [COLUMN] <字段名 2> 指定要修改的字段名。

2）NULL|NOT NULL 子句说明字段是否可取空值（NULL）。

3）SET DEFAULT <表达式 2> 指定已有字段的新默认值。

4）SET CHECK <逻辑值表达式 2> [ERROR <出错提示信息文本 2>] 指定已有字段新的有效性规则。<逻辑值表达式 2>是有新效性规则，<出错提示信息文本 2>是为字段有效性规则检查出错时给出的提示信息。

5）DROP DEFAULT 删除字段已有的默认值。

6）DROP CHECK 删除字段已有的有效性规则。

格式 3：ALTER TABLE <表名 1> [DROP [COLUMN] <字段名 3>]

[SET CHECK <逻辑值表达式 3> [ERROR 出错提示信息文本 3]]

[DROP CHECK] [ADD PRIMARY KEY <表达式 3> TAG <索引名 2> [FOR <条件 1>]]

[DROP PRIMARY KEY][ADD UNIQUE <表达式 4>[TAG <索引名 3> [FOR <条件 2>]]]

[DROP UNIQUE TAG <索引名 4>][ADD FOREIGN KEY <表达式 5> TAG <索引名 4>

[FOR <条件 3>] REFERENCES <表名 2> [TAG <索引名 5>]]

[DROP FOREIGN KEY TAG <索引名 6> [SAVE]]

[RENAME COLUMN <字段名 4> TO <字段名 5>] [NOVALIDATE]

功能：修改表名为表名 1 的表结构。

说明：

1）DROP [COLUMN] <字段名 3> 从表中删除字段名为字段名 3 的字段。删除该字段的同时也删除了字段的默认值和字段有效性规则。字段被删除后，索引关键字或引用此字段的触发器表达式将无效。在这种情况下，删除字段并不产生错误，但是在运行时刻，无效的索引关键字或触发器表达式将导致错误。

2）SET CHECK <逻辑值表达式 3> [ERROR 出错提示信息文本 3] 指定表的有效性规则。[ERROR 出错提示信息文本 3]指定表的有效性检查出现错误时显示的错误信息。

3）DROP CHECK 删除表的有效性规则。

4）ADD PRIMARY KEY <表达式 3> TAG <索引名 2> [FOR <条件 1>] 向表中添加主索引。<表达式 3>指定主索引关键字表达式，<索引名 2>指定主索引名，索引名最长为 10 个字符。如果省略 TAG<索引名 2>而<表达式 3>是一个字段，主关键索引名与指定的表达式 3 同名。FOR <条件 1>指定只有满足筛选条件 1 的记录才可以显示和访问。

5）DROP PRIMARY KEY 删除主索引及其标示。因为表只能有一个主关键字，所以不必指定关键字的名称。删除主索引也将删除所有基于此关键字的永久关联关系。

6）ADD UNIQUE <表达式 4>[TAG <索引名 3> [FOR <条件 2>]]向表中添加候选索引。<表达式 4>指定候选索引关键字表达式，<索引名 3>指定候选索引名，候选索引名最长可为 10 个字符。如果省略参数 TAG<索引名 3>并且<表达式 4>为单个字段，候选索引名与表达式 4 中的指定的字段同名。FOR <条件 2>指定只有满足筛选条件 2 的记录才可以显示和访问。

7）DROP UNIQUE TAG <索引名 4> 删除候选索引及其索引名。因为表可能有多个候选关键字，所以必须指定候选索引名 4。

8）ADD FOREIGN KEY <表达式 5> TAG <索引名 4> [FOR <条件 3>] REFERENCES

<表名 2> [TAG <索引名 5>] 向表中添加普通索引。<表达式 5>为索引关键字表达式，索引名为索引名 4，并与<表名 2>指定的父表的索引名 5 建立永久性关联关系。

9）DROP FOREIGN KEY TAG <索引名 6> [SAVE] 删除索引名 6 与父表建立的永久性关联关系。如果省略[SAVE]参数，删除永久性关联关系的同时将删除索引名 6 的普通索引；如果选择[SAVE]选项，则只删除永久性关联关系而不删除普通索引。

10）RENAME COLUMN <字段名 4> TO <字段名 5> 允许改变表中字段的字段名。<字段名 4>指定待更改的字段名，<字段名 5>指定新的字段名。

注　意

改变表的字段名时一定要小心，索引表达式、字段和表的有效性规则、命令、函数等等可能仍会引用原始字段名。

例 5.4　在“学生成绩”表中增加一个“平均”字段，该字段为 6 位宽度，2 位小数。

```
ALTER TABLE 学生成绩 ADD 平均 N(6,2)
```

例 5.5　修改“学生信息”表中“性别”的默认值为“女”。

```
ALTER TABLE 学生信息 ALTER 性别 SET DEFAULT "女"
```

例 5.6　在“学生信息”数据库中，删除“学生成绩”表与“学生信息”表的永久性关联关系，并保留“学号”的普通索引；同时删除“学生成绩”表与“学生课程”表的永久性关联关系，不保留“课程代码”的普通索引，删除“平均”字段。

```
ALTER TABLE 学生成绩 DROP FOREIGN KEY TAG 学号 SAVE
ALTER TABLE 学生成绩 DROP FOREIGN KEY TAG 课程代码
ALTER TABLE 学生成绩 DROP 平均
```

3. 删除表

格式：DROP TABLE [表名|?] [RECYCLE]

功能：从磁盘上删除表名指定的表文件。

说明：

1）若选择？或不带任何参数，执行此命令时打开“删除”对话框，然后输入要删除的表名或在对话框中选择要删除的表，单击“删除”按钮即可。

2）RECYCLE 将删除的文件放到 Windows“回收站”中，以后可以恢复。

3）执行 DROP TABLE 命令之后，所有与被删除表有关的主索引、默认值、验证规则都将丢失。当前数据库中的其他表若与被删除的表有关联，如规则引用了被删除的表或与被删除的表建立了关联关系，这些规则和关联关系也都将无效。

4）无论表是否打开都会被删除。

例 5.7　删除“学生 1”表。

```
DROP TABLE 学生 1
```

5.1.4　数据操纵语言

SQL 的数据操纵语言可以完成有关表记录的插入、更新、删除和查询的操作，包括

INSERT、UPDATE、DELETE、SELECT 四个命令。

1. 插入记录

格式 1：INSERT INTO <表名> [(<字段名 1>[,字段名 2[,…]])] VALUES (<表达式 1>[,表达式 2[,…]])

或写为：INSERT INTO <表名> [(<字段名表>)] VALUES (<表达式表>)

功能：在表尾添加一条新记录。

说明：

1）指定要追加记录的表名中可以包含路径，也可以是一个名称表达式。

2）如果指定的表没有打开，INSERT 命令先在一个新工作区中以独占方式打开该表，然后把新记录追加到表中。此时并未选择这个新工作区，选择的仍然是当前工作区。

3）如果所指定的表是打开的，INSERT 命令就把新记录追加到这个表中。如果表不是在当前工作区打开的，则追加记录后表所在的工作区仍然不是选中的工作区，选中的仍然是当前工作区。

4）在表尾添加记录时，字段名 1 的值用表达式 1 的值添加，字段名 2 的值用表达式 2 的值添加，……，依此类推，即字段名表的值用对应表达式表的值添加。

5）当表达式表中表达式的个数与表名中表结构定义的字段个数相等时，(<字段名表>)可以省略。此时，各表达式的数据类型要与表中各字段的类型一致。

6）插入新记录后，记录指针指向新记录。

格式 2：INSERT INTO <表名> FROM <ARRAY <数组名> | MEMVAR>

功能：从指定数组名的数组中或从与字段名同名的内存变量中向表中添加记录。

说明：

1）选择 ARRAY <数组名>选项，指定数组名的数组中的数据将被插入到新记录中。

①如果是一维数组，从第一个数组元素开始，数组中的每个元素的内容依次插入到记录的对应字段中，第一个数组元素的内容插入到新记录的第一个字段，第二个元素的内容插入到第二个字段，……，依此类推，数组元素的类型要与字段的数据类型相一致；②当一维数组中数组元素的个数多于表中的字段个数时，多余的元素的数据被忽略，当数组中元素的个数少于表中的字段个数时多余的字段初始化为默认的空值；③如果是二维数组，则插入数据的行数条记录。从第一列数组元素开始，数组中的每个元素的内容依次插入到记录的对应字段中；第一列数组元素的内容插入到新记录的第一个字段，第二列元素的内容插入到第二个字段，……，依此类推。

2）选择 MEMVAR 选项，从与字段名同名的内存变量中添加记录的值。如果某一字段不存在同名的内存变量，则该字段为默认的空值。

例 5.8 用 INSERT 命令向“学生成绩”表中添加学号为“20100013”，课程代码为“201003”的记录

```
INSERT INTO 学生成绩 (学号，课程代码) VALUES ("20100013","201003")
CLOSE DATABASE ALL
```

例 5.9 用 INSERT 命令向“学生成绩”表中添加学号为“20100014”，课程代码为“201007”，平时、期中、期末、总评分别为 70、80、90、84 的记录。

```
INSERT INTO 学生成绩 VALUES ("20100014","201007",70,80,90,84)
CLOSE DATABASE ALL
```

例 5.10　用 INSERT 命令从数组中向“学生成绩”表中添加记录。

```
DIMENSION A1(6)
A1(1)="20100015"
A1(2)="201008"
A1(3)=60
A1(4)=70
A1(5)=80
A1(6)=83
INSERT INTO 学生成绩 FROM ARRAY A1
CLOSE DATABASE ALL
```

例 5.11　用 INSERT 命令从与表中的字段名同名的内存变量中向“学生成绩”表中添加记录。

```
学号="20100018"
课程代码="201007"
平时=70
期中=90
期末=90
总评=86
INSERT INTO 学生成绩 FROM MEMVAR
CLOSE DATABASE ALL
```

2. 更新记录

格式：UPDATE <表名> SET 字段名 1=<表达式 1> [,字段名 2=<表达式 2>[,…]] [WHERE <条件>]

功能：更新表名指定的表中满足条件的记录的值。

说明：

1）无 WHERE <条件>子句时，更新全部记录的值，且全部记录都用相同的值更新。

2）更新时，字段名 1 的值用表达式 1 的值更新，字段名 2 的值用表达式 2 的值更新，……，依此类推。

3）各表达式的值的数据类型要与各对应字段的数据类型相一致。

例 5.12　将“学生成绩”表中所有“总评”字段<60 的用 60 更新。

```
UPDATE 学生成绩 SET 总评=60 WHERE 总评<60
```

3. 删除记录

格式：DELETE FROM <表名>[WHERE <条件>]

功能：逻辑删除指定表名的表中符合条件的记录。

1）无 WHERE<条件>子句时，将逻辑删除全部记录。

2）若要物理删除表，则应选择相应的表后，执行 PACK 命令。

例 5.13　逻辑删除“学生成绩”表中“平时”字段<60 的记录。

```
DELETE FROM 学生成绩 WHERE 平时<60
CLOSE DATABASE ALL
```

4. 查询记录

格式：SELECT <表达式表> FROM <表名表> [WHERE <条件>] [查询结果处理]

功能：在表名表指定的表中查询符合 WHERE 后指定条件记录的表达式表的内容，并将查询的结果按查询结果处理的要求输出。无可选项时，将所有记录输出到窗口中。

SQL 的 SELECT 命令子句很多，有关其详细内容将在 5.2 节介绍。

5.1.5 数据控制语言

数据控制语言是用来控制用户对数据库的访问权限的，由 GRANT（授权）和 REVOKE（撤销）命令组成。

由于 VFP 没有权限管理，所以没有数据控制语言命令，这是 VFP 的缺点也是 VFP 的优点。因为没有权限管理，任何人都可以访问 VFP 的数据库，故安全性不高。但是也正由于没有权限控制，使用时比较方便。

5.2 SQL 的 SELECT 命令

5.2.1 SELECT 命令的一般形式

SQL 的 SELECT 语句最主要的功能就是查询。使用 SQL 的 SELECT 语句不需要在不同的工作区打开不同的表，只需将要查询的表、查询所需的字段、筛选记录的条件、记录分组的依据、排序的方式以及查询结果的显示方式，写在一条 SQL 的 SELECT 语句中，就可以完成特定的工作。

1. SELECT 命令的一般形式

格式：SELECT [ALL|DISTINCT]
[<别名>.]<表达式 1> [AS<列名 1>] [，[<别名>.]<表达式 2> [AS <列名 2>] [，…]]
FROM [FORCE] [<数据库名 1>!]<表名 1> [[AS] <本地别名 1>]
[[INNER|LEFT [OUTER]|RIGHT [OUTER]|FULL [OUTER]]
JOIN <数据库名 2>!]<表名 2> [[AS] <本地别名 2>]
ON <联接条件 1> […]]
[WHERE <条件>]
[[INTO <目标>|TO FILE <文件名> [ADDITIVE]|TO PRINTER [PROMPT]
|TO SCREEN]
[PREFERENCE <参数名>][NOCONSOLE] [PLAIN] [NOWAIT]
[GROUP BY <分组表达式 1>[,<分组表达式 2>[,…]] [HAVING <筛选条件>]]
[UNION [ALL] <SELECT 命令 2>]
[ORDER BY <排序表达式 1> [ASC|DESC][,<排序表达式 2> [ASC|DESC] [,…]

[TOP<算术表达式>[PERCENT]]]]

功能：在 FROM 后指定的表中查询 WHERE 后指定符合条件记录的 SELECT 与 FROM 之间的内容，并将查询结果按要求输出。

在这里为了便于学习和掌握将此命令，将此命令分为两部分，第一部分为查询部分，即如上格式中从 SELECT 开始到 WHERE <条件>结束；第二部分为查询结果处理部分，即 WHERE <条件>后面的部分，其中查询部分为重点。而查询部分又分为基本查询和超联接查询。掌握查询部分后，再掌握查询结果处理部分就比较容易。

2. 基本查询

格式：SELECT [ALL|DISTINCT]

[<别名>.]<表达式 1> [AS<列名 1>] [,[<别名>.]<表达式 2> [AS <列名 2>] [，…]]

FROM [FORCE] [<数据库名 1>!]<表名 1> [[AS] <本地别名 1>]

[,<数据库名 2>!]<表名 2> [[AS] <本地别名 2>] [,…]] [WHERE <条件>]

功能：在 FROM 后指定的表中查询符合 WHERE 后指定条件记录的 SELECT 后与 FROM 之间的内容。

说明：

1）ALL|DISTINCT 子句，ALL 查询结果中包含所有记录（包括重复值的记录）。DISTINCT 在查询结果中剔除重复记录（不显示重复的记录）。无此选项时，默认为 ALL。

2）表达式指定要查询的一项（简称查询项）的内容，即一列的内容。

3）别名限定查询项的别名。查询项指定的每一项在查询结果中都生成一列。如果多个查询项有相同的名称，则应在这些查询项名前加上表的别名和一个句点，以防止出现重复的列。

4）AS <列名> 指定查询项的标题，即列的标题。当查询项是一个表达式或函数时，如果要为此列命名一个有含义的名称，一般可以使用这个子句。列名可以是一个表达式，但不能包含表字段名称中不允许出现的字符（如空格）。

5）FORCE 不进行优化查询。无此选项时，按 Rushmore 技术进行优化查询。

6）数据库名！当包含表的数据库不是一个数据库时，用其指定数据库的名称。如果数据库不是一个数据库，就必须指定包含表的数据库名称。应在数据库名称之后表名之前加上感叹号（!）分隔符。

7）AS <本地别名> 为表指定一个临时别名。如果指定了本地别名，则在整个 SELECT 语句中必须都用这个别名代替表名，本地别名不影响 VFP 环境。此短语中的 AS 可以省略。无此选项时表名就是本地别名。

8）当查询项用“*”号时，表示要查询表的所有字段。

9）基本查询命令可以简写成如下形式。

SELECT <表达式表> FROM <表名表> [WHERE <条件>]

其功能就是在表名表指定的表中查询符合条件记录的表达式表的内容。

例 5.14　查询“学生”表中的全部内容。

```
SELECT * FROM 学生
```

例 5.15　查询“学生”表中“姓名”字段的内容，“姓名”字段的标题为“学生姓名”，显示重复记录。

```
SELECT 姓名 AS "学生姓名" FROM 学生
```

例 5.16 查询“学生”表中“姓名”字段的内容，“姓名”字段的列标题为“学生姓名”，不显示重复记录。

```
SELECT DISTINCT 姓名 AS 学生姓名 FROM 学生
```

通过例 5.15 和例 5.16，列标题可加定界符，也可不加。当列标题加定界符时，AS 不可以省略；当列标题不加定界符时，AS 可以省略。

例 5.17 查询“学生”表中“入学成绩”高于 550 分的男生。

```
SELECT * FROM 学生 WHERE 入学成绩>550 AND 性别="男"
```

例 5.18 查询“学生”表和“学生其他”表中的所有内容。

```
SELECT * FROM 学生 a,学生其他 b WHERE a. 学号=b. 学号
```

3. WHERE 子句条件中用的运算词

（1）BETWEEN…AND…

格式：<表达式> [NOT] BETWEEN <范围始值> AND <范围终值>

功能：给出表达式指定的范围为范围始值到范围终值。选择 NOT 时为取反。

例 5.19 查询“学生”表中“入学成绩”在 550～560 分之间的学生的“姓名”和“入学成绩”。

```
SELECT 姓名,入学成绩 FROM 学生 WHERE 入学成绩 BETWEEN 入学成绩 550 AND 560
```

显示结果：

姓名	入学成绩
文晓红	550.0
赵天明	552.0
希望	560.0

与此命令功能等同的命令如下。

```
SELECT 姓名,入学成绩 FROM 学生 WHERE 入学成绩>=550 AND 入学成绩<=560
```

（2）IN

格式：<表达式> [NOT] IN <(<表达式 1>[,<表达式 2>[,…]])>

功能：给出表达式指定的值为 IN 后各表达式值的记录。选择 NOT 时为取反。

例 5.20 在“学生”表中查询“专业代码”为 DQ01 和 CP03 学生的“学号”、“姓名”和“专业代码”。

```
SELECT 学号,姓名,专业代码 FROM 学生 WHERE 专业代码 IN ("DQ01","CP03")
```

显示结果：

学号	姓名	专业代码
20100001	李红玉	DQ01
20100002	希望	DQ01
20100041	欧阳东方	DQ01

20100042	文晓红	DQ01
20110201	赵天明	CP03
20110039	希望	DQ01

与此命令功能等同的命令如下。

```
SELECT 学号,姓名,专业代码 FROM 学生 WHERE 专业代码="DQ01" OR 专业代码="CP03"
```

例 5.21 在“学生”表中查询姓“李”和姓“刘”的学生的“学号”、“姓名”和“入学成绩”。

```
SELECT 学号,姓名,入学成绩 FROM 学生 WHERE LEFT(姓名,2) IN ("李","刘")
```

显示结果：

学号	姓名	入学成绩
20100001	李红玉	530.0
20100121	刘江	539.0
20100122	刘长江	528.0
20100162	李文玲	546.0

与此命令功能等同的命令如下。

```
SELECT 学号,姓名,入学成绩 FROM 学生 WHERE LEFT(姓名,2)= "李" OR LEFT(姓
名,2)="刘"
```

（3）LIKE

格式：<表达式> [NOT] LIKE <字符表达式>

功能：给出表达式指定的值与字符表达式值相匹配的记录。选择 NOT 时为取反。

说明：字符表达式中可使用字符通配符，%代表 0 个或多个字符，_代表一个字符或汉字。

注 意

不能使用 DOS 中的通配符*和？。

例 5.22 在“学生”表中查询姓名中有“红”字的学生的“学号”、“姓名”、“性别”和“入学成绩”。

```
SELECT 学号,姓名,性别,入学成绩 FROM 学生 WHERE 姓名 LIKE "%红%"
```

显示结果：

学号	姓名	性别	入学成绩
20100001	李红玉	女	530.0
20100042	文晓红	女	550.0
20100081	王晓红	女	524.0
20110082	王红	女	570.0

与此命令功能等同的命令如下。

```
SELECT 学号,姓名,性别,入学成绩 FROM 学生 WHERE "红" $ 姓名
```

（4）IS NULL

格式：<字段名> IS [NOT] NULL

功能：给出字段名指定的值为空值（NULL）的记录。选择 NOT 时为取反。

注 意

查询空值（NULL）时，不能写为“字段名=NULL”或“字段名!=NULL”。

例 5.23 在“成绩”表中查询“期末”成绩为空值的学生的“学号”和“课程代码”，并将“课程代码”显示为“课程号”。

```
SELECT 学号，课程代码 课程号 FROM 成绩 WHERE 期末 IS NULL
```

4. SELECT 中常用的系统函数

在实际应用中经常有在查询结果进行统计、求平均值、汇总等基本要求。SQL 提供了一些常用的系统函数。现介绍如下。

AVG(<表达式>) 求表达式的平均值
COUNT(<表达式>) 统计记录个数
MIN(<表达式>) 求表达式的最小值
MAX(<表达式>) 求表达式的最大值
SUM(<表达式>) 求表达式的和

例 5.24 在“学生”表中查询“男”同学“入学成绩”的平均分。

```
SELECT 性别,AVG(入学成绩) AS 入学成平均分 FROM 学生 WHERE 性别="男"
```

5.2.2 嵌套查询

有时候要在一个 SELECT 命令的查询结果中查询所要数据，即在 SELECT 命令的 WHERE 子句中嵌套 SELECT 命令，这种查询称为嵌套查询，又称为带有子查询的查询。被嵌套在内的 SELECT 命令称为子查询，子查询必须用“()”括起来。通常把带有一个子查询的查询称为单层嵌套查询，把带有多于一个子查询的查询称为多层嵌套查询。VFP 只支持单层嵌套查询。

1. IN 子查询

格式：<表达式> [NOT] IN <子查询>

功能：IN 给出表达式指定的值为子查询值的记录。NOT IN 给出表达式指定的值不为子查询值的记录。

例 5.25 在“学生”表中查询“信息工程”专业学生的“学号”、“姓名”、“性别”和“入学成绩”。

```
SELECT 学号,姓名,性别,入学成绩 FROM 学生 WHERE 专业代码 IN (SELECT 专业代码
FROM 专业 WHERE 专业名称="信息工程")
```

显示结果：

学号	姓名	性别	入学成绩
20100162	李文玲	女	546.0
20110201	赵天明	男	552.0

2. ANY、SOME 子查询

格式：<表达式> <关系运算符> ANY|SOME <子查询>

功能：给出表达式指定的值与 ANY 或 SOME 后子查询值符合关系运算符指定运算关系的记录。ANY 与 SOME 的功能完全相同。

例 5.26　在"成绩"表中查询选修"课程代码"为"201006"课的学生比选修"课程代码"为"201002"课的最低成绩高的学生的"学号"与"期末成绩"。

```
SELECT 学号,期末 AS "期末成绩" FROM 成绩 WHERE 课程代码 = "201006" AND 期末
>ANY (SELECT 期末 FROM 成绩 WHERE 课程代码 = "201002")
```

显示结果：

学号	期末成绩
20100002	81.0
20100041	82.0
20100081	88.0
20110201	85.0

例 5.27　在"成绩"表中查询选修"课程代码"为"201002"课的学生比选修"课程代码"为"201006"课的最高成绩低的学生的"学号"与"期末成绩"。

```
SELECT 学号,期末 AS "期末成绩" FROM 成绩 WHERE 课程代码 = "201002" AND 期末
<ANY (SELECT 期末 FROM 成绩 WHERE 课程代码 = "201006")
```

显示结果：

学号	期末成绩
20100002	82.0
20100042	85.0
20100081	81.0
20100122	87.0
20100162	76.0
20110201	72.0
20110039	84.0

3. ALL 子查询

格式：<表达式><关系运算符>ALL <子查询>

功能：给出表达式指定的值与 ALL 后子查询值符合关系运算符指定运算关系的记录。

例 5.28　在"成绩"表中查询选修"课程代码"为"201002"课的学生比选修"课程代码"为"201006"课的最高成绩还高的学生的"学号"与"期末成绩"。

```
SELECT 学号,期末 AS "期末成绩" FROM 成绩 WHERE 课程代码 = "201002" AND 期末
>ALL (SELECT 期末 FROM 成绩 WHERE 课程代码 = "201006")
```

显示结果：

学号	期末成绩
20100001	90.0
20100041	91.0
20110082	90.0
20100121	90.0
20110161	96.0

例 5.29　在"成绩"表中查询选修"课程代码"为"201006"课的学生比选修"课程

代码”为“201002”课的最低成绩还低的学生的“学号”与“期末成绩”。

```
SELECT 学号,期末 AS "期末成绩" FROM 成绩 WHERE 课程代码 = "201006" AND 期末
<ALL (SELECT 期末 FROM 成绩 WHERE 课程代码 = "201002")
```

显示结果：

学号	期末成绩
20100001	60.0
20100121	63.0
20110161	51.0

由于 ANY、SOME 和 ALL 是量词，因此，带有 ANY、SOME 和 ALL 的查询，也称带量词的查询。

4. EXISTS 子查询

格式：[NOT] EXISTS <子查询>

功能：EXISTS 检查指定的子查询中是否有结果返回，有结果返回为真（.T.），无结果返回为假（.F.）。NOT EXISTS 无结果返回为真（.T.），有结果返回为假（.F.）。

例 5.30 查询“成绩”表中“总评”成绩在 90 分以上学生的“学号”、“姓名”和“性别”。

```
SELECT 学号,姓名,性别 FROM 学生 WHERE EXIST (SELECT * FROM 成绩 WHERE 学生.
学号=成绩.学号 AND 期末>=90)
```

显示结果：

学号	姓名	性别
20100001	李红玉	女
20100002	希望	男
20100081	王晓红	女
20100121	刘江	男
20110161	张强	男

例 5.31 查询“成绩”表中各科的“期末”成绩均在 85 分以上学生的“学号”、“姓名”和“性别”。

```
SELECT 学号,姓名,性别 FROM 学生 a WHERE NOT EXISTS (SELECT * FROM 成绩 b
WHERE a.学号=b.学号 AND 期末<85)
```

显示结果：

学号	姓名	性别
20110082	王红	女

注 意

此题用如下命令是错误的，请读者思考一下为什么。

```
SELECT 学号,姓名,性别 FROM 学生 a WHERE EXISTS (SELECT * FROM 成绩 b WHERE
a.学号=b.学号 AND 期末>85)
```

也可用如下命令得到正确结果。

```
SELECT 学号,姓名,性别 FROM 学生 a1 WHERE 学号 NOT IN (SELECT 学号 FROM 成绩
a2 WHERE a1.学号=a2.学号 AND 期末<85)
```

由于 IN、EXISTS 是谓词，所以，带有 IN 和 EXISTS 的查询，也称带谓词的查询。

5.2.3　超联接查询

VFP 只支持单层嵌套查询，涉及二层以上嵌套查询的内容时将如何解决呢？此时需要将两个以上的表联接成“一个大表”，要查询的内容，都在这个大表中进行，这就要用到超联接查询。SQL 中 FROM 子句后的联接称为超联接。

1. 超联接子句的一般形式

新的 SQL 标准中支持两个新的关系联接运算符，这两个新的联接运算是左联接和右联接：首先保证一个表中满足条件的元组都在结果表中，然后将满足联接条件的元组与另一个表的元组进行联接，不满足联接条件的则应将来自另一个表的属性值置为空值。在一般 SQL 中，超联接运算符是“*=”（左联接）和“=*”（右联接）。在 VFP 中不支持超联接运算符“*=”和“=*”，VFP 有专门的超联接运算，下面给出其 SQL 中超联接子句的一般形式。

格式： FROM [FORCE] [<数据库名 1>!]<表名 1> [[AS] <本地别名 1>]
[[INNER|LEFT [OUTER]|RIGHT [OUTER]|FULL [OUTER]]
JOIN <数据库名 2>!]<表名 2> [[AS] <本地别名 2>]
[[INNER|LEFT [OUTER]|RIGHT [OUTER]|FULL [OUTER]]
[JOIN <数据库名 3>!]<表名 3> [[AS] <本地别名 3>]
[…]
[ON <联接条件 2>]
ON <联接条件 1>

功能： 按指定的联接形式将表名为表名 1 的表与表名为表名 2 的表按联接条件 1 联接成一个表，然后再与表名为表名 3 的表按联接条件 2 联接成一个表，……，依此类推。若省略联接形式，则默认为 INNER。

说明：

1）INNER JOIN 内部联接，简称内联接。只有满足联接条件的记录包含在联接后的表中。

2）LEFT [OUTER] JOIN 左外联接，简称左联接。从左表的第一条记录开始与右表的所有记录进行比较，若有满足联接条件的记录，则产生一个真实记录放在联接后的表中；若都不满足联接条件，则在联接后的表中产生一条左表对应字段为左表记录的值，右表对应字段都为 NULL 值的记录。依此类推，直到左表所有记录都比较完为止。联接后的表中记录个数与左表的记录个数一致。

3）RIGHT [OUTER] JOIN 右外联接，简称右联接。从右表的第一条记录开始与左表的所有记录进行比较，若有满足联接条件的记录，则产生一个真实记录放在联接后的表中；若都不满足联接条件，则在联接后的表中产生一条右表对应字段为右表记录的值，左表对应字段都为 NULL 值的记录。依此类推，直到右表所有记录都比较完为止。联接后的表中记录个数与右表的记录个数一致。

4）FULL [OUTER]] JOIN 全外联接，简称全联接。先左联接，再右联接，在联接后的表中不加入重复记录。

5）ON <联接条件 1> 是表名 1 与表名 2 的联接条件，ON <联接条件 2>是表名 1 与表名

2 联接后的表再与表名 3 联接的联接条件，……，依此类推。联接条件不一定必须是两个表中都有的字段名，只要有可比性就可以。

2. 内部联接查询

用 INNER JOIN 进行的超联接查询称为内部联接查询，它是 VFP 默认的联接查询方式。

例 5.32 查询“2011”级学生的总评成绩，显示“学号”、“姓名”、“课程号”和“总评成绩”。

```
SELECT a.学号,姓名,课程代码 AS 课程号,总评 AS 总评成绩 FROM 学生 a  INNER JOIN 成绩 b ON a.学号=b.学号 WHERE LEFT(a.学号,4)= "2011"
```

显示结果：

学号	姓名	课程号	总评成绩
20110082	王红	201001	89
20110161	张强	201001	73
20110201	赵天明	201001	72
20110039	希望	201001	82
20110082	王红	201002	88
20110161	张强	201002	95
20110201	赵天明	201002	73
20110039	希望	201002	83
20110082	王红	201005	85
20110161	张强	201005	83
20110201	赵天明	201005	76
20110039	希望	201005	66
20110161	张强	201006	62
20110201	赵天明	201006	83

此命令中的 INNER 可省略，与此命令功能等同的命令如下。

```
SELECT a.学号,姓名,性别,课程代码 AS 课程号,总评 AS 总评成绩 FROM 学生 a,成绩 b WHERE a.学号=b.学号 AND LEFT(a.学号,4)= "2011"
```

由此可见，当 FROM 后有多个表时，不超联接，则 VFP 是按 WHERE 后指定的条件进行的内部联接。

说明：当 SELECT 后的表达式为多个表中的字段时，若无各表中的重复字段，可不用在其字段名前加表的别名；若有各表中的重复字段，必须在字段名前加表的别名指定是哪个表中的字段。

例 5.33 查询“2011”级学生的总评成绩，显示“学号”、“姓名”、“课程名”和“总评成绩”。

```
SELECT a1.学号,姓名,课程名称 AS 课程名,总评 AS 总评成绩 FROM 学生 a1
JOIN 成绩 a2
JOIN 课程 a3
ON a2.课程代码=a3.课程代码
ON a1.学号=a2.学号
```

```
WHERE LEFT(a1.学号,4)= "2011"
```

显示结果：

学号	姓名	课程名	总评成绩
20110039	希望	英语	82
20110201	赵天明	英语	72
20110082	王红	英语	89
20110161	张强	英语	73
20110039	希望	数学	83
20110201	赵天明	数学	73
20110082	王红	数学	88
20110161	张强	数学	95
20110039	希望	计算机程序设计	66
20110161	张强	计算机程序设计	83
20110201	赵天明	计算机程序设计	76
20110082	王红	计算机程序设计	85
20110161	张强	大学生就业指导	62
20110201	赵天明	大学生就业指导	83

3. 外部联接查询

除 INNER JOIN 之外的超联接查询称为外部联接查询。

（1）左外联接查询

用 LEFT [OUTER] JOIN 进行的超联接查询称为左外联接查询，即在左外联接的表中查询符合条件的记录。

例 5.34　在“学生信息”数据库中的“学生信息”表中有如下记录。

学号	班级	姓名	性别	出生日期	团员	专业代码	入学成绩	院系代码	简历	照片
20100013	20100101	李玉红	女	12/11/91	.F.	DQ01	530.0	GD01	Memo	Gen
20100016	20100101	刘忠仁	男	11/23/91	.T.	DQ01	548.0	GD01	Memo	Gen
20100018	20100102	欧阳南方	男	10/11/92	.T.	DQ01	529.0	GD01	memo	Gen
20100014	20100101	张青珍	女	12/11/91	.F.	DQ01	530.0	GD01	Memo	Gen

在“学生信息”数据库中的“学生成绩”表中有如下记录。

学号	课程代码	平时	期中	期末	总评
20100014	201007	70.0	80.0	90.0	84
20100013	201003	90.0	80.0	90.0	88
20100015	201008	60.0	70.0	80.0	83
20100018	201007	70.0	90.0	90.0	86

则“学生信息”表与“学生成绩”表进行左外联接的命令如下。

```
SELECT a1.学号,姓名,入学成绩,平时,期中,期末,总评 FROM 学生信息 a1 LEFT JOIN 学
生成绩 a2 ON a1.学号=a2.学号
```

显示结果：

学号	姓名	入学成绩	平时	期中	期末	总评
20100013	李玉红	530.0	90.0	80.0	90.0	88

20100016	刘忠仁	548.0	.NULL.	.NULL.	.NULL.	.NULL.
20100018	欧阳南方	529.0	70.0	90.0	90.0	86
20100014	张青珍	530.0	70.0	80.0	90.0	84

（2）右外联接查询

用 RIGHT [OUTER] JOIN 进行的超联接查询称为右外联接查询，即在右外联接的表中查询符合条件的记录。

例 5.35 在例 5.34 的其础上，进行右外联接的命令如下。

```
SELECT a1.学号,姓名,入学成绩,平时,期中,期末,总评 FROM 学生信息 a1 RIGHT JOIN 学生成绩 a2 ON a1.学号=a2.学号
```

显示结果：

学号	姓名	入学成绩	平时	期中	期末	总评
20100014	张青珍	530.0	70.0	80.0	90.0	84
20100013	李玉红	530.0	90.0	80.0	90.0	88
.NULL.	.NULL.	.NULL.	60.0	70.0	80.0	83
20100018	欧阳南方	529.0	70.0	90.0	90.0	86

（3）全外联接查询

用 FULL [OUTER]] JOIN 进行的超联接查询称为全外联接查询，即在全外联接的表中查询符合条件的记录。

例 5.36 在例 5.34 的基础上，进行全外联接的命令如下。

```
SELECT a1.学号,姓名,入学成绩,平时,期中,期末,总评 FROM 学生信息 a1 FULL JOIN 学生成绩 a2 ON a1.学号=a2.学号
```

显示结果：

学号	姓名	入学成绩	平时	期中	期末	总评
20100013	李玉红	530.0	90.0	80.0	90.0	88
20100016	刘忠仁	548.0	.NULL.	.NULL.	.NULL.	.NULL.
20100018	欧阳南方	529.0	70.0	90.0	90.0	86
20100014	张青珍	530.0	70.0	80.0	90.0	84
.NULL.	.NULL.	.NULL.	60.0	70.0	80.0	83

4. 自联接查询

SELECT 不仅可以对多个表实行超联接查询，而且可以将同一个表与其自身进行超联接查询，这种查询称为自联接查询。

例 5.37 查询选修了“201001”课和“201006”课的学生的学号。

```
SELECT a1.学号 FROM 成绩 a1 INNER JOIN 成绩 a2 ON a1.学号=a2.学号 WHERE a1.课程代码="201001" AND a1.课程代码="201006"
```

与此命令功能等同的命令为：

```
SELECT a1.学号 FROM 成绩 a1,成绩 a2 WHERE a1.学号=a2.学号 AND A1.课程代码="201001" AND a1.课程代码="201006"
```

显示结果：

学号
20100001

20100002
20100041
20100081
20100121
20110161
20110201

例 5.38 查询选修“课程代码”为“201006”的学生中，期末成绩大于“学号”为“20100002”学生的“学号”与“期末成绩”。

```
SELECT a.学号,a.期末 AS 期末成绩 FROM 成绩 a JOIN 成绩 b ON a.课程代码=b.课程代码 WHERE a.期末>b.期末 AND b.课程代码="201006" AND b.学号="20100002"
```

与此命令功能等同的命令如下。

```
SELECT a.学号,a.期末 AS 期末成绩 FROM 成绩 a,成绩 b WHERE a.课程代码=b.课程代码 AND a.期末>b.期末 AND b.课程代码="201006" AND b.学号="20100002"
```

显示结果：

学号	期末成绩
20100041	82.0
20100081	88.0
20110201	85.0

5.2.4 查询结果处理

使用 SELECT … FROM …WHERE 命令完成查询工作后，查询的结果是按查询过程中的自然顺序显示输出的，要想将查询结果按用户自己的要输出，必须要进行查询结果处理。

1. 排序输出

使用 SELEC … FROM …WHERE 命令完成查询工作后，要想使查询结果按用户要求排序输出，必须添加排序子句，其一般形式如下。

格式：ORDER BY <排序表达式 1> [ASC|DESC][,<排序表达式 2> [ASC|DESC] [,…]

功能：将查询结果按排序表达式指定的内容进行排序输出。

说明：

1）排序表达式必须是查询的内容之一或被查询表中的字段之一，当排序表达式是 SELECT 后的表达式时，可用数值表示。如 1 表示表达式 1，2 表示表达式 2，……，依此类推。

2）当有多个排序表达式时，以排序表达式 1 为主，排序表达式 2 次之，排序表达式 3 又次之，……，依此类推。

3）选项 ASC 为升序，DESC 为降序。默认为升序。

例 5.39 查询选修“课程代码”为“201006”的学生中，期末成绩大于学号为“20100002”学生的“学号”与“期末成绩”，并按成绩由高到低显示。

```
SELECT a.学号,a.期末 AS 期末成绩 FROM 成绩 a JOIN 成绩 b ON a.课程代码=b.课程代码 WHERE a.期末>b.期末 AND b.课程代码="201006" AND b.学号="20100002" ORDER BY a.期末 DESC
```

显示结果：	学号	期末成绩
	20100081	88.0
	20110201	85.0
	20100041	82.0

2. 分组输出

使用 SELEC … FROM …WHERE 命令完成查询工作后，要想使查询结果按用户要求分组输出，必须添加分组子句，其一般形式如下。

格式：GROUP BY <表达式 1>[,<分组表达式 2>[,…]] [HAVING <筛选条件>]

功能：将查询结果按分组表达式指定的内容进行分组输出。

说明：

1）分组表达式必须是 SELECT 后查询的内容之一或被查询表中的字段之一，当分组表达式是 SELECT 后的表达式时，可用数值表示。如 1 表示表达式 1，2 表示表达式 2，……，依此类推。

2）当有多个分组表达式时，先以分组表达式 1 分组，再在以分组表达式 1 已分组的组中再分组，……，依此类推。

3）HAVING <筛选条件> 是在分完组后，在每一组中都符合的条件。

例 5.40 查询每个学生选修各门课程的总评的平均分，并按平均分降序输出。

```
SELECT a.学号,姓名,AVG(总评) AS 期末总评平均分 FROM 学生 a JOIN 成绩 b ON a.学号=b.学号 GROUP BY b.学号 ORDER BY 3 DESC
```

显示结果：	学号	姓名	期末总评平均分
	20110082	王红	87.33
	20100002	希望	86.00
	20100042	文晓红	86.00
	20100081	王晓红	86.00
	20100001	李红玉	83.25
	20100041	欧阳东方	81.00
	20100121	刘江	80.25
	20110161	张强	78.25
	20110039	希望	77.00
	20100162	李文玲	76.33
	20110201	赵天明	76.00
	20100122	刘长江	75.67

例 5.41 查询“期末”成绩平均分在 70 分以上的“课程名称”及其“期末成绩”。

```
SELECT a.课程名称,AVG(b.期末) AS 期末成绩 FROM 课程 a JOIN 成绩 b ON a.课程代码=b.课程代码 GROUP BY b.课程代码 HAVING AVG(b.期末)>=70 ORDER BY 2 DESC
```

显示结果：	课程名称	期末成绩
	数学	85.33
	英语	83.67

计算机程序设计	74.92
大学生就业指导	72.86

例5.42　查询各专业的女生人数，显示“专业名称”和女生人数。

```
SELECT 专业名称,COUNT(b.专业代码) 女生人数 FROM 专业 a JOIN 学生 b ON a.专业代码=b.专业代码 WHERE 性别="女" GROUP BY b.专业代码 ORDER BY 2 DESC
```

显示结果：

专业名称	女生人数
计算机应用	2
电器工程及其自动化	2
信息工程	1

如果将此例的WHERE改用HAVING结果是不对的。

3. 将查询结果中最前面的记录输出

格式： TOP <算术表达式> [PERCENT]

功能： 将查询结果中前面的记录按算术表达式值指定的名次个数输出。

说明：

1）TOP子句必须与ORDER BY子句同时使用。

2）算术表达式值的范围为1～32 767。

3）当选择PERCENT时，为输出前百分之算术表达式值的记录，此时，算术表达式值的范围为0.01～99.99。

4）TOP子句不能放在FROM子句与WHERE子句之间，即它可以写在SELECT命令后面，也可以写在FROM子句的前面，还可以写在ORDER BY 子句的前面或后面，还可以写在命令的最后。

例5.43　查询选修“201001”这门课前三名学生的学号、姓名和期末成绩。

```
SELECT TOP 3 a.学号,姓名,期末 AS 期末成绩 FROM 学生 a JOIN 成绩 b ON a.学号=b.学号 WHERE 课程代码="201001" ORDE BY 期末 DESC
```

显示结果：

学号	姓名	期末成绩
20100121	刘江	96.0
20100001	李红玉	91.0
20100042	文晓红	90.0
20100081	王晓红	90.0

以下两条命令与此命令结果完全相同。

```
SELECT a.学号,姓名,期末 AS 期末成绩 TOP 3 FROM 学生 a JOIN 成绩 b ON a.学号=b.学号 WHERE 课程代码="201001" ORDE BY 期末 DESC
SELECT a.学号,姓名,期末 AS 期末成绩 FROM 学生 a JOIN 成绩 b ON a.学号=b.学号 WHERE 课程代码="201001" ORDE BY 期末 DESC TOP 3
```

4. 重定向输出

SELECT命令默认的输出方向是屏幕上面的“查询”窗口，要想使查询结果不在默认的“查询”窗口中输出，而要输出到别的地方，就要改变SELECT命令的输出方向，这就是重定向输出。重定向输出用下列子句实现。

格式： INTO <目标>|TO FILE <文件名> [ADDITIVE]|TO PRINTER [PROMPT] |TO SCREEN [PREFERENCE <参数名>]［NOCONSOLE］[PLAIN] [NOWAIT]

功能： 将查询结果重定向输出。

（1）INTO <目标>

该子句将查询结果输出到目标中。该子句包括如下三个内容。

1）INTO DBF | TABLE <表名> 将查询结果输出到表名指定的自由表中存放。

①若表名指定的表不存在，则按查询结果指定的结构建立该表，并将查询结果输出到该表中；②若表名指定的表已存在，则提示是否改写；③一旦表建立将一直是打开的；④若查询表达式的列标题多于十个字符（五个汉字），则字段名自动截取前十个字符（五个汉字）。

2）INTO ARRAY <数组名> 将查询结果输出到数组中保存。

3）INTO CURSOR <临时表名> 将查询结果输出到临时表中保存。

例 5.44 将例 5.40 的查询结果保存到"平均分"表中。

```
SELECT a.学号,姓名,AVG(总评) AS 期末总评平均分 FROM 学生 a JOIN 成绩 b ON a.学号=b.学号 GROUP BY b.学号 ORDER BY 3 DESC INTO TABLE 平均分
```

（2）TO FILE <文件名> [ADDITIVE]

该子句将查询结果输出到文件名指定的文本文件中保存。用 ADDITIVE 将结果追加到指定的文本文件尾部，否则将覆盖原有文件。默认的扩展名为.TXT。

（3）TO PRINTER [PROMPT]

该子句将查询结果直接送到打印机输出。PROMPT 选项是在打印前打开"打印"对话框。

（4）TO SCREEN

该子句将查询结果在主窗口的屏幕上显示输出。选择 NOCONSOLE 时不显示输出结果。

（5）PREFERENCE <参数名>

该子句用于记载"浏览"窗口的配置参数，再次使用该子句时可用参数名引用此配置参数。PREFERENCE 把特征属性或参数选项长期保存在 FOXUSER 的资源文件中，任何时候都可以对它们进行检索。

（6）NOCONSOLE

NOCONSOLE 子句是禁止将查询结果在屏幕上显示，若选择 INTO 子句，则忽略它的设置。

（7）PLAIN

PLAIN 子句是输出时省略字段名或标题，若选择 INTO，子句则忽略它的设置。

（8）NO WAIT

NO WAIT 子句是显示查询结果后，不进行任何等待程序继续执行程序。此子句只适用于程序方式。

5. 合并输出

合并输出是将两个 SELECT 命令的查询结果合并在一个结果集中输出。因此，合并输出也称集合的并运算。其一般形式如下。

格式： <SELECT 查询命令 1> UNION [ALL] <SELECT 查询命令 2>

功能： 将 SELECT 查询命令 1 的查询结果与 SELECT 查询命令 2 的查询结果合并在一

个结果集中输出。

说明：

1）要求两个查询结果具有相同的列数，且对应数据字段类型要一致。

2）ALL 是在结果集中包含相同的记录，不选择时为不包含重复记录。

3）只有最后一个命令可以加 ORDER BY 子句，且排序表达式必须为数字。

4）不合并子查询的结果。

例 5.45　用一个 SELECT 命令查询“计算机应用”专业学生的“学号”、“姓名”、“性别”和“专业”，再用一个 SELECT 命令查询“信息工程”专业学生的“学号”、“姓名”、“性别”和“专业”，然后将其合并输出。

```
SELECT a.学号,姓名,性别,专业名称 AS 专业 FROM 学生 a JOIN 专业 b ON a.专业代码=b.专业代码 WHERE 专业名称="计算机应用" UNION SELECT a.学号,姓名,性别,专业名称 AS 专业 FROM 学生 a JOIN 专业 b ON a.专业代码=b.专业代码 WHERE 专业名称="信息工程" ORDER BY 4
```

此题也可用如下 SELECT 命令实现。

```
SELECT a.学号,姓名,性别,专业名称 AS 专业 FROM 学生 a JOIN 专业 b ON a.专业代码=b.专业代码 WHERE 专业名称 IN ("计算机应用","信息工程") ORDER BY 4
```

显示结果：

学号	姓名	性别	专业
20100081	王晓红	女	计算机应用
20100121	刘江	男	计算机应用
20100122	刘长江	男	计算机应用
20110082	王红	女	计算机应用
20110161	张强	男	计算机应用
20100162	李文玲	女	信息工程
20110201	赵天明	男	信息工程

5.3　查　询

在 5.2 节中介绍了 SELECT 命令，它适合于复杂条件的查询。VFP 提供了“查询设计器”，查询设计器的每一个查询都对应一个 SELECT 命令。由于已学完 SELECT 语句，现在来学习“查询设计器”，会觉得简单方便。用它可以将查询结果以浏览、报表、表、图形等形式输出。

5.3.1　建立查询

1. 查询的一般概念

VFP 中的查询是使用查询向导、查询设计器或命令建立的，从数据库表、自由表或视图中获取符合要求的数据，并将查询结果按要求输出到一个扩展名为.QPR 的文件。这个文件可以用 DO 命令来执行。查询的实质就是 SQL 中的一个 SELECT 命令。

2. 用“查询向导”建立查询

例 5.46 在“学生信息”数据库中查询入学成绩≥550,并且总评成绩≥80 的学生。

1）执行“文件”→“新建”命令或单击工具栏的“新建”按钮，打开“新建”对话框。在“文件类型”选项组中点选“查询”单选按钮，单击“向导”按钮，打开“向导选取”对话框，如图 5.1 所示。

2）在“向导选取”对话框中，选择“查询向导”选项，单击“确定”按钮，打开“查询向导”对话框之“步骤 1-字段选取”，如图 5.2 所示。

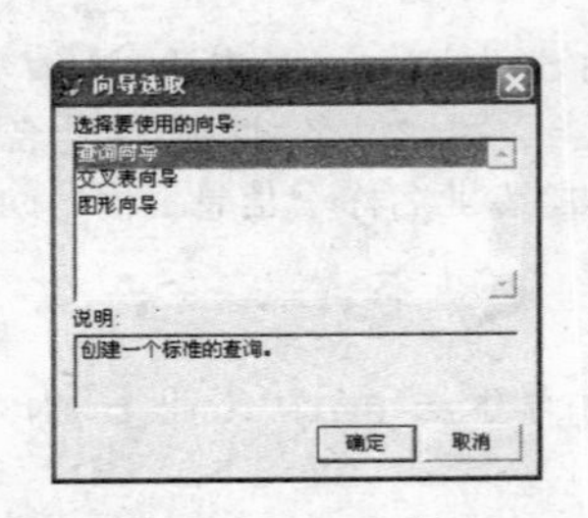

图 5.1 “向导选取”对话框

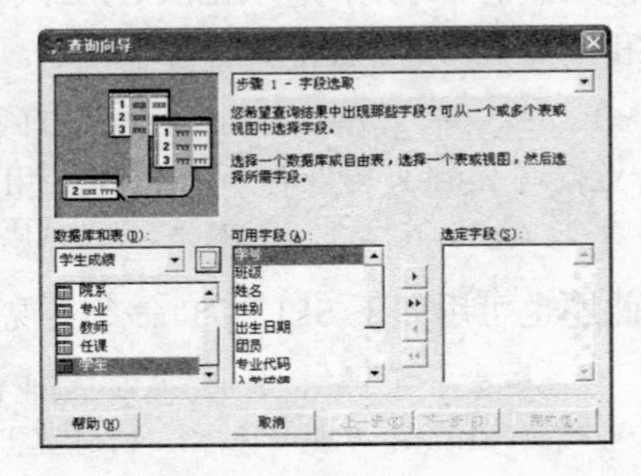

图 5.2 “查询向导”对话框之“步骤 1-字段选取”

3）单击“数据库和表”右侧的“...”按钮，打开“打开”对话框。在“文件类型”下拉列表中选择“数据库”选项，选择“学生成绩”数据库，单击“确定”按钮，在“数据库和表”下拉列表中选择“学生”表，将“可用字段”列表框中字段选入“选定字段”列表框中（这里选择“学号”、“姓名”、“性别”和“入学成绩”字段），在“数据库和表”下拉列表框中选择“成绩”表，将“可用字段”列表框中字段选入“选定字段”列表框中（这里选择“课程代码”和“总评”字段），单击“下一步”按钮，进入“查询向导”对话框之“步骤 2-为表建立关系”，如图 5.3 所示。如是单表查询直接进入步骤 5）。

4）在“查询向导”对话框的步骤 2 中，单击“添加”按钮，再单击“下一步”按钮，进入“查询向导”对话框之“步骤 2a-字段选取”，如图 5.4 所示。默认是“仅包含匹配的行”，单击“下一步”按钮，进入“查询向导”对话框之“步骤 3-筛选记录”，如图 5.5 所示。

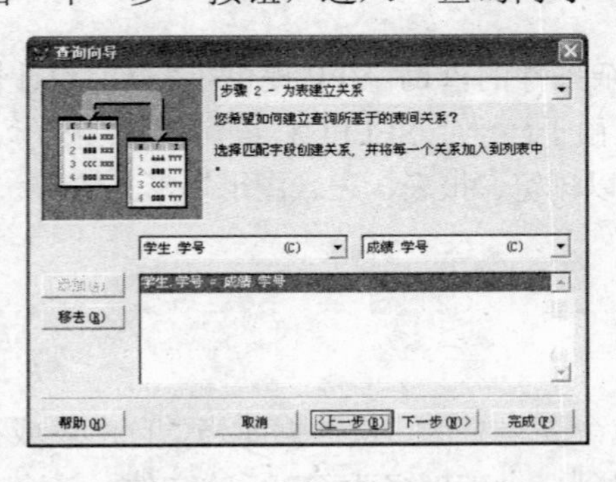

图 5.3 “查询向导”对话框之“步骤 2-为表建立关系”

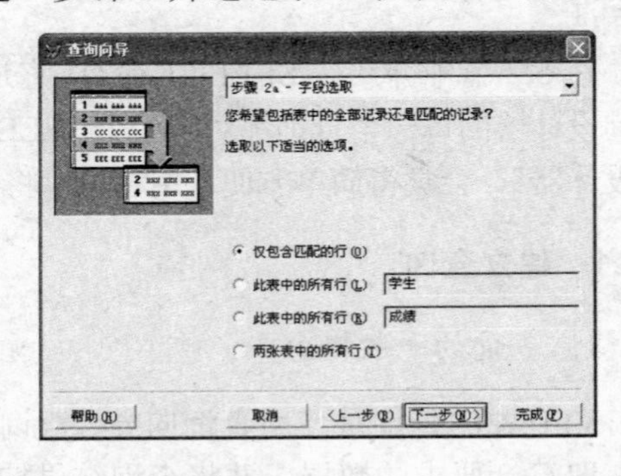

图 5.4 “查询向导”对话框之“步骤 2a-字段选取”

5）在“查询向导”对话框的步骤 3 中的“字段”下拉列表中选择“学生.入学成绩”，在“操作符”下拉列表框中选择“大于或等于”，在“值”文本框中输入“550”，并点选“与”单选按钮，在“字段”的下拉列表中选择“成绩.总评”，在“操作符”的下拉列表中选择“大

于或等于”，在“值”的文本框中输入“80”，单击“下一步”按钮，进入“查询向导”对话框之“步骤 4-排序记录”，如图 5.6 所示。

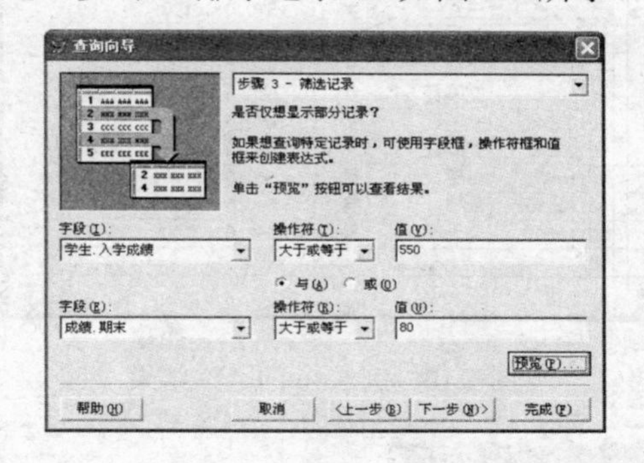

图 5.5 “查询向导”对话框之“步骤 3-筛选记录”

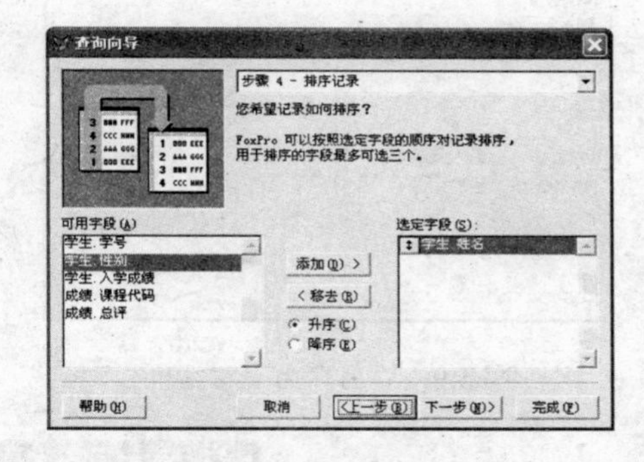

图 5.6 “查询向导”对话框之“步骤 4-排序记录”

6）在“查询向导”对话框的“步骤 4-中的“可用字段”列表框中选择“学生.姓名”，单击“添加”按钮，将其添加到“选定字段”列表框中。单击“下一步”按钮，打开“查询向导”对话框之“步骤 4a-限制记录”，如图 5.7 所示。

7）在“查询向导”对话框之“步骤 4a-限制记录”中的“部分类型”和“数量”选项组中进行选择，然后单击“下一步”按钮，打开“查询向导”对话框之“步骤 5-完成”，如图 5.8 所示。

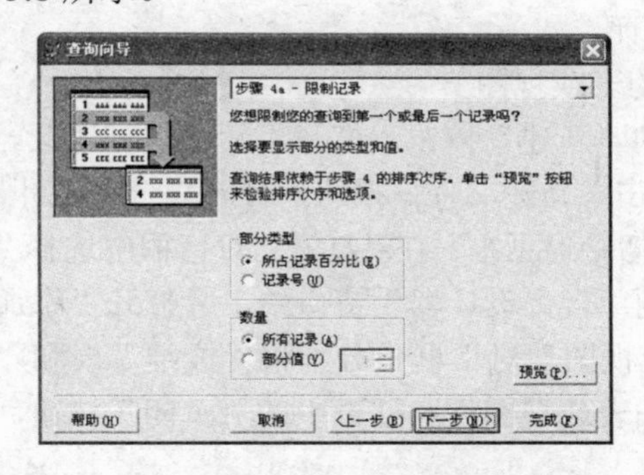

图 5.7 “查询向导”对话框之“步骤 4a-限制记录”

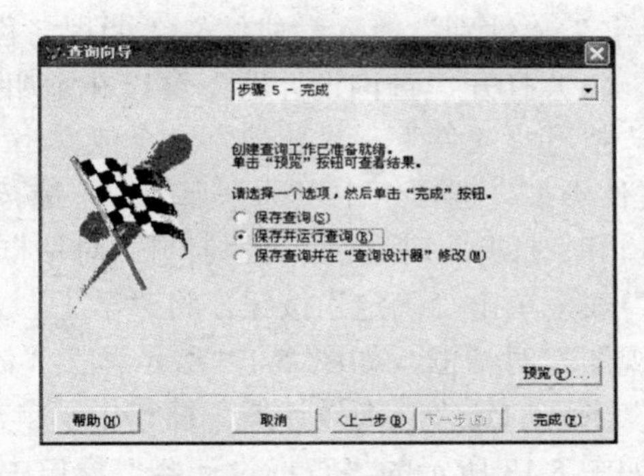

图 5.8 “查询向导”对话框之“步骤 5-完成”

8）在“查询向导”对话框之“步骤 5-完成”中点选“保存并运行查询”单选按钮，单击“完成”按钮。打开“另存为”对话框，如图 5.9 所示。

9）在“另存为”对话框的“文件名”文本框中输入“查学生成绩”后，单击“保存”按钮，所建立的查询以文件名“查学生成绩.QPR”保存，并显示该查询的运行结果，如图 5.10 所示。

要想查看刚刚建立的上述查询的 SQL 的 SELECT 命令，可在“查询设计器”中打开上述建立的查询，通过执行“查询”菜单中的“查看 SQL”命令实现。也可在保存时，点选“保存查询并在‘查询设计器’修改”单选按钮。直接单击“查询设计器”工具栏上“SQL”按钮查看。上述查询对应的 SELECT 命令如图 5.11 所示。

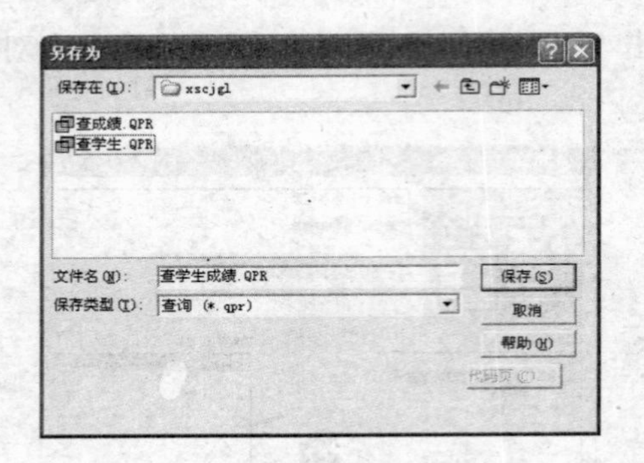

图 5.9 “另存为”对话框

查询

学号	姓名	性别	入学成绩	课程代码	总评
20110082	王红	女	570.0	201001	89
20110082	王红	女	570.0	201002	88
20110082	王红	女	570.0	201005	85
20100042	文晓红	女	550.0	201001	88
20100042	文晓红	女	550.0	201002	86
20100042	文晓红	女	550.0	201005	84
20110039	希望	男	560.0	201001	82
20110039	希望	男	560.0	201002	83
20110201	赵天明	男	552.0	201006	83

图 5.10 例 5.46 的查询结果

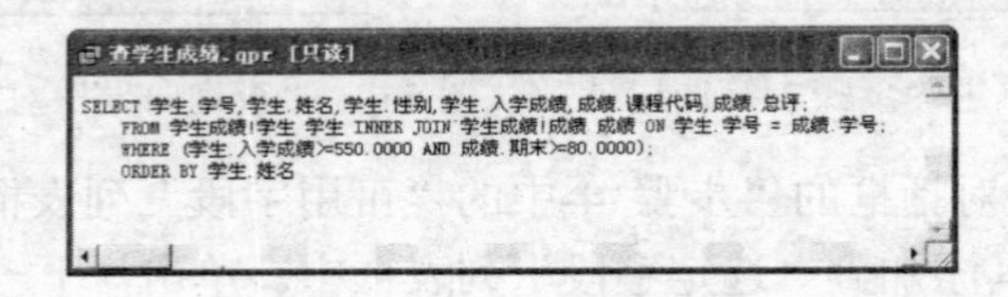

图 5.11 在“查询设计器”中显示例 5.46 的 SELECT 命令

3. 用“查询设计器”建立查询

例 5.47 在“学生成绩”数据库中查询入学成绩≥550,并且总评≥80 学生的“学号”、“姓名”、“性别”、“入学成绩”、“课程名称”、“总评”。

（1）打开“查询设计器”窗口并添加要查询的表或视图

执行“文件”→“新建”命令或单击工具栏的“新建”按钮，打开“新建”对话框。在“文件类型”选项组中点选“查询”单选按钮，单击“新建文件”按钮，打开“查询设计器”窗口和“打开”对话框，且“打开”对话框为当前活动对话框。在“打开”对话框中选择“学生”表，单击“确定”按钮，将“学生”表添加到“查询设计器”窗口中，并打开“添加表或视图”对话框，如图 5.12 所示。在“添加表或视图”对话框中分别将“成绩”表和“课程”表添加到“查询设计器”窗口中，单击“添加表或视图”对话框中的“关闭”按钮，进入如图 5.13 所示的“查询设计器”窗口中。

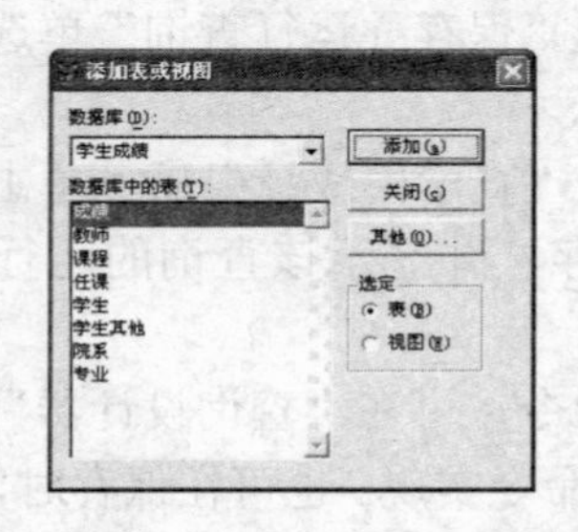

图 5.12 “添加表或视图”对话框

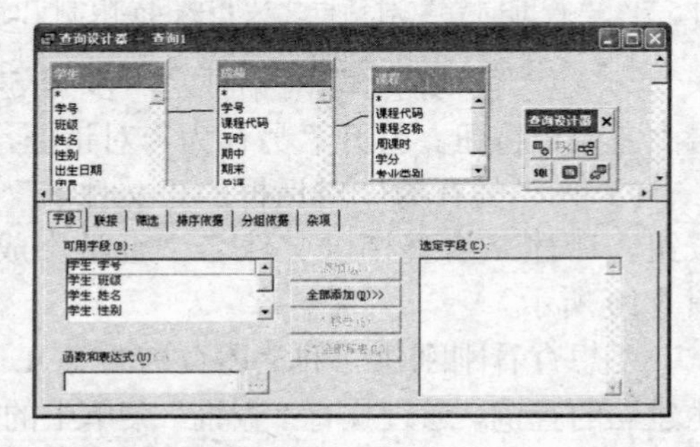

图 5.13 “查询设计器”窗口

在“查询设计器”窗口中有六个选项卡，各选项卡含义如下。

1）“字段”选项卡，对应于 SELECT 后要查询的字段、函数和表达式。

2）“联接”选项卡，对应于 SELECT 中的 JOIN ON 子句。

3）“筛选”选项卡，对应于 SELECT 中 WHERE 子句。

4）“排序依据”选项卡，对应于 SELECT 中 ORDER BY 子句。

5）“分组依据”选项卡，对应于 SELECT 中 GROUP BY 子句。

6）“杂项”选项卡，对应于 SELECT 中 ALL | DISTINCT 子句与 TOP 子句。

（2）设置各选项卡的内容

1）设置查询内容。在“字段”选项卡中设置要查询的字段和表达式。单击“字段”选项卡，在“可用字段”列表框中分别选择“学生”表中的“学号”、“姓名”、“性别”、“入学成绩”字段，“课程”表中的“课程名称”字段、“成绩”表中的“总评”字段，分别单击“添加”按钮将其添加到“选定字段”列表框中，如图 5.14 所示。如果要用计算函数或表达式，可在“函数和表达式”文本框中输入函数或表达式，也可单击“...”按钮，打开“表达式生成器”对话框，输入相应的表达式。

图 5.14　“查询设计器”中的“字段”选项卡

2）设置联接。在“联接”选项卡中设置联接。

类型：定义联接类型，默认为 Inner。

字段名：前一个表中需要指定联接条件的字段。

否：对后面的条件取假，即 NOT。

条件：ON 子句中的条件。

值：后一个表中需要指定联接条件的字段。

逻辑：组合条件时的 AND、OR 关系。在此一般不用。

插入按钮：在选择联接条件的前面插入一行。

移去按钮：删除选择的一行。

单击“联接”选项卡，取默认内部联接，在类型内容左边有一个水平方向的双向箭头按钮，若单击此按钮则，打开“联接条件”对话框，如图 5.15 所示。显示联接条件的一些信息，也可在此修改原有联接类型。若单击“类型”中的下拉列表按钮，则显示所有可选的联接类型。可在此设置新的联接和删除已有联接。若只对一个表查询，则不用设置此项。在此设置的联接如图 5.16 所示。

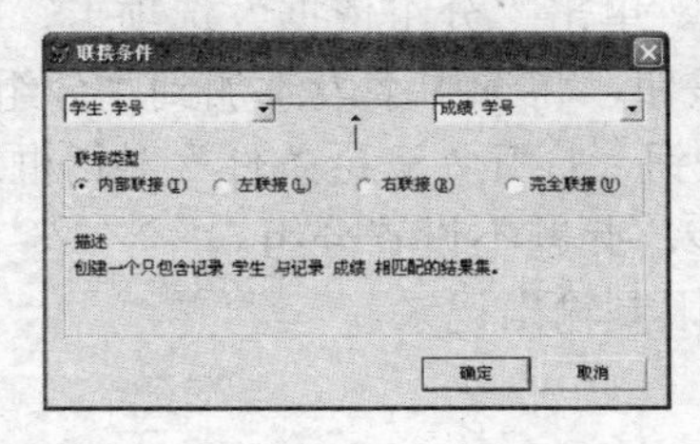

图 5.15　“联接条件”对话框

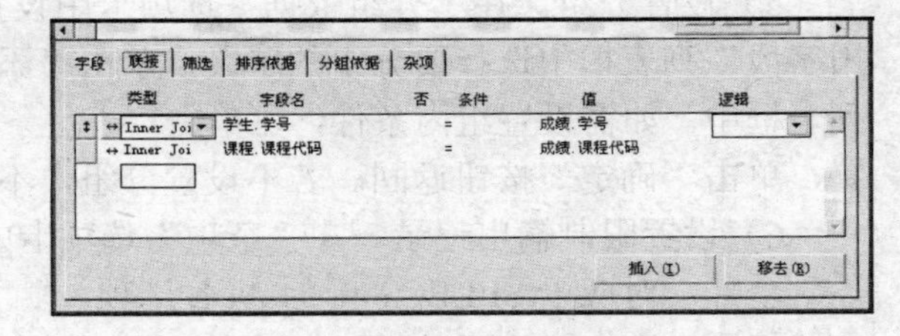

图 5.16　“查询设计器”中的“联接”选项卡

3）设置查询条件。在“筛选”选项卡中设置查询条件。

字段名：条件表达式中需要指定的字段。

否：对后面的条件取假，即 NOT。

条件：WHERE 子句中的条件运算符。

实例：指定具体的值。

大小写：指定输入字母时，是否变成大写。

逻辑：与下一个条件组合时的关系。默认为 AND。

插入按钮：在选择的联接条件的前面插入一行。

移去按钮：删除选择的一行。

单击“筛选”选项卡，在“字段名”（表达式）下拉列表中选择“学生.入学成绩”，在“条件”的下拉列表中显示所有可选择的条件运算符，这里选择“>=”运算符，在“实例”文本框中输入“550”，在逻辑框中选择“AND”。在下一行的“字段名”（表达式）下拉列表中选择“成绩.总评”，在“条件”的下拉列表中选择“>=”运算符，在“实例”文本框中输入“80”，如图 5.17 所示。

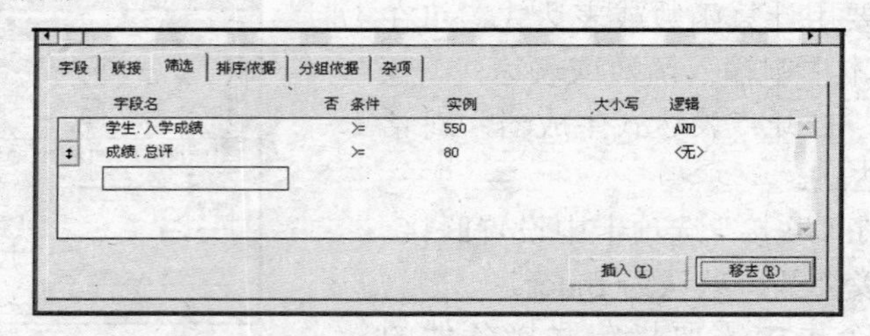

图 5.17 “查询设计器”中的“筛选”选项卡

4）设置排序。在“排序依据”选项卡中设置排序。单击“排序依据”选项卡，在“选定字段”列表框中选择“学生.姓名”字段，单击“添加”按钮，将选中字段添加到“排序条件”列表框中，如图 5.18 所示。

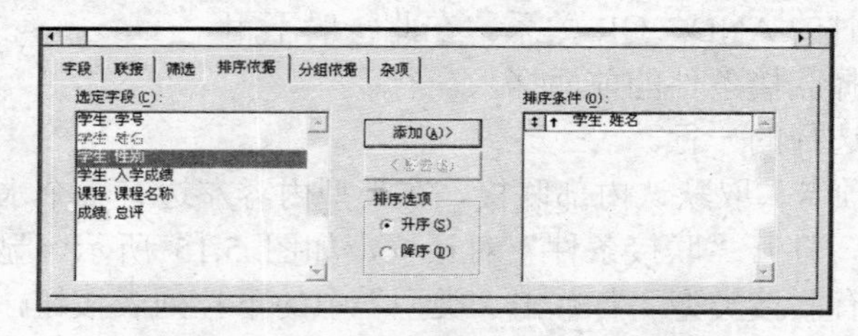

图 5.18 “查询设计器”中的“排序依据”选项卡

5）设置分组。在“分组依据”选项卡中设置分组。单击“分组依据”选项卡，在“可用字段”列表框中选择要分组的字段，单击“添加”按钮，将选中字段添加到“分组字段”列表框中。如需设置组内条件，可单击“满足条件”按钮，打开“满足条件”对话框进行设置，单击“确定”按钮返回。若不设置分组，不做此步。此题不设置分组。

6）设置限制输出记录。在“杂项”选项卡中设置限制输出记录。

全部：对应于 SELECT 中的 ALL 选项。

记录个数：对应于 SELECT 中的 TOP 选项。

百分比：对应于 SELECT 中的 TOP 选项中的 PERCENT。

无重复记录：对应于 SELECT 中的 DISTINCT 选项。

交叉数据表：将查询或视图的结果以交叉数据表的形式传递给 Microsoft Graph、报表或表。只有当选中字段等于三个时，才可以使用该选项，这三项分别代表 X 轴、Y 轴和图形的单元值。

单击“杂项”选项卡，设置要输出的记录，这时取默认的“全部”，如图 5.19 所示。

（3）设置查询去向

浏览：将查询结果在“浏览”窗口显示。

临时表：将查询结果存在一个命名的临时表中。

表：将查询结果保存在一个命名的表中。

图形：查询结果可用于 Microsoft Graph 中。

屏幕：将查询结果在 VPF 主窗口或当前活动的屏幕上显示。

报表：将查询结果输出到报表文件（扩展名为.FRX）中。

标签：将查询结果输出到标签文件（扩展名为.LBX）中。

在“查询设计器”打开的情况下可以设置查询去向。执行“查询”→“查询去向”命令，打开“查询去向”对话框，如图 5.20 所示。默认为浏览输出。可根据需要选择临时表、表、图形、屏幕、报表、标签，有一些选项带有可以影响输出结果的附加内容，将这些内容设置好后，单击“确定”按钮即可。

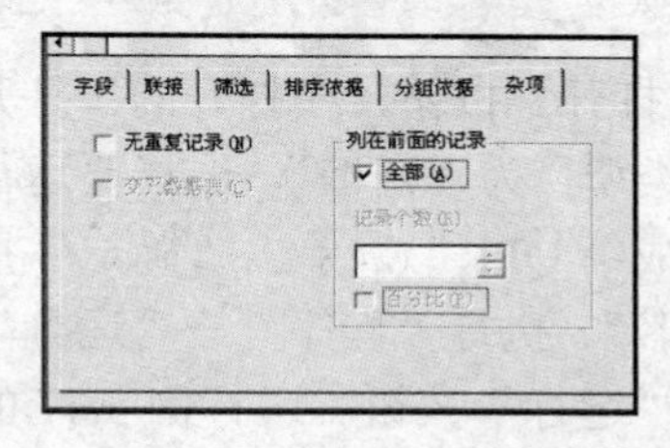

图 5.19　“查询设计器”中的“杂项”选项卡

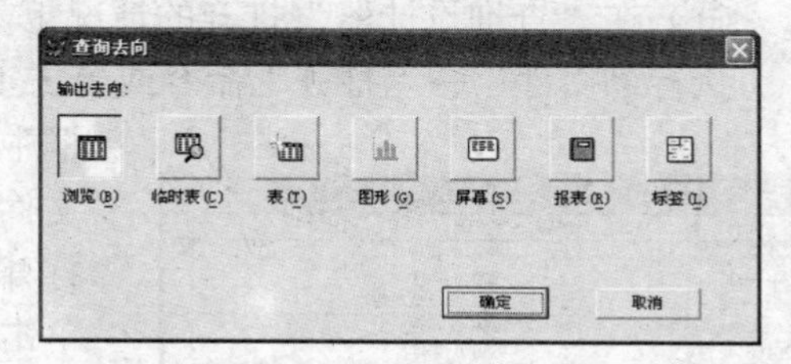

图 5.20　“查询去向”对话框

（4）保存查询

执行“文件”→“保存”命令或单击工具栏上的“保存”按钮，打开“另存为”对话框，如图 5.9 所示。在“另存为”对话框的“文件名”文本框中输入“查成绩”后，单击“保存”按钮，所建立的查询以文件名为“查成绩.QPR”保存。

若是打开了已有的查询，并修改了其内容，保存时，若不执行“文件”→“另存为”命令，则不打开“另存为”对话框，直接将所改动的内容进行保存。

4. 用命令建立查询

格式：CREATE QUERY [文件名|?]

功能：打开“查询设计器”窗口，建立文件名指定的查询。

说明：

1）输入文件名时，系统默认的扩展名为.QPR。

2）CREATE QUERY 后无任何选项时，与用“查询设计器”建立查询相同。

3）CREATE QUERY ? 打开“创建”对话框，提示用户输入要创建的查询文件名。

5.3.2 修改查询

1. 用界面方式修改

执行“文件”→“打开”命令或单击工具栏中的“打开”按钮，打开“打开”对话框。在“打开”对话框的“文件类型”下拉列表中选择“查询（*.qpr）”，选择要修改的查询文件，单击“确定”按钮即可。

2. 用命令方式修改

格式：MODIFY QUERY [文件名|?]
功能：在“查询设计器”中修改指定文件名的查询。
说明：
1）系统默认的扩展名为.QPR。
2）MODIFY QUERY 后无选项和选择?时相同，都打开“打开”对话框。
3）当 MODIFY QUERY 后指定的文件名不存在时，则建立该文件名指定的查询。

5.3.3 运行查询

1. 界面方式

（1）在“查询设计器”打开的情况下
执行“文件”→“打开”命令或单击工具栏中的“打开”按钮，在打开的“打开”对话框中选择“文件类型”为“查询”，选择要运行的查询文件名（如“查成绩.QPR”），单击“确定”按钮后，打开“查询设计器”。执行“程序”→“运行”命令或单击工具栏中的“运行”按钮。运行例 5.47 的结果如图 5.21 所示。

查询

学号	姓名	性别	入学成绩	课程名称
20110082	王红	女	570.0	英语
20110082	王红	女	570.0	数学
20110082	王红	女	570.0	计算机程序设计
20100042	文晓红	女	550.0	英语
20100042	文晓红	女	550.0	数学
20100042	文晓红	女	550.0	计算机程序设计
20110039	希望	男	560.0	英语
20110039	希望	男	560.0	数学
20110201	赵天明	男	552.0	大学生就业指导

图 5.21　例 5.47 的查询结果

（2）在“查询设计器”没打开的情况下
执行“程序”→“运行”命令，打开“运行”对话框。在“查找范围”下拉列表中选择要“运行”的查询文件，单击“运行”按钮即可。

2. 命令方式

格式：DO <查询文件名>
功能：运行查询文件名指定的查询。
说明：查询文件名的扩展名.QPR 必须输入。如在“命令”窗口中输入　DO 查成绩.QPR，则显示结果如图 5.21 所示。

3. 用命令查看查询文件的 SELECT 命令内容

格式：MODIFY COMMAND <查询文件名>
功能：打开查询文件名指定的查询文件。也可在此修改 SELECT 命令，即修改查询的内容。
说明：查询文件名的扩展名.QPR 必须输入。
例 5.48　用命令查看例 5.47 的 SELECT 命令内容。

```
MODIFY COMMAND 查成绩.QPR
```

显示结果如图 5.22 所示。

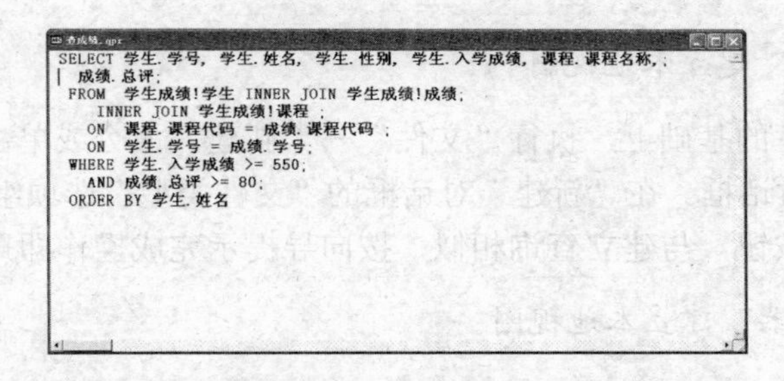

图 5.22　用命令查看例 6.47 查询的 SELECT 命令

4. “查询设计器”的局限性

用“查询设计器”建立的查询，简单、易学，但在应用中有一定的局限性，它适用于比较规范的查询，而对于较复杂的查询是无法实现的，如带子查询的查询用“查询设计器“就无法实现。对于比较复杂的查询必须用 SQL 的 SELECT 命令或用程序实现。

注　意

没有专门用于删除查询的命令，要删除查询，在关闭查询文件的情况下，用 ERASE 命令或 DELETE FILE 命令即可删除相应的查询文件。

5.4　视　　图

若要创建自定义并且可更新的数据集合，可以使用视图。视图兼有表和查询的特点：与查询相类似的是，可以用来从一个或多个相关联的表中提取有用信息；与表相类似的是，可以用来更新其中的信息，并将更新结果永久保存在磁盘上。可以用视图使数据暂时从数据库中分离成为自由数据，以便在主系统之外收集和修改数据。

5.4.1　建立视图

1. 视图的一般概念

视图是一个从数据库表、视图中获取符合要求数据的虚拟表，它可以是本地的、远程的和带参数的。

视图以视图名的形式存放在数据库中。数据库中只存放视图的定义，不存放视图的对应数据，这些数据仍然存放在表中。视图中数据的更新可以使源表相应数据更新。视图的执行要在数据库中执行。

视图与查询一样都要从表中获取数据，它与查询的基础实质上都是 SELECT 语句，它们的创建步骤也是相似的。

VFP 可以创建两种类型的视图：本地视图和远程视图。远程视图使用远程 SQL 语法从远程 ODBC（open database connectivity，开放数据库互连）数据源表中选择信息；本地视图使用 VFP SQL 语法从视图或表中选择信息。用户可以将一个或多个远程视图添加到本地视图中，以便能在同一个视图中同时访问 VFP 数据和远程 ODBC 数据源中的数据。

2. 用“视图向导”建立本地视图

在打开所需数据库的基础上，执行“文件”→“新建”命令或单击工具栏中的“新建”按钮，打开“新建”对话框。在“新建”对话框的“文件类型”选项组中点选“视图”单选按钮，单击“向导”按钮，与建立查询相似，按向导提示完成操作即可。

3. 用“视图设计器”建立本地视图

（1）界面方式

在打开所需数据库的基础上，执行“文件”→“新建”命令或单击工具栏的“新建”按钮，打开“新建”对话框。在“文件类型”选项组中点选“视图”单选按钮，单击“新建文件”按钮，打开“视图设计器”窗口和“添加表或视图”对话框。在“添加表或视图”对话框中选择所需要的表，单击“添加”按钮，将所需要的表添加到“视图设计器”窗口中。若需多个表可反复选择表并单击“添加”按钮，单击“添加表或视图”对话框中的“关闭”按钮，打开如图 5.23 所示的“视图设计器”窗口。“视图设计器”与“查询设计器”几乎一样，只是多了“更新条件”选项卡，以后的操作步骤除“更新条件”选项卡外，都与在“查询设计器”中建立查询时的步骤一样，在此不再赘述。最后，单击工具栏上的“保存”按钮，打开“保存”对话框，如图 5.24 所示。在“保存”对话框中输入要保存的视图名称，单击“确定”按钮即可。也可关闭“视图设计器”或执行“文件”→“保存”命令，打开如图 5.24 所的对话框，在“保存”对话框中输入要保存的视图名称，单击“确定”按钮。

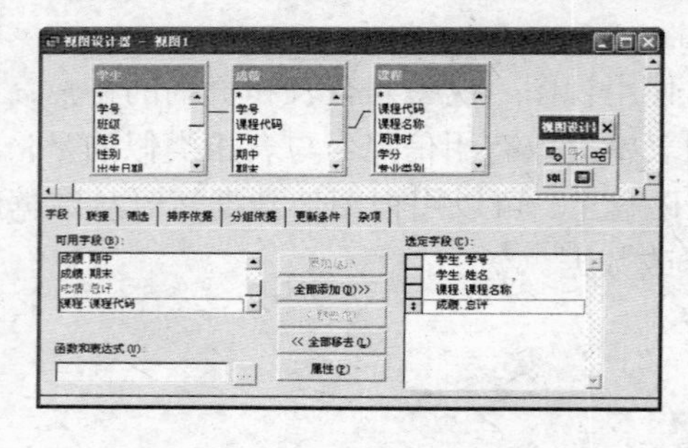

图 5.23 “视图设计器”窗口

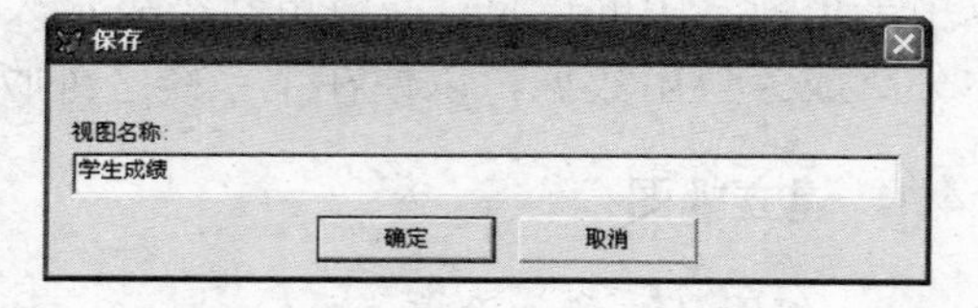

图 5.24 视图“保存”对话框

下面对设置“更新条件”选项卡的内容进行介绍。单击“视图设计器”中的“更新条件”选项卡，如图 5.25 所示。

1）“表”下拉列表。指定视图中可以更新的表，在其下拉列表中选择好表后，被选中的表中的字段显示在“字段名”列表框中。系统默认是“全部表”，“字段名”列表框中显示的是在“字段”选项卡中选中的字段。

2）“字段名”列表框。该项用于显示可标示为关键字字段或可更新字段的字段名。在“字段名”列表框中列出了选中表的所有选中字段，在这些字段名左面的两列是标记列，其中钥匙列用来确定关键字字段，铅笔列用来确定可更新字段。

①关键字段，若钥匙列中显示“ √ ”标记，则表明该字段是关键字段，可单击字段前的小方块按钮进行设定；②可更新字段，在铅笔列中显示“ √ ”标记，则表明该字段是可更新的，也可以通过单击字段前的小方块按钮进行设定。

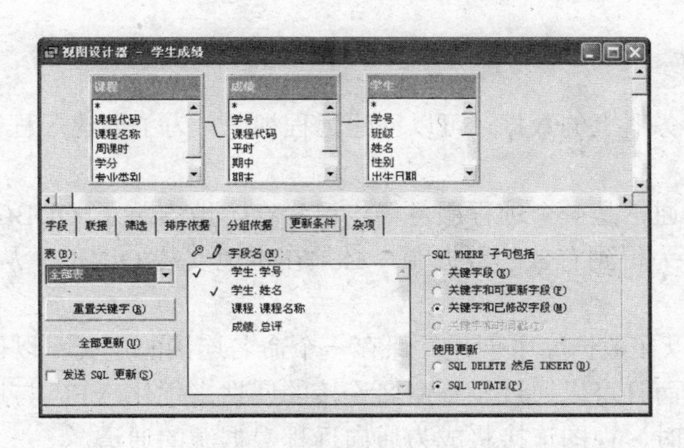

图 5.25　“视图设计器”中的“更新条件”选项卡

3）“重置关键字”按钮。单击该按钮，系统自动使用每个表的主索引作为关键字，在钥匙列加上“ √ ”标记。

4）“全部更新”按钮。该项用于选择除了关键字字段以外的所有选定字段进行更新，并对“字段名”列表框中铅笔列有“ √ ”标记的字段发送 SQL 更新。

系统通过关键字使视图和源表相联系。只有指定关键字后，系统才允许选择通过视图来更新源表的字段。系统根据视图源表的情况，显示各字段的默认标记。源表的主索引字段在钥匙列中显示“ √ ”标记。

5）“发送 SQL 更新”复选框。该项用于指定是否将视图中记录的修改传送给源表。勾选此复选框就可以按指定的更新字段在视图中修改字段的内容，然后系统使用修改后的内容更新源表中相应的记录。

6）“SQL WHERE 子句包括”选项组。如果建立的系统将在多用户环境中使用，则需设置该选项组。

①关键字段，若源表关键字段已被修改，则禁止当前用户更新；②关键字和可更新字段，若源表关键字或可更新字段已被修改，则禁止当前用户更新；③关键字和已修改字段，若源表关键字可被当前用户修改的字段，已被其他用户修改，则禁止当前用户更新；④关键字和时间戳，若源表关键字和时间戳已被其他用户修改，则禁止当前用户更新。

7）“使用更新”选项组。该选项组用于控制视图的更新方式。

①SQL DELETE 然后 INSERT，表示系统先删除源表中的数据，再插入视图的更新数据；②SQL UPDATE，直接用视图的更新数据替换源表中的数据，该项是默认选项。

（2）命令方式

格式：CREATE SQL VIEW [视图名|?] [AS SELECT 查询命令]

功能：在当前数据库中用“视图设计器”来创建视图。

说明：

1）CREATE SQL VIEW 无可选项与 CREATE SQL VIEW ?相同，都打开“视图设计器”窗口。

2）若选择 AS SELECT 查询命令，则不打开“视图设计器”窗口，直接用 SELECT 查询命令指定的内容在当前数据库中创建视图名指定的视图。

4. 访问远程数据

若要使用远程服务器上的数据，可以创建远程视图。为了创建远程视图，必须首先连接一个数据源。

一个远程数据源通常是一个远程服务器，已经在本地安装了 ODBC 驱动程序并设置了 ODBC 数据源名称。为得到有效的数据源，必须在本地安装 ODBC。从 VFP 内部可定义数据源和连接。

在 VFP 中，可以在数据库中创建并保存一个命名连接的定义，以便在创建远程视图时按其名称进行引用，而且可以通过设置命名连接的属性来优化 VFP 与远程数据源的通信。当用户激活远程视图时，视图连接将成为通向远程数据源的通道。

（1）建立连接

1）界面方式建立连接方法如下。

① 执行“文件”→“新建”命令或单击工具栏中的“新建”按钮，打开“新建”对话框。在“文件类型”选项组中点选“连接”单选按钮，然后单击“新建文件”按钮，打开“连接设计器”窗口，如图 5.26 所示。

② 在“连接设计器”窗口中单击“新建数据源”按钮，打开“ODBC 数据源管理器”对话框，如图 5.27 所示。

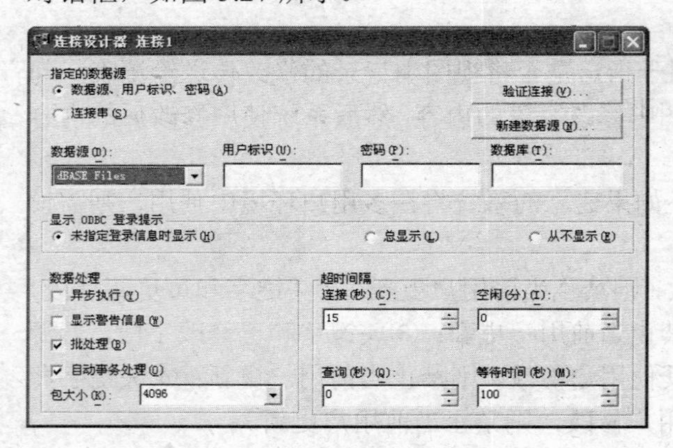

图 5.26 “连接设计器”窗口

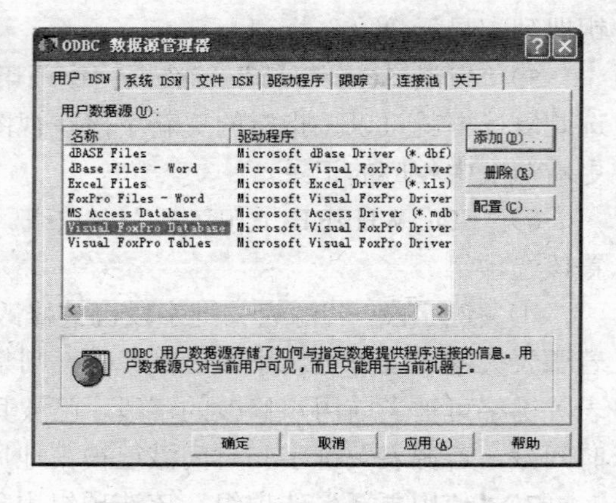

图 5.27 “ODBC 数据源管理器”对话框

③ 在“ODBC 数据源管理器”对话框中，单击“用户 DSN”选项卡，在“用户数据源”列表框中选择“Visual FoxPro Database”选项，单击“添加”按钮，打开“创建新数据源”对话框，如图 5.28 所示。

④ 在“创建新数据源”对话框中选择“Microsoft Visual Foxpro driver”选项，单击“完成”按钮。打开“ODBC Visual FoxPro Setup”对话框，如图 5.29 所示。

⑤ 在“ODBC Visual FoxPro Setup”对话框中的“Data Source Name”文本框中输入数据源名，如 SD1；在“Description”文本框中输入相应的描述；在“Database type”选项组中选择相应的类型；在“Path”文本框中输入文件路径或单击“Browse”按钮找到所用数据源所在位置；单击“OK”按钮。将所设置的数据源添加到“ODBC 数据源管理器”中，单击“确定”按钮，完成连接建立并返回“连接设计器”窗口。

图 5.28　“创建新数据源”对话框

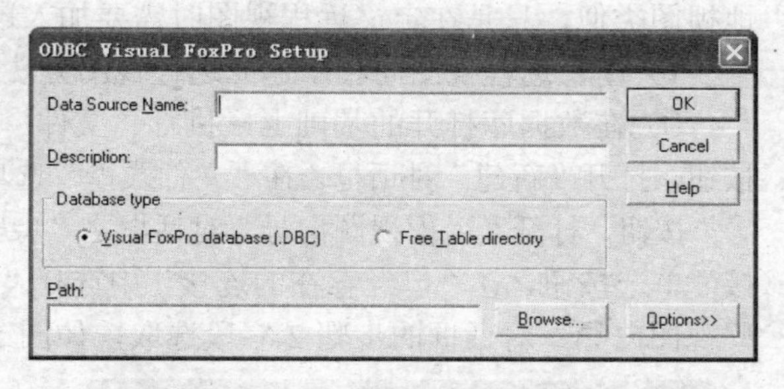

图 5.29　“ODBC Visual FoxPro Setup”对话框

⑥ 在“连接设计器”窗口中单击“验证连接”按钮，打开“连接设计器”对话框，如图 5.30 所示。单击“确定”按钮。验证完连接后，在“连接设计器”窗口中的“指定数据源”选项组中，设置“数据源”、“用户标识”、“密码”等信息。或点选“连接串”单选按钮，并输入相应的连接串。

⑦ 保存所建立的连接。单击工具栏中的“保存”按钮或执行“文件”→“保存”或“另存为”命令或关闭“连接设计器”窗口，打开“保存”对话框，如图 5.31 所示。在“保存”对话框中，输入相应的连接名后，单击“确定”按钮。

图 5.30　“连接设计器”对话框

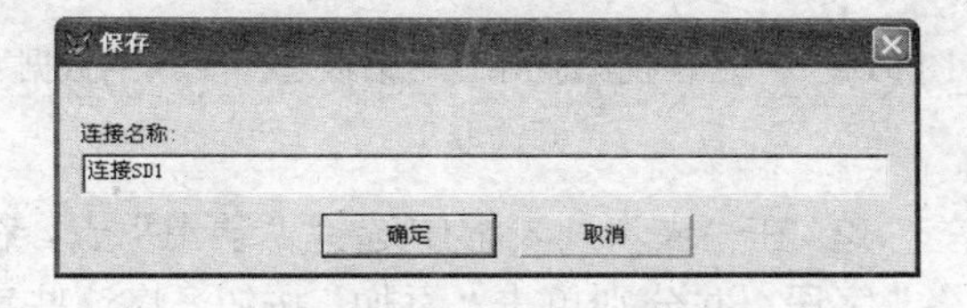

图 5.31　“保存”对话框

2）命令方式建立连接的方法如下。

格式：CREATE CONNECTION [连接名|?]　[DATASOURCE <数据源名> [USERID <用户标识>] [PASSWORD <密码>]]|CONNSTRING <连接串>]

功能：创建一个连接名指定的命名连接并把它存储在当前数据库中。

说明：

① ?与无任何选项相同，打开“连接设计器”窗口，可在其中创建和存储连接。

② DATASOURCE <数据源名>为连接指定 ODBC 数据源的名称。

③ USERID <用户标识>为 ODBC 数据源指定用户标识。

④ PASSWORD <密码>为 ODBC 数据源指定密码。

⑤ CONNSTRING <连接串>为 ODBC 数据源指定一个连接串。可使用连接串来代替 ODBC 数据源、用户标识和密码。

⑥ 在创建一个命名连接之前，必须以独占方式打开数据库。要以独占方式打开数据库，可在 OPEN DATABASE 中包含 EXCLUSIVE 子句。

⑦ 使用 DISPLAY|LIST CONNECTIONS 命令显示当前数据库中与命名连接有关的信息。

（2）建立远程视图

在建立了有效的数据源或命名连接之后，就可以建立远程视图。建立远程视图与建立本地视图类似，只是在定义远程视图时需要加入连接名称或数据源名称。

1）用“远程视图向导”建立远程视图方法如下。

① 在数据库打开的基础上，执行“文件”→“新建”命令或单击工具栏中的“新建”按钮，打开“新建”对话框。在“文件类型”选项组中点选“远程视图”单选按钮，单击“向导”按钮，打开“远程视图向导”对话框之“步骤1-数据源选取”，如图5.32所示。单击“连接”单选按钮，在“已经存在的连接”中选择“连接SD1”，单击“下一步”按钮，打开“远程视图向导”对话框的步骤2-字段选取，如图5.33所示。

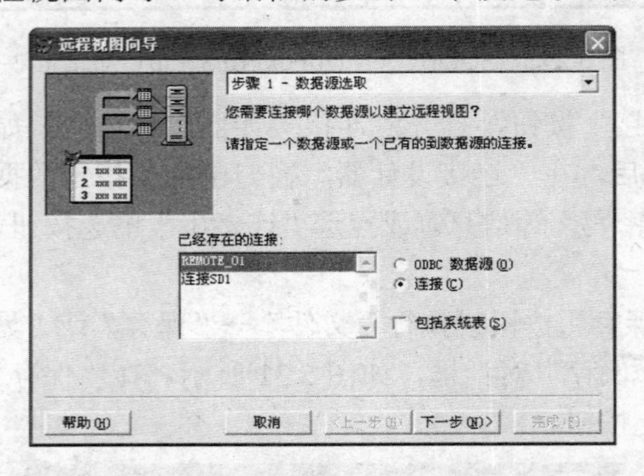

图5.32 “远程视图向导”对话框之“步骤1-数据源选取”

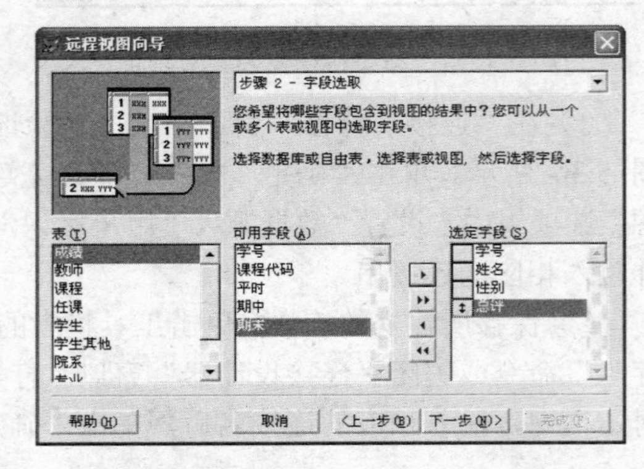

图5.33 “远程视图向导”对话框之“步骤2-字段选取”

② 在“表”列表框中选择“学生”表，在“可用字段”列表框中分别选择“学号”、“姓名”字段，并分别单击“添加”按钮，将这些字段添加到“选定字段”列表框中，然后在“表”列表框中选择“成绩”表，在“可用字段”中选总评字段，单击“添加”按钮，将“总评”字段添加到“选定字段”列表框中。单击“下一步”按钮，打开“远程视图向导”对话框之“步骤3-为表建立关系”，如图5.34所示。

③ 在如图5.34所示对话框中单击“添加”按钮，并单击“下一步”按钮，打开“远程视图向导”对话框之“步骤3a-字段选取”，如图5.35所示。若所选字段均为一个表中的字段，则无此步骤。

④ 在如图5.35所示对话框中选择默认选项，单击“下一步”按钮，打开“远程视图向导”对话框之“步骤4-排序记录”，如图5.36所示。

⑤ 在“可用字段”列表框中选择“学生.姓名”选项，单击“添加”按钮，将其添加到“选定字段”列表框中，单击“下一步”按钮，打开“远程视图向导”对话框之“步骤5-筛选记录”，如图5.37所示。

⑥ 在如图5.37所示对话框中可设置筛选条件，在此不设置，单击“下一步”按钮，打开“远程视图向导”对话框之“步骤6-完成”，如图5.38所示。

⑦ 在如图5.38所示对话框中点选“保存并运行查询”单选按钮，单击“完成”按钮。打开如图5.39所示“视图名”窗口。

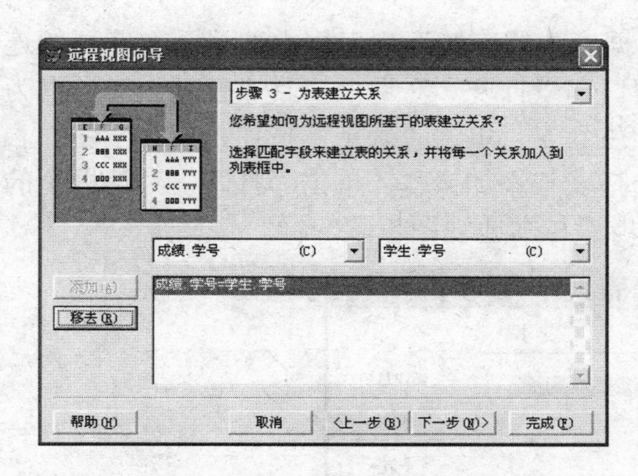

图 5.34 “远程视图向导”对话框之“步骤 3-为表建立关系”

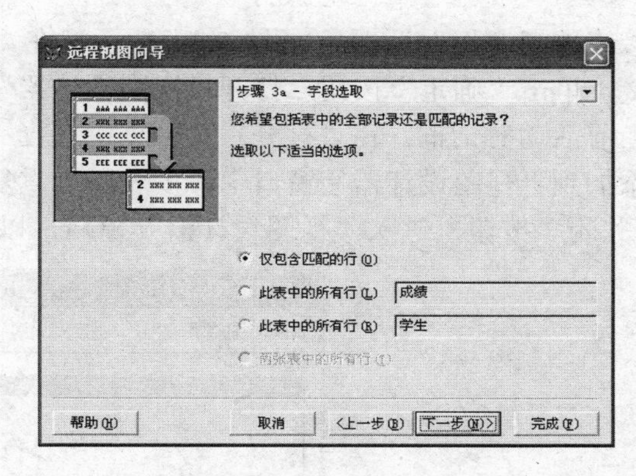

图 5.35 “远程视图向导”对话框之“步骤 3a-字段选取”

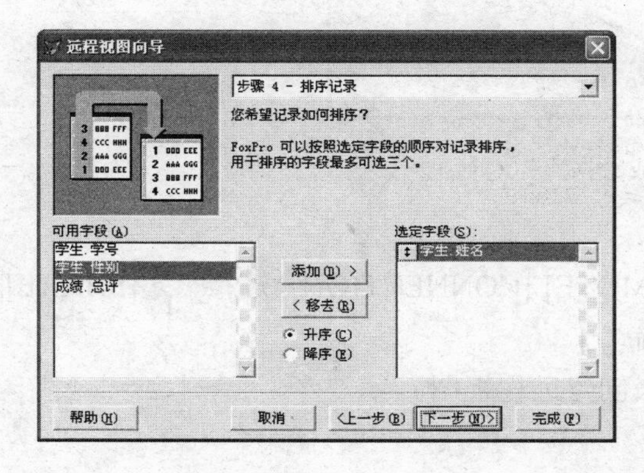

图 5.36 “远程视图向导”对话框之“步骤 4-排序记录”

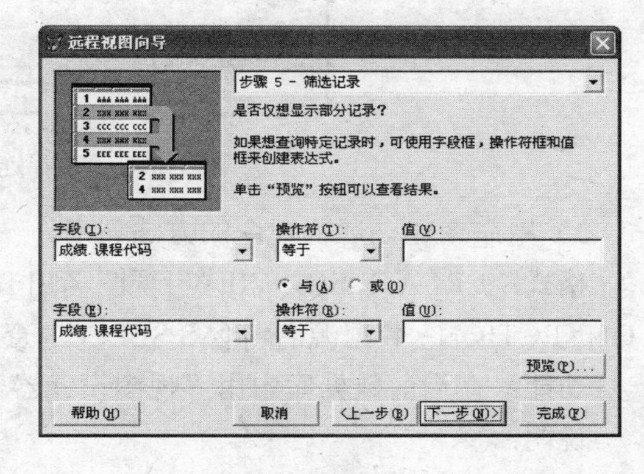

图 5.37 “远程视图向导”对话框之“步骤 5-筛选记录”

图 5.38 “远程视图向导”对话框之“步骤 6-完成”

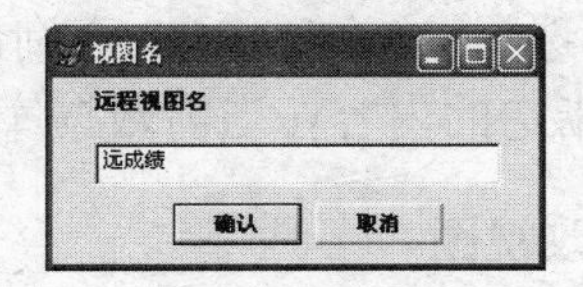

图 5.39 “视图名”窗口

⑧ 在“视图名”窗口中输入要保存的视图名，在这里输入“远成绩”，单击“确定”按钮，所建立的过程视图以“远成绩”为名保存在当前数据库中。打开“数据设计器”窗口可以看到所建立的远程视图。

2）用“视图设计器”建立远程视图的方法如下。

执行“文件”→“新建”命令或单击工具栏的“新建”按钮，打开“新建”对话框。在“文件类型”选项组中点选“远程视图”单选按钮，单击“新建文件”按钮，打开“选择连接或数据源”对话框，如图 5.40 所示。在“数据库中的连接”列表框中选择一个需要的连接，单击“确定”按钮，打开“视图设计器”窗口和“打开”对话框，且“打开”对话框为当前活动对话框。在“打开”对话框中选择“学生”表，单击“确定”按钮，将“学生”表添加到“视图设计器”窗口中，多表时可重复选择表与添加操作。单击“打开”对话框中的“关闭”按钮，进入“视图设计器”窗口，以后步骤与本地视图步骤一样。

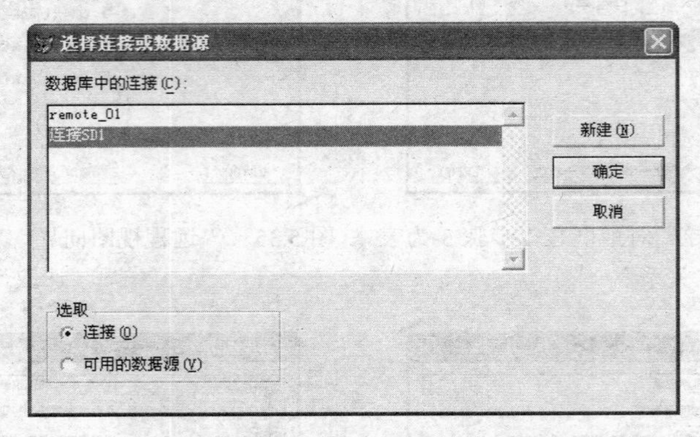

图 5.40 “选择连接或数据源”对话框

3）用命令建立远程视图的方法如下。

格式：CREATE SQL VIEW [视图名|?] [REMOTE] [CONNECTION <连接名> [SHARE]| CONNECTION <数据源名>] [AS SELECT 查询命令]

功能：在当前数据库中用“视图设计器”来创建远程视图。

说明：

① CREATE SQL VIEW 无可选项时与 CREATE SQL VIEW ?相同，都打开“视图设计器”窗口。

② 无 REMOTE 子句和 CONNECTION 子句时，建立的是本地视图。

③ CONNECTION <连接名> [SHARE] 打开视图时，指定建立一个命名连接。如果包含 SHARE 子句，并且共享连接可用，则 VFP 将使用共享连接。如果共享连接不可用，则在打开视图时创建一个唯一连接，其他视图不能使用该连接。

④ CONNECTION <数据源名> 指定一个已存在的、建立了连接的数据源。

⑤ 当选择 AS SELECT 查询命令时，则不打开“视图设计器”窗口，直接用 SELECT 查询命令指定的内容在当前数据库中创建视图名指定的视图。

5.4.2 修改视图

可在“视图设计器”窗口中修改已有的视图。

1. 在“数据库设计器”中打开“视图设计器”窗口

先打开“数据库设计器”，选中所要修改的视图名，执行“数据库”→“修改”命令或在选中所要修改的视图名上右击打开快捷菜单，在快捷菜单中执行“修改”命令，均可打开“视图设计器”窗口，可在“视图设计器”窗口中修改相应的视图，修改后保存。

2. 用命令打开“视图设计器”窗口

格式： MODIFY VIEW [视图名|?] [REMOTE]

功能： 显示视图设计器，从中可以修改已存在的 SQL 视图。

说明：

1）MODIFY VIEW 后无任何选项时与 MODIFY VIEW ?相同，都打开“打开”视图对话框，可从中选择要修改的视图。

2）REMOTE 指定该视图是一个使用远程表的远程视图。如果省略 REMOTE 子句，则可以修改一个基于本地表的视图。

3）必须在数据库打开的前提下，才能修改视图。

3. 重新命名视图

格式： RENAME VIEW <视图名 1> TO <视图名 2>

功能： 重命名当前数据库中的 SQL 视图。将视图名 1 重命名为视图名 2。

4. 删除视图

格式 1： DELETE VIEW <视图名>

格式 2： DROP VIEW <视图名>

功能： 这两个命令是等价的，删除指定视图名的视图。

5.4.3 使用与运行视图

1. 使用视图

由于视图是一个虚拟的表，因此，可以像使用表一样使用视图，对表操作的命令均可对其操作，只是不能用 MODIFY STRUCTURE 命令修改其结构。

注　意

由于视图不能存储数据，所以，打开视图时，与之对应的表也随之打开。

2. 运行视图

在数据库打开的基础上，才可以运行视图。

（1）在“视图设计器”窗口中运行

1）单击工具栏上的“运行”按钮。

2）执行“查询”→“运行查询”命令。

（2）在“数据库设计器”中运行

1）双击视图标题栏。

2）选中视图并右击，打开快捷菜单，在快捷菜中执行“浏览”命令。

5.4.4 视图与查询、视图与表的比较

1. 视图与查询的比较

(1) 相同点

1) 可以从数据源中查找满足一定筛选条件的记录和选择部分字段。

2) 本身不保存数据，它们的查询结果随数据源内容的变化而变化。

(2) 不同点

1) 视图可以更新数据源表，而查询不能。

2) 视图只能在数据库中存在，视图只能从数据库表中查找数据；而查询不是数据库的组成部分，它是一个独立的程序文件，查询可以从自由表、一个数据库表或多个数据库表中查找数据。

3) 视图可以访问远程数据，而查询不能直接访问远程数据，需借助于远程视图才能访问远程数据。

2. 视图与表的比较

(1) 相同点

1) 它们都可以作为查询与其他视图的数据源。

2) 逻辑结构相似，即内容由记录组成，记录由字段组成。

(2) 不同点

1) 视图是一个虚拟表，它不保存数据，只是引用了数据库中的表，选择这些表的某些字段，按照表之间的一定关系，重新加以组合。在浏览视图时，视图从引用表中取出数据，并将它们按表的格式显示出来，使其像一个表。

2) 即使不对视图做任何修改，其内容也可能发生变化。如当源表中的数据变化时，视图显示内容也会发生相应的变化。而表的内容相对稳定，除非用户对它修改。

3) 视图是数据库的一种组成单元，它只能是数据库的一部分，不能单独存在。而表可以不属于任何一个数据库，即自由表。

4) 表打开时不需要打开视图，而视图打开时却需要打开与之对应的表。

5) 视图中显示的数据可能来自一个表、多个表，或其他视图，且视图可带有参数，而表不能。

习 题 5

一、思考题

1. 在 SQL 语句中，用什么短语实现关系的投影操作。
2. 简述 SQL 语句的组成。
3. SQL 查询的 WHERE 条件中，BETWEEN…AND 与 IN 有什么区别？
4. 查询去向有哪几种？
5. 视图有几种类型？试说明它们各自的特点。

6．简述视图和查询的异同。

7．简述视图和表的异同。

8．如何修改查询？

二、选择题

1．在 SQL 语句中，用于创建表的语句是（　　）。

A．CREATE TABLE　　B．MODIFY STRUCTURE

C．CREATE STRUCTURE　　D．MODIFY TABLE

2．在 SQL 语句中，SELECT 命令中 JOIN 短语用于建立表之间的联系，联接条件应出现在（　　）短语中。

A．WHERE　　B．ON　　C．HAVING　　D．m

3．SQL 语句中限定查询分组条件的短语是（　　）。

A．WHERE　　B．ORDER BY　　C．HAVING　　D．GROUP BY

4．使用 SQL 语句进行分组检索时，为了去掉不满足条件的分组，应当（　　）。

A．使用 WHERE 子句

B．在 GROUP BY 后面使用 HAVING 子句

C．先使用 WHERE 子句，再使用 HAVING 子句

D．先使用 HAVING 子句，再使用 WHERE 子句

5．SQL 语句中将查询结果存入数组中，应该使用（　　）短语。

A．INTO CURSOR　　B．TO ARRAY　　C．INTO TABLE　　D．INTO ARRAY

6．书写 SQL 语句时，若一行写不完，需要写为多行，在行的末尾要加续行符（　　）。

A．:　　B．;　　C．,　　D．"

7．从数据库中删除表的命令是（　　）。

A．DROP TABLE　　B．ALTER TABLE　　C．DELETE TABLE　　D．USE

8．DELETE FROM GZ WHERE 工资>3000 语句的功能是（　　）。

A．从 GZ 表中彻底删除工资大于 3000 的记录

B．GZ 表中工资大于 3000 的记录被加上删除标记

C．删除 GZ 表

D．删除 GZ 表的工资列

说明：以下的 9～16 题采用表 5.1 和表 5.2。

表 5.1　教师表

工资号	姓名	职称	年龄	工资	系别
10001	张刚	讲师	29	1000	01
10002	刘洋	讲师	30	1100	02
10003	李理	副教授	35	1700	03
10004	赵强	教授	40	2300	03

表 5.2　系表

系别	系名
01	地质
02	化学
03	计算机
03	计算机

9．根据表 5.1 创建“教师”表，设置“工资”的有效性规则为 工资>1000，默认值为 1000，应该使用 SQL 语句（　　）。

A．CREATE TABLE 教师(职工号 C(6)，姓名 C(8)，职称 C(6)，年龄 N(2，0)，工资 N(7,2) CHECK 工资>1000 DEFAULT l000，系别 C(2))

B．CREATE TABLE 教师(职工号 C(6)，姓名 C(8)，职称 C(6)，年龄 N(2，0)，工资 N(7,2) ERROR 工资>1000 DEFAULT l000，系别 C(2))

C．CREATE TABLE 教师(职工号 C(6)，姓名 C(8)，职称 C(6)，年龄 N(2，0)，工资 N(7，2) CHECK 工资>1000(10003，系别 C(2))

D．ALTER TABLE 教师(职工号 C(6)，姓名 C(8)，职称 C(6)，年龄 N(2，0)，工资 N(7,2) CHECK 工资>1000 DEFAULT l000，系别 C(2))

10．创建“系”表，并与“教师”表之间建立关联，应该使用 SQL 语句（　　）。

A．CREATE TABLE 系(系别 C(2)，系名 C(16)，FOREIGNKEY 系别 TAG 系别 REFERENCES 教师)

B．CREATE TABLE 系(系别 C(2)，系名 C(16)，FOREIGNKEY 系别 TAG 系别 WITH 教师)

C．CREATE TABLE 系(系别 C(2)，系名 C(16)，FOREIGNKEY 系别 REFERENCES 教师)

D．CREATE TABLE 系(系别 C(2)，系名 C(16)，TAG 系别、REFERENCES 教师)

11．显示所有姓“刘”的教师信息，应该使用的 SQL 语句是（　　）。

A．SELECT 工资号，姓名，职称，年龄，工资，系别 FROM 教师，系 WHERE 教师.系别=系．系别 AND 姓名="刘"

B．SELECT 工资号，姓名，职称，年龄，工资，系别 FROM 教师，系 WHERE 教师.系别=系．系别 AND 姓名 LIKE "刘%"

C．SELECT 工资号，姓名，职称，年龄，工资，系别 FROM 教师，系 WHERE 教师.系别=系.系别 AND 姓名 LIKE 刘%

D．SELECT 工资号，姓名，职称，年龄，工资，系别 FROM 教师，系 WHERE 教师.系别=系.系别 AND 姓名 LIKE "刘-"

12．显示工资最高的两个教师的信息，应该使用的 SQL 语句是（　　）。

A．SELECT * TOP 2 FROM 教师 ORDER BY 工资

B．SELECT * NEXT 2 FROM 教师 ORDER BY 工资

C．SELECT * TOP 2 FROM 教师 ORDER BY 工资 DESC

D．SELECT * TOP 0.5 PERCENT FROM 教师 ORDER BY 工资 DESC

13．查询“计算机”系的教师信息，使用 JOIN 短语实现联接的 SQL 语句是（　　）。

A．SELECT 工资号，姓名，职称，年龄，工资 FROM 教师 JOIN 系 ON 教师.系别；系.系别 WHERE 系名="计算机"

B．SELECT 工资号，姓名，职称，年龄，工资 FROM 教师 JOIN 系 WHERE 系名="计算机"ON 教师.系别=系.系别

C．SELECT 工资号，姓名，职称，年龄，工资 FROM 教师 JOIN 系 WHERE 系名="计算机" AND 教师.系别=系.系别

D．SELECT 工资号，姓名，职称，年龄，工资 FROM 教师 TO 系 ON 教师.系别=系.系别 WHERE 系名="计算机"

14．查询“张刚”的信息，将查询结果存入文本文件“ZG”中，应该使用的 SQL 语句是（　　）。

A．SELECT 工资号，姓名，职称，年龄，工资系别 FROM 教师，系 WHERE 姓名="张刚" AND 教师.系别=系.系别 INTO TABLE ZG

B．SELECT 工资号，姓名，职称，年龄，工资系别 FROM 教师，系 WHERE 姓名="张刚"AND 教师.系别二系.系别 INTO CURSOR ZG

C. SELECT 工资号，姓名，职称，年龄，工资系别 FROM 教师，系 WHERE 姓名="张刚"AND 教师.系别：系.系别 INTO FILE ZG

D. SELECT 工资号，姓名，职称，年龄，工资系别 FROM 教师，系 WHERE 姓名="张刚"AND 教师.系别；系.系别 TO FILE ZG

15. 查询各系所有教师的平均工资，应该使用的 SQL 语句是（ ）。

A. SELECT 系别，AVG(工资) FROM 教师

B. SELECT 系别，AVG(工资) FROM 教师 GROUP BY 系别

C. SELECT 系别，AVG(工资) FROM 教师 ORDER BY 系别

D. SELECT 系别，平均工资 FROM 教师 GROUP BY 系别

16. 查询“计算机”系教师的人数，应该使用的 SQL 语句是（ ）。

A. SELECT CNT(*) FROM 教师，系 WHERE 系名="计算机" AND 教师.系别=系.系别

B. SELECT SUM(*) FROM 教师，系 WHERE 系名="计算机" AND 教师.系别=系.系别

C. SELECT TOTAL(*) FROM 教师，系 WHERE 系名="计算机" AND 教师.系别=系.系别

D. SELECT COUNT(*) FROM 教师，系 WHERE 系名="计算机" AND 教师.系别=系.系别

17. 只有满足联接条件的记录才包含在查询结果中，这种联接为（ ）。

A. 左联接　B. 右联接　C. 内部联接　D. 完全联接

18. SQL-SELECT 语句是（ ）。

A. 选择工作区语句　B. 数据查询语句　C. 选择标准语句　D. 数据修改语句

19. 在“查询设计器”窗口中建立一个或（OR）条件必须使用的选项卡是（ ）。

A. 字段　B. 联接　C. 筛选　D. 杂项

20. SQL 支持集合的并运算，在 VFP 中 SQL 并运算符是（ ）。

A. PLUS　B. UNION　C. +　D. U

21. 下列关于 SQL 对表的定义的说法中，错误的是（ ）。

A. 利用 CREATE TABLE 语句可以定义一个新的数据表结构

B. 利用 SQL 的表定义语句可以定义表中的主索引

C. 利用 SQL 的表定义语句可以定义表的域完整性、字段有效性规则等

D. 对于自由表的定义，SQL 同样可以实现其完整性、有效性规则等信息的设置

22. 语句 DELETE FROM 成绩表 WHERE 计算机<60 的功能是（ ）。

A. 物理删除成绩表中计算机成绩在 60 分以下的学生记录

B. 物理删除成绩表中计算机成绩在 60 分以上的学生记录

C. 逻辑删除成绩表中计算机成绩在 60 分以下的学生记录

D. 将计算机成绩低于 60 分的字段值删除，但保留记录中其他字段值

23. 在“查询设计器”中包含的选项卡有（ ）。

A. 字段、筛选、排序依据　B. 字段、条件、分组依据

C. 条件、排序依据、分组依据　D. 条件、筛选、杂项

24. 以下关于视图的叙述中，正确的是（ ）。

A. 可以根据自由表建立视图　B. 可以根据查询建立视图

C. 可以根据数据库表建立视图　D. 可以根据自由表和数据库表建立视图

25. “视图设计器”中包含的选项卡有（ ）。

A. 联接、显示、排序依据　B. 显示、排序依据、分组依据

C. 更新条件、排序依据、显示　D. 更新条件、筛选、字段

26. 在“查询设计器”中，系统默认的查询结果的输出去向是（ ）。

A. 浏览　B. 报表　C. 表　D. 图

27. 在“查询设计器“中创建的查询文件的扩展名是（　　）。

A. .PRG　　B. .QPR　　C. .SCX　　D. .MPR

28. 关于视图的操作，错误的说法是（　　）。

A. 利用视图可以实现多表查询　　B. 利用视图可以更新源表的数据

C. 视图可以产生表文件　　D. 视图可以作为查询的数据源

29. 在“查询设计器”的“筛选”选项卡中，“插入”按钮的功能是（　　）。

A. 用于插入查询输出条件　　B. 用于增加查询输出字段

C. 用于增加查询表　　D. 用于增加查询去向

30. “查询设计器”是一种（　　）。

A. 建立查询的方式　　B. 建立报表的方式

C. 建立新数据库的方式　　D. 打印输出方式

31. 下列关于视图的叙述中，正确的是（　　）。

A. 当某一视图被删除后，由该视图导出的其他视图也将自动删除

B. 若导出某视图的数据库表被删除了，该视图不受任何影响

C. 视图一旦建立，就不能被删除

D. 视图和查询一样

32. 打开 TEST 视图，可使用的命令是（　　）。

A. USE　TEST.VUE　　B. SET　VIEW　TO　TEST.VUE

C. OPEN　VIEW　TEST.VUE　　D. SET　NUE　TO　TEST

33. 如果要在屏幕上直接看到查询结果，“查询去向”应选择（　　）。

A. 浏览或屏幕　　B. 临时表或屏幕　　C. 屏幕　　D. 浏览

34. 以下给出的四种方法中，不能建立查询的是（　　）。

A. 执行“文件”→“新建”命令，打开“新建”对话框，“文件类型”选择“查询”，单击“新建文件”按钮

B. 在“项目管理器”的“数据”选项卡中选择“查询”选项，然后单击“新建”按钮

C. 在“命令”窗口中输入 CREATEQUERY 命令建立查询

D. 在“命令”窗口中输入 SEEK 命令建立查询

35. “查询设计器”中的“筛选”选项卡的作用是（　　）。

A. 指定查询条件　　B. 增加或删除查询的表

C. 观察查询生成的 SQL 程序代码　　D. 选择查询结果中包含的字段

36. 多表查询必须设定的选项卡为（　　）。

A. 字段　　B. 联接　　C. 筛选　　D. 更新条件

37. 以下关于视图说法错误的是（　　）。

A. 视图可以对数据库表中的数据按指定内容和指定顺序进行查询

B. 视图可以脱离数据库单独存在

C. 视图必须依赖数据库表而存在

D. 视图可以更新数据

38. 以下关于视图的描述中，正确的是（　　）。

A. 视图结构可以使用 MODIFY　STRUCTURE 命令来修改

B. 视图不能同数据库表进行联接操作

C. 视图不能进行更新操作

D. 视图是从一个或多个数据库表中导出的虚拟表

39．为视图重命名的命令是（　　）。

A．MODIFY　VIEW　B．CREATE　VIEW　C．DELETE　VIEW　　D．RENAME　VIEW

40．使用视图之前，首先应该（　　）。

A．新建一个数据库　　　　B．新建一个数据库表

C．打开相关的数据库　　　D．打开相关的数据表

三、填空题

1．实现将所有职工的工资提高 5%的 SQL 语句是________教师________工资=工资*1.05。

2．计算职称为“教授”的所有教师的平均工资的 SQL 语句是　SELECT________FROM 教师________职称="教授"。

3．求“计算机”系所有教师工资的 SQL 语句是　SELECT 工资 FROM 教师 WHERE 系别________(SELECT 系别 FROM________WHERE 系名="计算机")

4．数组 A 中包含两个数据元素，分别为“C04”，“数学”，把数组 A 中的数据元素添加到“系”表中，使用的 SQL 语句是　________NTO 系 FROM________A。

5．向“系”表中添加一个新字段“系主任”的 SQL 语句是　________TABLE 系________系主任 C(8)。

6．用 SQL 语句实现查找“教师”表中“工资”低于 2000 元且大于 1000 元的所有记录 SELECT________FROM 教师 WHERE 工资<2000________工资>1000。

7．内部联接是指只有________的记录才包含在查询结果中。

8．在 SQL 语句中，________命令可以向表中输入数据记录，________命令可以修改表中的数据，________命令可以修改表结构。

9．SQL 中的 SELECT 语句的________用于实现关系的选择操作。

10．在“成绩”表中，只显示分数最高的前 10 名学生的记录，SQL 语句为　SELECT　*________10 FROM 成绩表________总分 DESC。

第6章　程 序 设 计

在前几章中介绍了VFP 6.0的交互式工作方式，它的特点是简单、方便、易掌握。但对于较为复杂的问题用这种方式解决效率很低，重复使用的命令需要一条条重复输入，而有些问题用交互式工作方式难以解决。而程序工作方式（也称自动化工作方式或批命令操作方式），可以解决上述问题。程序工作方式包括执行用户编写的程序和执行用各种生成器等自动生成的程序。VFP 6.0支持结构化程序设计与面向对象程序设计，而结构化程序设计是面向对象程序设计的基础，因此，学好结构化程序设计才能更好地学习面向对象程序设计。

6.1　结构化程序设计基础

6.1.1　程序文件的建立、修改与运行

1. 程序与程序文件

为解决某一问题而设计的有序命令序列（或命令的有序集合）称为程序。将程序放在文本文件中保存，这种保存程序的文本文件称为程序文件。VFP 6.0 程序文件默认的扩展名为.PRG。

2. 程序文件的建立

建立程序文件分为三步进行：第一步打开程序编辑窗口（也称程序编辑器）；第二步在程序编辑窗口中输入并编辑程序；第三步保存文件。

（1）用界面方式建立

1）执行“文件”→“新建”命令或单击工具栏中的“新建”按钮，打开“新建”对话框，在“新建”对话框中的“文件类型”选项组中点选“程序”单选按钮后，单击“新建文件”文件按钮，打开程序编辑窗口。

2）在程序编辑窗口中输入并编辑程序。

3）保存程序文件。执行“文件”→“保存”命令或单击工具栏上的“保存”按钮或按Ctrl+W 组合键，打开“另存为”对话框，在“另存为”对话框的“保存文档为”文本框中输入文件名后，单击“保存”按钮即可。

注　意

按Ctrl+W组合键保存时关闭程序编辑窗口，其他两种方法不关闭程序编辑窗口。

（2）用命令方式建立

格式： MODIFY COMMAND [文件名|?]

功能： 打开程序编辑窗口，建立或修改文件名指定的程序文件。默认的扩展名为.PRG。

说明：

1）若无任何选项，当第一次打开程序编辑窗口时，指定一个初始名为程序 1.PRG 的程序，当第二次打开程序编辑窗口时，指定一个初始名为程序 2.PRG 的程序，……。当关闭程序编辑窗口时，则另存为其他名。

2）若选择？选项，则打开“打开”对话框，在“打开”对话框中选择一个已存在的程序文件名或在“选择文件名”文本框中输入一个新的程序文件名，单击“打开”按钮，打开程序编辑窗口。

3）当关闭程序编辑窗口时，提示用户是否保存。按 Ctrl+W 组合键直接保存并关闭程序编辑窗口。按 ESC 键或 Ctrl+Q 组合键放弃保存并关闭程序编辑窗口。当用户按 ESC 键或 Ctrl+Q 组合键时，打开是否放弃提示对话框，提示用户是否确认放弃。

3. 程序文件的修改

修改文件也分为三步进行：①打开要修改的程序文件；②在程序编辑窗口中修改编辑程序；③保存修改后的程序文件。

（1）用界面方式修改

1）执行“文件”→“打开”命令或单击工具栏中的“打开”按钮，打开“打开”对话框，在“打开”对话框中的“文件类型”选项组中点选“程序”单选按钮后，在“文件名”文本框中输入程序文件名或选择相应的程序文件，单击“确定”按钮，打开程序编辑窗口。

2）在程序编辑窗口中修改并编辑程序。

3）保存程序文件，方法同建立程序文件。

（2）用命令方式修改

修改程序文件的命令与建立程序文件的命令相同。

4. 程序的运行

（1）用界面方式运行

执行“程序”→“运行”命令，打开“运行”对话框，在“执行文件”文本框中输入要运行的文件名或从文件列表框中选择需要运行的程序文件，单击“运行”按钮即可。或在程序编辑窗口打开时单击工具栏中的“运行”按钮。

（2）用命令方式执行程序文件

格式： DO <文件名>

功能： 执行文件名指定的程序文件中的程序。

5. 编译源程序

用户在程序编辑窗口中输入的程序称为源程序，源程序必须经过编译才能运行。运行有两种方式，一种是编译一个命令运行一个命令，这种方式称为解释方式；另一种是先将源程序一次性编译成可执行文件后，再运行该可执行文件，这种方式称为编译方式。解释方式的优点是能很快找到出错的位置，特别适合调试程序，缺点是运行速度慢。编译方式与解释方式恰好相反。VFP 6.0 的源程序经过编译后，生成一个与源文件的主文件名同名的扩展名为.FXP 的文件。生成编译文件的方法如下。

1）用 DO 命令运行源程序文件，即边编译边运行的过程。

2）执行“程序”→“编译”命令。

生成编译文件后，可执行 DO <文件名.FXP> 命令直接运行编译文件。

6. 程序的组成及书写规则

（1）程序的组成

一个程序是由若干命令（也称语句）行组成，每行以 Enter 键结束。一行只写一个命令，一个命令可以写在一行也可以分多行书写，分行书写时应该在行末尾加“；”续行，然后以 Enter 键结束本行。VFP 6.0 的程序一般分为以下几个部分。

1）注释部分。注释可以写在程序中需要注释的任何位置，用来对程序或命令进行解释说明。VFP 6.0 的注释语句为非执行语句，一共有以下三个。

格式 1：NOTE|* [注释内容]

格式 2：&& [注释内容]

功能：为程序进行注释，为非执行语句。

说明：

格式 1 为行首注释，即单独写在一行上。格式 2 可单独写在一行上，也可以写在命令行的行尾进行注释。要在行尾进行注释时必须用格式 2。

2）系统环境状态设置部分。为了减少不必要的提示或显示，加快运行速度和处理问题的需要，在程序的开始要进行系统环境状态设置。如在程序运行时，若不显示每条命令执行的结果，则在程序的开始写上 SET TALK OFF 语句。

3）程序的中心部分。这部分是程序的最主要部分，它是用来完成用户解决问题的命令序列。

4）系统环境状态恢复部分。在程序结束前要对系统环境状态设置的内容进行还原或恢复。如在程序运行完后，若显示每条命令执行的结果，则在程序结束前要加上 SET TALK ON 语句。

5）程序结束部分。VFP 6.0 没有专门的结束语句，可用 RETURN 语句结束。

（2）程序中命令的书写规则

一般按上述五个部分组织编写程序，有关命令的书写规则参见 2.1.1 小节，在这里需要注意每条命令的起始位置没有严格的规定，为了增强可读性，对分支结构（也称选择结构）语句和循环结构语句，一般采用缩进形式书写。

7. 程序代码中的颜色

程序代码在程序编辑窗口中会以不同的颜色显示。系统默认的颜色设定为，绿色代表注释，蓝色代表命令关键字（命令动词），黑色代表非命令关键字和用户可使用的字符。用户可以根据需要，在“工具”菜单中的“选项”对话框中的“语法着色”选项卡中改变这些默认值。

8. 程序文件中的使用技巧

在输入完程序的程序编辑窗口中，如果要运行程序中的部分命令，则只要选择这些命令并右击，打开快捷菜单，执行“运行所选区域”命令即可。如果要在多个程序中使用相同的程序段，可以在打开的多个程序编辑窗口中进行复制、粘贴即可。

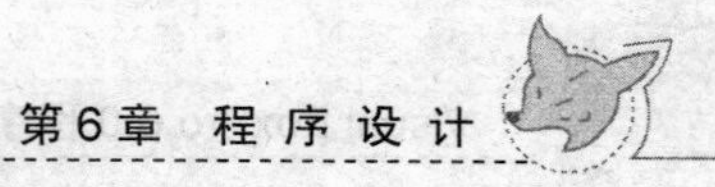

9. 过程与函数列表

在程序编辑窗口中右击，打开快捷菜单，执行“过程/函数列表”命令，可以显示当前文件中所采用的过程或函数，从中可快速定位到所需位置。

例 6.1 求半径为 10 的圆的面积（程序文件名为 SP1.PRG）。

1）打开程序编辑窗口。在“命令”窗口中输入以下命令。

```
MODIFY COMMAND SP1
```

2）在程序编辑窗口中输入以下命令。

```
* 这是一个求半径为 10 的圆面积的程序，文件名为 SP1.PRG
SET TALK OFF          &&关闭交互式显示方式
R=10
S=PI( )*R*R           &&计算圆的面积
? S                   &&显示输出圆的面积
SET TALK ON           &&恢复交互式显示方式
RETURN
```

3）按 Ctrl+W 组合键存盘，关闭程序编辑窗口。

4）运行程序。在“命令”窗口中输入：DO SP1

5）在屏幕上看到的显示结果是： 314.16

以后我们每设计一个程序都基本上按上述步骤进行，后面的例子，一般只写在程序编辑窗口中输入的程序中心部分，在程序的开头使用注释写上该程序文件名。

6.1.2 辅助调试命令

1. SET TALK 命令

格式：SET TALK ON | OFF

功能：设置命令在执行过程中是否一条一条地显示执行的结果（也称交互式显示方式）。ON 为显示（默认值），OFF 为不显示。

2. CANCEL 命令

格式：CANCEL

功能：终止程序运行，清除所有私有变量，返回“命令”窗口，有关私有变量的概念在本章后面将会详细介绍。

3. RETURN 命令

格式：RETURN

功能：结束当前程序执行返回调用它的上级程序，若无上级调用程序则返回“命令”窗口。

4. QUIT 命令

格式：QUIT

功能：退出 VFP 6.0 系统，返回 Windows 操作系统。

6.2 程序设计中常用的输入与输出命令

6.2.1 输出命令

1. ?|??命令

参见 2.2.3 小节，在此不再赘述。

2. 格式输出命令

格式：@<行，列> SAY <表达式>

功能：在屏幕的指定行列位置输出表达式的值。

说明：

<行，列>，行自上而下编号，列自左至右编号，编号从 0 开始，行、列可以使用小数精确定位。行、列值的大小受屏幕分辨率的限制。

例 6.2 在第 10 行，第 40 列开始显示“祝您成为 IT 精英！”。

```
* SP2.PRG
@<行，列> SAY "祝您成为 IT 精英!"
RETURN
```

6.2.2 输入命令

1. WAIT 命令

格式：WAIT [提示信息] [TO <内存变量名>] [WINDOW [AT <行，列>]]
[NOWAIT] [CLEAR|NOCLEAR][TIMEOUT<算术表达式>]

功能：先显示提示信息，暂停程序运行，等待用户从键盘输入一个字符，当用户从键盘输入一个字符后，程序继续执行。

说明：

1）提示信息必须是字符表达式，但一般常用的是字符串。

2）当有 TO <内存变量名>子句时，将用户从键盘输入的一个字符的字符串，赋给内存变量名指定的内存变量，否则输入的字符不保存。

3）若省略提示信息，则显示默认信息：按任意键继续。

4）WINDOW [AT <行，列>]指定提示信息窗口在屏幕上的位置，若省略 AT<行，列>信息，则将显示在屏幕的右上角。

5）NOWAIT 不等待输入直接向下执行。

6）CLEAR 清除提示信息窗口，NOCLEAR 不清除提示信息窗口，直到执行一条 WAIT WINDOW 命令或 WAIT CLEAR 命令为止。

7）TIMEOUT<算术表达式> 由算术表达式的值指定等待输入的秒数。若超出秒数，则不等待自动往下执行。

8）从键盘输入一个字符时，只要输入一个字符，不用按 Enter 键就自动结束，程序继续

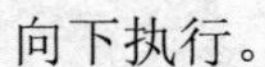

向下执行。

9）当有 TO <内存变量名>子句时，从键盘输入字符时，直接按 Enter 键，将空字符串赋给内存变量名指定的内存变量。

例 6.3 WAIT 命令的应用。

```
* SP3.prg
WAIT "请按键盘上的一个键:" TO a1 WINDOW AT 10,40
? "您按的键是:"+a1
RETURN
```

2. ACCEPT 命令

格式：ACCEPT [提示信息] TO <内存变量名>

功能：先显示提示信息，暂停程序运行，等待用户从键盘输入一个字符串，并以 Enter 键结束，把用户从键盘输入的字符串赋给内存变量名指定的内存变量后，程序继续执行。

说明：

1）提示信息必须是字符表达式，但一般常用的是字符串。

2）输入的字符串不需添加定界符，否则会将定界符作为字符串的一部分。

3）从键盘输入字符串时，直接按 Enter 键，将空字符串赋给内存变量名指定的内存变量。

例 6.4 ACCEPT 命令的应用。

```
* SP4.prg
ACCEPT "请输入一个字符串:" TO c1
ACCEPT "请输入您的姓名:" TO c2
? "您输入的字符串是:"+c1
? "您的姓名是:"+c2
RETURN
```

3. INPUT 命令

格式：INPUT [提示信息] TO <内存变量名>

功能：先显示提示信息，暂停程序运行，等待用户从键盘输入一个数据，并以 Enter 键结束，把用户从键盘输入的数据赋给内存变量名指定的内存变量后，程序继续执行。

说明：

1）提示信息必须是字符表达式，但一般常用的是字符串。

2）输入的数据可以是内存变量具有的数据类型。可以是常量、变量、表达式。

3）当输入字符串时，必须添加定界符。

4）从键盘输入数据时，从键盘直接按 Enter 键，将重新显示提示信息，暂停程序运行，等待用户从键盘输入一个数据。

例 6.5 INPUT 命令的应用。

```
* SP5.prg
INPUT "请输入一个数据:" TO d1
? "您输入的数据是:",d1
RETURN
```

例 6.6 从键盘上输入圆的半径，求该圆的面积。

```
* SP6.PRG
INPUT "请输入一个半径:" TO R
S=PI( )*R*R
? S
RETURN
```

4. 从屏幕上编辑输入数据命令

格式：@<行，列> [SAY <表达式>] [GET <变量名>] [DEFAULT <表达式>]

功能：在屏幕的指定行列输出表达式的值，并修改变量名指定变量的值。

说明：

1）<行，列>行自上而下编号，列自左至右编号，编号从 0 开始，行列可以使用小数精确定位，且 SAY 子句和 GET 子句不能同时全省略。

2）无 GET 子句时为@…SAY 命令。

3）当有 GET 子句时，必须用 READ 命令激活，一个 READ 语句前可有多个@…GET 命令。

4）当既有 SAY 子句，又有 GET 子句时，称为格式输出、输入语句。一般把 SAY 子句的输出内容作为 GET 子句的提示信息。

5）当省略 SAY 子句时，GET 后的变量值在行列指定位置开始显示，若同时选择 SAY 子句，则先在行列指定位置开始显示表达式的值，再显示 GET 后变量值。

6）要求 GET 后的变量必须事先赋值。该变量若没有事先赋值，则用 DEFAULT<表达式>定义该变量的初值为<表达式>的值。

7）GET 后的变量的值以反相形式显示。

例 6.7 编程查找学生入学成绩大于等于输入指定成绩的和期末成绩大于等于指定分数的学生的“学号”、“姓名”、“入学成绩”、“期末成绩”。

```
*SP7.prg
CLEAR
OPEN DATABASE 学生成绩
@ 10,10 SAY "请输入入学成绩:" GET rxcj DEFAULT 0
@ 10,46 SAY "请输入期末成绩:" GET qmcj DEFAULT 0
READ
@ 12, 10 SAY "入学成绩为:"+STR(rxcj,5,1)+"      期末成绩为:"+STR(qmcj,5,1)
SELECT a.学号,a.姓名,a.入学成绩,b.期末 AS 期末成绩 ;
FROM  学生 a JOIN 成绩 b ON  a.学号=b.学号 ;
WHERE a.入学成绩>=rxcj AND b.期末>=qmcj
CLOSE DATABASE
RETURN
```

6.3 程序的控制结构

程序的执行顺序称为程序的控制结构。结构化程序的控制结构一般分为顺序结构、分支

（选择）结构、循环结构。这三种基本结构贯穿于整个结构化程序设计的过程中。

6.3.1 算法与流程图

1. 算法

人们把采用科学的方法完成某项事务的执行过程称为算法。算法也称流程，即事情是怎样一步一步进行的。广义地讲，算法就是一种解决问题的方法和步骤。计算机诞生后，人们把计算机解题的步骤称为计算机算法。现在的算法实际上是计算机算法的代名词，没有特别说明算法就是计算机算法。

2. 算法的表示

表示算法的方法很多，如流程图、N-S 图、自然语言、计算机语言、数学语言、规定的符号等。在这里先介绍用流程图表示算法的方法。

（1）流程图

用简单的几何图形和简明的文字来表示算法的图形工具称为流程图。流程也称框图。ANSI 规定了一些常用的流程图符号，如图 6.1 所示。

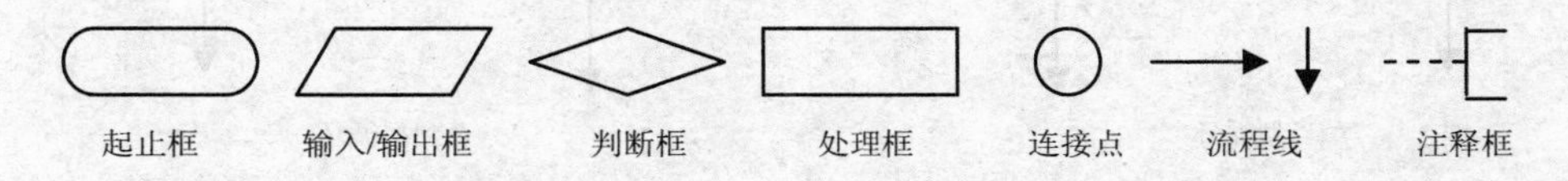

图 6.1　流程图常用的符号

（2）程序的控制结构

用流程图表示程序的控制结构如图 6.2 所示。

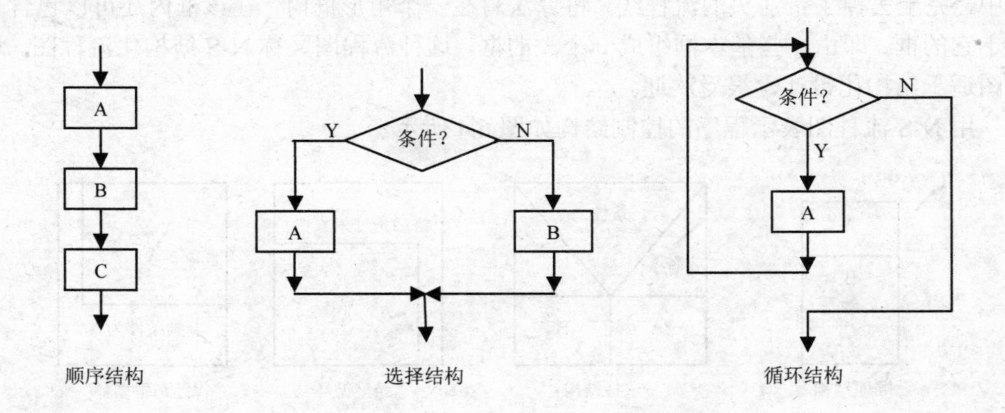

图 6.2　程序的控制结构

1）顺序结构。顺序结构就是程序是按语句排列的先后顺序来执行。如图 6.2 所示的顺序结构，顺序执行 A、B、C 框所指定的操作。顺序结构是最简单的一种结构。任何算法大体上都是顺序结构的，顺序结构中也可以包含选择结构和循环结构。

2）选择结构。选择结构也称分支结构，此结构必须包含一个判断框。首先判断给定的条件是否为真，为真执行 A 框的操作，为假执行 B 框的操作。

3）循环结构。循环结构也称重复结构。重复执行的过程称为循环，被重复执行的部分称为循环体。循环结构分当型循环结构和直到型循环结构两类，如图 6.3 所示。VFP 中的循环都是当型循环。

①当型循环结构。当型循环结构是当条件为真时执行循环体，当条件为假时，结束循环。当型循环结构又分为条件先检测和条件后检测两种；②直到型循环结构。直到型循环结构是当条件为假执行循环体，当条件为真时，结束循环。直到型循环结构也分为条件先检测和条件后检测两种。

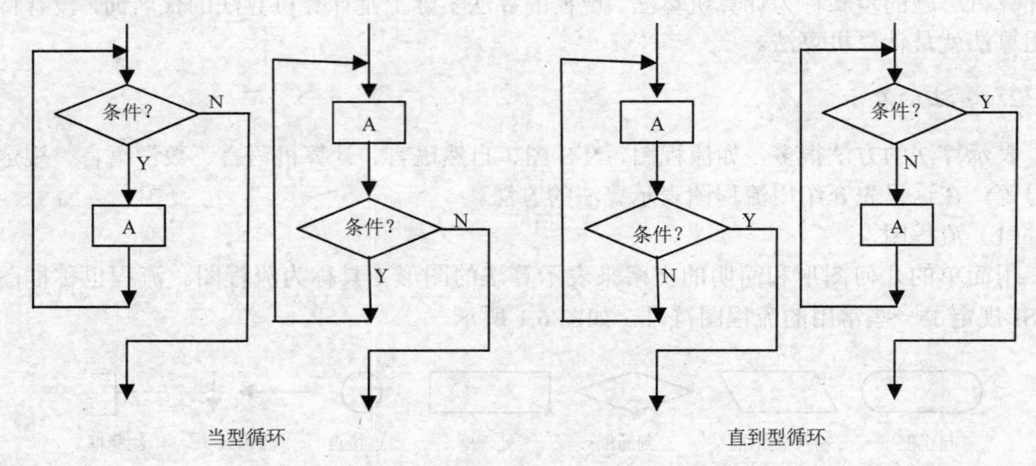

图 6.3　循环结构的四种形式

（3）N-S 图

1973 年美国学者 I. Nassi 和 B．Shneiderman 提出了一种新的流程图形式。在这种流程图中，完全去掉了带箭头的流程线，将算法写在一个矩形框内，在该框内还可以包含其他从属于它的框，即由一些基本框组成一个大的框。这种流程图又称 N-S 结构化流程图。这种流程图适于结构化设计，很受欢迎。

用 N-S 流程图表示程序的控制结构如图 6.4 所示。

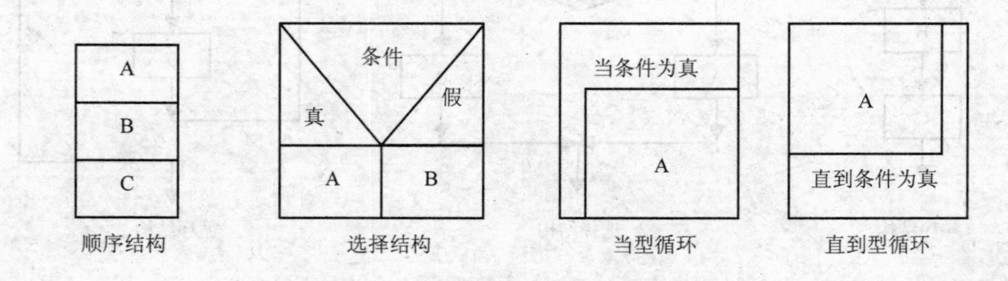

图 6.4　N-S 图所用的基本符号

例 6.8　写出从键盘上输入两个数，求这两个数中较大的数的算法。

用自然语言表示，算法如下。

1）定义 a，b 为 N 型变量。

2）从键盘上分别输入 a，b 的值。

3）判断 a>b 为真转到 4）；为假转到 5）。

4）输出 a，转到 6)。

5）输出 b。

6）结束。

用 N-S 流程图表示如图 6.5 所示。

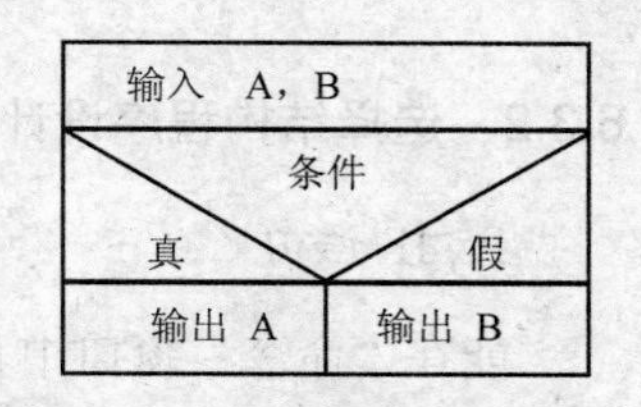

图 6.5 例 6.8 的 N-S 流程图

例 6.9 求$\sum_{n=1}^{100} n$的值。

分析：这个问是有人可能用 100+1+99+2+98+…+49+51+50 这样的算法求值。也有人从 1 加到 100 这样的算法求值。但是在计算机上应当这样分析：用 n 表示每一项，n 的初值为 1，终值为 100；由于每一项的前一项增加 1，就有 n＝n+1；和用 s 表示，s 初值为 0，只要当 n≤100 时为真，重复做 s＝s＋n，n＝n＋1，直到 n≤100 为假时（n＞100），输出 s 的值。

用自然语言表示，算法如下。

1）定义 s＝0，n＝1，它们都为 N 型。

2）判断 n<=100，为真转到①、②，否则转到 3)。

①s=s+ n；②n＝n＋1 转到 2)。

3）输出 s。

4）结束。

用 N-S 流程图表示如图 6.6 所示。

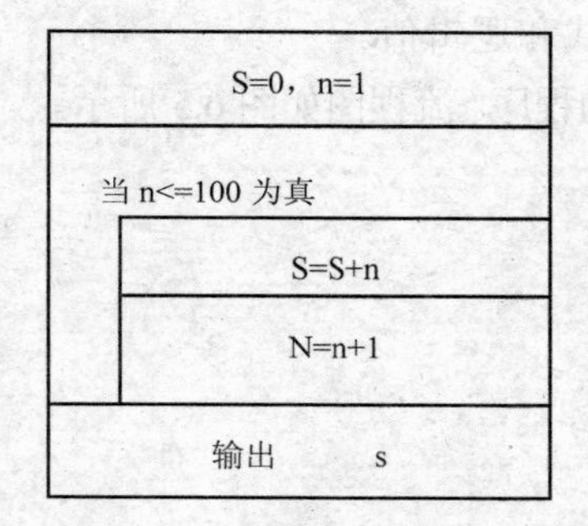

图 6.6 例 6.9N-S 流程图

由此可知用流程图表示算法比用自然语言简明。当确定算法后，就可以根据算法将程序写出来。当然，有些简单问题可以不用写算法而直接写出程序。

3. 用计算机解决问题的步骤

一般来说我们用计算机解决问题应遵循以下几步。

（1）分析问题

首先，分析问题的输入量；然后分析要输出的量；最后如何通过输入数据，得到所要的输出数据。

（2）确定算法

由于解决一个问题有多种算法，究竟使用哪个算法一定要确定。

（3）表示算法

一般用流程图将算法表示出来，即画流程图。

（4）根据算法表示编写程序

根据算法表示（流程图）用相应的计算机语言编写程序。

（5）调试程序

将程序输入到计算机中，建立相应的程序文件，并运行调试程序。在调试过程中如发现错误，要及时修改程序，再运行调试程序，直到结果正确结束。

（6）编写文档资料

当一个问题解决之后，要及时编写文档资料。如程序设计说明书及用户手册等。

在前面讲的命令都是比较简单的顺序结构程序设计的命令，下面将讲述选择结构程序设计和循环结构程序设计的有关命令。

6.3.2 选择结构程序设计

1. IF 语句

能在“命令”窗口中直接运行的命令称为命令，而不能在“命令”窗口直接运行，必须在程序中运行的命令称为语句。在程序中所有的命令都可以称为语句。

IF 语句也称条件语句，其一般形式如下。

格式： IF <条件>
<语句序列 1>
[ELSE
<语句序列 2>]
ENDIF

功能： 当条件成立时执行语句序列 1，然后执行 ENDIF 后面的语句，否则执行语句序列 2，然后执行 ENDIF 后面的语句。其功能框图如图 6.7 所示。

说明：

1）IF 与 ENDIF 必须成对出现。

2）条件为逻辑值的表达式。可以是关系表达式、逻辑表达式和逻辑值。

例 6.10 写出从键盘上输入两个数，求这两个数中较大的数的程序。流程图如图 6.5 所示。

```
*BP1.PRG
INPUT "请输入第一个数：" TO A
INPUT "请输入第二个数：" TO B
IF A>B
  ? A
ELSE
  ? B
ENDIF
RETURN
```

3）当 ELSE 与<语句行序列 2>省略时，成为以下格式。

格式： IF <条件>
<语句序列>
ENDIF

功能： 当条件成立时执行语句序列，然后执行 ENDIF 后面的语句，否则直接执行 ENDIF 后面的语句。这种形式的 IF 语句，也称简单的 IF 语句。其功能框图如图 6.8 所示。

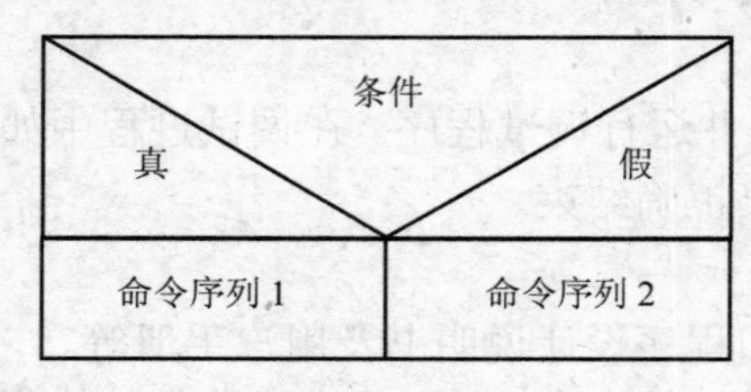

图 6.7 IF 语句的功能

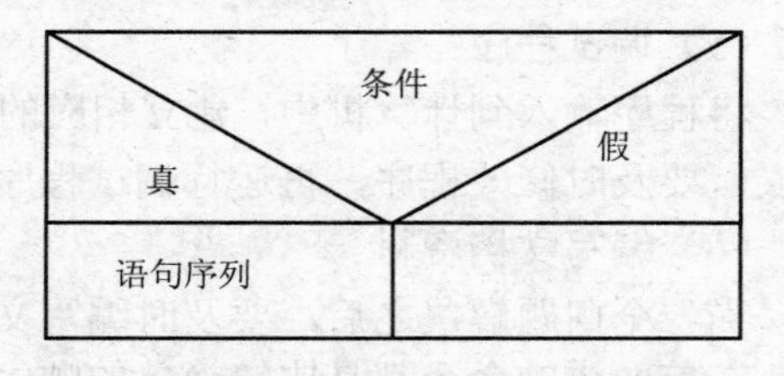

图 6.8 简单的 IF 语句的功能

例 6.11 编写从键盘上输入三个数，求其中最大的数的程序。

分析：输入的三个数用 n1，n2，n3 表示，输出的最大数用 max 表示。

1）先使 max 取 n1 的值，然后用 max 与 n2 比较，如果 max 比 n2 小，则 max 取 n2 的值。

2）用 max 与 n3 比较，如果 max 比 n3 小，则 max 取 n3 的值。

3）输出 max 的值就是这三个数中最大的值。

该算法的流程图如图 6.9 所示。

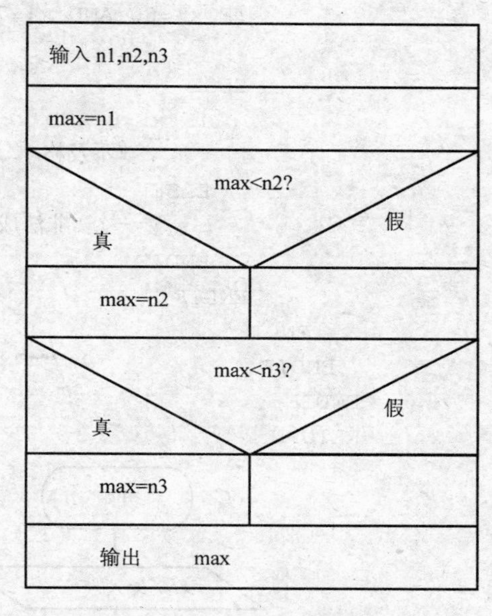

图 6.9 例 6.11 流程图

```
*BP2.PRG
SET TALK OFF
INPUT "请输入第一个数:" TO n1
INPUT "请输入第二个数:" TO n2
INPUT "请输入第三个数:" TO n3
max=n1
IF max<n2
   max=n2
ENDIF
IF max<n3
   max=n3
ENDIF
? max
SET TALK ON
RETURN
```

4）IF 语句可以嵌套，但嵌套时不能交叉。

例 6.12 编写从键盘上输入一个学生的分数成绩，输出该成绩的等级评语。

分析：输入一个成绩 x，输出一个评语。对 x 进行如下判断。

100≥x≥90 成绩为“优秀”，90＞x≥80 成绩为“良好”，80＞x≥70 成绩为“中等”，70＞x≥60 成绩为“及格”，60＞x≥0 成绩为“不及格”，x 为其他值时，成绩为“非法成绩”。

该算法的流程图如图 6.10 所示。

```
*BP3.PRG
INPUT "请输入一个学生成绩(0～100): " TO x
IF x>=90 AND x<=100
   ? "优秀"
ELSE
   IF x>=80 AND x<90
      ? "良好"
   ELSE
      IF x>=70 AND x<=80
         ? "中等"
      ELSE
```

```
            IF x>=60 AND x<=70
                ? "及格"
            ELSE
               IF x>=0 AND x<=60
                  ? "不及格"
               ELSE
                      ? "非法成绩!"
               ENDIF
            ENDIF
         ENDIF
      ENDIF
   ENDIF
   RETURN
```

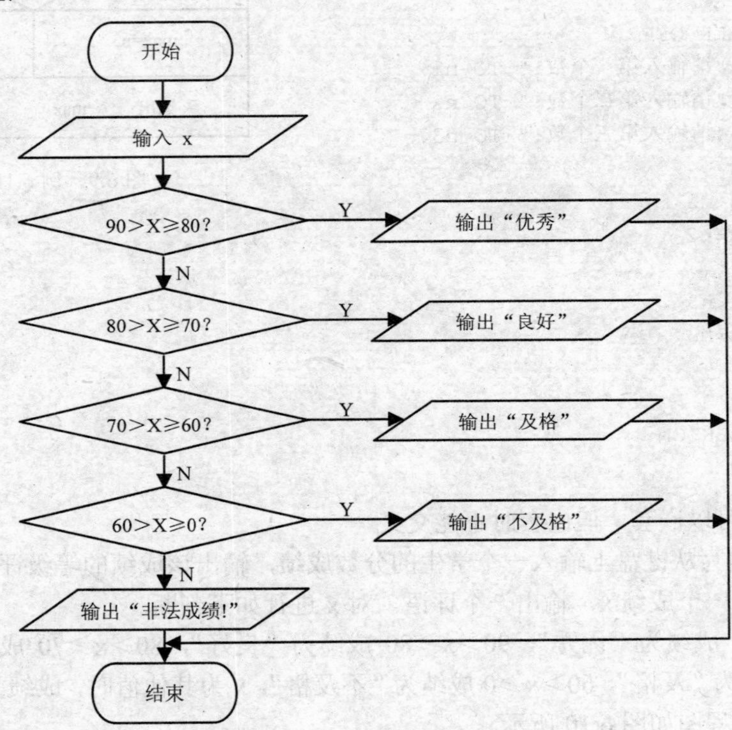

图 6.10　例 6.12 流程图

2. DO CASE 语句

DO CASE 语句也称多条件语句或多分支选择结构语句，其一般形式如下。

格式： DO CASE

CASE <条件 1>

　　<语句序列 1>

CASE <条件 2>

　　<语句序列 2>

……

```
    CASE <条件 n>
            <语句序列 n>
   [OTHERWISE
            <语句序列 n+1>]
ENDCASE
```

功能：依次判断条件是否成立，若某个条件成立，则执行对应的语句序列，然后执行 ENDCASE 后面的语句，若所有条件都不成立，如有 OTHERWISE 就执行语句序列 n+1，否则执行 ENDCASE 后面的语句。其功能框图如图 6.11 所示。

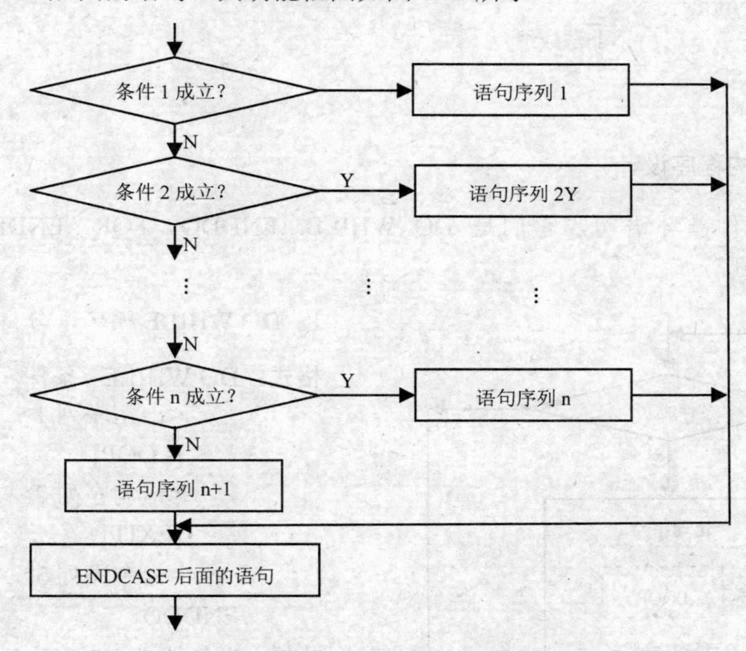

图 6.11　DO CASE 语句的功能

说明：

1）DO CASE 与 ENDCASE 必须成对出现。

2）各条件为逻辑值的表达式。可以是关系表达式、逻辑表达式和逻辑值。

3）先判断条件 1 是否成立，若条件 1 不成立再判断条件 2 是否成立……因此，当有多个条件同时满足时，只执行最先满足条件的语句序列。

4）在 DO CASE 与第一个 CASE 之间写任何内容，既不执行，也不出错。

5）OTHERWISE 和语句序列（n+1）是可选项，必须同时选择或同时不选择。当无 OTHERWISE 和语句序列（n+1）时，若所有条件都不满足，则什么也不做，直接执行 ENDCASE 后面的语句。

例 6.13　用 DO CASE 语句解决例 6.12 的问题。程序如下。

```
*BP4.PRG
INPUT "请输入一个学生成绩(0～100): " TO x
DO CASE
   CASE x>=90 AND x<=100
```

```
            ? "优秀"
        CASE x>=80 AND x<90
            ? "良好"
        CASE x>=70 AND x<=80
            ? "中等"
        CASE x>=60 AND x<=70
            ? "及格"
        CASE x>=0 AND x<=60
                ? "不及格"
        OTHERWISE
                ? "非法成绩！"
    ENDCASE
    RETURN
```

6.3.3 循环结构程序设计

VFP 有三种循环语句，它们是 DO WHILE…ENDDO，FOR…ENDFOR，SCAN…ENDSCAN 语句。

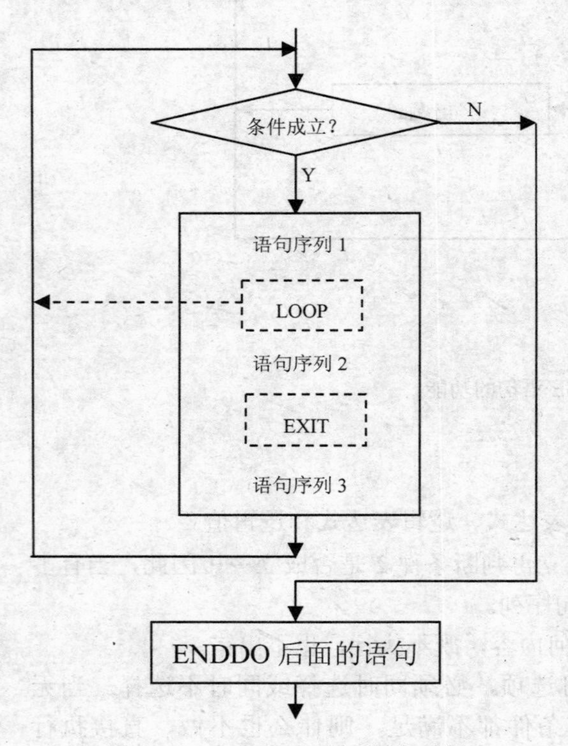

图 6.12 DO WHILE 循环语句功能

1. DO WHILE 循环语句

格式：DO WHILE <条件>
<语句序列 1>
[LOOP]
<语句序列 2>
[EXIT]
<命令序列 3>
ENDDO

功能：当条件成立时，执行 DO WHILE 与 ENDDO 之间的语句，也称循环体。程序执行到 ENDDO 时自动返回 DO WHILE<条件>处重新判断条件是否成立，以决定是否循环。当条件不成立时，结束循环，执行 ENDDO 后面的语句。其功能框图如图 6.12 所示。

说明：

1）DO WHILE 与 ENDDO 必须成对出现。

2）条件为逻辑值的表达式。可以是关系表达式、逻辑表达式和逻辑值。

3）选择 LOOP 语句时，结束本次循环，自动返回 DO WHILE 处重新判断条件。

4）当遇到 EXIT 语句时，就结束循环，执行 ENDDO 后面的语句。

例 6.14 写出求 $\sum_{n=1}^{100} n$ 的值的程序。流程图如图 6.6 所示。

```
*RP1.PRG
s=0
n=1
DO WHILE n<=100
   s=s+n
   n=n+1
ENDDO
? "1+2+3+…+100="+LTRIM(s)
RETURN
```

5）DO WHILE 循环语句与 IF 语句、DO CASE 语句可相互嵌套，但不得交叉。

例 6.15 编写程序求 1～100 之间奇数的和与偶数的和。

```
*RP2.PRG
STROE 0 TO s1,s2
i=1
DO WHILE i<=100
   IF MOD(i,2)#0
     s1=s1+i
   ELSE
     s2=s2+i
   ENDIF
   i=i+1
ENDDO
? "奇数的和为:"+LTRIM(STR(s1))
? "偶数的和为:"+LTRIM(STR(s2))
RETURN
```

例 6.16 编写求 n!的程序，n 由键盘输入。

```
*RP3.PRG
INPUT "请输入 n 的值：" TO n
p=1
i=1
DO WHILE i<=n
   p=p*i
   i=i+1
ENDDO
? ALLTRIM(n)+ "!= "+ALLTRIM(p,20)
RETURN
```

例 6.17 编写显示“学生”表中所有男学生的信息并统计男学生人数的程序。

```
*RP4.PRG
CLEAR
n=0
USE 学生
DO WHILE NOT EOF ()
  IF 性别="男"
```

```
      n=n+1
      DISPLAY
    ENDIF
    SKIP
ENDDO
IF n=0
  ? "查无男学生！"
ELSE
  ? "男学生人数为："+ALLTRIM(STR(n))
ENDIF
USE
RETURN
```

例 6.18 编写从键盘上输入 100 个非零数，求这 100 个非零数中正数和的程序。要求无论什么情况下，输入到第 100 个数时都结束，若输入 0 也结束，最后显示求和结果。

分析：设求和变量 s 初值为 0，用 n 控制循环，次数取 1～100。在循环体内输入一个 x，则 n=n+1，并判断 x 是否小于 0，若小于 0 则输入下一个数，进行下一次循环；若不小于 0 则判断 x 是否等于 0，若等于 0 则结束循环；若 x 不等于 0，则进行 s=s+x，然后进行下一次循环。

```
*RP5.PRG
s=0
n=1
DO WHILE n<=100
  INPUT "请输入第"+ALLTRIM(STR(n))+ "个数：" TO x
  n=n+1
  IF x<0
      LOOP
  ENDIF
  IF x=0
      EXIT
  ENDIF
  s=s+x
ENDDO
? "s="+ALLTRIM(STR(s))
RETURN
```

2. FOR 循环语句

FOR 循环语句通常也称记数循环语句。

格式：FOR <循环变量名>=<初值> TO <终值> [STEP <步长值>]

<循环体>|<语句序列>

ENDFOR|NEXT

功能：先将初值赋给循环变量名指定的循环变量，并记住终值和步长值；再判断循环变量的值是否超过终值，若超过终值则结束循环，执行 ENDFOR|NEXT 后面的语句，若不超过终值，则执行一次循环体；循环变量的值自动增加一个步长值，返回上一步。其功能框图

如图 6.13 所示。

说明：

1）FOR 与 ENDFOR 或 FOR 与 NEXT 必须成对使用。习惯用 FOR 与 ENDFOR。

2）循环变量名指定的循环变量必须是内存变量，不能是字段变量。初值、终值、步长值为算术表达式。

3）步长值可以为正值，也可以为负值，但不能为 0。否则构成死循环。

4）当步长值为 1 时，STEP <步长值>项可以省略，即当无 STEP <步长值>项时，步长值的默认值为 1。

5）在循环体中若包含 LOOP 语句，结束本次循环，进入下一次循环。语句中 LOOP 的功能与 ENDFOR|NEXT 语句的功能相同。在循环体中若包含 EXIT 语句，则结束循环，执行 ENDFOR|NEXT 后面的语句。

6）循环次数=$\left[\dfrac{终值-初值}{步长值}\right]+1$，这里[ ]是取整的意思。

7）在循环体内可以改变循环变量的值，但这会改变循环次数，6）中循环次数的计算也就不正确。所以在循环体内一般不改变循环变量的值。

8）所谓超过是指初值<终值时，循环变量的值>终值或初值>终值时，循环变量的值<终值。

9）当步长值不为零时，若初值=终值，则只执行一次循环。

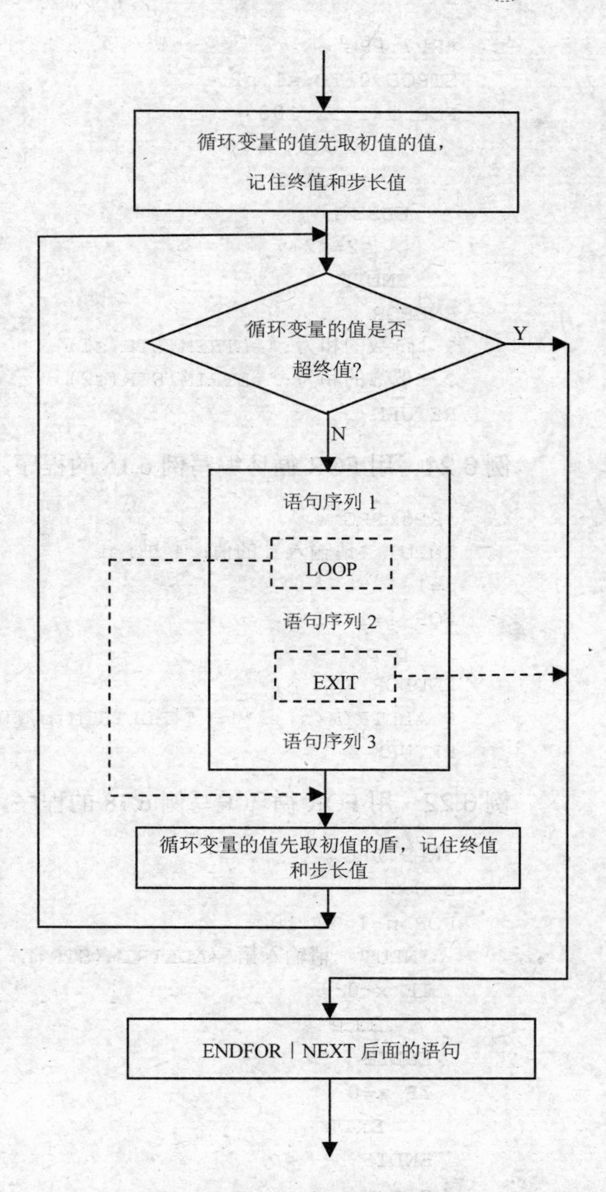

图 6.13 FOR 循环语句的功能

例 6.19 用 FOR 循环编写例 6.9 的程序。

```
*RP6.PRG
s=0
FOR i=1 TO 100
s=s+i
ENDFOR
?" s="+ALLTRIM(STR(s))
RETURN
```

例 6.20 用 FOR 循环编写例 6.15 的程序。

```
*RP7.PRG
STROE 0 TO s1,s2
FOR i=1 TO 100
   IF MOD(i,2)#0
      s1=s1+i
   ELSE
      s2=s2+i
   ENDIF
ENDFOR
? "奇数的和为:"+LTRIM(STR(s1))
? "偶数的和为:"+LTRIM(STR(s2))
RETURN
```

例 6.21 用 FOR 循环编写例 6.16 的程序。

```
*RP8.PRG
INPUT "请输入 n 的值: " TO n
p=1
FOR i=1 TO n
   p=p*i
ENDFOR
? ALLTRIM(n)+ "!= "+ALLTRIM(p,20)
RETURN
```

例 6.22 用 FOR 循环编写例 6.18 的程序。

```
*RP9.PRG
s=0
FOR n=1 TO 100
  INPUT "请输入第"+ALLTRIM(STR(n))+ "个数: " TO x
  IF x<0
     LOOP
  ENDIF
  IF x=0
     EXIT
  ENDIF
  s=s+x
ENDFOR
?" s="+ALLTRIM(STR(s))
RETURN
```

例 6.23 从键盘上输入任意正整数，判断它是否为素数。

分析：n 为任意正整数，判断 n 是否为素数的方法是，判断 n 能否被 2n−1 中的任意一个整数整除，若都不能整除则 n 为素数。设循环变量 i，整型变量 j，j=n−1（在此 j=$\sqrt{n}$，请读者考虑为什么？），用 i 产生 2～j 间的整数，在循环体内判断 n%i=0 是否为真，若为真，说明 n 能被 i 整除，n 不是素数，结束循环；若为假则继续循环。循环结束后判断 i>j 是否为真，为真说明 n 为素数，否则 n 不是素数。

要用 i>j 作为最后的判断条件的原因是若 n 能被 i 整除，此时的 i 一定小于等于 j，如果在循环体内 n 没有被 i 整除，则最后一次循环时要做 i=i+1，然后循环才能结束，所以循环结束后 i 一定大于 j。

程序如下。

```
*RP10.PRG
INPUT "请输入一个正整数：" TO n
j=SQRT(n)
FOR i = 2 TO j
  IF n%i=0
    EXIT
  ENDIF
ENDFOR
IF i >j
   ? ALLTRIM(STR(n))+ "是素数"
ELSE
   ? ALLTRIM(STR(n))+ "不是素数"
ENDIF
RETURN
```

运行结果如下。

请输入一个正整数：17

17 是素数

请输入一个正整数：18

18 不是素数

3. SCAN 循环语句

SCAN 循环语句是用于对表操作的循环语句。通常也称表扫描循环语句。

格式：SCAN [<范围>] [FOR <条件 1>] [WHILE <条件 2>]

<循环体>

ENDSCAN

功能：对当前表中指定范围内，满足指定条件（条件 1 或条件 2）的记录，执行循环体的操作，直到超出范围循环结束。当范围省略时，默认范围为 ALL，即表中所有记录。

说明：

循环体内可包含 LOOP 与 EXIT 命令，当遇到 LOOP 命令时，结束本次循环，记录指针下移一条记录，返回 SCAN 处进入下一次循环。当遇到 EXIT 时，结束循环，执行 ENDSCAN 后面的语句。

例 6.24　编写显示“学生”表中所有男学生的信息并统计男学生人数的程序。

```
*RP11.PRG
n=0
USE 学生
SCAN
   IF 性别="男"
      n=n+1
      DISPLAY
```

```
  ENDIF
ENDSCAN
IF n=0
  ? "查无男学生！"
ELSE
  ? "男学生人数为："+ALLTRIM(STR(n))
ENDIF
USE
RETURN
```

此题也可写为如下程序。

```
*RP12.PRG
CLEAR
n=0
USE 学生
SCAN FOR 性别="男"
   n=n+1
   DISPLAY
ENDSCAN
IF n=0
  ? "查无男学生！"
ELSE
  ? "男学生人数为："+ALLTRIM(STR(n))
ENDIF
USE
RETURN
```

4. 循环的嵌套

循环的嵌套就是在循环语句的循环体中包含循环语句。循环嵌套也称多重循环。VFP 的三种循环语句可以互相嵌套。

例 6.25 输出九九乘法表（大九九与小九九）。

分析：由于大九九乘法表是九行，九列的。用 i、j 两个变量进行控制，i 控制行作为外循环变量，j 控制列作为内循环变量。i 和 j 的初值为 1，终值为 9，步长值为 1，计算 i*j。

```
*RP13.PRG
FOR i=1 TO 9
   FOR j=1 TO 9
       ?? STR(j, 1)+"*"+STR(i, 1)+"="+STR(i*j,2)+spac(2)
   ENDFOR
   ?
ENDFOR
RETURN
```

请同学们将上述程序改为输出下列小九九乘法表。

1*1=1

1*2=2 2*2=4

1*3=3 2*3=6　3*3=9
1*4=4 2*4=8　3*4=12 4*4=16
1*5=5 2*5=10 3*5=15 4*5=20 5*5=25
1*6=6 2*6=12 3*6=18 4*6=24 5*6=30 6*6=36
1*7=7 2*7=14 3*7=21 4*7=28 5*7=35 6*7=42 7*7=49
1*8=8 2*8=16 3*8=24 4*8=32 5*8=40 6*8=48 7*8=56 8*8=64
1*9=9 2*9=18 3*9=27 4*9=36 5*9=65 6*9=54 7*9=63 8*9=72 9*9=81

6.4　过程与自定义函数

在软件开发过程中常将一个大的程序划分为一个主调程序和几个被调程序。通常将主调程序称为主程序模块，被调程序称为子程序模块。它的好处在于可以将大型复杂的问题分解为小而简单的问题，这样符合人的思维方式，可以将不同的模块分配给几个人同时开发，从而缩短程序开发周期。由于子程序模块可以多次被调用又可以相互调用，提高了代码的重用率，也便于软件修改与维护。VFP 也支持多模块调用。在 VFP 中把主程序称为主过程，把子程序称为子过程。

6.4.1　过程及其调用

1. 外部过程及其调用

（1）外部过程

外部过程就以扩展名为.PRG 的形式存放在外存上的过程，该文件的主文件名就是过程名。我们以前编写的程序都是外部过程。过程之间可以互相调用。调用其他过程的过程称为主过程，被调用的过程称为子过程。

（2）外部过程的调用

格式：DO <过程名> [WITH <实参表>]

功能：调用过程名指定的过程（程序）。

说明：

1）实参表中的实参是传递给子过程的数据，实参可为常量、变量、表达式。若实参个数少于形参个数，则多余的形参值取逻辑假（.F.）。若实参个数多于形参个数，则系统提示错误信息。

2）实参为常量或一般表达式时，系统将其值传送给对应形参变量，称为值传递方式。若实参为变量，则系统把实参也传送给形参，过程返回时形参的值又传送给实参，称为引用传递方式或地址传递方式。

3）若实参为变量，要用值传递方式时，将实参变量用“()”括起来。

4）主过程可以调用子过程，子过程也可以调用其他子过程，这种调用称为嵌套调用。

（3）子程序中数据的接收

格式：PARAMETERS <形参表>

功能：用于接收 DO 命令发送的实参值

说明：

1）形参表中的形参必须是变量。

2）该语句必须是子过程中开始执行的第一个语句，即放于子过程中第一行。

3）当过程调用时无参数传递则不必写此语句。

（4）从子过程中返回

格式：RETURN [TO MASTER | TO <过程名>]

功能：返回调用本子过程的主过程中，继续执行程序。

说明：

RETURN 后若不包含可选项，从本子过程返回调用本过程的主过程中的调用语句的下一行，继续执行程序。RETURN 后若包含 TO MASTER 时，则在过程嵌套调用时，直接返回最外层的主过程。若包含 TO <过程名>时，返回到指定过程名的过程中，如图 6.14 所示。

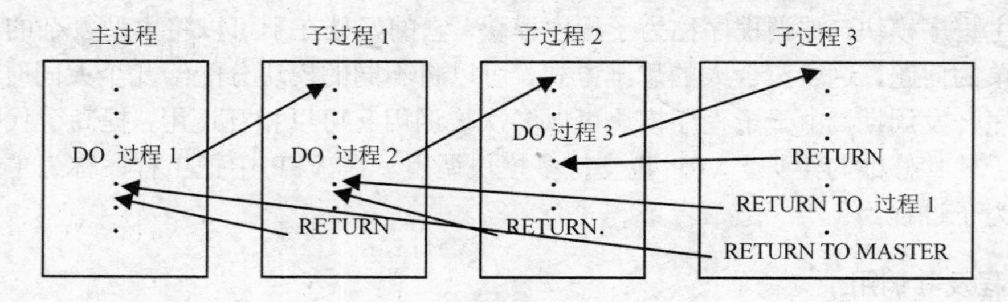

图 6.14 过程调用与返回

例 6.26 用外部过程调用方法求长方形的面积。

```
*PP1.PRG 主过程
s=0
INPUT "输入长：" TO x
INPUT "输入宽：" TO y
DO CA WITH x, y, s
? "s=", s
RETURN
* CA.PRG 子过程
PARAMETERS a, b, c
c=a*b
RETURN
```

例 6.27 求 13!+16!+18!的值。

```
*主过程 PP2.PRG
s=0
p1=1
DO CJC WITH p1,13
s=s+p1
DO CJC WITH p1,16
s=s+p1
DO CJC WITH p1,18
s=s+p1
```

```
? "13!+16!+18!=",s
RETURN
*子过程 CJC. PRG*
PARAMETERS p,n
p=1
FOR i=1 TO n
   p=p*i
ENDFOR
RETURN
```

2. 内部过程及其调用

（1）内部过程

存放于过程文件或主过程文件（主程序文件）中的过程称为内部过程。过程文件的扩展名也是.PRG。过程名的命名与标识符相同。

（2）内部过程的建立

1）建立过程文件的格式如下。

格式：MODIFY COMMAND <文件名>

功能：建立指定文件名的过程文件。过程文件是专门存放内部过程的程序文件。

2）在过程文件中建立内部过程的方法如下。

```
PROCEDURE <过程名 1>
   <语句序列 1>
ENDPROC
[PROCEDURE <过程名 2>
   <语句序列 2>
ENDPROC]
   ……
[PROCEDURE <过程名 n>
   <语句序列 n>
ENDPROC]
```

在过程文件中至少建立一个内部过程，可建立多个内部过程。

（3）内部过程的调用

1）打开过程文件的方法如下。

如果内部过程建立在主过程文件（主程序文件）中，则不需要这一步。

格式：SET PROCEDURE TO [<过程文件名 1>[,<过程文件名 2>[,…]]] [ADDITIVE]

功能：打开指定过程文件名的过程文件。

说明：

① 当打开指定过程文件名的过程文件时关闭当前打开的过程文件。

② 当 SET PROCEDURE TO 后无任何选项时，关闭当前打开的过程文件。

③ 选择 ADDITIVE 时，打开指定过程文件名的过程文件时，不关闭以前打开的过程文件。

2）调用内部过程的方法如下。

格式：DO <过程名> [WITH <实参表>]

功能：调用过程名指定的过程。

3）关闭过程文件的方法如下。

若内部过程建立在主过程文件（主程序文件）中，则不需要这一步。

格式 1：SET PROCEDURE TO

格式 2：CLOSE PROCEDURE

功能：格式 1 关闭当前打开的过程文件。格式 2 关闭所有打开的过程文件。

例 6.28 用内部过程调用的方法求 13!+16!+18!的值。

1）在过程文件中建立内部过程，并进行内部过程调用。

① 建立过程文件 ABC.PRG 的命令如下。

```
MODIFY COMMAND ABC
```

② 在过程文件 ABC.PRG 中建立内部过程 ICJC 的命令如下。

```
PROCEDURE ICJC
PARAMETERS p,n
p=1
FOR i=1 TO n
    p=p*i
ENDFOR
ENDPROC
```

③ 建立主过程调用内部过程的命令如下。

```
*主过程 PP3.PRG
SET PROCEDRURE TO ABC
s=0
p1=1
DO ICJC WITH p1,13
s=s+p1
DO ICJC WITH p1,16
s=s+p1
DO ICJC WITH p1,18
s=s+p1
? "13!+16!+18!=",s
SET PROCEDURE TO
RETURN
```

2）在主过程文件中建立内部过程，即主、子过程存放于同一个文件中。

```
*主过程 PP3.PRG
s=0
p1=1
DO ICJC WITH p1,13
s=s+p1
DO ICJC WITH p1,16
```

```
s=s+p1
DO ICJC WITH p1,18
s=s+p1
? "13!+16!+18!=",s
RETURN
PROCEDURE ICJC
  PARAMETERS p,n
  p=1
  FOR i=1 TO n
        p=p*i
  ENDFOR
ENDPROC
```

注 意

主、子过程存放于同一个文件中时，一般将子过程放在主过程的后面。

例 6.29 数组作为实参传递。

```
* PP4.PRG
DIMENSION a(5)
FOR i=1 TO 5
    a(i)=i
ENDFOR
s=0
DO A1 WITH a, s
?
FOR i=1 TO 5
    ?? a(i)
ENDFOR
? "s=", s
RETURN
PROCEDURE A1
PARAMETERS b, s
FOR i=1 TO 5
    b(i)=2*b(i)
    s=s+b(i)
ENDFOR
RETURN
   2      4       6        8       10
s=   30
```

6.4.2 自定义函数及其调用

1. 外部过程自定义函数及其调用

（1）外部过程自定义函数

外部过程自定义函数是以扩展名为.PRG 的形式存放于外存上的自定义函数，该文件的主文件名就是自定义函数名。我们以前编写的程序都可以看作外部过程自定义函数。自定义函数调用与标准函数调用相同。

（2）外部过程自定义函数的调用

格式：<自定义函数名>([实参表])

功能：调用自定义函数名指定的自定义函数，计算实参表中函数参数的函数值。

（3）外部过程自定义函数中参数的接收

格式：PARAMETERS <形参表>

功能：用于接收自定义函数的实参值。

说明：

1）形参表中的形参必须是变量。

2）该语句必须是自定义函数中开始执行的第一个语句，即放于自定义函数的第一行。

3）当调用无参数自定义函数时不必写此语句。

（4）函数值的返回

格式：RETURN [表达式]

功能：返回表达式的值。若无表达式 RETURN 则返回逻辑真。

（5）外部过程自定义函数的书写格式

[PARAMETERS <形参表>]

<语句序列>

[RETURN [表达式]]

例 6.30 建立一个求 n!的外部过程自定义函数，函数名为 FACT。求 13!+16!+18!的值。

1）建立自定义函数名文件。

```
MODIFY COMMAND FACT
```

2）输入自定义函数。

```
PARAMETERS n
p=1
FOR i=1 TO n
   p=p*i
ENDFOR
RETURN p
```

3）在“命令”窗口中输入如下命令。

```
?FACT(13)+ FACT(16) + FACT(18)
```

显示结果： 6423302722636800

2. 内部过程自定义函数及其调用

（1）内部过程自定义函数

存放于过程文件或主过程文件（主程序文件）中的自定义函数称为内部过程自定义函数。过程文件的扩展名也是.PRG。自定义函数名的命名与标识符相同。

（2）内部过程自定义函数的建立

1）建立过程文件的方法如下。

格式：MODIFY COMMAND <文件名>

功能：建立指定文件名的过程文件。此过程文件是专门用来存放内部过程自定义函数的程序文件。

2）在过程文件中建立内部过程自定义函数的方法如下。

```
FUNCTION <函数名 1>
    [PARAMETERS <形参表>]
    <语句序列 1>
    [RETURN [表达式]]
ENDFUNC
[FUNCTION <函数名 2>
    [PARAMETERS <形参表>]
    <语句序列 2>
    [RETURN [表达式]]
ENDFUNC]
    ……
[FUNCTION <函数名 n>
    [PARAMETERS <形参表>]
    <语句序列 n>
    [RETURN [表达式]]
ENDFUNC]
```

在过程文件中至少建立一个内部过程自定义函数，可建立多个内部过程自定义函数。

（3）内部过程自定义函数的调用

1）打开过程文件的方法如下。

如果内部过程自定义函数建立在主过程文件（主程序文件）中，则不需要这一步。

格式：SET PROCEDURE TO [<过程文件名 1>[,<过程文件名 2>[,…]]] [ADDITIVE]

功能：打开指定过程文件名的过程文件。

说明：

① 当打开指定过程文件名的过程文件时关闭当前打开的过程文件。

② 当 SET PROCEDURE TO 后无任何选项时，关闭当前打开的过程文件。

③ 选择 ADDITIVE 时，打开指定过程文件名的过程文件时不关闭以前打开的过程文件。

2）调用内部过程自定义函数的方法如下。

格式：<自定义函数名>([实参表])

功能：调用指定自定义函数名的自定义函数，计算实参表中函数参数的函数值。

3）关闭过程文件的方法如下。

若内部过程建立在主过程文件（主程序文件）中，则不需要这一步。

格式 1：SET PROCEDURE TO

格式 2：CLOSE PROCEDURE

功能：格式 1 关闭当前打开的过程文件。格式 2 关闭所有打开的过程文件。

例 6.31 建立一个求长方形面积的内部过程自定义函数，函数名为 AREA。

1）在过程文件中建立内部过程自定义函数，并进行内部过程自定义函数调用。

① 建立过程文件 ABD.PRG 的命令如下。

```
MODIFY COMMAND ABD
```

② 在过程文件 ABD.PRG 中建立内部过程 AREA 的命令如下。

```
FUNCTION AREA
    PARAMETERS a,b
    s=a*b
    RETURN s
ENDFUNC
```

③ 在“命令”窗口中或主过程中调用内部过程自定义函数。

如在“命令”窗口中输入如下命令。

```
SET PROCEDRURE TO ABD
?AREA(3,4)
```

显示结果： 12

调用内部过程自定义函数后，不再使用该过程文件中的所有自定义函数时，要关闭该过程文件。

2）在主过程文件中建立内部过程自定义函数，即内部过程自定义函数与主过程存放于同一个文件中。

例 6.32 建立一个求 n!的内部过程自定义函数，函数名为 FCT。求 13!+16!+18!的值。

```
*主过程 PP5.PRG
? FCT(13)+FCT(16)+FCT(18)
RETURN
FUNCTION FCT
    PARAMETERS n
    p=1
    FOR i=1 TO n
        p=p*i
    ENDFOR
    RETURN p
ENDFUNC
```

注 意

内部过程自定义函数与主过程存放于同一个文件中。一般将内部过程自定义函数放在主过程的 RETURN 语句的后面。

6.4.3 变量的作用域

变量的作用域是指内存变量在程序中的有效区域，即作用范围。在多模块程序结构中，在一个程序模块中定义的内存变量不一定在另一个程序模块中有效。VFP 按变量的作用域将内存变量分为公共（Public）变量、私有（Private）变量和局部（Local）变量三种。

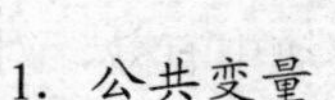

1．公共变量

公共变量也称全局变量或公有变量，前面在“命令”窗口中定义的内存变量都是公共变量，它是在任何模块中都能使用的变量，即它的有效区域是整个系统。在程序中用 PUBLIC 定义公共变量。

格式：PUBLIC <内存变量名表>|<数组名表>

功能：定义内存变量名表和数组名表指定的内存变量为公共变量。

说明：

1）用 PUBLIC 可同时定义内存变量和数组。

2）程序运行结束后，公共变量在内存中不自动清除，只能用清除命令清除。

2．私有变量

私有变量是在本程序模块及其下属各层程序模块中有效的内存变量，凡是在程序中没有加任何定义的内存变量都是私有变量。

（1）未加任何定义的私有变量

程序中无任何定义的内存变量都是私有变量，私有变量在程序运行结束后会自动清除。

例 6.33　未加任何定义的私有变量的应用举例。

```
*VP1.PRG 主过程
a1=1
a2=10
? "在主过程中：",",a1="+ALLTRIM(STR(a1)), "a2="+ALLTRIM(STR(a2))
DO VS1
? "返回主过程中："+ALLTRIM(STR(a1)), "a2="+ALLTRIM(STR(a2))
RETURN
PROCEDURE VS1
a1=2
a2=20
? "在子过程 1 中：","a1="+ALLTRIM(STR(a1)), "a2="+ALLTRIM(STR(a2))
DO VS2
ENDPROC
PROCEDURE VS2
a1=3
a2=30
? "在子过程 2 中：","a1="+ALLTRIM(STR(a1)), "a2="+ALLTRIM(STR(a2))
ENDPROC
```

运行结果：　在主过程中：　a1=1　a2=10
　　　　　　在子过程 1 中：a1=2　a2=20
　　　　　　在子过程 2 中：a1=3　a2=30
　　　　　　返回主过程中：a1=3　a2=30

（2）用 PRIVATE 定义的私有变量

格式：PRIVATE <内存变量名表>|<数组名表>

功能：定义内存变量名表和数组名表指定的内存变量为从本程序开始的私有变量。

说明：PRIVATE 定义的私有变量在本程序模块及其下属各层程序模块中有效，对上层程序模块无效，即隐蔽上层程序模块的值。在程序运行结束后，自动清除。

例 6.34 用 PRIVATE 定义私有变量的应用举例。

```
*VP2.PRG 主过程
a1=1
a2=10
? "在主过程中：",",a1="+ALLTRIM(STR(a1)), "a2="+ALLTRIM(STR(a2))
DO VS1
? "返回主过程中：",",a1="+ALLTRIM(STR(a1)), "a2="+ALLTRIM(STR(a2))
RETURN
PROCEDURE VS1
PRIVATE a2
a1=2
a2=20
? "在子过程 1 中：","a1="+ALLTRIM(STR(a1)), "a2="+ALLTRIM(STR(a2))
DO VS2
? "返回子过程 1 中：","a1="+ALLTRIM(STR(a1)), "a2="+ALLTRIM(STR(a2))
ENDPROC
PROCEDURE VS2
a1=3
a2=30
? "在子过程 2 中：","a1="+ALLTRIM(STR(a1)), "a2="+ALLTRIM(STR(a2))
ENDPROC
```

运行结果：　在主过程中：a1=1　a2=10
　　　　　在子过程 1 中：a1=2　a2=20
　　　　　在子过程 2 中：a1=3　a2=30
　　　　　返回子过程 1 中：a1=3　a2=30
　　　　　返回主过程中：a1=3　a2=10

3. 局部变量

局部变量是只在本程序模块中有效，在其他程序模块中均无效的内存变量。局部变量用 LOCAL 定义。

格式：LOCAL <内存变量名表>|<数组名表>

功能：定义内存变量名表和数组名表指定的内存变量为局部变量。

说明：局部变量在程序运行结束后自动清除。由于 LOCAL 的前四个字母与 LOCATE 的前四个字母相同，因此 LOCAL 不能缩写。

例 6.35 变量作用域的应用举例。

```
*VP3.PRG
a1=1
a2=2
a3=3
? "在主过程中：","a1=",a1,"a2=",a2,"a3=",a3,"无 a4"
DO SUB1
```

```
? "返回主过程中：","a1=",a1,"a2=",a2,"a3=",a3,"a4=",a4
RETURN
*SUB1
PRIVATE a1
a1=10
LOCAL a2,a3
a2=20
a3=30
PUBLIC a4
A4=40
? "在SUB1中：","a1=",a1,"a2=",a2,"a3=",a3,"a4=",a4
DO SUB2
? "返回SUB1中：","a1=",a1,"a2=",a2,"a3=",a3,"a4=",a4
RETURN
*SUB2
? "在SUB2中：","a1=",a1,"a2=",a2,"a3=",a3,"a4=",a4
a1=100
a2=200
a3=300
a4=400
? "在SUB2中：","a1=",a1,"a2=",a2,"a3=",a3,"a4=",a4
RETURN
```

显示结果：　　在主过程中：a1= 1　　a2= 2　　a3= 3　　无a4

在SUB1中：a1= 10　　a2= 20　　a3= 30　　a4= 40

在SUB2中：a1= 10　　a2= 2　　a3= 3　　a4= 40

在SUB2中：a1= 100　　a2= 200　　a3= 300　　a4= 400

返回SUB1中：a1= 100　　a2= 20　　a3= 30　　a4= 400

返回主过程中：a1= 1　　a2= 200　　a3= 300　　a4= 400

6.4.4 程序的调试

在软件开发中，当对软件进行测试时，一般常见的错误分为两种，一种为语法错，另一种为逻辑错误。语法错误在测试过程中，系统能立刻发现，并显示错误信息，开发者也容易加以改正，很容易发现，但逻辑错误的测试就困难一些。例如，算法加法的程序，把加号误写为减号，程序在测试中一切正常，但运算结果是错误的，这种逻辑型错误就不太容易发现。这就给测试工作带来了一定困难。针对这类问题 VFP 开发工具为开发者提供了调试器，调试器可以完成对被测程序的跟踪、设置断点、监视、跟踪输出结果等功能，能方便快捷地协助开发者找到逻辑错误的位置，达到改正逻辑错误的目的。

1. 打开调试器

执行“工具”→“调试器”命令或在“命令”窗口中执行 DEBUG 命令，打开“Visual FoxPro 调试器”窗口（以下简称“调试器”窗口），如图 6.15 所示。

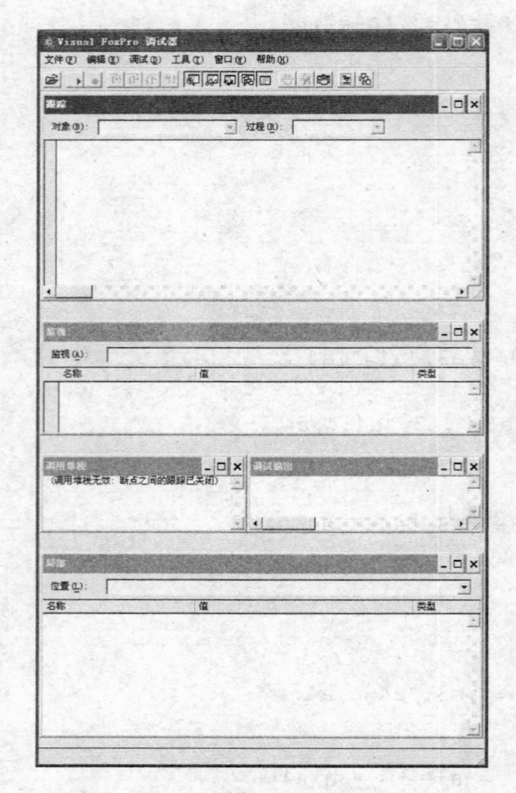

图 6.15 “Visual FoxPro 调试器”窗口

它有“文件”、“编辑”、“调试”、“工具”、“窗口”、“帮助”六个主菜单，一个工具栏，工具栏中从左至右为“打开”、“继续执行”、“取消”、“跟踪”、“单步”、“跳出”、“运行到光标处”、“跟踪窗口”、“监视窗口”、“局部窗口”、“调用堆栈窗口”、“输出窗口”、“切换断点”、“清除所有断点”、“断点对话框”、“切换编辑日志”、“切换事件跟踪”等按钮。

2. “调试器”窗口

调试器有“跟踪”、“监视”、“局部”、“输出”、“调用堆栈”五个窗口。这些窗口都可以通过“窗口”菜单打开。

（1）“跟踪”窗口

“跟踪”窗口用于打开、显示被测试的程序，打开被测试程序的方法为，在“调试器”窗口中执行“文件”→“打开”命令，打开“添加”对话框，选择所需要的程序。

（2）“监视”窗口

“监视”窗口用于指定表达式在程序测试执行过程中其值的变化情况。

（3）“局部”窗口

“局部”窗口用于显示模块程序中内存变量的名称、取值和类型。

（4）“调用堆栈”窗口

“调用堆栈”窗口用于显示当前处于执行状态的程序、过程和方法。若正在执行的是一个子过程，则显示主过程与子过程的名称。

（5）“调试输出”窗口

“调试输出”窗口用于显示由 DEBUGOUT<表达式>命令，指定的表达式的值，一般用于程序调试过程中数据的显示。

3. 断点类型

断点设置的位置一般是程序编写有错的部分或怀疑有错的部分，设置断点后可以逐行进行跟踪监视。断点的设置必须在“调试器”窗口打开的情况下实现。断点类型有以下四种。

（1）类型 1

类型 1 为在定位处中断。在“跟踪”窗口中双击需设置断点的程序行的左端灰色区域，可以看到在该程序行前出现红色圆点，表明断点设置成功。取消断点的方法与设置断点的方法相同。

（2）类型 2

类型 2 为如果表达式值为真则在定位处中断，设置方法如下。执行“工具”→“断点”

命令，打开“断点”对话框，如图6.16所示。在“类型”下拉列表中选择对应的断点类型，在“定位”文本框中输入断点的位置（格式：程序名,行号），在“文件”文本框中指定文件，文件可为程序文件、过程文件等。在“表达式”文本框中输入需要显示的表达式，单击“添加”按钮，在“断点”文本框中可看到所设置的内容。单击“确定”按钮完成设置。设置完毕后将在“跟踪”窗口中显示断点。

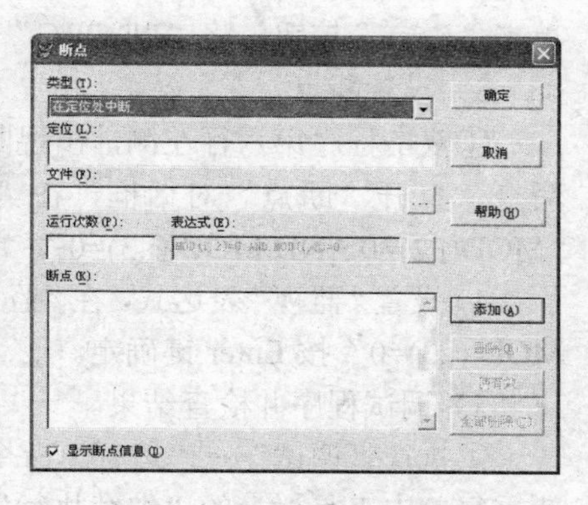

图6.16 “断点”对话框

（3）类型3

类型3为当表达式值为真时中断，设置方法如下。执行“工具”→“断点”命令，打开“断点”对话框。在“类型”下拉列表中选择对应的断点类型，在“表达式”文本框中输入需要显示的表达式，单击“添加”按钮，单击“确定”按钮完成设置。

（4）类型4

类型4为当表达式值改变时中断，设置方法如下。执行“工具”→“断点”命令，打开“断点”对话框。在“类型”下拉列表中选择对应的断点类型，在“表达式”文本框中输入需要显示的表达式，单击“添加”按钮，单击“确定”按钮完成设置。若所需表达式已在“监视”窗口中指定，则在该表达式前显示断点。

4. 调试程序步骤

1）打开“调试器”窗口。

2）在“调试器”窗口中打开程序。

3）设置断点。在实际应用中，一个程序在调试时设置断点的类型要根据具体情况而定。

4）设置“监视”表达式。

5）调试程序并检查结果。

例6.36 编写程序，求1～30之间既能被2整除又能被3整除的数，然后在“调试器”窗口中进行调试。设置类型1与类型3断点。

```
*PD1.PRG
CLEAR
FOR i=1 TO 30
IF MOD(i,2)=0 AND MOD (i,3)=0
     DEBUGOUT i     &&在调试器的调试输出窗口中输出 i 的值
     ? i
     ENDIF
ENDFOR
RETURN
```

操作步骤如下。

1）打开“调试器”窗口。在“命令”窗口中执行DEBUG命令。

2）在“调试器”窗口中打开程序“PD1.PRG”。

①执行“文件”→“打开”命令打开“添加”对话框；②在“添加”对话框中选择“PD.PRG”，

单击“确定”按钮，将“PD.PRG”程序显示在“跟踪窗口”中。

3）设置断点。

①双击程序第六行左侧，出现断点标志，类型 1 设置完成；②执行“工具”→“断点”命令，打开“断点”对话框，在“类型”下拉列表中选择对应类型，在表达式框中输入“MOD(i,2)=0 AND MOD (i,3)=0”，单击“添加”按钮，单击“确定”按完成断点设置。

4）设置“监视”表达式。在“监视”窗口中的“监视”文本框中输入 “MOD(i,2)=0 AND MOD (i,3)=0”按 Enter 键确定。

5）调试程序并检查结果。

①执行“调试”→“运行”命令，在断点中断时重复执行“调试”→“继续执行”命令或重复单击工具栏上的“继续执行”命令按钮，本题可出现五次中断；②执行结果如下。

6
12
18
24
30

6.5 面向对象程序设计基础

VFP 不但仍然支持标准的面向过程的程序设计，而且在语言上进行了扩展，也支持面向对象程序设计（object-oriented programming，OOP），这大大增强了 VFP 的功能和应用的灵活性。

面向对象的程序设计方法与编程技术不同于标准的过程化程序设计。面向对象的程序设计思想是将事物的共性、本质内容抽象出来封装成类。开发者用类定义所需对象，通过对对象的属性设置，对事件的编程完成程序设计。

6.5.1 面向对象基础知识

1. 对象

对象仅是类（Class）的运行实例，它可以是任何具体事物。对象都有一个名字，用来区分不同的对象。对象是构成世界的一个独立单位，它具有自己的静态特征和动态特征。对象是面向对象编程的基本元素。

（1）静态特征

静态特征是指可以用某种数据来描述的特征。

（2）动态特征

动态特征是指对象所表现的行为或对象所具有的功能。

2. 属性

属性是描述对象的静态特征的一个数据项。如表单的颜色，标题，名称等。属性也用名字来区分，如 Caption 属性。

3. 方法

方法也称方法程序，是与对象相关的过程，是对象能执行的操作。方法分为两种，一种为内部方法，另一种为用户自定义方法。内部方法是 VFP 预先定义好的方法，供用户使用或修改后使用。方法也用名字来区分。表 6.1 给出了常用的方法。

表 6.1 常用方法

方法名	含义	方法名	含义	方法名	含义
Release	将表单从内存中释放	Show	显示表单	Cls	清除表单内容
Refresh	刷新表单或控件	Hide	隐藏表单		

4. 事件

事件是每个对象可以识别和响应的某些行为和动作。在 VFP 中，用户可以编写相应的事件代码。每个对象的事件由用户或者系统激活。大多数情况下，事件是通过用户的交互操作产生的。用户不能自己定义事件。事件也用名字来区分。表 6.2 列出了一些 VFP 的常用事件及其使用说明。

表 6.2 常用事件

事件名	触发	事件名	触发
Load	创建对象前	RightClick	右击对象时
Init	创建对象时	KeyPress	按下并释放键盘时
Activate	对象激活时	LostFocus	对象失去焦点时
GetFocus	对象获得焦点时	Unload	释放对象时
Click	单击对象时	Destry	释放对象时在Unload前触发
Dblclick	双击对象时	Error	对象方法或文件代码产生错误时
MouseUp	释放鼠标某键时	Resize	调整对象大小时
MouseDown	按鼠标某键时	MouseMove	在对象上移动鼠标指针时

如果需要通过某个事件完成某种功能，则可以在该事件中编制程序实现相应的功能。

5. 类

类是对具有相同属性和行为的一个或多个对象的概括和抽象。它确定了由它生成的对象所具有的属性、事件和方法。类也用名字来区分。

不可以直接使用类来处理问题，只能直接使用由它生成的对象来处理问题。如电话类是不能直接打电话的，要打电话时，只能使用由它生成的一个具体的电话。

在 VFP 中所有的对象都是由类派生的。类和对象一样，也用名字加以区分。VFP 中的类一般分为两大主要类型，因此，VFP 中的对象也分为两大类型，如图 6.17 所示。

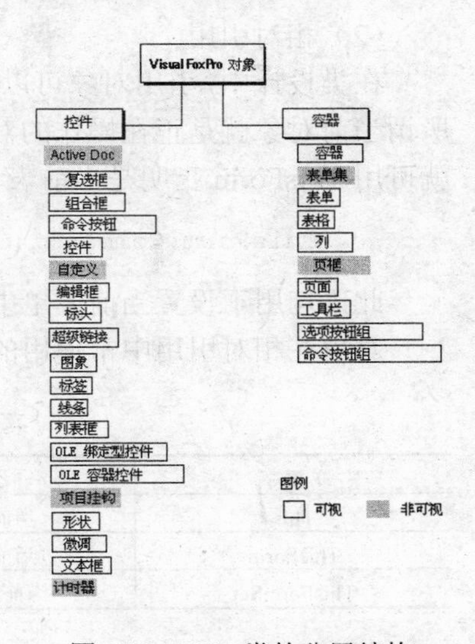

图 6.17 VFP 类的分层结构

（1）容器类

容器类是可以包含其他对象的类，并且允许访问这些对象。当创建一个对象容器后，无论是在设计时还是在运行时，都可以对其中任何一个对象进行操作。

（2）控件类

控件类是不能包含其他对象的类，控件类的封装比容器类更为严密，但也因此丧失了一些灵活性。

6. 封装

封装是指将对象的方法程序和属性代码包装在一起，即类的内部信息对用户是隐蔽的。

7. 子类

在原有类的基础上建立的新类称为子类。原有的类称为该类的父类。

8. 继承

子类自动地拥有其父类的全部属性与方法，并可以定义自己新的属性与方法的机制。

9. 对象的引用规则

（1）绝对引用

对象对属性、事件、方法的引用是用点“.”运算符来实现的。

格式：<父对象名>.<对象名>[.<子对象名>].<属性名 | 方法名>

功能：在属性操作或调用方法中绝对引用对象名指定的对象。

说明：

对象若有包含与被包含关系，则可以从外层用“.”引用到内层对象。对象的引用层次如图 6.18 所示。

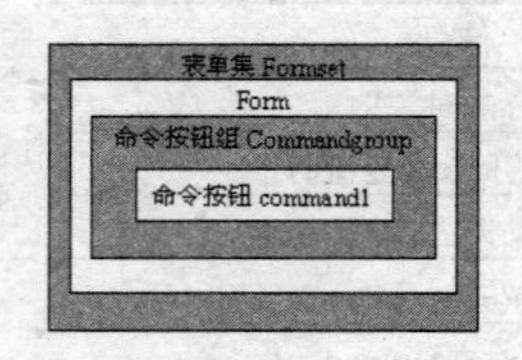

图 6.18 对象引用层次

例 6.37 如在“Form1”表单中，添加一个标签对象“Label1”，将“Label1”标签的“Caption”属性设置为“Hell World!”。

```
Form1.Label1.Caption="Hello World!"
Form1.Release      &调用 Release 方法释放表单
```

（2）相对引用

在类设计中，引用对象可以采用一种相对引用方式，相对引用是从当前对象开始的引用。所谓当前对象就是正在操作的对象。如用户正在建立一个表单，在这个表单中引用的对象，就可用 ThisForm 指明是当前表单。

```
ThisForm.Command1.Caption="确定"
```

此语句用于设置当前表单中的 Command1 按钮的 Caption 属性为“确定”。

对象在相对引用中常使用的关键字如表 6.3 所示。

表 6.3 对象在引用中常使用的关键字

关键字	含义	例子
This	当前对象	This.Caption
ThisForm	当前表单	ThisForm.Caption
ThisFormSet	当前表单集	ThisFormSet.Form1. command1.Caption

6.5.2 VFP 中提供的类

在 VFP 中，系统提供了许多定义好的类，用户可以直接使用，这些类基本上包含了 Windows 应用程序界面上所用到的各种控件及一些内部对象。

1. 基类

基类是 VFP 提供的最基本的类。这些类按可视性分为可视类和非可视类。基类分为容器类和控件类。表 6.4 给出了 VFP 常用的基类。

表 6.4 VFP 常用的基类

类名	说明	类名	说明
CheckBox	复选框	EditBox	编辑框
Co1umn*	网络控件上的列*	Form	表单
CommandButton	命令按钮	FormSet	表单集
CommandGroup	命令按钮组	Grid	网格
ComboBox	组合框	Header*	网格列的标题*
Container	容器类	Image	图像
Control	控件类	PageFrame	页框
Label	标签	ProjectHook	项目
Line	线条	Shape	形状
ListBox	列表框	Spinner	微调
OptionButton*	选项按钮*	TextBox	文本框
OptionGroup	选项组	Timer	计时器
Page*	页面*	ToolBar	工具栏

在表中带*的四个基类是作为父容器类的组成部分存在的，所以不能在“类设计器”中作为父类来创建子类。

所有的 VFP 基类都有如表 6.5 所示的最小事件集和如表 6.6 所示的最小属性集。

表 6.5 VFP 基类的最小事件集

事件	说明
Init	当对象创建时激活
Destroy	当对象从内存中释放时激活
Error	当类中的事件或方法程序过程中发生错误时激活

表 6.6 VFP 常用的最小属性集

属性	说明
Class	该类属于何种类型
BaseClass	该类由何种基类派生而来，如 Form、CommandButton 或 Custom 等
ClassLibrary	该类从属于哪种类库
ParentClass	对象所基于的类。若该类直接由 VFP 基类派生而来，则 ParentClass 属性值与 BaseClass 属性值相同

2. 向导类

在 VFP 中提供了许多向导，这些向导可以帮助初学者快速入门。这些向导内部的支持部分是以向导类的形式存在的，同时提供给用户使用，在“VFP98”文件夹中的“wizard”

文件夹下可浏览这些类。

3. 基础类

基类是最基本的类，如同系统函数。使用基类仍然需要很大的程序设计工作量，为此，VFP 还提供了 98 个基础类，全部以类库方式提供，在“VFP98”文件夹中的“ffc”文件夹下，分布在 14 个类库中，如表 6.7 所示。

表 6.7　VFP 的基础类库

类别	说明	可视类库	类别	说明	可视类库
Application	应用	_app.vcx	Internet	因特网	_hyperlinlk.vcx
Automation	自动图形	_autgraph.vcx	Menus	菜单	_table2.vcx
Buttons	按钮	_miscbtns.vcx	Multimedia	多媒体	_multimedia.vcx
DataNavigation	数据浏览	_datanav.vcx	Output	输出	_reports.vcx
Data Query	数据查询	_dagaquery.vcx	Text Formatting	文本格式化	_format.vcx
Date/Time	日期/时间	_datetime.vcx	User Controls	用户控件	_ui.vcx
Dialogs	对话	_dialogs.vcx	Utilities	实用程序	reglster.vcx

通过 VFP 提供的基类和基础类可以进行面向对象程序设计，除了 VFP 提供的基类和基础类外，用户还可以建立自己定义的类，但这些类必须是基类的子类。相关详细内容请参考相应的使用手册。

习　题　6

一、思考题

1．试说明结构化程序设计的基本思想。

2．如何建立和使用过程文件?

3．常用的输入、输出命令有哪些?它们有什么不同?

4．LOOP 语句和 EXIT 语句在循环体中各起什么作用?

5．根据变量的作用范围，变量可以分成几种?其作用域有什么不同?

6．名词解释：对象、类、子类、属性、方法、事件、封装、继承、可视类、非可视类、容器类、控件类。

7．简述类的基本组成及对象与类的异同。

8．如何进行对象的绝对引用和相对引用?相对引用有几个关键字，代表何种含义?

二、选择题

1．INPUT、ACCEPT、WAIT 三条命令中，可以接受字符的命令是（　　）。

A．只有 ACCEPT　　B．只有 WAIT

C．ACCEPT 与 WAIT　　D．三者均可

2．VFP 中的 DO　CASE…ENDCASE 语句属于（　　）。

A．顺序结构　　B．循环结构　　C．分支结构　　D．模块结构

3．在 VFP 中，用于建立过程文件 PROGl 的命令是（　　）。

A．CREATE　RPOGl　　B．MODIFY　COMMAND　PROGl

C．MODIFY PROGl　　D．EDIT PROGl

4．在 VFP 程序中使用的内存变量可以分为两大类，它们是（　　）。

A．字符变量和数组变量　　B．简单变量和数值变量
C．全局变量和局部变量　　D．一般变量和下标变量

5．在 VFP 中，命令文件的扩展名是（　　）。

A．.TXT　　B．.PRG　　C．.DBF　　D．.FMT

6．在为真条件的 DO WHILE .T.循环中，为退出循环可以使用（　　）。

A．LOOP　　B．EXIT　　C．CLOSE　　D．QUIT

7．执行命令 INPUT "请输入数据：" TO XYZ 时，可以通过键盘输入的内容包括（　　）。

A．字符串　　B．数值和字符串
C．数值、字符串和逻辑值　　D．数值、字符串、逻辑值和表达式

8．设内存变量 X 是数值型，要从键盘输入数据为 X 赋值，应使用命令（　　）。

A．INPUT TO X　　B．WAIT TO X　　C．ACCEPT TO X　　D．以上均可

9．设某 VFP 程序中有 PROGl.PRG、PROG2.PRG、PROG3.PRG 三层程序依次嵌套，下面叙述中正确的是（　　）。

A．在 PROGl.PRG 中用 RUNPROG2.PRG 语句可以调用 PROG2.PRG 子程序
B．在 PROG2.PRG 中用 RUNPROG3.PRG 语句可以调用 PROG3.PRG 子程序
C．在 PROG3.PRG 中用 RETURN 语句可以返回 PROGl．PRG 主程序
D．在 PROG3.PRG 中用 RETURNTOMASTER 语句可返回 PROGl.PRG 主程序

10．在程序中，可以终止程序执行并返回到 VFP“命令”窗口的命令是（　　）。

A．EXIT　　B．QUIT　　C．BYE　　D．CANCEL

11．WAIT、ACCEPT 和 INPUT 三条输入命令中，必须要以 Enter 键表示输入结束的命令是（　　）。

A．WAIT、ACCEPT、INPUT　　B．WAIT、ACCEPT
C．ACCEPT、INPUT　　D．INPUT、WAIT

12．在非嵌套程序结构中，可以使用 LOOP 和 EXIT 语句的基本程序结构是（　　）。

A．TEXT ENDTEXT　　B．DO WHILE ENDDO
C．IF ENDIF　　D．DO CASE ENDCASE

13．设学生数据表当前记录中“计算机”字段的值是 89，执行下面程序段之后的屏幕上输出是（　　）。

```
计算机=89
DO  CASE
     CASE 计算机<60
          ? "计算机成绩是："+"不及格"
     CASE 计算机>=60
          ? "计算机成绩是："+"及格"
     CASE 计算机>=70
          ? "计算机成绩是："+"中"
     CASE 计算机>=80
          ?"计算机成绩是："+"良"
     CASE 计算机>=90
          ? "计算机成绩是："+"优"
ENDCASE
```

A．计算机成绩是：不及格　　B．计算机成绩是：及格
C．计算机成绩是：良　　D．计算机成绩是：优

14. 设数据表文件“CJ.DBF”中有两条记录，内容如下。

XM ZF

1 李四 500.00

2 张三 600.00

此时，运行以下程序的结果应当是（　　）。

```
SET  TALK  OFF
USE  CJ
M->ZF=0
DO  WHILE.NOT.EOF()
M->ZF=M->ZF+ZF
SKIP
ENDDO
? M->ZF
RETURN
```

A. 1100.00　　B. 1000.00　　C.1600.00　　D. 1200.00

15. 运行如下程序后，显示的 M 值是（　　）。

```
SET TALK OFF
M=0
N=0
DO WHILE N>M
  M=M+N
  N=N-10
ENDDO
? M
RETURN
```

A. 0　　B. 10　　C. 100　　D. 99

16. 执行如下程序，如果输入的 N 值为 5，则最后 s 的显示值是（　　）。

```
SET  TALK  OFF
S=1
I=1
INPUT "N=" TO N
DO WHILE S<=N
    S=S+I
    I=I+1
ENDDO
? S
SET TALK ON
```

A. 2　　B. 4　　C. 6　　D. 7

17. 有如下程序。

```
*主程序 PROG.PRG
SET TALK OFF
N1="12"
? N1
```

```
DO PROG11
? N1
RETURN
*子程序 PROG11.PRG
 N1=N1+"200"
 RETURN
```

用命令 DO PROG 运行程序后，屏幕显示的结果为（　　）。

A. 12
200

B. 12
212

C. 12
12200

D. 12
12

18. 设数据表文件“CJ.DBF”中有 8000 条记录，其文件结构是，姓名(C，8)，成绩(N，5，1)。此时若运行以下程序，屏幕上将显示（　　）。

```
SET  TALK  OFF
USE  CJ
J=0
DO  WHILE.NOT.EOF()
J=J+成绩
SKIP
ENDDO
? "平均分："+STR(J/8000,5,1)
RETURN
```

A. 平均分：XXX.X（X 代表数字）　　B. 数据类型不匹配

C. 平均分：J/8000　　D. 字符串溢出

19. 下面程序的输出结果为（　　）。

```
CLEAR
STORE  0  TO S1,S2
X=5
DO  WHILE  X>1
    IF SQRT(X)=3.OR.INT(X/2)=X/2
       S1=S1+X
    ELSE
       S2=S2+X
    ENDIF
X=X-1
ENDDO
?"S1: "+STR(S1,2)
??"S2-----"+STR(S2,2)
```

A. S1=6　S2=8　　B. S1=4　S2=6　　C. S1=8　S2=9　　D. S1=6　S2=7

20. 执行如下程序，当屏幕上显示“请输入选择：”时，输入 4，系统将（　　）。

```
STORE  " "  TO  K
DO  WHILE .T.
CLEAR
@3,10  SAY  "1. 输入 2. 删除 3. 编辑 4. 退出"
@5,15  SAY  "请输入选择：" GET K
```

```
READ
IF  TYPE("K")="C".AND.VAL(K)<=3.AND. VAL(K)<>0
PROG="PROG"+K+".PRG"
DO&PROG
ENDIF
QUIT
ENDDO
```

A．调用子程序 PROG4.PRG　　B．调用子程序&PROG.PRG
C．返回 VFP 主窗口　　D．返回操作系统状态

21．有如下程序。

```
**主程序：Z.PRG
SET  TALK  OFF
STORE  2  TO X1,X2,X3
X1=X1+1    && x1=3
DO Z1
?  X1+X2+X3   && 9
RETURN
SET  TALK  ON
*程序：Z1.PRG
X2=X2+1    && x2=3
DO Z2
X1=X1+1
RETURN
*子程序：Z2.PRG
X3=X3+1    && x3=3
RETURN  TO  MASTER
```

执行命令 DO Z 后，屏幕显示的结果为（　　）。

A．3　　B．4　　C．9　　D．10

22．执行下面程序后的输出是（　　）。

```
CLEAR
K=0
S=1
DO WHILE  K<8          && 0 ,1,2,3,4,5,6,7
   IF INT(K/2)=K/2
     S=S+K          &&1+    2+4+6
   ENDIF
K=K+1
ENDDO
? S
```

A．21　　B．13　　C．17　　D．16

23．运行如下程序的结果是（　　）。

```
SET TAIK OFF
DIMENSION  K(2,3)
```

```
I=1
DO  WHILE  I<=2
    J=1
    DO  WHILE  J<=3
        K(I,J)=I*J
        ?? K(I,J)
        J=J+1
    ENDDO
    ?
    I=I+1
ENDDO
RETURN
```

A. 123
246　　B. 12
32　　C. 123
123　　D. 123
249

24. 下面程序实现的功能是（　　）。

```
SET  TALK  OFF
CLEAR
USE  GZ
DO  WHILE  !EOF()
    IF 工资>=900
       SKIP
       LOOP
    ENDIF
    DISPLAY
    SKIP
ENDDO
USE
RETURN
```

A. 显示所有工资大于900元的教师信息　　B. 显示所有工资低于900元的教师信息

C. 显示第一条工资大于900元的教师信息　D. 显示第一条工资低于900元的教师信息

25. 下面程序实现的功能是（　　）。

```
CLEAR
CLOSE  ALL
USE  XS
GO  BOTTOM
FOR I=10 TO 1  STEP-1
   IF BOF()
       EXIT
    ENDIF
    GO  I
    DISPLAY
ENDFOR
RETURN
```

（1）程序执行结果为（　　）。

A. 仅显示表中第一条记录　　B. 仅显示表中最后一条记录

C. 按记录号升序逐条显示表中十条记录　　D. 按记录号降序逐条显示表中十条记录

（2）如果将原程序中的语句：IF BOF( )　EXIT　ENDIF

改写为：IF EOF()　EXIT　ENDIF

则程序执行的结果是（　　）。

A. 仅显示表中第一条记录　　B. 仅显示表中最后一条记录

C. 按记录号升序逐条显示表中十条记录　　D. 按记录号降序逐条显示表中十条记录

（3）如果将原程序中的语句：IF BOF( )　EXIT　ENDIF

改写为：IF EOF( )　EXIT　ENDIF

再将原程序中的语句 DISPLAY，改写为 DISPLAY　FOR 性别="男";

则程序执行的结果是（　　）

A. 仅显示表中第一条记录　　B. 仅显示表中最后一条记录

C. 按记录号升序逐条显示表中十条记录　　D. 按记录号降序逐条显示表中十条记录

26. 表文件“成绩.DBF”学生的记录如下。

姓名	性别	课程名	成绩
张大英	男	大学计算机基础	80
刘钢	男	VFP 程序设计	75
吕开慧	女	高等数学	69
李进	女	大学计算机基础	73
邓墨	女	高等数学	75
马梅	女	大学计算机基础	84
于敏	男	VFP 程序设计	90

阅读下列程序。

```
CLEAR
USE 成绩
SET FILTER TO 性别="女".AND.成绩>70
DISPLAY 姓名,成绩
SUM 成绩 TO sh1
SET  FILTER  TO
SET  DELETE  ON
DELETE FOR 性别="女".AND. 成绩>70
COUNT  TO  sh2
? sh1,sh2
USE
RETURN
```

（1）DISPLAY 姓名，成绩　语句显示的内容是（　　）。

A. 吕开慧 69　　B. 张大英 80　　C. 李进 73　　D. 马梅 84

（2）命令　?sh1，sh2　显示的内容是（　　）。

A. 232.00　4　　B. 245.00　1　　C. 245.00　4　　D. 232.00　1

27. 阅读下列程序。

```
CLEAR
INPUT "请输入图形的行数：N="  TO  n
```

```
I=1
K=30
DO  WHILE  I<=N
    J=1
    DO  WHILE  J<=2*I-1
        @I,J+K  SAY  "*"
        J=J+1
    ENDDO
    I=I+1
    K=K-1
ENDDO
RETURN
```

（1）当 N=5 时，程序输出的图形是（　　）。

```
A.     *          B. *              C. *********       D. *
      ***            ***                *******           ***
     *****          *****                *****           *****
    *******        *******                ***           *******
   *********      *********                *           *********
```

（2）当 N=5，把语句 K=K-1 改写为 K=K+1 时，程序输出的图形是（　　）。

```
A.     *          B. *              C. *********       D. *
      ***            ***                *******           ***
     *****          *****                *****           *****
    *******        *******                ***           *******
   *********      *********                *           *********
```

（3）把程序改写如下，且 N=5，则程序输出的图形是（　　）。

```
CLEAR
INPUT  "请输入图形的行数：N=" TO N
I=N
K=30
DO  WHILE  I>=1
    J=1
    DO  WHILE J<=2*I-1
        @I+2, J+K SAY "*"
        J=J+1
    ENDDO
I=I-1
K=K-1
ENDDO
RETURN
```

```
A.     *          B. *              C. *********       D. *
      ***            ***                *******           ***
     *****          *****                *****           *****
    *******        *******                ***           *******
   *********      *********                *           *********
```

28．下面叙述中正确的是（　　）。

A．在“命令”窗口中被赋值的变量均为局部变量

B．在“命令”窗口中声明的变量均为私有变量

C．在被调用的下级程序中用 PUBLIC 命令声明的变量均为全局变量

D．在程序中用 PRIVATE 命令声明的变量均为局部变量

29．用于声明某变量为全局变量的命令是（　　）。

A．PRIVATE　　B．PARAMETERS　　C．PUBLIC　　D．WITH

30．在程序中不需要使用 PUBLIC 命令声明，可直接使用的内存变量是（　　）。

A．局部变量　　B．公共变量　　C．私有变量　　D．全局变量

31．在 SAY 语句中，GET 子句的变量必须用（　　）命令激活。

A．ACCEPT　　B．INPUT　　C．READ　　D．WAIT

32．如果将过程或函数放在过程文件中，可以在应用程序中使用（　　）命令打开过程文件。

A．SET PROCEDURE TO<文件名>　　B．SET FUNCTION TO<文件名>

C．SET PROGRAM TO<文件名>　　D．SET ROUTINE TO<文件名>

33．阅读下面程序。

```
*MAIN.PRG
PUBLIC  x,y
SET  PROC  TO  kk
x=20
y=50
DO  a1
? x, y
SET PROC TO
RETURN
```

```
*过程文件 kk.prg
PROC    a1
PRIVATE  x
x=30
LOCAL  y
DO  a2
? x,  y
PROC a2
x="kkk"
y="mmm"
RETURN
```

（1）第一次显示 x，y 的值是（　　）。

A．kkk　　B．kkk .F.　　C．kkk 50　　D．30 .F.

（2）第二次显示 x，y 的值是（　　）。

A．20 50　　B．20mmm　　C．30 50　　D．30 mmm

34．STUD 表中含有字段：姓名(C，8)、课程名(C 16)、成绩(N，3，0)，下面的程序用于显示所有成绩及格的学生信息。

```
SET  TALK  OFF
CLEAR
USE  STUD
DO  WHILE  .NOT.EOF()
   IF 成绩>=60
     ? "姓名"+姓名，"课程："+课程名，"成绩："+STR(成绩，3，0)
   ENDIF
    (     )
ENDDO
USE
SET TALK ON
RETURN
```

上述程序的空白处应添加（　　）命令。

A．空语句　B．SKIP　C．LOOP　D．EXIT

35．连编后可以脱离 VFP 独立运行的程序是（　　）。

A．APP 程序　B．EXE 程序　C．FXP 程序　D．PRG 程序

36．面向对象程序设计中程序运行的最基本实体是（　　）。

A．对象　B．类　C．方法　D．函数

37．在面向对象方法中，对象可看作属性（数据）以及这些属性上的专用操作的封装体。封装的目的是使对象的（　　）分离。

A．定义和实现　B．设计和实现　C．设计和测试　D．分析和定义

38．类是一组具有相同属性和相同操作的对象的集合，类之间共享属性和操作的机制称为（　　）。

A．多态性　B．动态绑定　C．静态绑定　D．继承

39．现实世界中的每一个事物都是一个对象，任何对象都有自己的属性和方法。对属性的正确描述是（　　）。

A．属性只是对象所具有的内部特征

B．属性就是对象所具有的固有特征，一般用各种类型的数据来表示

C．属性就是对象所具有的外部特征

D．属性就是对象所具有的固有方法

40．下面关于类的描述，错误的是（　　）。

A．一个类包含了相似的有关对象的特征和行为方法

B．类只是实例对象的抽象

C．类并不实现任何行为操作，它仅仅表明该怎样做

D．类可以按所定义的属性、事件和方法进行实际的行为操作

41．封装是一种（　　）技术。

A．组装　B．产品化　C．固化　D．信息隐蔽

42．下列关于面向对象程序设计（OOP）的叙述，错误的是（　　）。

A．OOP 的中心工作是程序代码的编写

B．OOP 以对象及其数据结构为中心展开工作

C．OOP 以“方法”表现处理事物的过程

D．OOP 以“对象”表示各种事物，以“类”表示对象的抽象

43．下列关于“类”的叙述中，错误的是（　　）。

A．类是对象的集合，而对象是类的实例

B．一个类包含了相似对象的特征和行为方法

C．类并不实行任何行为操作，它仅仅表明该怎样做

D．类可以按其定义的属性、事件和方法进行实际的行为操作

44．下列关于创建新类的叙述中，错误的是（　　）。

A．可以执行菜单命令，打开“类设计器”窗口

B．可以在扩展名为.PRG 文件中以编程方式定义类

C．可以在“命令”窗口输入 NADDCLASS 命令，打开“类设计器”窗口

D．可以在“命令”窗口输入 CREATECLASS 命令，打开“类设计器”窗口

45．下列关于“事件”的叙述中，错误的是（　　）。

A．VFP 中基类的事件可以由用户创建

B．VFP 中基类的事件是由系统预先定义好的，不可以由用户创建

C．事件是一种事先定义好的特定的动作，由用户或系统激活

D．鼠标的单击、双击、拖动和键盘上按键的按下均可激活某个事件

46．下列关于属性、方法、事件的叙述中，错误的是（　　）。

A．事件代码也可以像方法一样被显式调用

B．属性用于描述对象的状态，方法用于描述对象的行为

C．新建一个对象时，可以添加新的属性、方法和事件

D．基于同一个类产生的两个对象可以分别设置自己的属性值

47．下列关于编写事件代码的叙述中，错误的是（　　）。

A．可以由定义了该事件过程的类继承

B．为对象的某个事件编写代码，就是将代码写入该对象的这个事件过程中

C．为对象的某个事件编写代码，就是编写一个与事件同名的.PRG程序文件

D．为对象的某个事件编写代码，可以在该对象的“属性”对话框中选择该对象的事件，然后在打开的“事件”窗口中输入相应的事件代码

48．下列关于如何在子类的方法程序中继承父类方法程序的叙述中，错误的是（　　）。

A．用<父类名>.<方法>的命令继承父类的事件和方法

B．用<父类名>::<方法>的命令继承父类的事件和方法

C．用函数DODEFAULT()来继承父类的事件和方法

D．当在子类中重新定义父类的事件和方法代码时，就用新定义的代码取代了父类中原来的代码

49．在面向对象程序设计中，对象不具有的特性包括（　　）。

A．继承性　　B．封装性　　C．开放性　　D．多态性

三、填空题

1．在VFP程序中，注释行使用的符号是________。

2．在VFP循环程序设计中，在指定范围内扫描表文件，查找满足条件的记录并执行循环体中的操作命令，应该使用的循环语句是________。

3．下面的程序功能是完成工资查询，请填空。

```
CLEAR
CLOSE  ALL
USE  employee
ACCEPT "请输入职工号：" TO  num
LOCATE  FOR 职工号=num
IF ________
DISPLAY 姓名，工资
ElSE
? "职工号输入错误！"
ENDIP
USE
```

4．为以下程序填写适当语句，使之成为当接收从键盘输入的Y或N时退出循环的程序。

```
DO  WHILE  .T.
WAIT "输入Y/N"  TO  yn
IF((UPPER(yn)<>r).AND.(UPPER(yn)<>N)
  ________
ELSE
   EXIT
```

```
ENDp
ENDDO
```

5. 下列程序用于在屏幕上显示一个由“*”组成的三角形，如图 6.19 所示，请填空。

```
   *
  ***
 *****
*******
```

图 6.19　需输出的图形

```
CLEAR
X=1
Y=10
DO  WHILE  X<=4
    S=1
    DO  WHILE S<=X
        @X, Y  SAY  "*"
        Y=Y+1
        S=S+1
    ENDDO
Y=10
________
ENDDO
```

6. 下列程序用于计算机等级考试的查分，请填空。

```
CLEAR
USE   STUDENT  INDEX  ST
ACCEFT  "请输入准考证号: "  TO  NUM
FIND ________
IF  FOUND()
    ?  姓名, "成绩: "+STR(成绩, 3, 0)
ELSE
    ? "没有此考生!"
ENDIF
```

7. 计算机等级考试考生数据表为“STUDENT.DBF”。笔试和上机成绩已分别录入其中的“笔试”和“上机”字段（皆为 N 型）中，此外另有“等级”字段（C 型）。凡两次考试成绩均达到 80 分以上者，应在等级字段中自动填入“优秀”。程序如下，请填空。

```
CLEAR
USE  STUDENT
DO  WHILE .NOT.EOF()
IF 笔试>=80 .AND. 上机>=80
________
ENDIF
SKIP
ENDDO
USE
```

8. 下列程序的功能是通过字符串变量的操作，使得在屏幕上竖向显示“伟大祖国”，横向显示“祖国伟大”，请填空。

```
    CLEAR
    STORE  "伟大祖国" TO XY
    CLEAR
    N=1
    DO  WHILE  N<8
        ? SUBST ________
         N=N+2
    ENDDO
    ? ________
    ??  SUBSTR(XY,1,4)
RETURN
```

第7章 表 单 设 计

表单是 VFP 创建应用程序与应用程序界面的重要途径之一，它将可视化操作与面向对象的程序设计思想结合在一起。“表单设计器”是设计表单的工具，它提供了设计应用程序界面的各种控件，相应的属性和事件。它运用了面向对象的程序设计和事件驱动机制，使开发者能直观、方便、快捷地完成应用程序的设计与界面设计的开发工作。

7.1 表单的建立

7.1.1 表单概述

1. 表单的概念

表单是 VFP 为用户提供的显示、输入和编辑数据信息的图形化界面。在一张表单中可以添加不同的控件（对象），为用户提供多种功能。使用户非常方便地、直观地完成数据管理工作。表单又称界面或窗体，各种对话框和窗口都是表单的不同表现形式。

表单属于容器类。表单文件的扩展名为.SCX，其相关备注文件的扩展名为.SCT。表单和表单集是拥有自己的属性、事件和方法程序的对象，在“表单设计器”中可以设置这些属性、事件和方法程序。表单集包括了一个或多个表单，可以将它们作为一个整体来操作。例如，如果在表单集中有四个表单，可以在运行时用一个命令显示或隐藏它们。

2. 设计表单的工具

（1）表单向导

表单向导是交互式生成表单的程序，能帮助用户快速建立表单。

（2）表单设计器

表单设计器是用于创建和修改表单或表单集中各种组件的可视化工具，利用表单设计器可以设计满足各种用户要求的表单。

3. 建立表单的步骤

1）建立表单。

2）如有对表操作的信息，则设置（添加）数据环境。

3）在表单中添加所需要的控件对象并设置各控件的属性。

4）编写表单及控对象的事件方法程序。

5）保存表单。

6）运行表单。

4. 表单常用属性

可以向表单添加任意数量的新属性和新方法，并像引用表单的其他属性和方法一样引用它们。VFP 中表单的属性大约有 100 个，但绝大多数很少用到。表 7.1 列出了常用的一些表单属性，这些属性规定了表单的外观特征。

表 7.1 表单常用属性

属性	用途	默认值
AlwaysOnTop	指定表单是否总是位于其他打开窗口之上	.F.
AutoCenter	指定表单初始化时是否自动在 VFP 主窗口内居中显示	.T.
BackColor	指明表单窗口的背景颜色	255 255 255
BorderStyle	指定表单边框的风格。取默认值（3）时，采用系统边框，用户可以改变表单大小	3
Caption	指明显示于表单标题栏上的文本	Forml
Name	指定命令表单对象的名称	Forml
Closable	指定是否可以通过单击“关闭”按钮或双击控制菜单框来关闭表单	.T.
DataSession	指定表单中的表是在默认的全局能访问的工作区打开（设置值为 1），还是在表单自己的私有工作区打开（设置值为 2）	1
MaxButton	确定表单是否有“最大化”按钮	.T.
MinButton	确定表单是否有“最小化”按钮	.T.
Movable	确定表单是否能够移动	.T.
ScrollBars	指定表单的滚动条类型。可取值为 0（无）、1（水平）、2（垂直）、3（既水平又垂直）	0
WindowState	指明表单的状态：0（正常）、1（最小化）、2（最大化）	0
WindowType	指定表单是模式表单（设置值为 1）还是非模式表单（设置值为 0）。在一个应用程序中，如果运行了一个模式表单，则在关闭该表单之前不能访问应用程序中的其他界面元素	0

5. 表单常用事件和方法

表单可响应 40 多个事件和方法，其中最常用事件和方法如表 7.2 所示。

表 7.2 表单常用事件和方法

事件或方法	说明	事件或方法	说明
Init	表单初始化时激活事件	Hide	隐藏表单
Destry	释放关闭表单时发生	Release	释放表单
Show	显示表单	Refresh	刷新表单

7.1.2 用表单向导建立表单

1. 建立单表表单

1）执行“文件”→“新建”命令或单击工具栏中的“新建”按钮，打开“新建”对话框。在“新建”对话框中的“文件类型”选项组中点选“表单”单选按钮，单击“向导”按钮，打开“向导选取”对话框，如图 7.1 所示。

2）在“选择要使用的向导”列表框中的默认的“表单向导”就是单表表单向导。单击“确定”按钮。打开“表单向导”对话框之“步骤 1-字段选取”对话框，如图 7.2 所示。

3）单击“数据库和表”下拉列表右侧的“...”按钮，打开“打开”对话框。在“打开”对话中选择所需要的数据库后，单击“确定”按钮，所需要的数据库和表显示在“数据库和表”下面的列表框中。在此选择“学生”表，可见“学生”表的所有字段显示在“可用字段”列表框中。在“可用字段”列表框中选择所需要的字段后，单击“▸”按钮，将其添加到“选定字段”列表框中，若选取所有字段，则单击“▸▸”按钮，将所有字段添加到“选定字段”列表框中。在此单击“▸▸”按钮，将所有字段添加到“选定字段”列表框中。单击“下一步”按钮，打开“表单向导”对话框之“步骤 2-选择表单样式”，如图 7.3 所示。

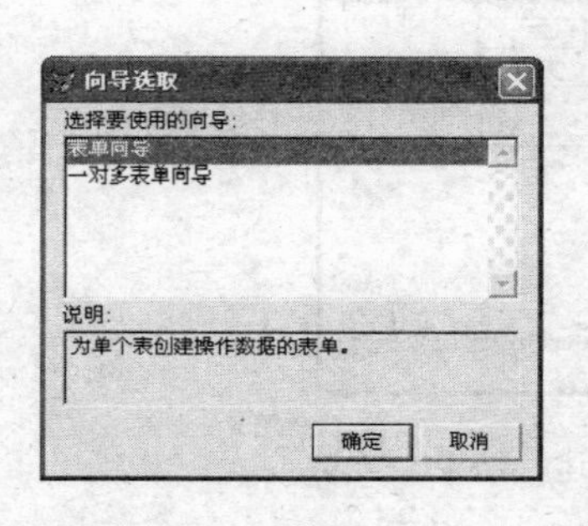

图 7.1 “向导选取”对话框

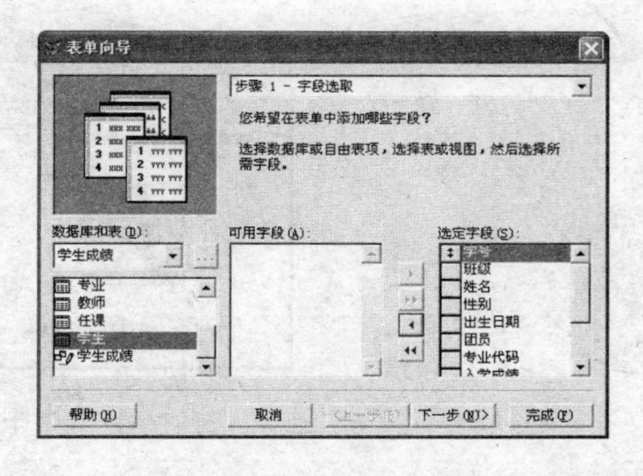

图 7.2 “表单向导”对话框之“步骤 1-字段选取”

4）在“样式”列表框中选择所需的表单类型，在“按钮类型”选项组中点选所需的单选按钮类型。在此选择默认的样式和按钮类型。单击“下一步”按钮，打开“表单向导”对话框之“步骤 3-排序次序”，如图 7.4 所示。

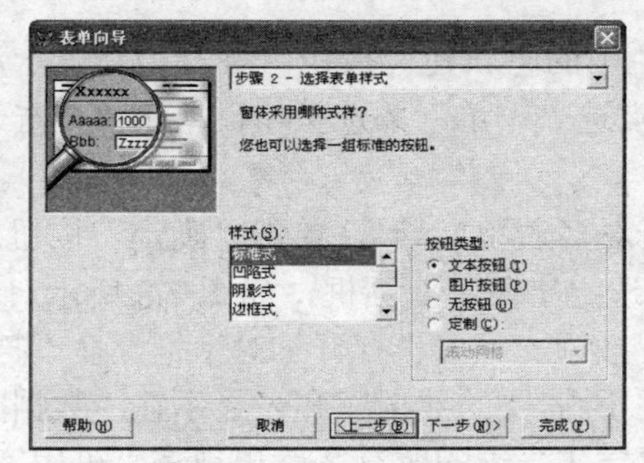

图 7.3 “表单向导”对话框之“步骤 2-选择表单样式”

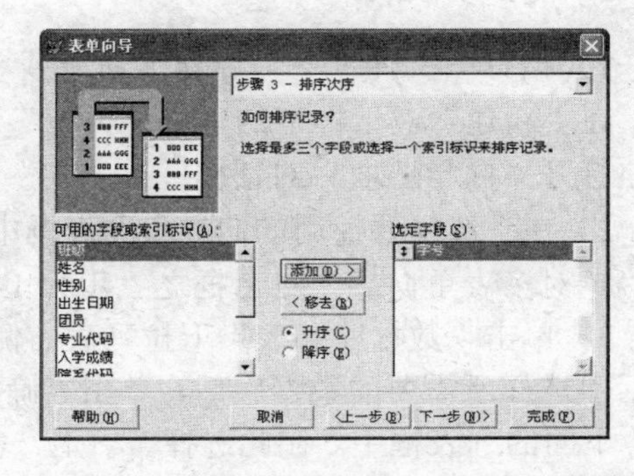

图 7.4 “表单向导”对话框之“步骤 3-排序次序”

5）在可用的字段或索引标识”列表框中选择“学号”字段，单击“添加”按钮，将其添加到“选定字段”列表框中，排序方式选择“升序”，单击“下一步”按钮，打开“表单向导”对话框之“步骤 4-完成”，如图 7.5 所示。

6）在“请键入表单标题”文本框中输入“学生信息”，并点选“保存并运行表单”单选按钮，单击“完成”按钮，打开“另存为”对话框，如图 7.6 所示。在“保存表单为”文本框中输入“学生信息”，单击“确定”按钮，显示结果如图 7.7 所示。

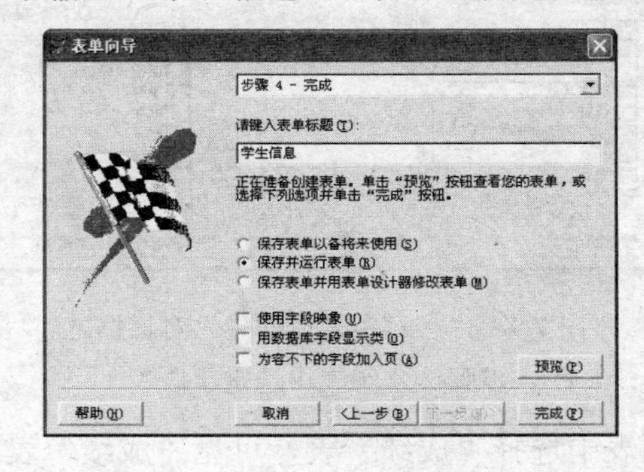

图 7.5 “表单向导”对话框之“步骤 4-完成”

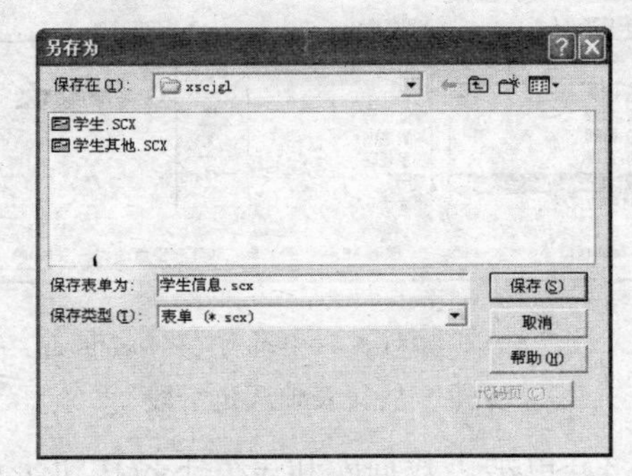

图 7.6 “另存为”对话框

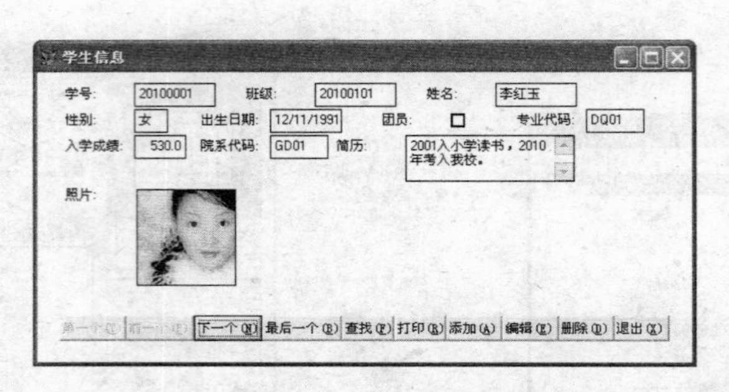

图 7.7 “学生信息”表单的运行结果

在图 7.7 底部有一行命令按钮，这些按钮的功能一目了然，当要修改记录内容时，必须单击编辑按钮，否则记录内容为只读，在单击编辑按钮后，对记录进行修改后保存，即可完成相应的修改。

2. 建立多表表单

1）执行“文件”→“新建”命令或单击工具栏中的“新建”按钮，打开“新建”对话框。在“新建”对话框中的“文件类型”选项组中点选“表单”单选按钮，单击“向导”按钮，打开“向导选取”对话框。

2）在“选择要使用的向导”列表框中选择“一对多表单向导”，单击“确定”按钮。打开“一对多表单向导”对话框之“步骤 1-从父表中选定字段”对话框，如图 7.8 所示。

3）单击“数据库和表”下拉列表右侧的“...”按钮，打开“打开”对话框。在“打开”对话中选择所需要的数据库后，单击“确定”按钮，所需要的数据库和表显示在“数据库和表”下面的列表框中。在此选择“学生”表，可见“学生”表的所有字段出现在“可用字段”列表框中。在“可用字段”列表框中选择所需要的字段后，单击“▸”按钮，将其添加到“选定字段”列表框中，在此分别选择“学号”、“姓名”、“性别”字段，并将其分别添加到“选定字段”列表框中，单击“下一步”按钮，打开“一对多表单向导”对话框之“步骤 2-从子表中选定字段”对话框，如图 7.9 所示。

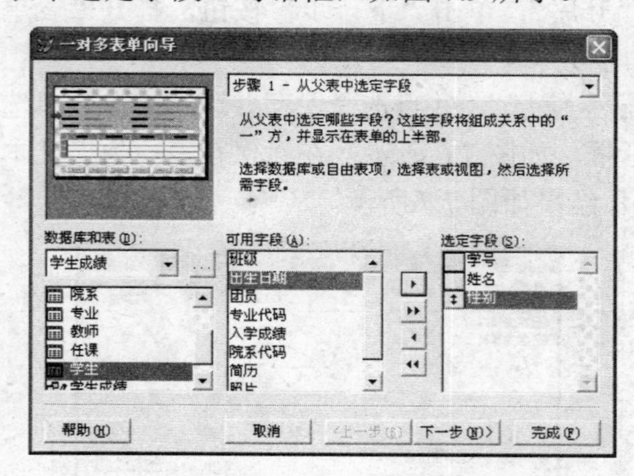

图 7.8 “一对多表单向导”对话框之“步骤 1-从父表中选定字段”

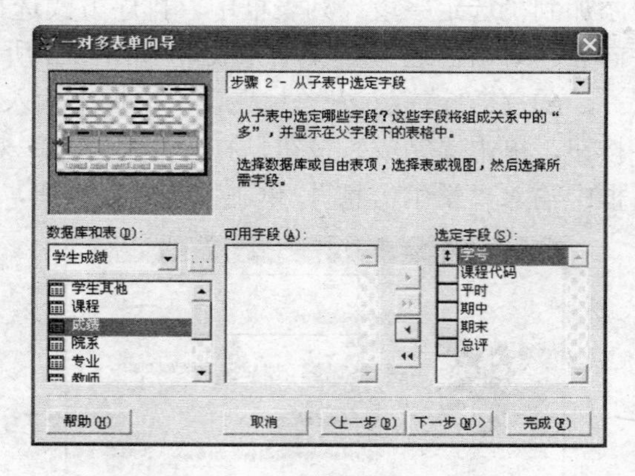

图 7.9 “一对多表单向导”对话框之“步骤 2-从子表中选定字段”

4）单击“数据库和表”下拉按钮，从下拉列表中选择“成绩”表，可见“成绩”表的所有字段在“可用字段”列表框中。在“可用字段”列表框中选择所需要的字段后，单击“▸”

按钮，将其添加到“选定字段”列表框中，若选择所有字段，则单击“»”按钮，将所有字段添加到“选定字段”列表框中。在此单击“»”按钮，将所有字段添加到“选定字段”列表框中。然后单击“下一步”按钮，打开“一对多表单向导”对话框之“步骤3-建立表之间的关系”对话框，如图7.10所示。

5）若父表与子表之间没有建立关联关系，可在此步各表的下拉列表中选择字段建立关联关系。然后单击“下一步”按钮，打开“一对多表单向导”对话框之“步骤4-选择表单样式”对话框，如图7.11所示。

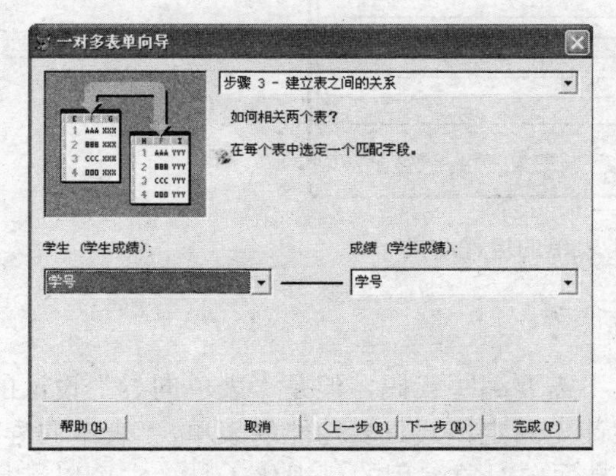

图7.10　“一对多表单向导”对话框之“步骤3-建立表之间的关系”

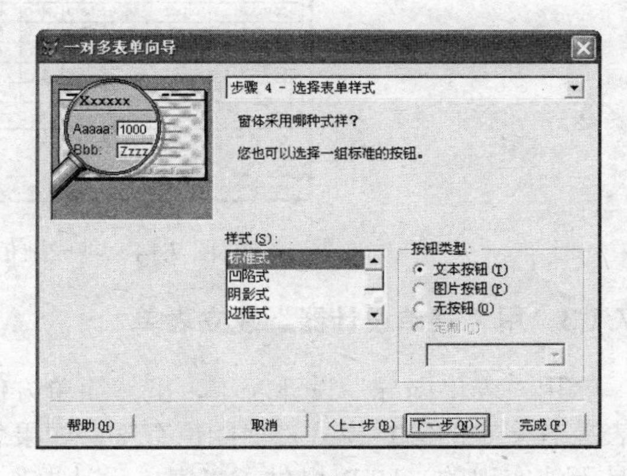

图7.11　“一对多表单向导”对话框之“步骤4-选择表单样式”

6）在“样式”列表框中选择所需的表单类型，在此选择“浮雕式”，在“按钮类型”选项组中选择所需的单选按钮类型。在此选择默认的按钮类型。单击“下一步”按钮，打开“表单向导”对话框之“步骤5-排序次序”对话框，如图7.12所示。

7）在“可用的字段或索引标识”列表框中选择“学号”字段，单击“添加”按钮，将其添加到“选定字段”列表框中，排序方式选择“升序”，单击“下一步”按钮，打开“表单向导”对话框之“步骤6-完成”对话框，如图7.13所示。

8）在“请键入表单标题”文本框中输入“成绩信息”，并点选“保存并运行表单”单选按钮，单击“完成”按钮，打开“另存为”对话框，如图7.6所示。在“保存表单为”文本框中输入“成绩信息”，单击“确定”按钮，显示结果如图7.14所示。

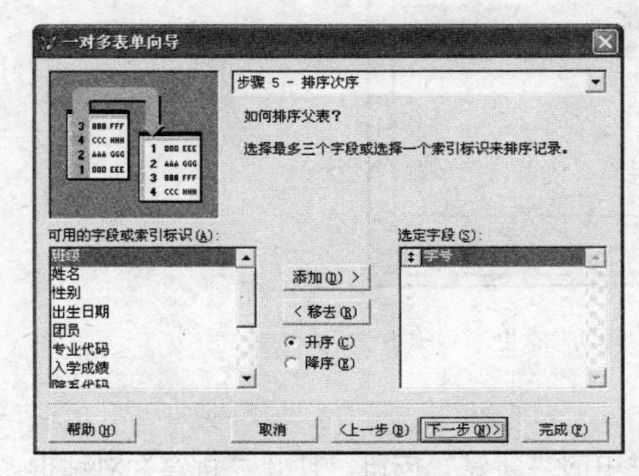

图7.12　“一对多表单向导”对话框之“步骤5-排序次序”

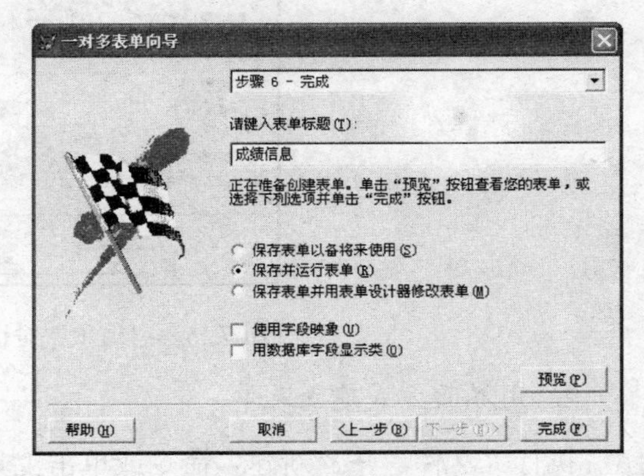

图7.13　“一对多表单向导”对话框之“步骤6-完成”

在图 7.14 中可以看出，父表的内容显示在表单的上半部分，子表的内容显示在表单的下半部分。

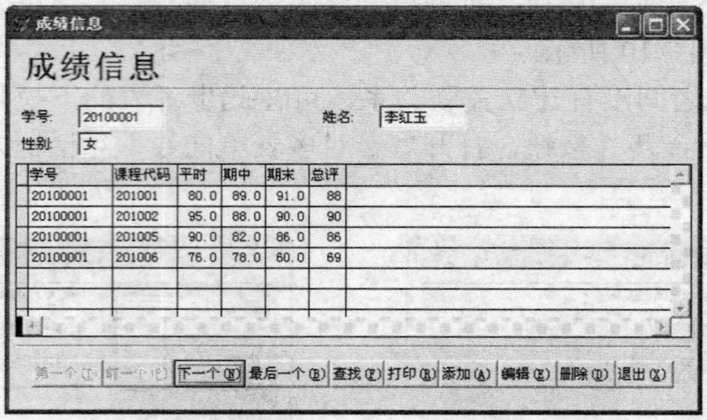

图 7.14 “成绩信息”表单的运行结果

7.1.3 用“表单设计器”建立表单

用“表单向导”设计表单，虽然简单方便又不需要编写代码，但是“表单向导”设计的表单有一定的固定模式，功能也有限。如果想设计无固定模式、多功能的表单，“表单向导”是无法实现的。VFP 提供了“表单设计器”，它是面向对象编程的可视化工具，它可以满足开发者对表单的设计要求，通过它可以设计出具有良好风格、功能齐全的表单。

1. 设置“表单设计器”的最大设计区

执行“工具”→“选项”命令，打开“选项”对话框，在“选项”对话框中单击“表单”选项卡，如图 7.15 所示。在“最大设计区”的下拉列表中选择适合用户计算机系统的编辑区即可，这里选择“1024×768”。单击“设置为默认值”按钮，单击“确定”按钮。

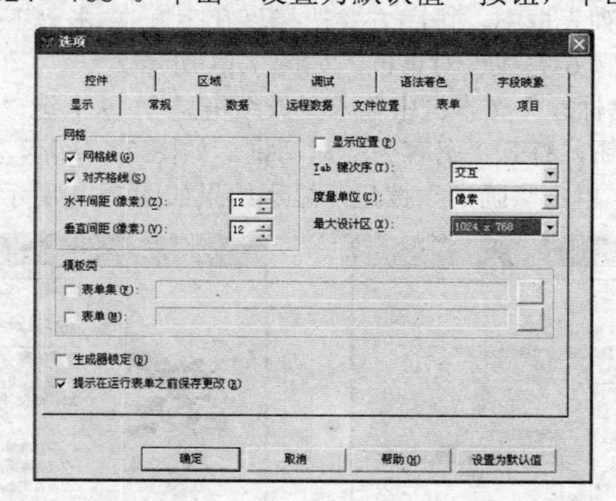

图 7.15 “选项”对话框中的“表单”选项卡

2. 用界面方式建立表单

执行“文件”→“新建”命令或单击工具栏中的“新建”按钮，打开“新建”对话框。在“文件类型”选项组中点选“表单”单选按钮，单击“新建文件”按钮，打开“表单设计器”窗口，如图 7.16 所示。按表单的设计过程将表单设计好后保存即可。

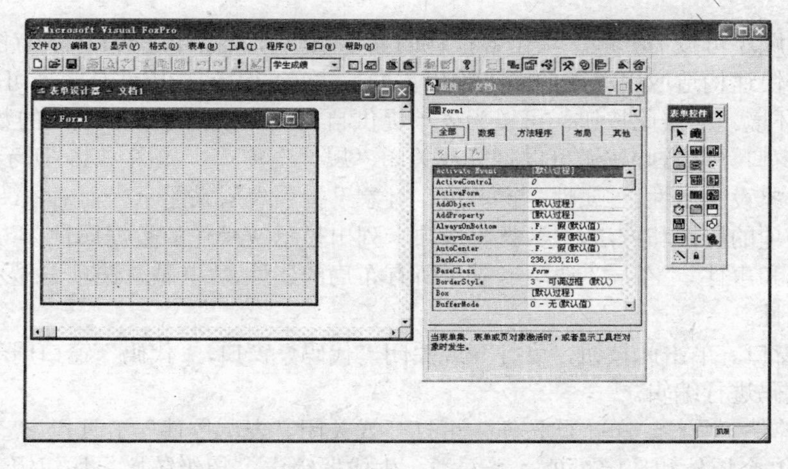

图 7.16 “表单设计器”窗口

3. 用命令建立表单

格式 1：CREATE FORM [<表单文件名> | ?]

格式 2：MODIFY FORM [<表单文件名> | ?]

功能：格式 1 打开“表单设计器”窗口，创建表单文件名指定的表单。格式 2 打开“表单设计器”窗口，创建或修改由表单文件名指定的表单。

说明：无选项或选择时，格式 1 打开“表单设计器”窗口，建立一个名为“文档 1”的表单，执行一次命令文档后的数字自动增加。格式 2 将打开“打开”对话框，选择一个表单或输入一个表单名字，输入的表单名字如果不存在，则创建新的表单，如果存在则对原表单进行修改。

4. 用快速表单命令建立表单

在“表单设计器”窗口打开的情况下，执行“表单”→“快速表单”命令，打开“表单生成器”对话框，如图 7.17 所示。在“字段选取”选项卡中选择所需要的表与相应的字段，在“样式”选项卡中选择所需要的样式，单击“确定”按钮即可。

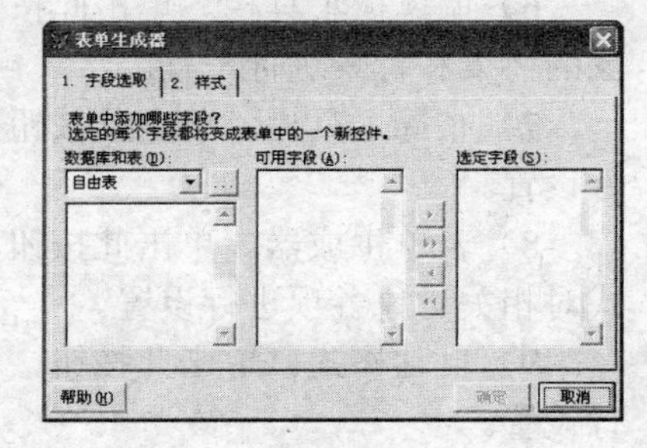

图 7.17 “表单生成器”对话框

5. “表单设计器”环境

在“表单设计器”中有 Form1 表单，在工具栏上显示“表单设计器”工具栏，如图 7.16 所示，若“表单设计器”工具栏被隐藏，可通过如下步骤打开：执行“显示”→“工具栏”命令，打开“工具栏”对话框。在“工具栏”对话框中选择“表单设计器”选项，单击“确定”按钮。在主窗口中显示“属性”窗口和“表单控件”工具栏。

（1）FORM1 表单

在“表单设计器”窗口中的 Form1 表单就是用户进行设计的应用界面。

（2）“表单设计器”工具栏

“表单设计器”工具栏按钮如图 7.18 所示。按从左到右的顺序依次介绍如下。

1）设置 Tab 键次序。单击此按钮，可显示按下 Tab 键时，光标在表单各控件上移动的顺序。要改变顺序可按需要顺序单击各控件的显示顺序号。控件是 VFP 所有图形构件的统称，控件可以快速构造应用程序的输入输出界面，表单的设计与控件是密不可分的。

2）数据环境。单击此按钮，可以为表单提供自由表、数据库表和视图的数据环境。

3）属性窗口。单击此按钮可以打开或关闭“属性”窗口，如图 7.19 所示。“属性”窗口用于对各对象设置属性。“属性”窗口中，对象下拉列表用来显示当前对象。“全局”选项卡列出全部选项的属性和方法，“数据”选项卡列出显示或操作的数据属性，“方法”程序选项卡显示方法和事件，“布局”选项卡显示所有布局的属性，“其他”选项卡显示自定义属性和其他特殊属性。

4）代码窗口。单击此按钮，可打开或关闭“代码”窗口，“代码”窗口用于对对象的事件与方法的代码进行编辑。

5）表单控件工具栏。单击此按钮，可打开或关闭“表单控件”工具栏。“表单控件”工具栏提供了 21 个控件和选定对象、查看类、生成器锁定、超级链接、按钮锁定等几个图形按钮。如图 7.20 所示。在设计表单中用控件设计图形界面。若想知道某一个控件的名称，只需要把鼠标指针放到这个控件上即能显示。

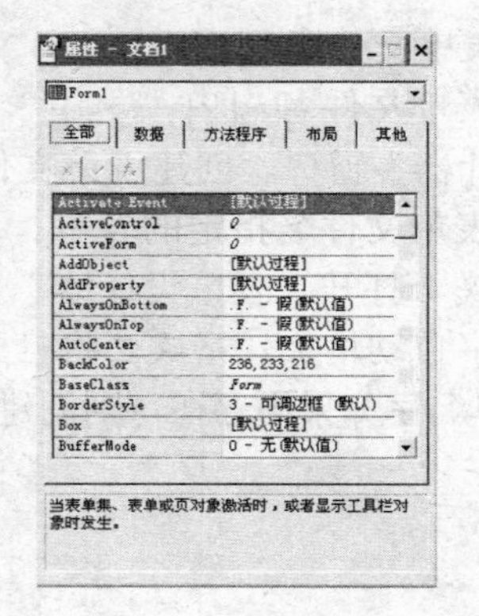

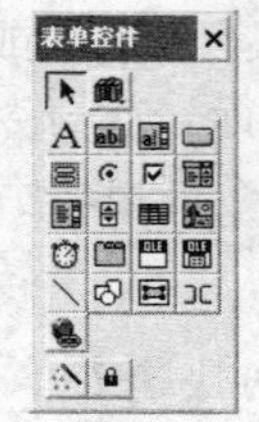

图 7.18 “表单设计器”工具栏

图 7.19 “属性”窗口

图 7.20 “表单控件”工具栏

6）调色板工具栏。单击此按钮，可打开或关闭“调色板”工具栏，该工具栏用于对对象的前景和背景进行设置。

7）布局工具栏。单击此按钮，可打开或关闭“布局”工具栏，该工具可对对象位置进行设置。

8）表单生成器。单击此按钮，可打开或关闭“表单生成器”对话框，直接以填表的方式对相关对象各项进行设置。

9）自动格式。单击此按钮，可打开或关闭“自动格式生成器”对话框，可对各控件进行设置。

7.2 定制表单

7.2.1 设置数据环境

每一个表单或表单集都包括一个数据环境（data environment）。数据环境是一个对象，它包含与表单相互作用的表或视图，以及表单所要求的表之间的关系。可以在“数据环境设计器”中直观地设置数据环境，并与表单一起保存。

在表单运行时，数据环境可以自动打开、关闭表或视图，而且，通过设置“属性”窗口中 ControlSource（指定与对象建立联系的数据源）属性设置框，在这个属性框中列出了数据环境中的所有字段，数据环境将帮助设置控件用的 ControlSource 属性。常用数据环境属性如表 7.3 所示。

表 7.3 常用数据环境属性

属性	说明	默认设置
AutoOpenTable	控制当释放表、表单集或报表时，由数据环境所指定的表或视图是否打开	真（.T.）
AutoCloseTable	控制当释放表、表单集或报表时，由数据环境所指定的表或视图是否关闭	真（.T.）
InitialSelectedAlias	在数据环境加载指定某个临时表对象相关的某个别名是否为当前别名	设计时为""。如果没有指定，在运行时首先加到“数据环境”中的临时表最先被选定

1. 打开“数据环境设计器”窗口

打开“数据环境设计器”窗口有以下三种方法。

1）执行“显示”→“数据环境”命令。

2）单击工具栏中的“数据环境”按钮。

3）在“表单设计器”窗口中的空白处右击，打开快捷菜单，在快捷菜单中执行“数据环境”命令。“数据环境设计器”窗口如图 7.21 所示。

图 7.21 “数据环境设计器”窗口

2. 在“数据环境设计器”窗口中添加表或视图

执行“数据环境”→“添加”命令，或在“数据环境设计器”窗口的空白处右击，打开快捷菜单。在快捷菜单中执行“添加命令”，打开“添加表或视图”对话框。在“添加表或视图”对话框中单击“其他”按钮，打开“打开”对话框，选择需要的表，单击“确定”按钮，返回“添加表或视图”对话框，在“数据库和表”列表框中选择需要的表，单击“添加”按钮。

3. 数据环境中关联关系的设置

若添加的多个表之间已建立关系，则在“数据环境设计器”窗口中还保持且显示这些关系。若表之间没有关系可建立关系，则将“表设计器”窗口打开先为主表和子表建立相应的索引，用前面讲过的方法，将主表的主关键字段或候选关键字段拖动到子表相应字段上即可。删除关系则选择关系连线按 Delete 键即可。

4. 从“数据环境设计器”窗口中移去表或视图

选择要移去的表或视图，执行“数据环境”→“移去”命令，或右击打开快捷菜单，执行“移去”命令。

5. 向表单中添加字段

若将整个表的字段添加到表单中，可在“数据环境设计器”窗口中拖动要添加的表，将其拖动到表单的适当位置。若要将某个字段添加到表单中，则要在“数据环境中设计器”窗口选择此表对应的字段名拖动到表单的适当位置。“数据环境设计器”窗口的作用主要就是向表单中添加字段。

7.2.2 控件的操作与布局

1. 控件操作

（1）在表单中添加放置控件

打开“表单设计器”窗口和“表单控件”工具栏，单击“表单控件”工具栏中的所需控件，如“命令”按钮，然后将其放置在表单中的适当的位置并调整为适当的大小即可。

（2）控件在表单中的复制与粘贴

选择表单中已存的控件，右击打开快捷菜单，执行“复制”命令，在表单适当的位置右击，打开快捷菜单执行“粘贴”命令。若位置不理想，可以通过拖动的方式移动控件。

（3）调整大小

选择需要调整大小的控件，可以拖动控件四周的八个黑色方块来调整其大小。也可以通过属性设置来调整控件的大小。控件的宽度属性为 Width，高度属性为 Height，距离左边的距离属性为 Left，距离上边的距离属性为 Top。

（4）删除控件

选择要删除的控件，按 Delete 键即可。

（5）在表单中放置多个同类的控件

单击“表单”控件工具栏上的“按钮锁定”按钮，然后选择要添加的控件，此时可反复添加多个相同的控件。再次单击“按钮锁定”按钮可取消锁定。

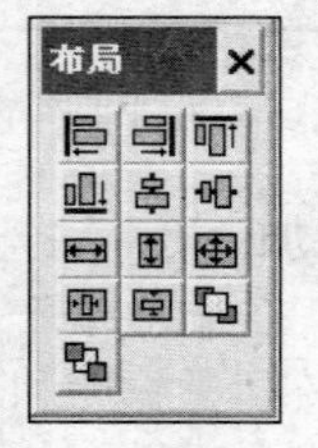

图 7.22 表单“布局”工具栏

2. 控件的布局

首先要多重选择表单控件，所谓多重选定就是同时选择两个以上的控件，选择方法为先按住 Shift 键，再单击选择的控件或用拖动的方法将所要选择的控件选中。打开“布局”工具栏，如图 7.22 所示。单击“布局”工具栏中的按钮对选择的控件进行调整即可。

7.2.3 设置属性与编辑代码

1. 设置属性

1）在“属性”窗口的对象下拉列表中选择要设置属性的对象或在选择的对象上右击，打开快捷菜单，执行“属性”命令。

2）在“属性”列表框中找到要设置的属性并选中该属性。

3）在“属性”设置框中输入具体设置的属性值。

2. 编辑代码

1）打开“代码”窗口。单击“表单设计器”工具栏中的“代码窗口”按钮或在表单工作区任意位置双击或双击选中的控件。

2）在对象下拉列表中选择要编辑代码的对象。

3）在“过程”下拉列表中选择要编辑的代码对象的事件或方法。

4）在代码编辑区中输入相应的代码。

5）关闭“代码”窗口。再次单击“表单设计器”工具栏中的“代码窗口”按钮或单击“代码”窗口中的“关闭”按钮。

例 7.1 设计一个显示学生自然情况信息的表单，如图 7.23 所示，并以 FMS1.SCX 为名保存。

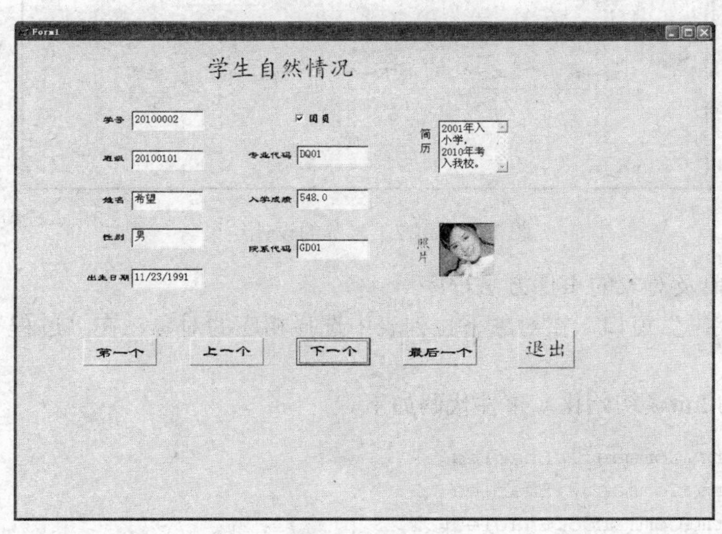

图 7.23 例 7.1 的表单

（1）建立表单

在“命令”窗口中输入 MODIFY FORM FMS1.SCX，打开“表单设计器”窗口。

（2）设置数据环境

数据环境如图 7.21 所示。

（3）添加控件并设置相应的属性

1）在“表单控件”工具栏中单击“标签”按钮，并将其拖动到表单的最上方的位置，在“属性”窗口中将其“Caption”属性更改为“学生自然情况”，“FontName”属性更改为“楷体”，“FontSize”属性更改为“27”。

2）在“数据环境设计器”窗口中将“学生”表中的相应字段拖动到表单的适当位置，并在“属性”窗口中，设置各控件的属性。用表单“布局”工具栏的工具将各控件排列整齐。

3）在“表单控件”工具栏中单击“命令”按钮，并将其拖动到表单的下方的位置，可复制为五个或拖动五个命令按钮。这五个命令按钮的“Name”属性分别为“Command1”、“Command2”、“Command3”、“Command4”和“Command5”。在“属性”窗口中将它们的“Caption”属性分别更改为“第一个”、“上一个”、“下一个”、“最后一个”和“退出”，前四个命令按钮的“FontName”属性更改为“隶书”，“FontSize”属性更改为“18”。“Command5”即“退出”按钮的“FontName”属性更改为“楷体”，“FontSize”属性更改为“24”，如图 7.24 所示。

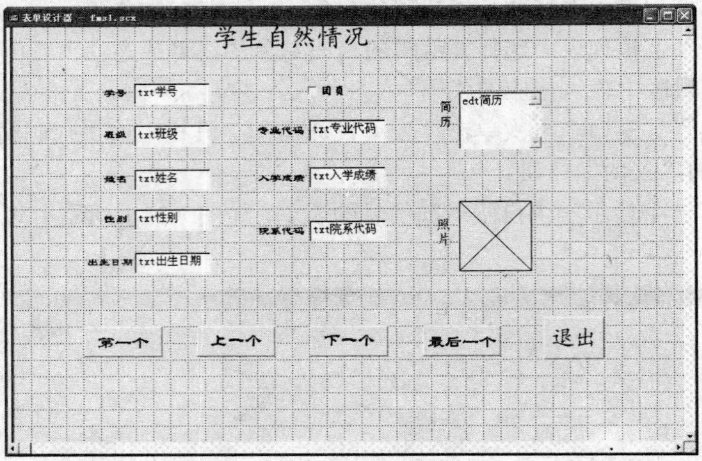

图 7.24 例 7.1 表单的设计结果

（4）编写表单及对象的事件方法程序

1）打开“代码”窗口，在对象下拉列表中选择相应的对象，在“过程”下拉列表中选择相应的事件。

2）Form1 的 Init（初始化）事件代码如下。

```
ThisForm.Command1.Enabled=.F.
ThisForm.Command2.Enabled=.F.
ThisForm.Command3.Enabled=.T.
ThisForm.Command4.Enabled=.T.
```

3）Command1 的 Click（单击）事件代码如下。

```
Go Top
ThisForm.Command1.Enabled=.F.
ThisForm.Command2.Enabled=.F.
ThisForm.Command3.Enabled=.T.
ThisForm.Command4.Enabled=.T.
ThisForm.Release
```

4）Command2 的 Click（单击）事件代码如下。

注 意

以下 SKIP -2 的作用是什么？请读者自行分析。

```
SKIP -2
IF BOF()
   GO TOP
   ThisForm.Command1.Enabled=.F.
   ThisForm.Command2.Enabled=.F.
   ThisForm.Command3.Enabled=.T.
   ThisForm.Command4.Enabled=.T.
ELSE
```

```
    SKIP
    ThisForm.Command1.Enabled=.T.
    ThisForm.Command2.Enabled=.T.
    ThisForm.Command3.Enabled=.T.
    ThisForm.Command4.Enabled=.T.
ENDIF
ThisForm.Release
```

5）Command3 的 Click（单击）事件代码如下。

注 意

以下 SKIP 2 的作用是什么？请读者自行分析。

```
SKIP 2
IF EOF()
    GO BOTTOM
    ThisForm.Command1.Enabled=.T.
    ThisForm.Command2.Enabled=.T.
    ThisForm.Command3.Enabled=.F.
    ThisForm.Command4.Enabled=.F.
ELSE
    SKIP -1
    ThisForm.Command1.Enabled=.T.
    ThisForm.Command2.Enabled=.T.
    ThisForm.Command3.Enabled=.T.
    ThisForm.Command4.Enabled=.T.
ENDIF
ThisForm.Refresh
```

6）Command4 的 Click（单击）事件代码如下。

```
Go BOTTOM
ThisForm.Command1.Enabled=.T.
ThisForm.Command2.Enabled=.T.
ThisForm.Command3.Enabled=.F.
ThisForm.Command4.Enabled=.F.
ThisForm.Refresh
```

7）Command5 的 Click（单击）事件代码如下。

```
ThisForm.Release
```

（5）保存表单

执行“文件”→“保存”命令或单击工具栏中的“保存”按钮。

（6）运行表单

在“命令”窗口中输入 DO FROM FMS1.SCX，运行结果如图 7.25 所示。

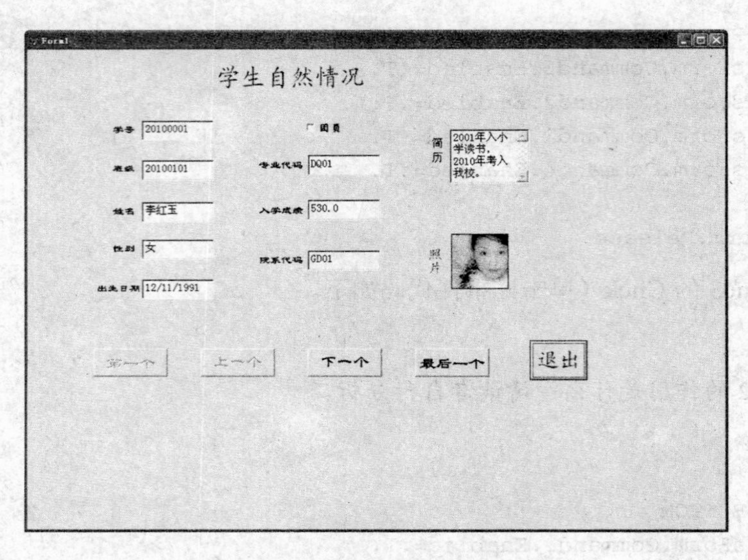

图 7.25 例 7.1 表单的运行结果

7.2.4 表单的修改与运行

1. 表单的修改

（1）打开“表单设计器”窗口

1）用界面方式打开“表单设计器”窗口的方法如下。

执行“文件”→“打开”命令，或单击工具栏中的“打开”按钮，打开“打开”对话框。在“文件类型”选项组中点选“表单”单选按钮，在“文件名”文本框中输入要修改的表单文件名或在“查找范围”列表中选择要修改的表单，单击“确定”按钮。

2）用命令方式打开“表单设计器”窗口的方法如下。

格式： MODIFY FORM [<表单文件名> | ?]

功能： 打开“表单设计器”窗口，创建或修改表单文件名指定的表单。

（2）对表单进行修改

1）若对表单中已有控件对象修改，则方法与设置属性和编辑代码相同。

2）若在表单中创建新的控件对象，则可在“表单控件”工具栏中选择控件将其拖动到表单中，然后对该对象进行属性设置和代码编辑即可。

3）若要删除表单中的控件，则选择该控件按 Delete 键即可。

（3）保存表单

1）单击“工具栏”中的“保存”按钮。

2）执行“文件”→“保存”命令。

2. 表单的运行

运行表单有以下四种方法。

1）单击“工具栏”中的“运行”按钮，运行当前表单。

2）执行“表单”→“执行表单”命令，运行当前表单。

3）执行“程序”→“运行”命令，打开“运行”对话框。在“文件类型”下拉列表中选择“表单”选项，在“执行文件”文本框中输入要执行的表单文件名或在“查找范围”列表框中选择要运行的表单文件名，单击“确定”按钮。

4）用命令执行表单。

格式： DO FORM <表单文件名>

功能： 执行由表单文件名指定的表单。

7.3 常用表单控件

7.3.1 标签控件

标签控件属于输出类控件，用于显示文本。它常用属性如表 7.4 所示。

表 7.4 标签常用属性

属性	用途	默认值
Caption	标题，用于显示文件	Label
AutoSize	是否随标题文本大小调整	.F.
Alignment	指定标题文本控件中显示的对齐方式。0为左对齐，1为右对齐，2为中央对齐	0
BorderStyle	设置边框样式，0为无边框，1为固定单线边框	0
BackStyle	标签是否透明，0为透明，1为不透明	1
ForeColor	设置标题文本颜色，0，0，0为黑色，255，255，255为白色	0，0，0
WordWrap	标题文本是否换行，.T.为换行，.F.为不换行	.F.
FontName	设置标题文本字体类型	宋体
FontSize	标题文本字体大小	9

例 7.2 在表单中打印乘法小九九表，表单界面如图 7.26 所示。表单文件名为 FMP1。

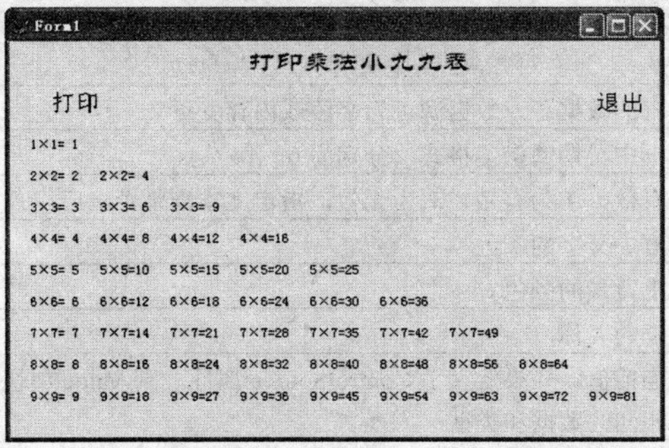

图 7.26 打印乘法小九九表表单

设计步骤如下。

1）建立表单。在“命令”窗口中输入 MODIFY FORM FMP1，打开“表单设计器”窗口。

2）添加控件，设置各控件的属性。按图 7.26 所示添加控件，设置各控件的属性。本表单中包含三个标签控件。

3）编写代码。

① Label2 的 Click 事件代码如下。

```
?
FOR i=1 TO 9
   ? SPACE(3)
   FOR j=1 TO i
      ?? str(i,1)+"×"+str(i,1)+"="+str(i*j,2)+space(3)
   ENDFOR
 ?
ENDFOR
```

② Label3 的 Click 事件代码如下。

```
ThisForm.Release
```

4）保存并运行表单。

7.3.2　文本框控件

文本框与标签不同，文本框有自己的数据源，并可以进行输入和修改。文本框通常以表的一个字段或一个内存变量作为自己的数据源。

文本框只包含单段数据。文本框几乎可以编辑任何类型的数据，如数值型、字符型、逻辑型、日期型等。

1. 文本框常用属性

文本框常用的属性如表 7.5 所示。

表 7.5　文本框常用属性

属性	用途	默认值
Alignment	指定文本框中内容的对齐方式 0 为左对齐，1 为右对齐，2 为中央对齐，3 为自动	3
ControlSource	指定文本框的数据源，数据源可为字段或内存变量	无
DateFormat	指定文本框中日期的指定格式，分别为 0～14	0
Enabled	按钮是否有效，.T.为有效，.F.为无效，指定文本框是否响应用户事件	.T.
ForeColor	指定文本框中文字的颜色	0，0，0
BackColor	指定文本框背景的颜色	255，255，255
Name	指定文本框的名称	Text1
Value	文本框的当前值，如果定义了 ControlSource 属性，则 Value 属性与 ControlSource 属性具有相同的数据和类型	无
PasswordChar	指定显示用户输入的字符还是显示占位符，若指定用作占位符的字符，如“*”，则用户输入的字符都以“*”代替	无
ReadOnly	指定文本框是否是只能浏览不能编辑。.T.为只读，.F.为非只读	.F.
InputMask	指定如何在文本中输入和显示数据	无
Visible	指定文本框可见还是隐藏。.T.为可见，.F.为隐藏	.T.

2. 文本框常用事件和方法

文本框常用事件和方法如表 7.6 所示。

表 7.6 文本框常用事件和方法

事件或方法	说明
GoFocus 事件	当文本框获取焦点时，将触发该事件
LostFocus 事件	当文本框失去焦点时，将触发该事件
KeyPress 事件	当用户在控件上按下某个键并释放它时，触发该事件
Refresh 方法	重画文本框，刷新其值
SetFocus 方法	使文本框得到焦点，方便输入

3. 文本框生成器

“文本框生成器”是设置文本框数据类型、文本框格式和绑定文本框数据源的可视化工具。要打开“文本框生成器”对话框，在选中的文本框上右击，打开快捷菜单，在快捷菜单中执行“生成器”命令，如图 7.27 所示。

（1）“格式”选项卡

该选项卡用于指定文本的数据类型、格式、输入掩码等。

（2）“样式”选项卡

该选项卡用于指定文本框排列方式，如图 7.28 所示。

（3）“值”选项卡

图 7.27 “文本框生成器”对话框

“值”选项卡如图 7.29 所示。用“字段名”下拉列表中的列表来指定表或视图的字段，并用该字段存储文本框的内容。若在建立表单时，未设置数据环境，则可用“...”按钮，绑定相应表中的字段。

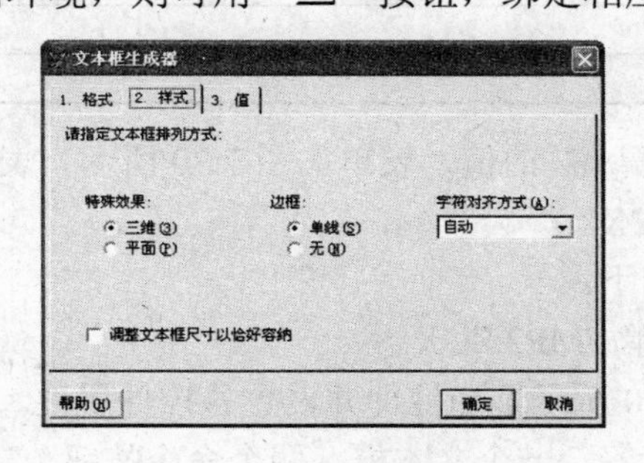

图 7.28 “文本框生成器”对话框中的“样式”选项卡

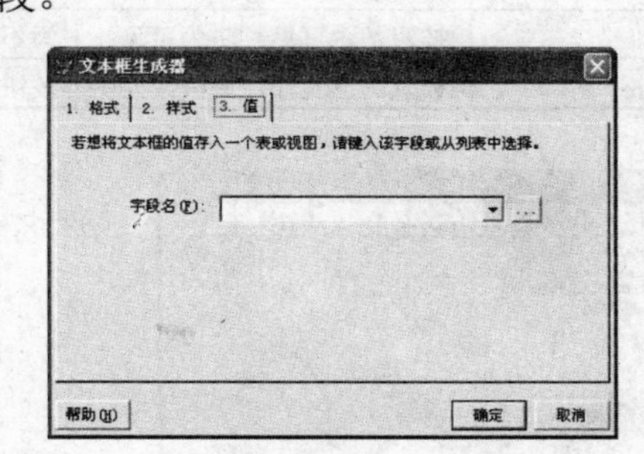

图 7.29 “文本框生成器”对话框的“值”选项卡

7.3.3 编辑框

文本框只能编辑一段文本，在使用上有一定的局限性，在编辑框中可编辑长的字符型字段数据，备注字段数据，字符型内存变量数据，它可以编辑单段与多段数据，允许回车换行并能用方向键、PageUp 键和 PageDown 键以及滚动条来浏览文本。

编辑框与文本框的使用方法基本一致，可用于输入、显示、编辑数据。它最多能接受 2 147 483 647 个字符。编辑框常用属性如表 7.7 所示。

表 7.7　编辑框常用属性

属性	用途	默认值
Value	用来指定控件的状态值	（无）
ReadOnly	是否为只读，.T.为只读，.F.为可编辑	.F.
ScrollBars	是否有滚动条，0 为无，2 为垂直滚动条	2
SelStart	返回用户在编辑框中所选文本的起始位置，取值范围为 0～编辑框中字符总数	0
SelLength	返回用户在文本输入区中选中的字符数目，或指定要选中的数目	0
SelText	返回选定的文本，若无选定文本，则返回空串	0
HideSelection	当前控件失去焦点时，控件中的选定文件是否仍然为选定状态。.T.为不是，.F.为是	.T.
ControlSource	指定编辑框的数据源，数据源可为字段或内存变量	无

7.3.4　命令按钮

命令按钮用来触发事件，完成特定的功能，如确定、退出、计算、查询等，是最常用的控件之一。命令按钮常用属性如表 7.8 所示。

表 7.8　命令按钮常用属性

属性	用途	默认值
Caption	标题	Command1
Name	指定命令按钮的名称	Command1
Enabled	按钮是否有效，.T.为有效，.F.为无效	.T.
Default	是否为默认按钮，.T.为是，.F.为不是。当该项为.T.时，按Enter键时相当于单击“Click”；表单的“命令”按钮中，只能有一个按钮的Default属性为“.T.”	.F.
Cancel	是否取消按钮，.T.为是，.F.为不是。当该项为“.T.”时，按Enter键时相当于按下“ESC”键	.F.
Visible	按钮是否可见，.T.为可见，.F.为不可见	.T.
Picture	设置图形文件，使按钮为图形按钮	（无）

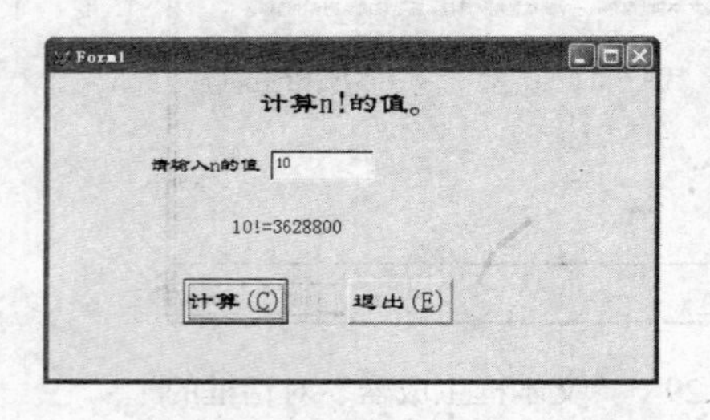

图 7.30　例 7.3 表单

例 7.3　计算 n！的值，表单如图 7.30 所示。表单文件名为 FMP2.SCX。

设计步骤如下。

1）建立表单 FMP2.SCX。

2）按图 7.30 所示添加控件并设置各控件属性。本表单共添加三个标签，一个文本框，两个命令按钮。

①Lebel1 的“Captipn”属性为“计算 n!的值”，Lebel2 的 Captipn 属性为“请输入 n 的值”，Lebel3 的“Captipn”属性为空；②Command1 的“Captipn”属性为“计算(\<C)”，Command2 的“Captipn”属性为“退出(\<E)”在此设置 C 为访问“计算”按钮的快捷键（访问键），E 为访问“退出”按钮的快捷键。

3）编写代码。

① Text1 的 GotFocus 事件的代码如下。

```
ThisForm.Text1.Value=""
```

② Command1 的 Click 事件的代码如下。

```
n=VAL(ThisForm.Text1.Value)
p=1
FOR i=1 TO n
   p=p*i
ENDFOR
ThisForm.Label3.Caption=ALLTRIM(str(n))+"!="+ALLTRIM(str(p,20))
ThisForm.Refresh
```

③ Command2 的 Click 事件的代码如下。

```
ThisForm.Release
```

4）保存并运行表单。

7.3.5 命令按钮组

命令按钮组是包含多个命令按钮的容器对象，它将预定义的命令按钮提供给用户，供用户选择，允许用户从一组指定的操作中选择一个，在表单的设计中经常会用到。

1. 命令按钮组常用属性

命令按钮组是容器控件，常用属性如表 7.9 所示。

表 7.9 命令按钮组常用属性

属性	用途	默认值
Name	指定命令按钮组的名称	CommandGroup1
ButtonCount	设置命令按钮组中的选项按钮个数	2
Buttons	确定命令按钮组中的第几个选项按钮	0
Value	确定已经被选中的按钮是按钮组中的哪一个。当属性值为数值型时，若为 n 则表示第 n 个按钮被选中。当属性值为字符型时，若为字符型值 C，则表示命令按钮组中“Caption”值为 C 的命令按钮组被选中	1

2. 命令按钮组生成器

在选中的命令按钮组上右击，打开快捷菜单，执行“生成器”命令，如图 7.31 所示。

（1）“按钮”选项卡

1）按钮的数目可用微调控件设置。

2）标题可用表格设置，即可用文本作标题也可用图形作标题。

（2）“布局”选项卡

如图 7.32 所示，可对命令按钮组进行按钮布局，对按钮间隔和边框样式进行设置。

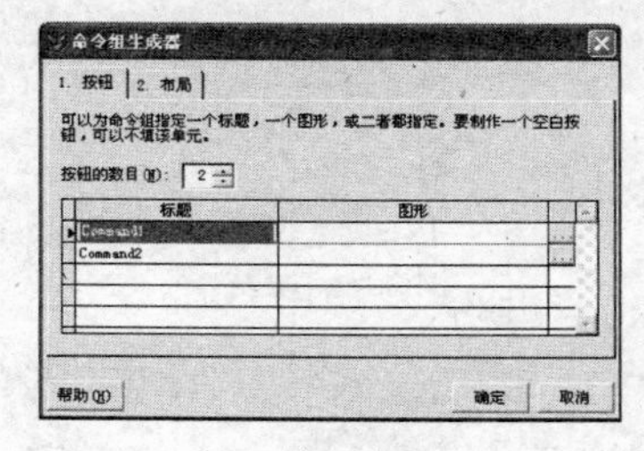

图 7.31 “命令组生成器”对话框

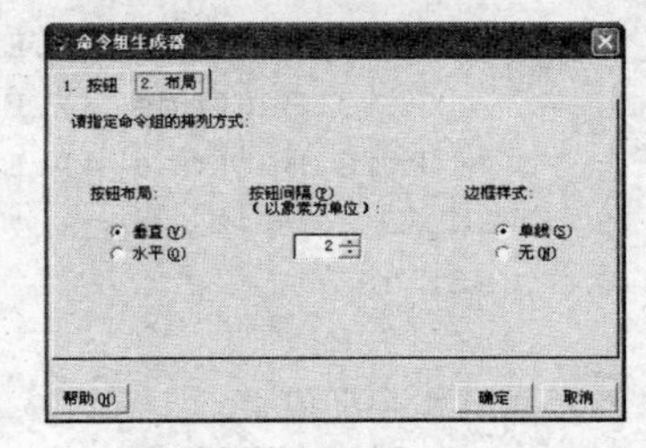

图 7.32 “命令组生成器”对话框的“布局”选项卡

3. 编辑命令按钮组

在选中的命令按钮组上右击，打开快捷菜单，执行“编辑”命令。命令按钮组周围有绿色边界，此时可对命令按钮组中每一个按钮依次设置属性。在选中的命令按钮上双击可编写事件的方法程序。

例 7.4 将例 7.1 用命令按钮组来实现。

此题有两种做法：一种是将命令按钮组中的各个命令按钮单独编程实现，请读者自行完成；另一种方法是将五个命令按钮在命令按钮组中统一编程处理。方法如下。

1）按图 7.24 所示建立表单及其界面，将命令按钮更改成命令按钮组。

2）Form1 的 Init 事件代码如下。

```
FOR i=1 to 5
   ThisForm.CommandGroup1.Buttons(i).Enabled=.t.
ENDFOR
ThisForm.CommandGroup1.Buttons(1).Enabled=.f.
ThisForm.CommandGroup1.Buttons(2).Enabled=.f.
```

3）Commandgroup1 的 Click 事件。

```
n=This.Value
DO CASE
  CASE n=1
      GO TOP
      This.Buttons(1).Enabled=.f.
      This.Buttons(2).Enabled=.f.
      This.Buttons(3).Enabled=.t.
      This.Buttons(4).Enabled=.t.
   CASE n=2
     SKIP -2
     IF BOF()
       GO TOP
       This.Buttons(1).Enabled=.f.
       This.Buttons(2).Enabled=.f.
       This.Buttons(3).Enabled=.t.
       This.Buttons(4).Enabled=.t.
     ELSE
       SKIP
       This.Buttons(1).Enabled=.t.
       This.Buttons(2).Enabled=.t.
       This.Buttons(3).Enabled=.t.
       This.Buttons(4).Enabled=.t.
    ENDIF
   CASE n=3
     SKIP 2
     IF EOF()
        GO BOTTOM
```

```
            This.Buttons(1).Enabled=.t.
            This.Buttons(2).Enabled=.t.
            This.Buttons(3).Enabled=.f.
            This.Buttons(4).Enabled=.f.
        ELSE
           SKIP -1
           This.Buttons(1).Enabled=.t.
            This.Buttons(2).Enabled=.t.
            This.Buttons(3).Enabled=.t.
            This.Buttons(4).Enabled=.t.
        ENDIF
       CASE n=4
            GO BOTTOM
            This.Buttons(1).Enabled=.t.
            This.Buttons(2).Enabled=.t.
            This.Buttons(3).Enabled=.f.
            This.Buttons(4).Enabled=.f.
       CASE n=5
            ThisForm.Release
    ENDCASE
    ThisForm.Refresh
```

4）保存并运行表单。

7.3.6 选项按钮组

选项按钮组是包含多个选项按钮的容器对象，用于在多种功能或多种条件下，用户只能选择其中的一个功能或条件。选项按钮有生成器，可通过生成器对各按钮属性设置，同控件生成器打开方法一样，即选中控件右击，打开快捷菜单，执行“生成器”命令。以后生成器的打开方法就不再赘述了。对各按钮属性设置也可选中控件右击，快捷菜单，执行“编辑”命令，控件周围出现绿色边界，依次对每个按钮属性设置。选项按钮组常用的属性如表7.10所示。

表7.10 选项按钮常用属性

常用属性	说明	默认值
ButtonCount	设置选项按钮组中的选项按钮个数	2
Buttons	用来确定选项按钮组中的第几个选项按钮	0
ControlSource	根据是否选中按钮来确定值，并将值写入字段中	无
Value	确定已经被选中的按钮是按钮组中的哪一个。若值为数值型n，则表示第n个按钮被选中，若为字符型C，则表示“Caption”属性值为C的按钮被选中。	1

例7.5 统计“成绩”表中相关课程的平均分，如图7.33所示。

1）按图7.33建立表单及其界面与属性。

2）在数据环境中添加“课程”表和“成绩”表。

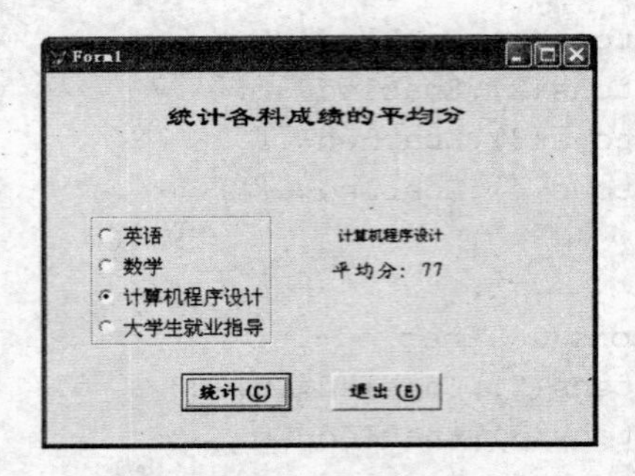

图 7.33 例 7.5 的表单

3）统计 Command1 的 Click 事件代码如下。

```
n=ThisForm.OptionGroup1.Value
fs="平均分："
DO CASE
   CASE n=1
        b1=ThisForm.OptionGroup1.Option1.Caption
        SELECT AVG(总评) AS pjcj FROM 课程 a JOIN 成绩 b ON a.课程代码=b.
课程代码 WHERE b1=a.课程名称 INTO CURSOR aa
        fs=fs+ALLTRIM(str(pjcj))
    CASE n=2
        b1=ThisForm.OptionGroup1.Option2.Caption
        SELECT AVG(总评) AS pjcj FROM 课程 a JOIN 成绩 b ON a.课程代码=b.
课程代码 WHERE b1=a.课程名称 INTO CURSOR aa
        fs=fs+ALLTRIM(str(pjcj))
    CASE n=3
        b1=ThisForm.OptionGroup1.Option3.Caption
        SELECT AVG(总评) AS pjcj FROM 课程 a JOIN 成绩 b ON a.课程代码=b.
课程代码 WHERE b1=a.课程名称 INTO CURSOR aa
        fs=fs+ALLTRIM(str(pjcj))
    CASE n=4
        b1=ThisForm.OptionGroup1.Option4.Caption
        SELECT AVG(总评) AS pjcj FROM 课程 a JOIN 成绩 b ON a.课程代码=b.
课程代码 WHERE b1=a.课程名称 INTO CURSOR aa
        fs=fs+ALLTRIM(str(pjcj))
ENDCASE
ThisForm.Label3.Caption=b1
ThisForm.Label2.Caption=fs
ThisForm.Refresh
```

4）退出 Command2 的 Click 事件代码如下。

```
ThisForm.Release
```

请读者用选项按钮组关联例 7.1 中的“性别”字段。

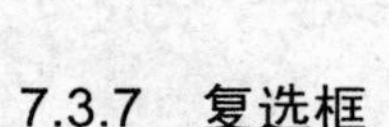

7.3.7 复选框

复选框用于在软件中为用户提供一种或多种选择，以便满足用户的要求。复选框是一个逻辑框，它只有两种状态值：一种为 .T.，表示选中在方框内显示一个“√”；一种为 .F.，表示没选中方框内为空。但有时问题不能简单地分为“真”或“假”，如不确定，可以用 NULL 来表示，此时复选框变为灰色。

由于复选框 Value 属性取值范围的特点，用 ControlSource 属性和复选框建立连接的数据源类型只能是逻辑型或数字型。在表单运行中如果改变了复选框的状态，系统会自动把和复选框建立连接的数据源的值进行更新。复选框常用属性如表 7.11 所示。

表 7.11 复选框常用属性

属性	用途	默认值
Caption	方框右侧的文本	Check1
Value	值。0 或.F.表示未选中，1 表示被选中，2 或 NULL 表示不确定	0 或.F.
ControlSource	数据源	无

例 7.6 统计“学生”表中各专业的人数，如图 7.34 所示。

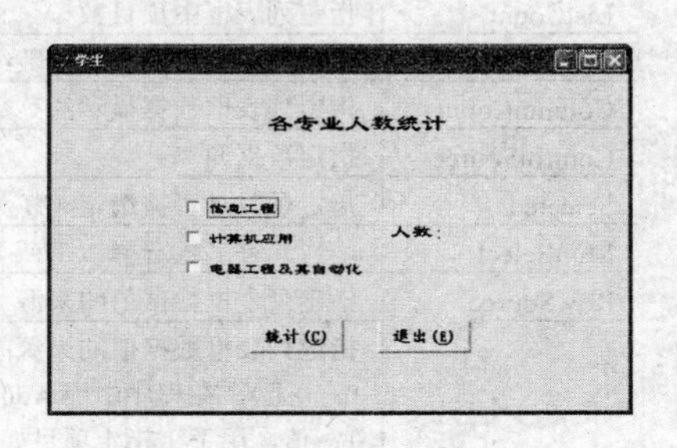

图 7.34 例 7.6 表单

1）按图 7.34 所示建立表单及其界面与属性。

2）在数据环境中添加“专业”表和“学生”表。

3）统计 Command1 的 Click 事件如下。

```
STORE 0 to a1,a2,a3
crs="人数:"
IF ThisForm.Check1.Value=1
   b1=ThisForm.Check1.Caption
   SELECT COUNT(b.专业代码) AS rs FROM 专业 a JOIN 学生 b ON a.专业代码=b.
专业代码 WHERE b1=a.专业名称 INTO CURSOR aa
   a1=rs
ENDIF
IF ThisForm.Check2.Value=1
   b1=ThisForm.Check2.Caption
   SELECT COUNT(b.专业代码) AS rs FROM 专业 a JOIN 学生 b ON a.专业代码=b.
专业代码 WHERE b1=a.专业名称 INTO CURSOR aa
   a2=rs
ENDIF
IF ThisForm.Check3.Value=1
   b1=ThisForm.Check3.Caption
   SELECT COUNT(b.专业代码) AS rs FROM 专业 a JOIN 学生 b ON a.专业代码=b.
专业代码 WHERE b1=a.专业名称 INTO CURSOR aa
   a3=rs
ENDIF
zrs=a1+a2+a3
crs=crs+ALLTRIM(str(zrs))
```

```
ThisForm.Llabel2.Caption=crs
ThisForm.Refresh
```

4）退出 Command2 的 Click 事件代码。

```
ThisForm.Release
```

7.3.8 列表框

列表框是用于产生供用户选择的项目列表，用户可以在列表框中选择。列表框也有生成器。

1. 常用属性

列表框常用属性如表 7.12 所示。

表 7.12 列表框常用属性

属性	用途	默认值
Name	指定列表框的名称	
Value	返回列表框中被选择的项目。若为 N 型则数据返回项目次序号，若为 C 型则数据返回项目内容	无
ListCount	指定列表框中项目数	1
List	用来存取项目的字符串数组，形式为控件对象.List(<行>[, 列])	无
ColumnCount	指定列表框数据显示的列数	0
ControlSource	指定数据源	无
Selected	指定项目是否被选定。.T.为选定，.F.为没选定	.F.
MultSelect	是否允许多重选择。.T.或 1 允许，.F.或 0 为不允许	.F.或 0
RowSource	指定列表框数据值的来源	无
RowSourceType	指定列表框数据值的来源的类型。 0：（无），在程序中用 AddItem 向列表框中添加项目； 1：值，用手工指定项目如 RowSource="aaa,bbb,ccc"； 2：别名，将表中字段作为项目，由 ColumnCount 指定取字段数目； 3：SQL 语句，将 SELECT 查询结果作为项目； 4：查询（.QPR），将 SELECT 查询结果作为项目； 5：数组，将数组内容作为项目； 6：字段，将表中字段作为项目； 7：文件，将文件作为项目； 8：结构，将表结构作为项目； 9：弹出式菜单，将弹出式菜单作为项目。	0—无

2. 常用事件和方法

列表框常用事件和方法如表 7.13 所示。

表 7.13 列表框常用事件和方法

事件或方法	用途
AddItem	在列表框中添加一项数据
AddListItem	在 RowSourceType 为 0 时为列表框添加器，形成 AddListItem（项目值，[<行>，<列>]）
RemoveItem	从 RowSourceType 为 0，在列表框中删除一项数据
Clear	清除列表框表中所有数据项
Click	单击列表框，触发该事件
Requery	当 RowSource 值改变时，更新列表
InteractiveChange	当更改列表框的值时，触发该事件

例 7.7 查询“学生”表的信息。要求用列表框在表单右侧显示学生表中的“姓名”，当单击某一姓名时，在左侧显示该学生的信息，如图 7.35 所示。表单文件名为 FMXSCX1.SCX。

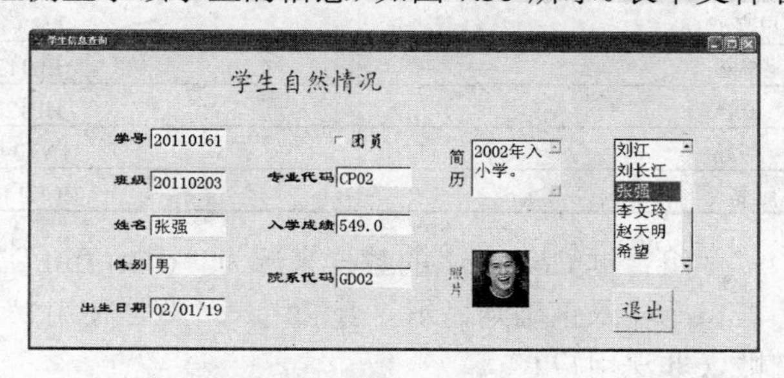

图 7.35 例 7.7 的表单

1）建立表单，打开“表单设计器”窗口。将 Form1 的“Caption”属性更改为“学生信息查询”，并设置“学生”表为其数据源。

2）按图 7.35 设置界面与属性（相关属性设置参见例 7.1）。这里只介绍如何在右侧添加一个列表框 List1。打开“列表框生成器”，在“列表项”选项卡中，将“学生”表中的“姓名”字段作为“选定字段”，在“样式”选项卡中将要显示的行数更改为 16，其余选项卡取默认值。单击“确定”按钮。此时 List1 的“RowSource”属性已设置为学生.姓名，“RowSourceType”属性已设置为 6。

3）编写代码。列表框 List1 的 InteractiveChange 事件的代码如下。

```
ThisForm.Refresh
```

4）退出 Command1 的 Click 事件代码如下。

```
ThisForm.Release
```

5）保存并运行表单。

此例也可用组合框来完成。

7.3.9 组合框

组合框和列表框均产生供用户选择的列表，它们的功能有些相似。不同之处在于，组合框是文本框加列表框，组合框只显示一行，只有单击组合框右侧的下拉按钮时，才显示多行的下拉列表；列表框可以在框内显示多行。另外，组合框允许用户从键盘输入数据；列表框只提供数据供用户选择，不能进行数据的输入。

组合框常用的属性与方法与列表框基本相同，但组合框没有多选择属性，即没有 MultSelect 属性。它有一个重要属性就是 Style，该属性指定组合框是下拉列表框还是下拉组合框。当其值为 0 时，为下拉组合框，可在列表中选择数据项，也可不输入，取默认值。当其值为 1 时，为下拉列表框。

例 7.8 设计一个用户登录界面，如图 7.36 所示，要求建立一个操作员表（OPRT.DBF），结构与内容如表 7.14 所示。

表 7.14 OPRT.DBF

用户名 C (8)	口令 C(16)
李丽	LL1123
黄峰	HF1223
刘源	LY13456
赵楚楚	ZCC14678

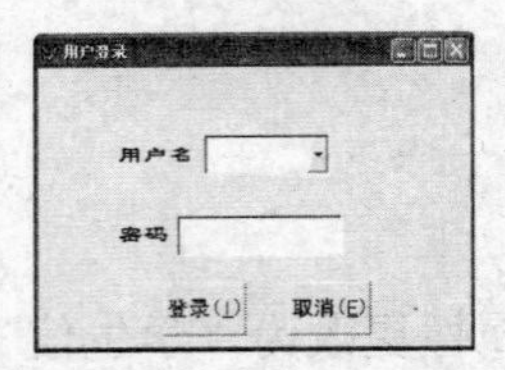

图 7.36 例 7.8 表单

组合框 Commb1 的数据来源为“OPRT.DBF”中的“姓名”字段。若口令输入正确则显示“合法用户，欢迎使用!”，否则显示“登录失败，非法用户!”。

1）建立表单，并将 OPRT.DBF 添加到数据环境中。

2）按图 7.36 建立界面与属性，将 Combo1 的“RowSourceType”设为 6，RowSource 设为字段“OPRT.用户名”，将 Text1 的 PasswordChar 设为*。

3）登录 Command1 的 Click 事件代码如下。

```
IF ALLTRIM(ThisForm.Text1.Value)=ALLTRIM(口令)
  MessageBox("合法用户,欢迎使用!")
ELSE
  MessageBox("登录失败,非法用户!")
ENDIF
```

4）取消 Command2 的 Click 事件代码如下。

```
ThisForm.Release
```

5）Combo1 的 InterActiveChange 事件的代码如下。

```
ThisForm.Text1.Value=""
```

6）保存并运行表单。

7.3.10 表格

表格控件又称网格控件（Grid），表格是一种容器对象，它按行列显示数据，外观与浏览窗口相似。它包含了多个列（Column），每列又包含了一个表头（Header）和文本框（Textbox），表头用来显示字段的标题，文本框用来显示字段的内容。

1. 常用属性

表格控件常用属性如表 7.15 所示。

表 7.15 表格常用属性

属性	用途	默认值
AllowAddNew	指明是否可以在表格控件工具栏中添加记录	.F.
Caption	用来指明表格控件中列的标题名称	空
ColumnCount	用于设置表格控件的列数	−1
Columns	用来指明表格控件中第几列	0

续表

属性	用途	默认值
DeleteMark	设置表格控件中是否要显示删除标志栏，用来指明记录是否已被删除	.T.
Enabled	用来设置表格是否可用	.T.
Name	用来设置表格的名称	Grid1
RecordSource	设置表格控件的数据来源	无
ReadOnly	指明表格控件所连接的数据表是否允许被更改	.T.
LinkMaster	指定表格中显示子表的父表名	（无）
RrecordSourceType	0：表。数据来源于由 RecordSource 指定的表，该表能自动打开 1：别名。数据来源于已经打开的表，由 RecordSource 指定该表别名 2：提示。在运行中由用户根据提示选择表格数据源 3：查询。（.QPR）。数据来源于查询，由 RecordSource 指定一个查询文件 4：SQL 语句。数据来源于 SQL 语句，由 RecordSource 指定一条 SQL 语句	1
ControlSource	在列中要连接的数据来源，通常为表中的一个字段	空

2. 表格的组成

表格由若干个行、列组成。列是由标题和列控件组成，列有自己的属性和方法、事件。行是列的实例，即表中的记录。因此表格用起来很灵活。

3. 表格生成器

打开“表格生成器”对话框，如图 7.37 所示。

（1）“表格项”选项卡

该选项卡用于指定在表格中显示的字段。

（2）“样式”选项卡

该选项卡用于指定表格显示样式。

（3）“布局”选项卡

该选项卡主要用于指定列标题和显示字段值的控件。

（4）“关系”选项卡

该选项卡用来指定两表之间的关联关系。

图 7.37 “表格生成器”对话框

4. 编辑表格

要编辑表格，必须先将表格作为容器激活。在选中的表格上右击，打开快捷菜单，在快捷菜单中执行“编辑”命令，在表格周围出现绿色边界，此时可对表格进行编辑。

（1）修改列标题

在“表格生成器”的“标题”文本框中可以修改列标题。此外还有下面两种方法。

1）用代码修改：例如，ThisForm.Grid1.Column2.Header1.Caption="姓名"，可将表格中第 2 列的标题修改为“姓名”。

2）在“属性”窗口“对象”下拉列表中按照从容器到对象的次序，找到 Headerl 对象后释放鼠标，然后修改其“Caption”属性。

（2）调整表格的行高与列宽

1）调整列宽。表格激活后，将鼠标指针定位于表格两列标题之间，这时指针变为带有左右双向箭头的竖条，此时可左右拖动列线来改变列宽。另一种方法是设置列的“Width”

属性，如令 ThisForm.Grid1.Column1.Width=50。

2）调整行高。标题栏行和内容行的调整方法略有不同。表格激活后，若调整标题栏高度，可将鼠标指针定位于表格标题栏行首按钮的下框线处，当指针变为带有上下双向箭头的横条后，即可上下拖动行线来改变高度。调整内容行高度时，应将鼠标指针定位于表格内容第 1 行行首按钮的下框线处，然后上下拖动行线来改变行高。此时，所有内容行的高度将统一变化。

若要禁止用户在运行时擅自改变表格标题栏的高度，可将表格的 AllowHeaderSizing 属性设置为.F.；若表格的 AllowRowSizing 属性为.F.，则禁止改变表格内容行的高度。

（3）列的增删

1）在表格的“ColumnCount”属性中设置表格的列数，从而改变表格的列数。

2）打开“表格生成器”对话框，在“表格项”选项卡中可增加或减少字段。

3）要删除列，可在“属性”窗口中选中某列后按 Delete 键。

例 7.9 在一个表单中添加两个表格控件，在右侧表格中显示学生信息，在右侧表格中单击时，可在左侧表格中显示该学生对应的成绩信息。如图 7.38 所示。

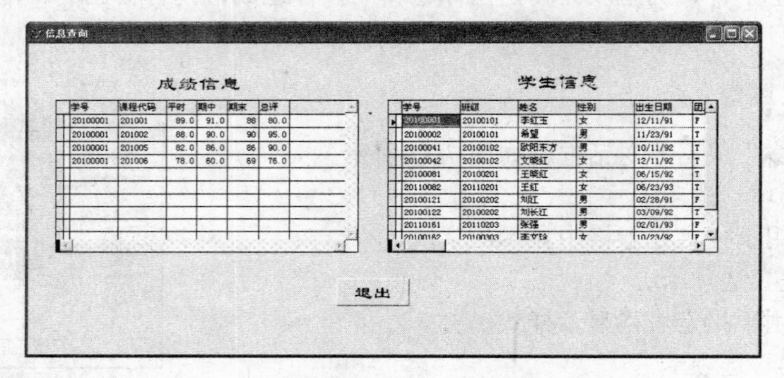

图 7.38 例 7.9 的表单

1）建立表单，在数据环境中添加“学生”表和“成绩”表。

2）按图 7.38 所示，在表单中添加两个标签 Label1、Label2，将其“Caption”属性分别更改为“成绩信息”和“学生信息”；添加两个表格控件 Grid1、Grid2；添加一个命令按钮 Command1，将其“Caption”属性分别更改为“退出”。

3）在 Grid1 的生成器中绑定“成绩”表，在生成器的“关系”选项卡中的“父表中的关键字段”的下拉列表中选择“学生.学号”，在“子表中的相关索引”的下拉列表中选择“学号”，单击“确定”按钮。在 Grid2 的生成器中绑定“学生”表，并输入 Grid2 的 AfterRowColChange 事件代码如下。

```
LPARAMETERS nCoLIndex  &&此代码为系统固有
ThisForm.Refresh
```

4）在退出 Command1 的 Click 事件中输入代码如下。

```
ThisForm.Release
```

5）保存并运行表单。

7.3.11 页框

页框是一种容器对象，页框中包含页面，即页，而页中又可以包含其他控件。其实页框就是选项卡。页框定义了页面的位置和页面的数目，可以用来扩展表单的表面面积。

1. 常用属性

页框常用属性如表 7.16 所示。

表 7.16 页框常用属性

属性	用途	默认值
PageCount	指定页框中包含的页面数，取值范围为 0～99	2
Pages	用于指明页框中的某个页面或用于存取页对象的数组	0
Tabs	指定页框中是否显示页标签栏（选项卡），.T.为有页标题栏，.F.为没有	.T
TabStretch	当页标题（标签）文本很长时，确定是否为多行显示，0 为多行显示，1 为平行显示多余的截去	1
ActivePage	用来返回或指定激活页号。如 Pageframe1AvtivePage=3 第 3 页激活，x=PageFrame1.ActivePage 返回激活页号给 x	1
TabStyle	页框中页是否调整。0 为调整每个页宽度，容纳整个标题；1 为不调整每个页宽度来容纳页标题	0
Name	用来设置页框的名称	Pageframe1
Enabled	用来设置页框是否可用	.T.

2. 编辑页框

在选中页框上右击，打开快捷菜单，在快捷菜单中执行“编辑”命令，在页框周围出现绿色边界，此时可对页框中的每个页进行编辑。

例 7.10 在页框的两个页面内分别显示院系信息和专业信息，如图 7.39 所示。

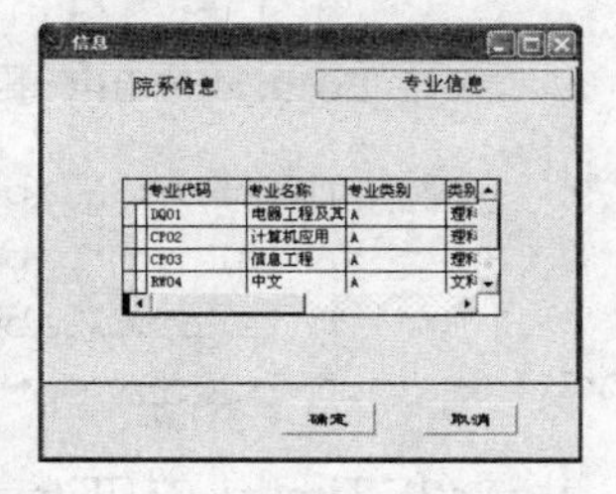

图 7.39 例 7.10 表单

1）建立表单，在数据环境中添加“院系”表和“专业”表。

2）在表单中添加一个页框和两个命令按钮。按图 7.39 所示设计界面与属性，即在选中的页框上右击，打开快捷菜单，执行“编辑”命令，在 Page1 中添加一个表格控件，将其“Caption”属性设置为“院系信息”，用“表格生成器”绑定“院系”表；同样对 Page2 进行设置，并绑定“专业”表。

3）确定按钮 Command1 的 Click 事件代码如下。

```
ThisForm.Release
```

取消按钮 Command2 的 Click 事件代码如下。

```
ThisForm.Release
```

4）保存并运行表单。

7.3.12 计时器与微调器

1. 计时器

计时器控件允许以一定的时间间隔重复地触发某一种事件或执行某一个操作，它通过检查系统时钟，确定是否到了该执行某一任务的时间。在表单设计时，计时器在表单中是可见的，但运行时，计时器是不可见的。

（1）常用属性

计时器常用属性如表 7.17 所示。

表 7.17 计时器常用属性表

属性	用途	默认值
Interval	设置计时器 Timers 事件之间的时间间隔，以 ms 为单位	0
Enabled	计时器是否可用，.T.为可用，.F.为不可用	.T.

图 7.40 例 7.11 表单

（2）计时器常用事件

Timer 事件为计时器常用事件，当经过由 Interval 属性指定的毫秒数时触发，一般是在此事件中编制周期性的动作执行相应程序。

例 7.11 如图 7.40 所示，要求使用 Timer 控件，Interval 设为 1000，“欢迎使用！”在 1000 ms 间与系统时间交替显示。

1）建立表单，向表单中添加两个标签 Label1、Label2，一个选项按钮组，一个计时器控件 Timer1。

2）按图 7.40 设置界面与属性。

设置 Timer1 的 Interval 的值为 1000。

3）编写代码。

① Form1 的 Init 事件代码如下。

```
ThisForm.Label1.ForeColor=RGB(0, 0, 0)
ThisForm.Label1.FontName="宋体"
ThisForm.Label1.FontSize=30
ThisForm.OptionGroup1.Value=0
```

② Timer1 的 Timer 事件代码如下。

```
IF ThisForm.Label1.Caption="欢迎使用！"
   ThisForm.Label1.Caption =TIME()
ELSE
   ThisForm.Label1.Caption ="欢迎使用！"
ENDIF
```

③ OptionGroup1 的 Click 事件代码如下。

```
n= ThisForm.OptionGroup1.Value
DO CASE
   CASE n=1
       ThisForm.Label1.ForeColor=RGB (255,0,0)
       ThisForm.Label1.FontName ="隶书"
       ThisForm.Label1.FontSize =40
   CASE n=2
```

```
        ThisForm.Label1.ForeColor=RGB (0,0,255)
        ThisForm.Label1.FontName ="黑体"
        ThisForm.Label1.FontSize =50
    CASE n=3
        ThisForm.Label1.ForeColor=RGB (0,255,0)
        ThisForm.Label1.FontName ="楷体"
        ThisForm.Label1.FontSize =60
    CASE n=4
        ThisForm.Label1.ForeColor=RGB (255,0,255)
        ThisForm.Label1.FontName ="宋体"
        ThisForm.Label1.FontSize =70
    CASE n=5
        ThisForm.Release
ENDCASE
ThisForm.Refresh
```

4）保存并运行表单。

例 7.12 在例 7.11 的基础上使文字由右向左移动，如图 7.41 所示。

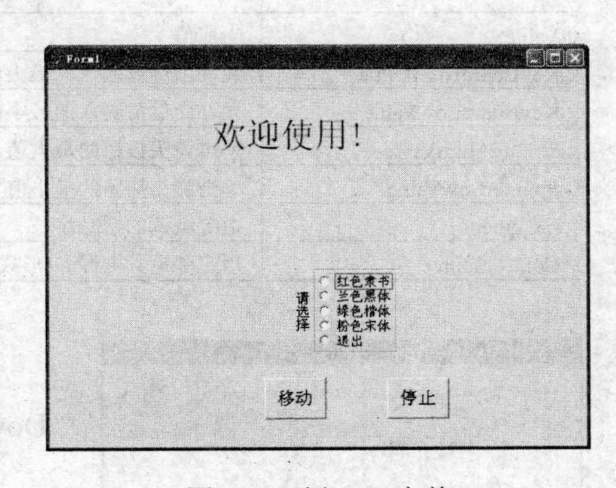

图 7.41 例 7.12 表单

1）建立表单，在图 7.40 的基础上添加两个按钮组如图 7.41，并对命令按钮设属性。

2）编写代码。

① Form1 的 Init 事件代码如下。

```
ThisForm.Label1.ForeColor=RGB(0,0,0)
ThisForm.Label1.FontName ="宋体"
ThisForm.Label1.FontSize =30
ThisForm.OptionGroup1.Value=0
PUBLIC flage
flage=0
```

② Timer1 的 Timer 事件代码如下。

```
IF ThisForm.Label1.Caption="欢迎使用!"
  ThisForm.Label1.Caption=TIME()
ELSE
  ThisForm.Label1.Caption="欢迎使用!"
ENDIF
IF flage=1
  IF ThisForm.Label1.Left+ThisForm.Label1.Width>0
     ThisForm.Label1.Left=ThisForm.Label1.Left-20
  ELSE
    ThisForm.Label1.Left=ThisForm.Width
  ENDIF
ENDIF
```

③ 移动按钮 Command1 的 Click 事件代码如下。

```
flage=1
```

④ 停止按钮 Command2 的 Click 事件代码如下。

```
flage=0
```

⑤ Optiongroup1 的 Click 事件与上例相同。

3）保存并运行表单。

2. 微调控件

微调控件主要用于实现用户在一定范围内输入数值。用户可通过单击微调控件的上下箭头，也可直接在微调文本框中输入数值。

（1）常用属性

微调控件常用属性如表 7.18 所示。

表 7.18 微调常用属性

属性	用途	默认值
Value	当前值	0
KeyBoardHighValue	允许由键盘输入的最大值	2147483647
KeyBoardLowValue	允许由键盘输入的最小值	-2147483647
SpinnerHighValue	单击箭头按钮的最大值	2147483647
SpinnerLowValue	单击箭头按钮的最小值	-2147483647
Increment	指定微调的增减步长	1.00
ControlSource	指定绑定数据源。[形式对象.Controlsource=<变量名>]	无

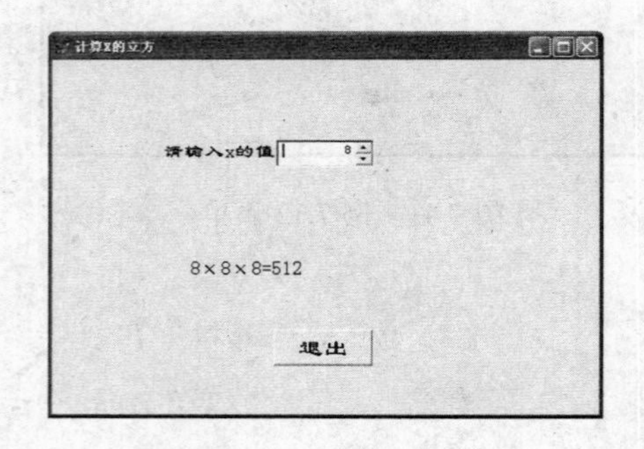

图 7.42 例 7.13 表单

（2）常用事件

其常用事件包括 InteractiveChange，Click，DownClick，UpClick 事件。

例 7.13 设计用微调控件输入 x 值，计算 x^3 值的表单，如图 7.42 所示。

1）建立表单并在表单中添加两个标签，一个微调控件，一个命令按钮。

2）按图 7.42 所示设置各控件的属性。即：Spinner1 的 KeyboardHighValue 为 100，Spinner1 的 KeyboardLowValue 为 0，Spinner1 的 SpinnerHighValue 为 100，Spinner1 的 SpinnerLowValue 为 0，Spinner1 的 Interment 为 1。其他从略。

3）编写代码。

① Spinner1 的 InteractiveChange 事件代码如下。

```
x=This.Value
y=x*x*x
ThisForm.Label2.Caption=ALLTRIM(str(x))+"×" + ALLTRIM(str(x)) + "×" +
ALLTRIM(str(x))+ "=" + ALLTRIM(str(y))
```

② 退出 Command1 的 Click 事件代码如下。

```
ThisForm.Release
```

4）保存并运行表单。

7.3.13 图像、形状、线条

1. 图像

图像控件用于显示图片。同其他控件一样有一套属性、事件方法。常用属性如表 7.19 所示。

表 7.19 图像常用属性

属性	用途	默认值
Picture	要显示的图片	（无）
BorderStyle	是否有边框，0 为无，1 为固定单线	0
BackStyle	图像的背景是否透明，0 为透明，1 为不透明	1
Stretch	0：剪裁。超出控件范围部分不显示 1：等比填充。保证图像有比例，控件内尽可能大的显示图像 2：等比填充。将图像调整到控件的高度，宽度相匹配	0

例 7.14 交替显示两张图片，要求单击一次替换一次，如图 7.43 和图 7.44 所示。

图 7.43 例 7.14 显示的第一张图片

图 7.44 例 7.14 显示的第二张图片

1）在计算机中查找两个扩展名为.BMP 图像复制到默认路径下，本题默认目录为 D:\XSCJGL，一个图像名为 a1. .BMP，另一个为 a2.BMP。

2）建立表单并在表单中添加一个图像控件和一个命令按钮控件，按图 7.43 建立界面与属性。

3）编写代码。

① Form1 的 Init 事件代码如下。

```
PUBLIC im
im=0
```

② Form1 的 Active 事件代码如下。

```
ThisForm.Image1.Picture="D:\XSCJGL\a1.BMP"
```

③ Image1 的 Click 事件代码如下。

```
IF im=0
    This.Picture="D:\XSCJGL\a1.BMP"
    im=1
ELSE
    This.Picture="D:\XSCJGL\a2.BMP"
    im=0
ENDIF
```

④ 退出 Command1 的 Click 事件代码如下。

```
ThisForm.Release
```

4）保存并运行表单。

2. 形状

形状控件用来创建图形，如矩形、椭圆等。形状常用属性如表 7.20 所示。

表 7.20 形状常用属性

属性	用途	默认值
Curvature	指定曲率。0 为矩形，99 为圆（或椭圆），（0，99）为圆角矩形	0
Width	指定矩形宽度	
Height	指定矩形高度	
FillStyle	指定填充方式。0 为实线；1 为透明，即无填充；2 为水平线；3 为垂直线；4 为向上对角线；5 为向下对角线；6 为十字线；7 为对角交叉线	1
BorderStyle	指定控件边框样式。0 为透明；1 为实线；2 为虚线；3 为点；4 为点划线；5 为双点划线；6 为内实线	1

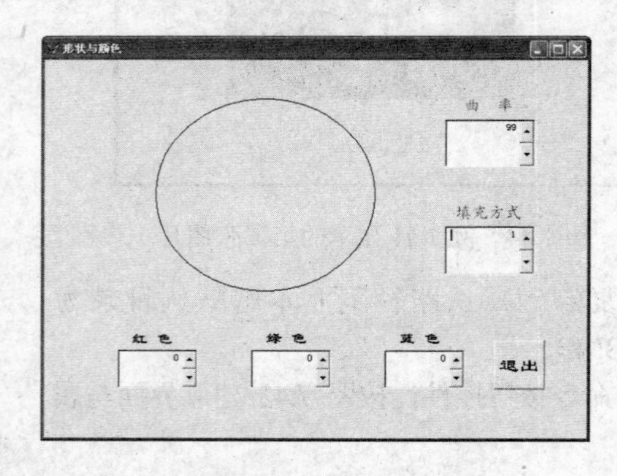

图 7.45 例 7.15 表单

例 7.15 在形状控件中显示用红、绿、蓝三种颜色搭配的背景颜色，如图 7.45 所示。

1）建立表单并在表单添加各控件。Spinner1 用于调整形状，曲率取值 0～99，步长为 10。Spinner2 用于填充方式，取值 0～7。Spinner3 用于调红色，取值 0～255。Spinner4 用于调绿色，取值 0～255。Spinner5 用于调蓝色，取值 0～255。Command1 用于退出。五个标签用于显示相应的标题。

2）按图 7.45 设置表单界面和布局。

3）编写代码。

① Spinner1 的 InteractiveChange 事件代码如下。

```
ThisForm.Shape1.Curvature=This.Value
ThisForm.Refresh
```

② Spinner2 的 InteractiveChange 事件代码如下。

```
ThisTorm.Shape1.FillStyle=This.Value
ThisForm.Refresh
```

③ Spinner3、Spinner4、Spinner5 的 InteractiveChange 事件代码如下。

```
    ThisForm.Shape1.BackColor=RGB(ThisForm.Spinner3.Value,ThisForm.Spinne
r4.Value,ThisForm.Spinner5.Value)
    ThisForm.Refresh
```

④ 退出 Command1 的 Click 事件代码如下。

```
    ThisForm.Release
```

4）保存并运行表单。

3. 线条

线条是用来画线的控件。线条常用属性如表 7.21 所示。

表 7.21 线条常用属性

属性	用途	默认值
Height	指定线条为对角线的高度。若为 0，则为水平线	
Width	指定线条为对角线的宽度。若为 0，则为垂直线	
LineSlant	指定线条倾斜方向。正斜（/），反斜（\）	\
BorderWidth	指定线条的宽度	1

7.3.14 容器

容器控件是可以包含其他对象的控件。它的封装性好，使用它可以将一些对象组合在一起，统一管理。

1. 常用属性

容器常用属性如表 7.22 所示。

表 7.22 容器常用属性

属性	用途	默认值
BackStyle	设置容器是否透明，1 为不透明，0 为透明	1
SpecialEffect	设置容器样式，0 为凸起，1 为凹下，2 为平面	2

2. 向容器中装入控件与编辑控件

如果向容器中装入控件必须在选中的容器上右击，打开快捷菜单，在快捷菜单中执行“编辑”命令，使容器周围出现绿色边界，这时才可以向容器中拖放所需控件。

当需要对容器中的控件进行编辑时，方法与装入控件相同，在选中的容器上右击，打开快捷菜单，在快捷菜单中执行“编辑”命令，使容器周围出现绿色边界，这时才可以对容器中每个控件进行编辑。

3. 容器中对象的引用

在引用容器中的对象时，一定要指明是引用哪个容器中的对象。

例 7.16 用容器控件计算两个整数的积。

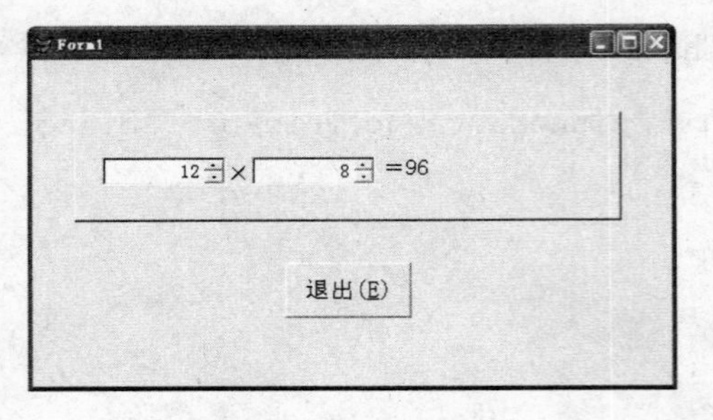

图 7.46　例 7.16 的表单

1）建立表单，按图 7.46 所示设计界面。添加一个容器控件 Container1，将 Container1 的“SpecialEffect”属性设为 0，添加一个命令按钮 Command1，将其“Caption”属性设为“退出”。在容器控件中添加两个微调控件 Spinner1、Spinner2 和两个标签 Label1、Label2，将标签 Label1 的“Caption”属性分别设为“×”，将标签 Label1 的 Caption 属性“=”。

2）编写代码。

① Spinner1 和 Spinner2 的 InteractiveChange 事件代码如下。

```
ThisForm.Container1.Label2.Caption="="+ALLTRIM(Str((ThisForm.Container1.;
Spinner1.Value)*( ThisForm.Container1.Spinner2.Value)))
```

② 退出 Command1 的 Click 事件代码如下。

```
ThisForm.Release
```

请读者将例 7.16 改为计算任意两个数（带小数）的积。

7.4　自定义属性与方法

VFP 允许用户定义表单或表单集的属性和方法。自定义属性方法属于整个表单对象。因此在表单中始终是有效的。用户自定义属性相当于变量，并且它的引用严格规范，用户自定义方法相当于过程。自定义属性与自定义方法定义后，可以像使用 VFP 中的属性和方法一样使用它们。

7.4.1　自定义属性

自定义属性可分为一般属性和数组属性。

1. 自定义属性

（1）建立自定义属性

打开“表单设计器”。执行“表单”→“新建属性”命令，打开“新建属性”对话框，如图 7.47 所示。在“名称”的文本框中输入属性名 dfp，单击“添加”按钮，然后单击“关闭”按钮，打开如图 7.48 所示“属性”窗口。

添加的自定义属性的默认值为.F.。可以更改为其他类型。

（2）编辑自定义属性

打开“表单设计器”。执行“表单”→“编辑属性/方法程序”命令，或在“属性”窗口的属性列表中找到要编辑的自定义属性“dfp”选中后右击，打开快捷菜单。在快捷菜单中执行“编辑属性/方法程序”命令，打开“编辑属性/方法程序”对话框，如图 7.49 所示。在“名称”列表框中选中自定义的属性，如 dfp。此时可进行编辑操作，若想为 dfp 重命名，可在右侧的“属性/方法程序名”文本框中输入新名，如 deff，单击“应用”按钮即可；若要删除该属性则单击“移去”按钮即可，编辑完后，单击“关闭”按钮；在“编辑属性/方法程序”对话框中也可通过“新建属性”按钮建立自定义属性；在“编辑属性/方法程序”对话框中也可通过“新建方法程序”按钮建立自定义方法程序，参见7.4.2小节。

图7.47 “新建属性”对话框

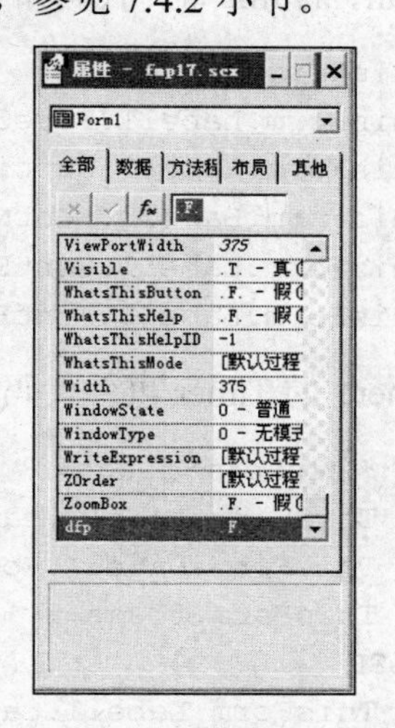

图7.48 “属性”窗口

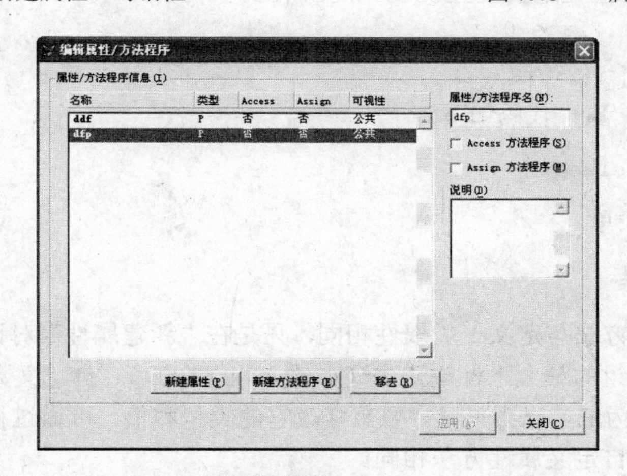

图7.49 “编辑属性/方法程序”对话框

例7.17 设计一个表单如图7.50所示。要求每隔1000ms欢迎字幕变为系统时间，执行后单击变化的文本就结束执行。

1）建立表单，建立一个新属性flage。建立表单后，执行“表单”→“新建属性”命令，打开“新建属性”对话框，如图7.47所示。在“名称”的文本框中输入属性名“flage”，单击“添加”按钮，然后单击“关闭”按钮。在Form1的属性窗口列表的最后找到属性“flage”，将其属性值更改为0。

图7.50 例7.17表单

2）按图7.50所示设置界面和属性。在Form1中添加一个标签Label1，将其“Caption”属性更改为空，添加一个计时器，将其“Interval”属性值更改为1000。

3）编写代码。

① Form1 的 Init 事件代码如下。

```
ThisForm.flage=0
ThisForm.Label1.ForeColor=RGB (255, 0, 0)
ThisForm.Label1.Caption="欢迎使用 VFP 开发工具!"
ThisForm.Label1.FontName="隶书"
ThisForm.Label1.FontSize =40
ThisForm.Label1.FontBold=.t.
```

② Timer1 的 Timer 事件代码如下。

```
IF ThisForm.flage=0
   ThisForm.Label1.caption=time()
   ThisForm.Label1.ForeColor=RGB (0,0,255)
   ThisForm.flage=1
ELSE
   ThisForm.Label1.Caption="欢迎使用 VFP 开发工具!"
   ThisForm.Label1.ForeColor=RGB (255,0,0)
   ThisForm.Flage=0
ENDIF
```

③ Label 的 Click 事件代码如下。

```
ThisForm.Release
```

4）保存并运行表单。

2. 定义数组属性

定义数组属性的方法与定义一般属性相同，只是在“新建属性”对话框中“名称”文本框内输入名时要将数组的最大下标输进去（如输入 a（100））。自定义数组属性可为二维数组。数组属性默认值为.F.，已为只读。要想修改它的类型和值，可通过程序来修改。编辑自定义数组属性与编辑自定义属性方法相同。

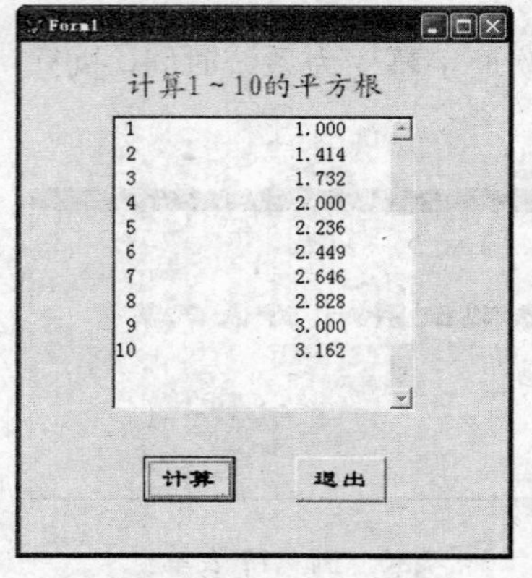

图 7.51 例 7.18 表单

例 7.18 用自定义属性的方法显示 1～10 之间的平方根，如图 7.51 所示。

1）建立表单，定义自定义数组。建立表单后，执行“表单”→“新建属性”命令，打开“新建属性”对话框，如图 7.47 所示。在“名称”的文本框中输入属性名“a(10)”，单击“添加”按钮，然后单击“关闭”按钮。

2）按图 7.51 设置界面与属性。在表单中添加一个标签 Label1，将其“Caption”属性设置为“计算 1～10 的平方根”；添加一个列表框 List1，设置其“ColumnCount”属性为 2，“ColumnWidth”属性为 140，40；添加两个命令按钮，将其“Caption”属性分别设置为“计算”和“退出”。

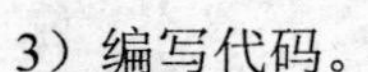

3）编写代码。

① Form1 的 Load 事件代码如下。

```
FOR i=1 to 10
   ThisForm.a(i)=sqrt(i)
ENDFOR
```

② 计算 Command1 的 Click 事件代码如下。

```
FOR i=1 to 10
  ThisForm.List1.AddListItem(str(i,2),i,1)     &&在列表框中填入第一列数
  ThisForm.List1.AddListItem (str(ThisForm.a(i),5,3),i,2)  &&在列表框中
填入第二列数
ENDFOR
ThisForm.Refresh
```

③ 退出 Command2 的 Click 事件代码如下。

```
ThisForm.Release
```

4）保存并运行表单。

7.4.2 自定义方法程序

自定义方法程序可以传递参数，可以有返回值，类似于前面学习过的结构化程序设计中的过程和自定义函数。

1. 自定义方法程序的添加

由于自定义方法程序属于表单，因此必须在表单打开的情况下才可添加自定义方法。操作过程如下。

执行“表单”→“新建方法程序”命令，打开“新建方法程序”对话框，如图 7.52 所示。在“名称”的文本框中输入方法名，如 ff1，单击“添加”按钮，然后单击“关闭”按钮。

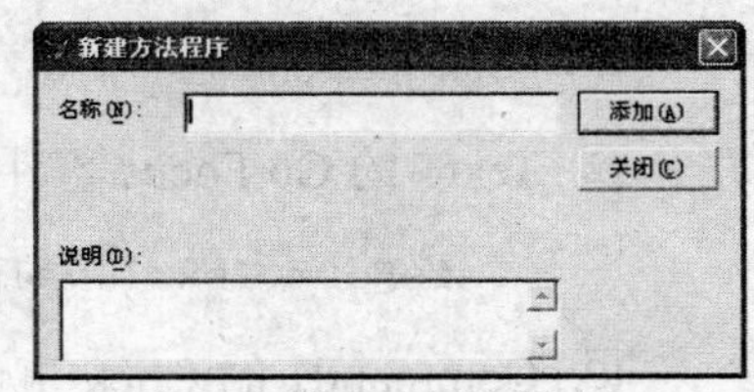

图 7.52 “新建方法程序”对话框

新建的方法名可在“属性”窗口的下拉列表中找到，使用方式与一般方法相同。编辑自定义方法与编辑自定义属性方法相同。

2. 自定义方法参数的传递命令

格式： PARAMETERS <形参表> 或者 LPATAMETERS <形参表>

功能： 接收调用者传送来的数据或实参。

说明：

1）PARAMETERS 与 LPATAMETERS 区别在于 PARAMETERS 接收的参数变量属于 PRIVATE 性质，而 LPATAMETERS 接收参数变量属于 LOCAL 性质。

2）若自定义方法需要传递参数必须将此命令写入方法的第一行，若不需要传递参数，则此命令必须不写。

3. 调用方法的一般形式

格式：对象.方法名（[实参表]）

功能：调用方法名指定的自定义方法，并传递实参表中指定的参数。

说明：实参表中实参可为数据、变量、变量的地址，变量地址形式为@变量名。

4. 方法的返回命令

格式：RETURN [<表达式>]

功能：为自定义方法返回表达式指定的值。

说明：

1）若无选项，则 RETURN 返回逻辑值.T.。

2）若自定义方法不需要返回值，可不写此命令。

例 7.19 将例 7.3 用自定义方法实现，即用自定义方法计算 n！的值，如图 7.30 所示。

1）建立表单并建立一个新方法 ffjc。建立表单后，执行“表单”→“新建方法程序”命令，打开“新建方法程序”对话框，如图 7.52 所示。在“名称”的文本框中输入属性名“ffjc”，单击“添加”按钮，然后单击“关闭”按钮。

2）按图 7.30 所示添加控件并设置各控件属性。其内容见例 7.3。

3）编写代码。

① 对自定义方法 ffjc 编写代码。打开“代码”窗口，在“对象”选项下拉列表框选择“Form1”选项，在“过程”下拉列表中选择“ffjc”选项。代码如下。

```
PARAMETERS n, p
p=1
FOR i=1 to n
   p=p*i
ENDFOR
```

② Text1 的 GotFocus 事件的代码如下。

```
ThisForm.Text1.Value=""
```

③ Command1 的 Click 事件的代码如下：

```
a=VAL(ThisForm.Text1.Value)
p1=1
ThisForm.ffjc(a, @p1)
ThisForm.Label3.Caption=ALLTRIM(str(a))+"!="+ALLTRIM(str(p1,20))
ThisForm.Refresh
```

④ Command2 的 Click 事件的代码如下。

```
ThisForm.Release
```

4）保存并运行表单。

本题步骤 3）的①中“ffjc”方法中 PARAMETERS 语句有两个形参 n，p，在步骤 3）的③中第三行的 Thisform.ffjc(a, @p1)对 ffjc 方法调用，在调用时，实参 a 将值传送给形参 n，这是一个值传递过程，而实参p1由@p1形式将p1的地址传送给形参p，这是一个地址传递的引用，即形参p与p1共用同一个地址进行传递数据，也就是说形参p与p1共用同一个存储单元或者说p就是p1，因此在调用ffjc后p1的值就是p的值。

例7.20 使用有返回值的自定义方法求n！的值，如图7.30所示。

1）建立表单FMP20.SCX并按图7.30所示设置界面和属性。其内容见例7.3。

2）编写代码。

① 由于在例7.19中已自定义了方法“ffjc”，在此直接对其编写代码即可。打开“代码”窗口，在“对象”下拉列表中选择“Form1“选项，在“过程”下拉列表中选择“ffjc”选项。代码如下。

```
PARAMETERS n
p=1
FOR i=1 to n
   p=p*i
ENDFOR
RETURN p
```

② Text1的GotFocus事件的代码如下。

```
ThisForm.Text1.Value=""
```

③ Command1的Click事件的代码如下。

```
a=VAL(ThisForm.Text1.Value)
ThisForm.Label3.Caption=ALLTRIM(str(a))+"!="+ALLTRIM(str(ThisForm.ffj
c(a),20))
ThisForm.Refresh
```

④ Command2的Click事件的代码如下。

```
ThisForm.Release
```

3）保存并运行表单。

本题步骤2）的①中的“ffjc”方法中PARAMETERS语句只有一个形参n，在ffjc2方法代码最后一行使用了RETURN p，将运算结果p返回主调事件中。

7.5 表单集与多重表单

在前面的学习中程序界面一次只能出现一个，但软件开发中经常遇到要求同时使用多个界面操作的问题，这类问题VFP开发工具用表单集与多重表单的功能来解决。当多个表单之间存在信息交流与操作时，VFP用多重表单来处理。

7.5.1 表单集

表单集本身就是一个容器，它被创建后并不可见，表单集一旦被创建，它内部自动包含一个表单，第一个表单集的默认名为 FormSet1，表单集中所含的第一个表单默认名为 Form1，然后可通过操作对表单集添加多个表单，在表单集中的表单地位是平等的，没有从属关系。表单集对它内部中的表单类型统一管理与操作。在表单集中可同时显示或隐藏多个表单，并能以可视化的模式调整多个表单的相对位置，可在一个表单中方便地操纵另一个表单中的对象，在表单集中的表单都可以有独立的数据环境。从而可以同时控制在多个表单中的记录指针。这是指当在一个表单中的父表的记录指针改变时，在其他表单中的与其相关联的子表的记录指针也随着改变。

1. 创建表单集

表单集的创建在“表单设计器”窗口中进行，因此必须打开“表单设计器”窗口。执行“表单”→“创建表单集”命令，此时创建一个名为“FormSet1”的表单集。前面已介绍过表单集不可见，但可通过“属性”窗口中的“对象”下拉列表查看表单集名称。

2. 向表单集中添加或从表单集中删除表单

（1）向表单集中添加表单

执行“表单”→“添加新表单”命令。

（2）从表单集中删除表单

在“表单设计器”窗口中选择要删除的表单，执行“表单”→“移除表单”命令，进行确认操作即可。当表单集中只有一个表单时无法删除该表单，因为表单集的存在至少要有一个表单。

3. 删除表单集

当表单集中只剩下一个表单时，可删除表单集，即执行“表单”→“移除表单集”命令。

例 7.21 设计一个表单集，其中有两个表单，如图 7.53 所示。

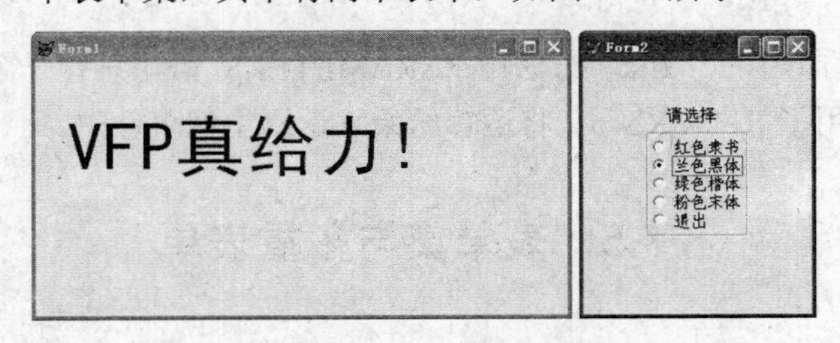

图 7.53 例 7.21 的表单集

要求：Form1 中的“VFP 真给力！”文字与系统时间交替显示。Form1 中有一个计时器控件，时间间隔为 1000ms。当 Form2 中点选不同的单选按钮时 Form1 中的文本进行相应颜色字体的变化。

（1）打开“表单设计器”窗口建立表单集

执行“表单”→“创建表单集”命令。

（2）向表单集添加表单

执行“表单”→“添加新表单”命令。

（3）设计界面

分别在“属性”窗口的对象下拉列表中选择“Form1”、“Form2”选项，按图 7.53 设计界面与属性。

（4）编写代码

1）打开“代码”窗口，在对象下拉列表中选择表单集“FormSet1”，在“过程”下拉列表中选择 Activate 激活事件，即编写 FormSet1 的 Activate 事件的代码。

```
This.Form1.Label1.ForeColor= RGB (0,0,0)
This.Form1.Label1.FontName="宋体"
This.Form1.Label1.FontSize=30
```

2）Form1 中的 Timer1 的 Timer 事件代码如下。

```
IF ThisForm.Label1.Caption="VFP 真给力!"
  ThisForm.Label1.Caption=TIME()
ELSE
  ThisForm.Label1.Caption="VFP 真给力!"
ENDIF
```

3）Form2 的 OptionGroup1 的 Click 事件代码如下。

```
n=ThisForm.OptionGroup1.Value
DO CASE
  CASE n=1
      ThisFormSet.Form1.Label1.ForeColor=RGB(255,0,0)
      ThisFormSet.Form1.Label1.FontName="隶书"
      ThisFormSet.Form1.Label1.FontSize=40
  CASE n=2
      ThisFormSet.Form1.Label1.ForeColor = RGB (0,0,255)
      ThisFormSet.Form1.Label1.FontName ="黑体"
      ThisFormSet.Form1.Label1.FontSize =50
  CASE n=3
      ThisFormSet.Form1.Label1.ForeColor = RGB (0,255,0)
      ThisFormSet.Form1.Label1.FontName ="楷体"
      ThisFormSet.Form1.Label1.FontSize =60
  CASE n=4
      ThisFormSet.Form1.Label1.ForeColor = RGB (255,0,255)
      ThisFormSet.Form1.Label1.FontName ="宋体"
      ThisFormSet.Form1.Label1.FontSize =70
  CASE n=5
      ThisFormSet.Release
ENDCASE
ThisFormSet.Form1.Refresh
```

本题中步骤 3）中 This 指的是表单集，在其他事件代码中 ThisFormSet 也是指表单集。

在表单集中，表单之间的信息交流与操作是很方便的，只要指出是对表单集的哪一个表单中的控件引用即可。

例 7.22 设计表单如图 7.54 所示，它是在例 7.21 的基础上在 Form2 中添加 Edit 控件，要求将 Edit1 中文本显示在 Form1 的 Label 中，其余要求与例 7.21 相同。

图 7.54 例 7.22 的表单集

1）打开例 7.31 的表单，执行“文件”→“另存为”命令，打开“另存为”对话框，在“保存表单为”文本框中输入“fmp22”，单击“保存”按钮。

2）Form2 中增加 Edit1 控件。

3）Form2 中增加 Edit1 的 KeyPress 事件代码如下。

```
LPARAMETERS nKeyCode, nShiftAltCtrl
IF nKeyCode=13
ThisFormSet.Form1.Label1.Caption=This.Value
ENDIF
```

4）将表单 Form1 的 Timer1 的 Time 事件代码改写如下。

```
IF ThisForm.Label1.Caption=ThisFormSet.Form2.Edit1.Value
  ThisForm.Label1.Caption =time()
ELSE
  ThisForm.Label1.Caption=ThisFormSet.Form2.Edit1.Value
ENDIF
```

5）保存并运行表单。

7.5.2 多重表单

多重表单是指在多个表单之间存在着主从关系或层次关系的表单。在表单调用中能调用其他表单的表单称为主表单或父表单。而被其他表单调用的表单称为子表单。上层表单就是父表单，下层表单就是子表单。

VFP 支持单文档界面（SDI）和多文档界面（MDI）。单文档界面是指应用程序窗口只能显示一个文档窗口。多文档界面是指应用程序窗口可以显示一个或多个文档窗口。为了实现 SDI 与 MDI，VFP 将表单分为子表单、浮动表单、顶层表单三种。

1. 表单的三种类型

多重表单常用常用属性如表 7.23 所示。

表 7.23 多重表单常用属性

属性	用途	默认值
AlwayOnTop	用于控制表单是否总是位于其他打开窗口的顶部。.T.为表单总在顶部，.F.为表单不一定在顶部	.F.
Desktop	控制表单是否总在桌面窗口（可以浮动于其他窗口）。.T.为表单可在桌面窗口中浮动，.F.为表单不能浮动	.F.
ShowWindow	此属性可设置控制表单是在 VFP 主窗口中、顶层表单中还是其本身就是顶层表单。0 表示在屏幕中，即该表单是位于 VFP 主窗口中的子表单。1 表示在顶层表单中，该表单是活动的顶层表单中的子表单。2 表示作为顶层表单，表示该表单为顶层表单，其中可放置子表单	0
WindowType	控制表单是无模式表单还是有模式表单。0 表示无模式，1 表示有模式。有模式表单在运行时其他运行的表单都不能操作，直到被关闭后，其他表单才可操作	0
MDIForm	控制子表单最大化后是否与父表单组合为一体，.T.为组合成一体，共享父表单的标题栏、标题、菜单栏	.F.

（1）子表单

子表单包含在父表单窗口中，它不可以移动到父表单边界之外，当将它最小化时，将显示在父表单的底部。当父表单最小化时，子表单也一同最小化。子表单是在“表单设计器”窗口中创建的。

1）将 ShowWindow 属性设置为 0 或 1。

2）将表单对 MDIForm 进行.T.或.F.设置。

（2）浮动表单

浮动表单也是一种子表单。它属于父表单的一部分，但不包含在父表单中，它可以移动到屏幕的任何位置，但不能在父窗口后台移动。当浮动表单最小化时，它将显示在桌面的底部。当父表单最小化时，它也一同最小化。浮动表单是在“表单设计器”窗口中创建。

1）将 ShowWindow 属性设置为 0 或 1。

2）将表单的 Desktop 设置为.T.。

（3）顶层表单

顶层表单是指没有父表单的独立表单。它与 Windows 应用程序同级，可出现在其前台或后台，并显示在 Windows 任务栏中。顶层表单在“表单设计器”窗口中创建。将 ShowWindows 属性设置为 2。

2. 主表单调用子表单

格式：DO <表单文件名> [WITH <实参表>] [TO <内存变量名>]

功能：执行表单文件名指定的子表单。

说明：

1）选择 WITH <实参表>是将父表单的实参传送到子表单中。子表单在 Init 事件中必须有 PARAMETERS <形参表>或 LPATAMETERS <形参表>参数接受命令，此命令在 7.5.2 小节自定义方法中已介绍。

2）选择 TO <内存变量名>是用指定内存变量名的内存变量接收从子表单返回的值。子表单必须在 Unload 事件中用 RETURN [表达式]返回命令，若 RETURN 命令无表达式将返回.T.，且将子表单的 WindowType 属性设置为 1。

例 7.23 建立多重表单求 n！的值，如图 7.55 和图 7.56 所示。

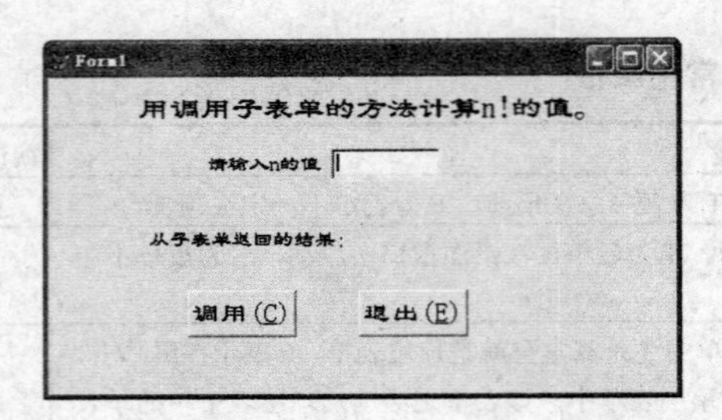

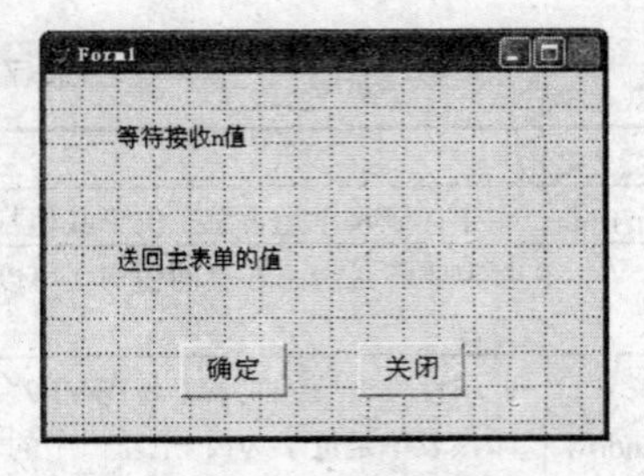

图 7.55　例 7.23 的主表单　　　图 7.56　例 7.23 的子表单

1）建立主表单，文件名为“fmp23.scx”，按图 7.55 设置界面与属性，将父表单 Show Window 属性设置为 1，也可设置为 2，若设置为 2 执行后，父表单将在桌面上。在“表单设计器”窗口中添加三个标签，一个文体框，两个命令按钮并设置其相应属性。

2）编写主表单代码。

① Text1 的 GotFocus 事件的代码如下。

```
ThisForm.Text1.Value=""
```

② 调用按钮 Command1 的 Click 事件的代码如下。

```
n=VAL(ThisForm.Text1.Value)
x=0
DO FORM fmp23z with n to x
ThisForm.Label3.Caption="从子表单返回的结果："+ ALTRIM (str(x))
```

③ 退出按钮 Command2 的 Click 事件的代码如下。

```
ThisForm.Release
```

3）保存父表单。

4）建立子表单，文件名为“fmp23z.SCX”，按图 7.56 设置界面与属性，将子表单 ShowWindow 属性设置为 1，WindowType 属性设置为 1。在“表单设计器”窗口中添加两个标签，两个命令按钮并设置相应属性。

5）编写子表单代码。

① 子表单 Form1 的 Init 事件代码如下。

```
LPARAMETERS n
PUBLIC p
ThisForm.Label1.Caption="从主表单接收的 n 值为"+STR(n)
p=1
FOR i=1 to n
  p=p*i
ENDFOR
```

② 子表单 Form1 的 Unload 事件代码如下。

```
RETURN p
```

③ 子表单 Form1 的确定按钮 Command1 的 Click 事件代码如下。

除该属性则单击“移去”按钮即可，编辑完后，单击“关闭”按钮；在“编辑属性/方法程序”对话框中也可通过“新建属性”按钮建立自定义属性；在“编辑属性/方法程序”对话框中也可通过“新建方法程序”按钮建立自定义方法程序，参见7.4.2小节。

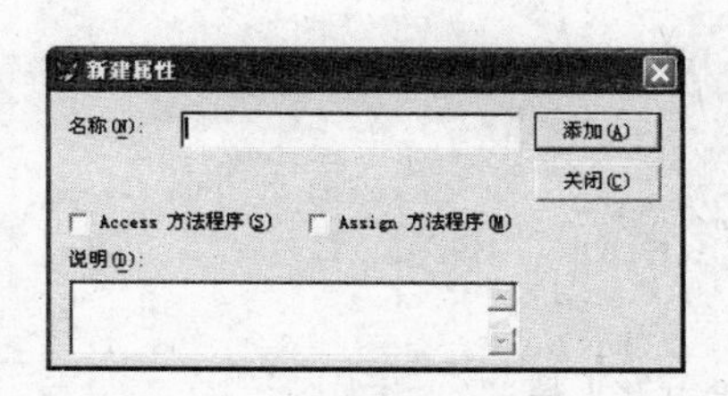

图7.47 “新建属性”对话框

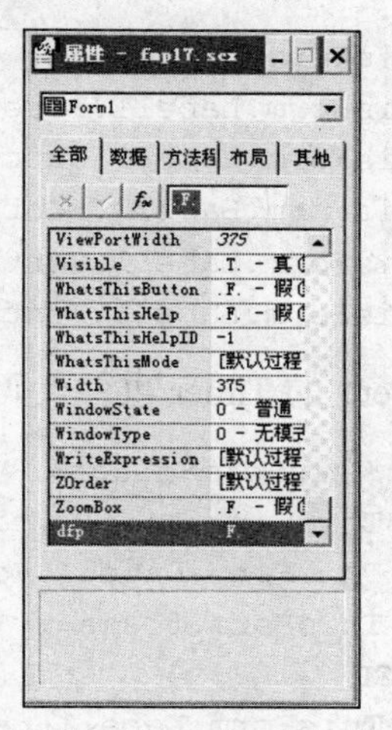

图7.48 “属性”窗口

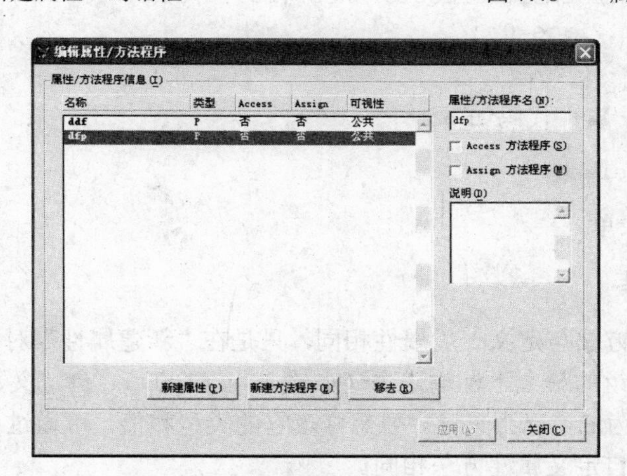

图7.49 “编辑属性/方法程序”对话框

例7.17 设计一个表单如图7.50所示。要求每隔1000ms欢迎字幕变为系统时间，执行后单击变化的文本就结束执行。

1）建立表单，建立一个新属性flage。建立表单后，执行“表单”→“新建属性”命令，打开“新建属性”对话框，如图7.47所示。在“名称”的文本框中输入属性名“flage”，单击“添加”按钮，然后单击“关闭”按钮。在Form1的属性窗口列表的最后找到属性“flage”，将其属性值更改为0。

图7.50 例7.17表单

2）按图7.50所示设置界面和属性。在Form1中添加一个标签Label1，将其“Caption”属性更改为空，添加一个计时器，将其“Interval”属性值更改为1000。

3）编写代码。

① Form1 的 Init 事件代码如下。

```
ThisForm.flage=0
ThisForm.Label1.ForeColor=RGB (255, 0, 0)
ThisForm.Label1.Caption="欢迎使用 VFP 开发工具!"
ThisForm.Label1.FontName="隶书"
ThisForm.Label1.FontSize =40
ThisForm.Label1.FontBold=.t.
```

② Timer1 的 Timer 事件代码如下。

```
IF ThisForm.flage=0
   ThisForm.Label1.caption=time()
   ThisForm.Label1.ForeColor=RGB (0,0,255)
   ThisForm.flage=1
ELSE
   ThisForm.Label1.Caption="欢迎使用 VFP 开发工具!"
   ThisForm.Label1.ForeColor=RGB (255,0,0)
   ThisForm.Flage=0
ENDIF
```

③ Label 的 Click 事件代码如下。

```
ThisForm.Release
```

4）保存并运行表单。

2. 定义数组属性

定义数组属性的方法与定义一般属性相同，只是在“新建属性”对话框中“名称”文本框内输入名时要将数组的最大下标输进去（如输入 a（100））。自定义数组属性可为二维数组。数组属性默认值为.F.，已为只读。要想修改它的类型和值，可通过程序来修改。编辑自定义数组属性与编辑自定义属性方法相同。

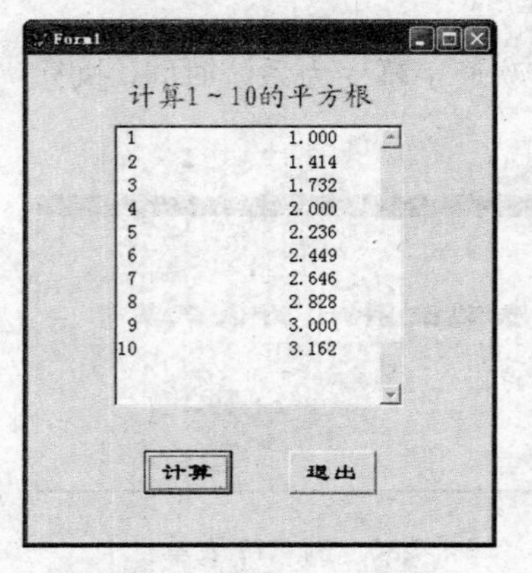

图 7.51 例 7.18 表单

例 7.18 用自定义属性的方法显示 1～10 之间的平方根，如图 7.51 所示。

1）建立表单，定义自定义数组。建立表单后，执行“表单”→“新建属性”命令，打开“新建属性”对话框，如图 7.47 所示。在“名称”的文本框中输入属性名“a(10)”，单击“添加”按钮，然后单击“关闭”按钮。

2）按图 7.51 设置界面与属性。在表单中添加一个标签 Label1，将其“Caption”属性设置为“计算 1～10 的平方根”；添加一个列表框 List1，设置其“ColumnCount”属性为 2，“ColumnWidth”属性为 140，40；添加两个命令按钮，将其“Caption”属性分别设置为“计算”和“退出”。

```
ThisForm.Label2.Caption="送回主表单的值: "+ALTRIM(str(p))
```

④ 子表单 Form1 的关闭按钮 Command2 的 Click 事件代码如下。

```
ThisForm.Release
```

6）保存子表单。

7）运行父表单。

在“命令”窗口中输入 DO FROM fmp23.SCX 即可。

例 7.24 用多重表单设计实现以下功能。在父表单中单击“查询”按钮调用子表单并在子表单中输入学生姓名，单击“确定”按钮后，查询结果在父表单中显示，如图 7.57 和图 7.58 所示。

1）建立主表单，文件名为“fmp24.SCX”。将“学生”表添加到数据环境中。

2）按图 7.57 所示建立父表单界面与属性。将数据环境中“学生”表的每个字段依次拖动到父表单 Form1 中。将父表单 Form1 的 ShowWindow 属性设置为 1。添加两个命令按钮，并设置其相应的属性。

3）编写父表单代码。

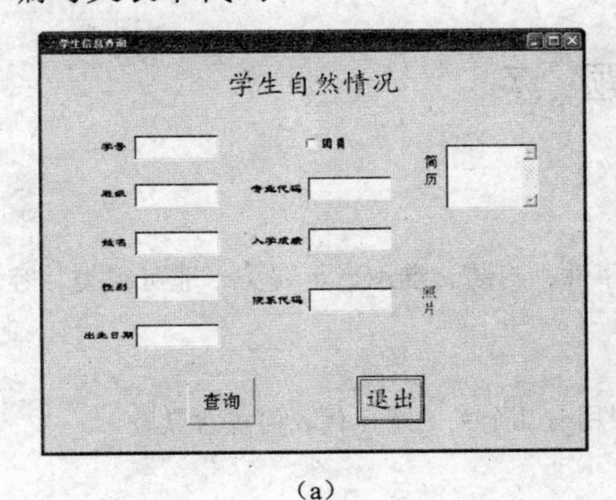

(a)

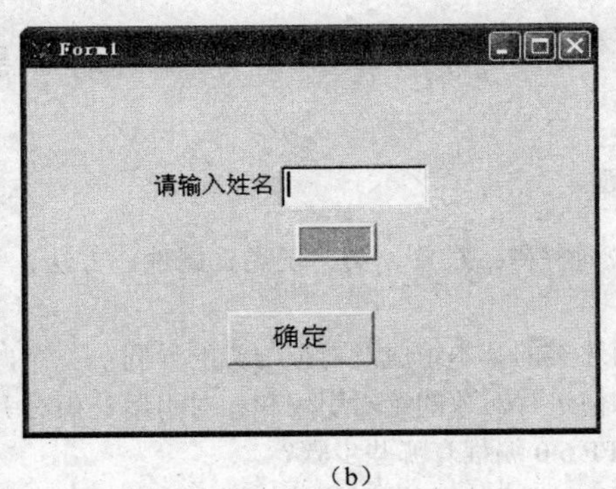

(b)

图 7.57 例 7.24 的主菜单和子菜单

① 父表单 Form1 中查询按钮 Command1 的 Click 事件代码如下。

```
x=0
z=0
DO FORM fmp24z TO x
LOCATE FOR  ALLTRIM(姓名)=ALLTRIM(x)
IF NOT FOUND()
   MessageBox("查无此学生")
ENDIF
ThisForm.Release
```

② 父表单 Form1 中退出按钮 Command2 的 Click 事件代码如下。

```
ThisForm.Refresh
```

4）保存主表单。

5）建立子表单，文件名为“fmp24z.scx”，按图 7.57 设置界面与属性，将子表单

ShwoWindow 属性设置为 1，WindowType 属性设置为 1。在“表单设计器”窗口中添加一个标签，一个文本框，一个命令按钮并设置其相应属性。

6）编写子表单代码。

① 子表单 Form1 的 Init 事件代码如下。

```
PUBLIC y
y=""
```

② 子表单 Form1 的 Unload 事件代码如下。

```
RETURN y
```

③ 子表单 Form1 中确定按钮 Command1 的 Click 事件代码如下。

```
y= ThisForm.Text1.Value
ThisForm.Release
```

7）保存子表单。

8）运行父表单。在“命令”窗口中输入 DO FORM fmp24 即可。

习 题 7

一、思考题

1．名词解释：对象、类、子类、属性、方法、事件、封装、继承、可视类、非可视类、容器类、控件类。

2．简述类的基本组成及对象与类的异同。

3．如何进行对象的绝对引用和相对引用？相对引用有几个关键字，代表何种含义？

4．VFP 6.0 编程有哪些步骤？

5．复制控件可以复制原控件的所有信息吗？

6．什么是数据环境？它在表单设计中起什么作用？

7．命令按钮和命令按钮组有什么异同？命令按钮组是容器类控件吗？容器类控件有什么特点？

8．文本框和编辑框有什么异同？

9．列表框和组合框有什么异同？

10．选项按钮组和复选框有什么异同？

二、选择题

1．命令按钮组是（　　）。

A．控件　B．容器　C．控件类对象　D．容器类对象

2．Init、Load、Active 和 Destroy 四个事件发生的顺序为（　　）。

A．Init、Load、Active、Destroy　B．Load、Init、Active、Destroy

C．Active、Init、Load、Destroy　D．Destroy、Load、Init、Active

3．下列文件的类型中，表单文件是（　　）。

A．.DBC　B．.DBF　C．.PRG　D．.SCX

4．线条控件中，控制线条倾斜方向的属性是（　　）。

A．BorderWidth　B．LineSlant　C．BorderStyle　D．DrawMode

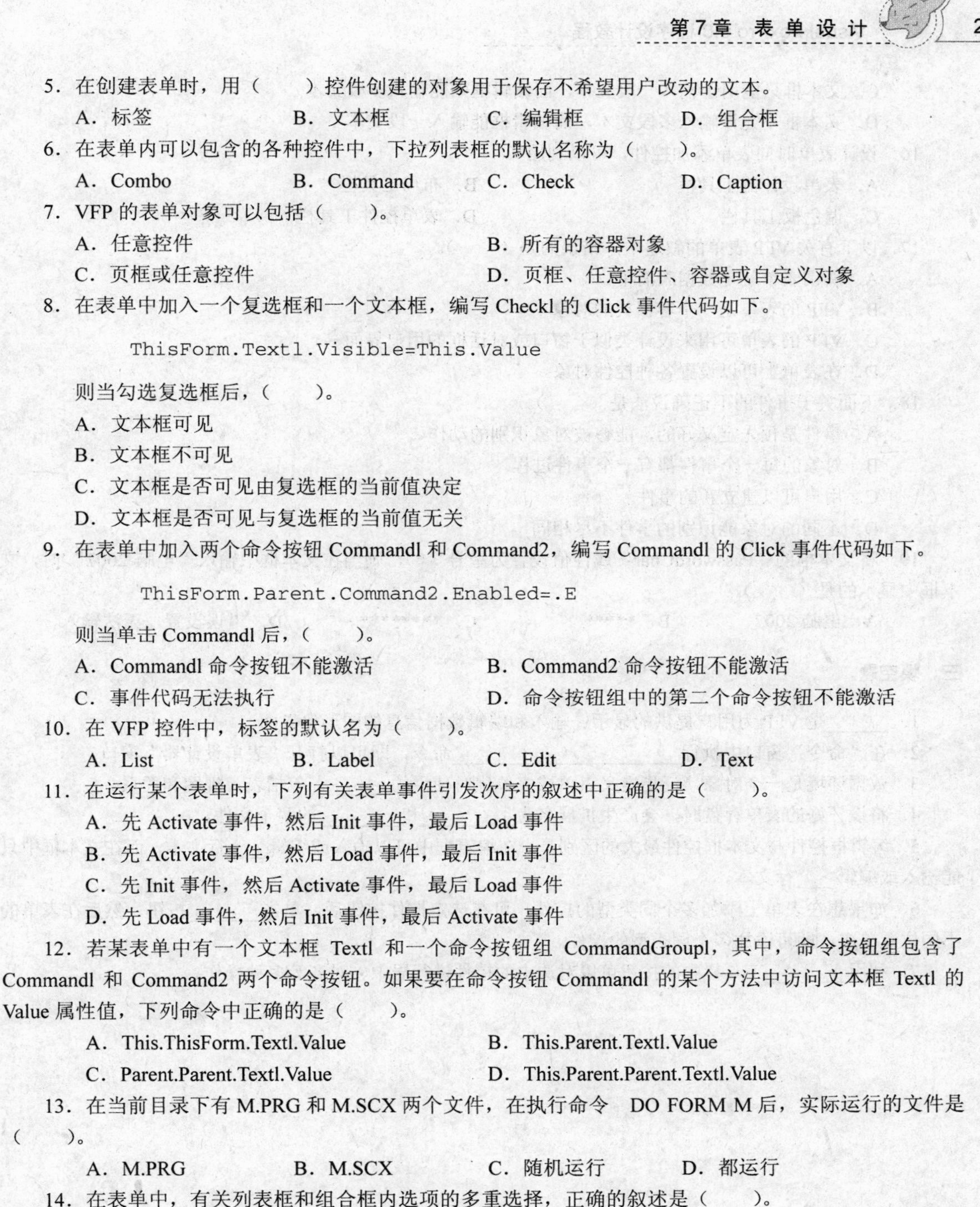

5. 在创建表单时，用（　　）控件创建的对象用于保存不希望用户改动的文本。

A. 标签　　B. 文本框　　C. 编辑框　　D. 组合框

6. 在表单内可以包含的各种控件中，下拉列表框的默认名称为（　　）。

A. Combo　　B. Command　　C. Check　　D. Caption

7. VFP 的表单对象可以包括（　　）。

A. 任意控件　　B. 所有的容器对象

C. 页框或任意控件　　D. 页框、任意控件、容器或自定义对象

8. 在表单中加入一个复选框和一个文本框，编写 Checkl 的 Click 事件代码如下。

```
ThisForm.Textl.Visible=This.Value
```

则当勾选复选框后，（　　）。

A. 文本框可见

B. 文本框不可见

C. 文本框是否可见由复选框的当前值决定

D. 文本框是否可见与复选框的当前值无关

9. 在表单中加入两个命令按钮 Commandl 和 Command2，编写 Commandl 的 Click 事件代码如下。

```
ThisForm.Parent.Command2.Enabled=.E
```

则当单击 Commandl 后，（　　）。

A. Commandl 命令按钮不能激活　　B. Command2 命令按钮不能激活

C. 事件代码无法执行　　D. 命令按钮组中的第二个命令按钮不能激活

10. 在 VFP 控件中，标签的默认名为（　　）。

A. List　　B. Label　　C. Edit　　D. Text

11. 在运行某个表单时，下列有关表单事件引发次序的叙述中正确的是（　　）。

A. 先 Activate 事件，然后 Init 事件，最后 Load 事件

B. 先 Activate 事件，然后 Load 事件，最后 Init 事件

C. 先 Init 事件，然后 Activate 事件，最后 Load 事件

D. 先 Load 事件，然后 Init 事件，最后 Activate 事件

12. 若某表单中有一个文本框 Textl 和一个命令按钮组 CommandGroupl，其中，命令按钮组包含了 Commandl 和 Command2 两个命令按钮。如果要在命令按钮 Commandl 的某个方法中访问文本框 Textl 的 Value 属性值，下列命令中正确的是（　　）。

A. This.ThisForm.Textl.Value　　B. This.Parent.Textl.Value

C. Parent.Parent.Textl.Value　　D. This.Parent.Parent.Textl.Value

13. 在当前目录下有 M.PRG 和 M.SCX 两个文件，在执行命令 DO FORM M 后，实际运行的文件是（　　）。

A. M.PRG　　B. M.SCX　　C. 随机运行　　D. 都运行

14. 在表单中，有关列表框和组合框内选项的多重选择，正确的叙述是（　　）。

A. 列表框和组合框都可以设置成多重选择

B. 列表框和组合框都不可以设置成多重选择

C. 列表框可以设置成多重选择，而组合框不可以

D. 列表框不可以设置成多重选择，而组合框可以

15. 以下所述的有关表单中“文本框”与“编辑框”的区别，错误的是（　　）。

A. 文本框只能用于输入数据，而编辑框只能用于编辑数据

B. 文本框内容可以是文本、数值等多种数据，而编辑框内容只能是文本数据

C．文本框只能用于输入一段文本，而编辑框则能输入多段文本

D．文本框不允许输入多段文本，而编辑框能输入一段文本

16．设计表单时向表单添加控件，可以利用（　　）。

A．表单设计器工具栏　　B．布局工具栏

C．调色板工具栏　　D．表单控件工具栏

17．以下有关 VFP 表单的叙述中，错误的是（　　）。

A．所谓表单就是数据表清单

B．VFP 的表单是一个容器类的对象

C．VFP 的表单可用来设计类似于窗口或对话框的用户界面

D．在表单上可以设置各种控件对象

18．下面关于事件的不正确说法是（　　）。

A．事件是预先定义好的，能够被对象识别的动作

B．对象的每一个事件都有一个事件过程

C．用户可以建立新的事件

D．不同的对象能识别的事件不尽相同

19．将文本框的“PasswordChar”属性值设置为星号（*），则当在文本框中输入“电脑 2007”'时，文本框中显示的是（　　）。

A．电脑 2007　　B．*****　　C．********　　D．错误设置，无法输入

三、填空题

1．______是 VFP 为用户提供的显示、输入和编辑数据信息的图形化界面。

2．在“命令”窗口中执行__________________命令，即可以打开“表单设计器”窗口。

3．数据环境是一个对象，泛指定义表单或表单集时使用的______，包括表、视图和关系。

4．将设计好的表单存盘时，会产生扩展名为______和______的两个文件。

5．编辑框控件与文本框控件最大的区别是，在编辑框中可以输入或编辑____行文本，而在文本框中只能输入或编辑____行文本。

6．如果想在表单上添加多个同类型的控件，可在选定控件按钮后，单击______按钮，然后在表单的不同位置单击，即可添加多个同类型的控件。

7．利用______工具栏中的按钮可以对选中的控件进行居中、对齐等多种操作。

第 8 章　报表与标签设计

应用程序除了完成对信息的处理、加工之外，还要完成对信息的打印输出。VFP 的报表和标签为在打印文档中显示和总结数据提供了灵活的途径，可以将要打印的信息快速的组织和修饰，形成报表或标签的形式打印输出。

报表由数据源和布局组成，数据源通常是指数据库表、自由表、视图、查询和临时表，而报表布局定义了报表的打印格式。尽管报表和标签可以完成对信息的打印输出任务，但它们并不是万能的，在实际应用中有时遇到的特殊报表仍然需要通过编程来实现。

标签是一种特殊形式的报表，它的创建、修改方法与报表基本相同。

8.1　报 表 设 计

VFP 创建报表有三种方式，第一种是用“报表向导”创建报表；第二种是使用“快速报表”创建报表；第三种是用“报表设计器”创建报表。无论使用哪种方式创建报表，都要在创建报表之前对报表进行总体规划和布局。

8.1.1　报表的总体规划和布局

1. 总体规划

1）决定要创建的报表类型。

2）需要的数据源是一个还是多个，它们之间的关系。

3）采用哪种常规布局方式。

2. 报表的常规布局

在创建报表前应确定所需报表的常规布局，根据不同的需要，选择不同的布局，并且在确定常规布局时要考虑纸张的要求。

人们在工作中已总结出了多种实用的报表常规布局，如图 8.1 所示。

为帮助用户选择布局，下面给出常规布局的一些说明，以及它们的一般用途及示例，如表 8.1 所示。

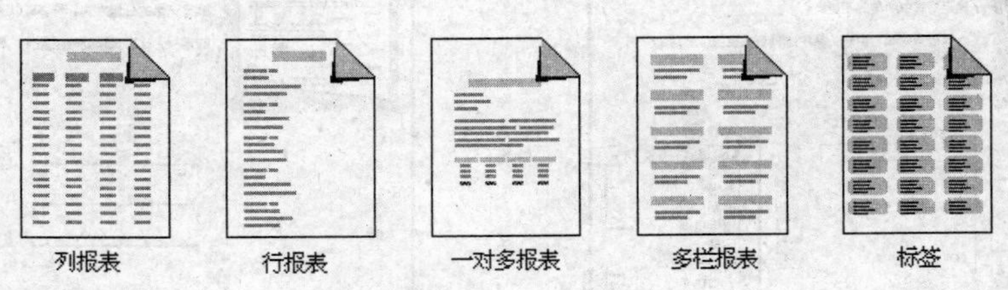

图 8.1　报表布局示意图

表 8.1　报表常规布局

布局类型	说明	示例
列（纵向）	表格内标题在上面，即每一行一条记录，每一条记录的字段在页面上按水平方向设置	分组/总汇报表，财政报表等
行（横向）	表格内标题在左侧，即字段在一侧竖直放置，字段与其数据在同行	列表
一对多	父表一条记录对应子表多条记录，即报表内容包括父表的记录及子表的记录	发票、会计报表
多栏	表格内标题分多列，可多行分布在不同位置。	电话号码簿、名片
标签	多列记录，每条记录的字段沿左边缘竖直放置，打印在特殊纸上	邮件标签、名字标签

3. 建立报表的步骤

1）建立报表文件。

2）设置报表数据源（设置数据环境）。

3）设计报表的布局。

4）保存文件。

5）预览和打印报表。

8.1.2　创建报表

1. 用“报表向导”创建报表

执行“文件”→“新建”命令或单击工具栏中的“新建”按钮，打开“新建”对话框。在“文件类型”选项组中点选“报表”单选按钮，单击“向导”按钮，打开“向导选取”对话框，如图 8.2 所示。此对话框中有两个选项供用户选择。当报表数据源为一个单一的表时选择“报表向导”选项，当数据源是由父表和子表组成时，选择“一对多报表向导”选项，然后根据向导各步骤的提示完成报表的制作。

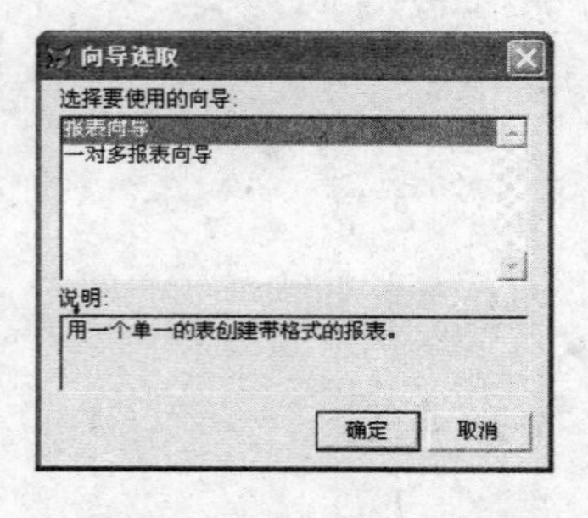

图 8.2　“向导选取”对话框

例 8.1　用报表向导为“学生”表创建报表。

1）执行“文件”→“新建”命令或单击工具栏中的“新建”按钮，打开“新建”对话框，在“文件类型”选项组中点选“报表”单选按钮，单击“向导”按钮，打开“向导选取”对话框，选择“报表向导”选项，单击“确定”按钮，打开“报表向导”对话框之“步骤 1-字段选取”，如图 8.3 所示。

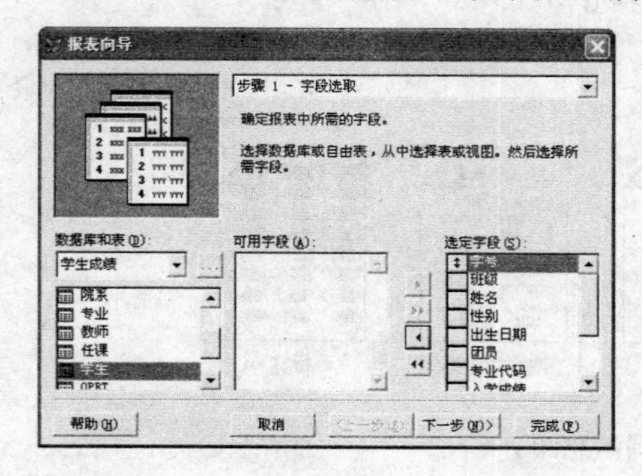

图 8.3　“报表向导”对话框之“步骤 1-字段选取”

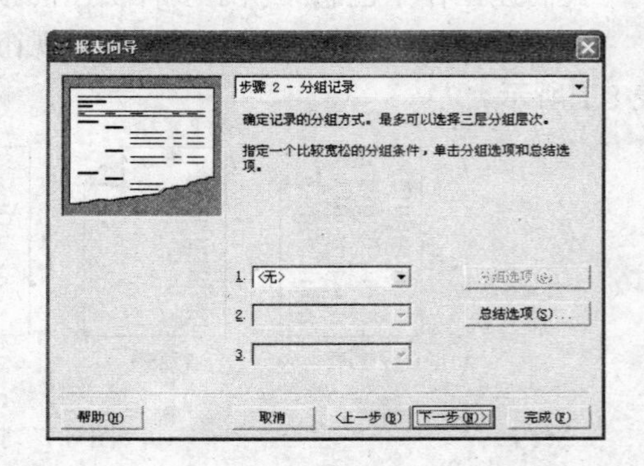

图 8.4　“报表向导”对话框之“步骤 2-分组记录”

2）单击“数据库和表”下拉列表右侧的“...”按钮，打开“打开”对话框。在文件列表框中选择“学生”表，单击“确定”按钮，将“可用字段”列表框中的字段移动到“选定字段”列表框中，单“下一步”按钮，打开“报表向导”对话框之“步骤 2-分组记录”，如图 8.4 所示（需要说明的是，分组分为三个层次，只有当对分组字段索引后，分组才能正确执行，本例不分组）。单击“下一步”按钮，打开“报表向导”对话框之“步骤 3-选择报表样式”，如图 8.5 所示。本例选择“账务式”选项，单击“下一步”按钮，打开“报表向导”对话框之“步骤 4-定义报表布局”，如图 8.6 所示。

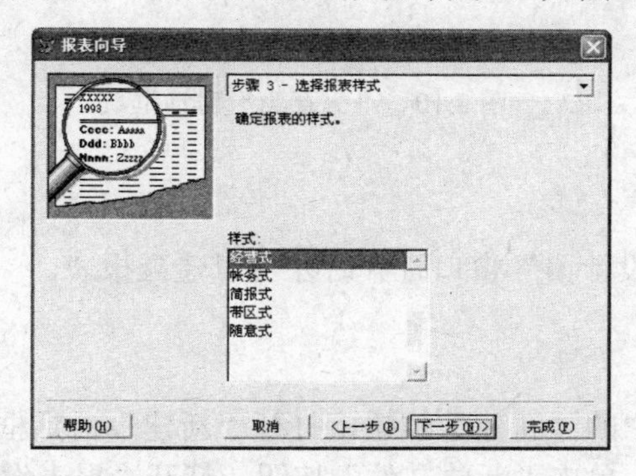

图 8.5　“报表向导”对话框之“步骤 3-选择报样式”

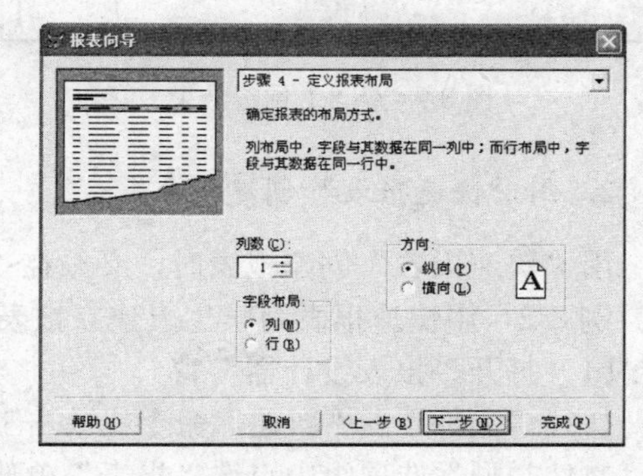

图 8.6　“报表向导”对话框之“步骤 4-定义报表布局”

3）列数选择“1”，方向选择“纵向”，单击“下一步”按钮，打开“报表向导”对话框之“步骤 5-排序记录”，如图 8.7 所示。指定按“学号”排序，单击“下一步”按钮，打开“报表向导”对话框之“步骤 6-完成”，如图 8.8 所示。单击“预览”按钮，显示预览结果如图 8.9 所示。关闭预览，单击“完成”按钮，打开“另存为”对话框，如图 8.10 所示。在“保存报表为”文本框中输入报表文件名“学生信息报表”，单击“保存”按钮，此时以“学生信息报表.FRX”存入磁盘。

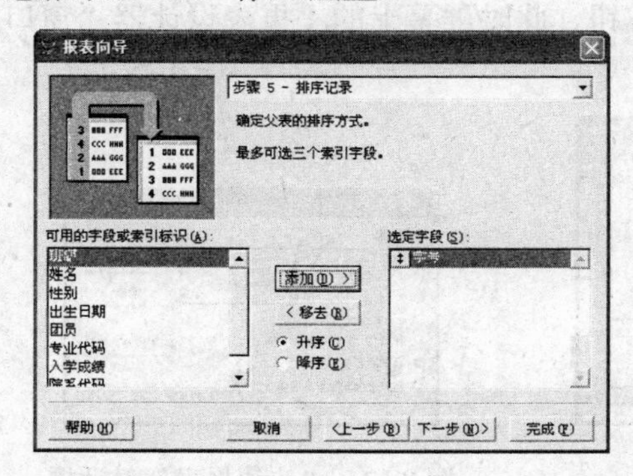

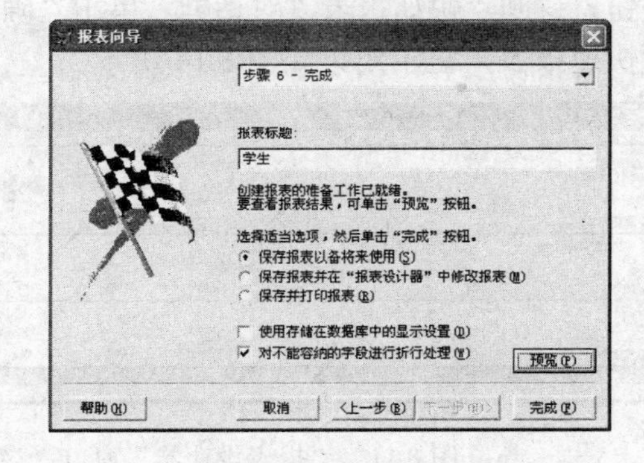

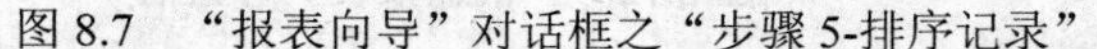

图 8.7　“报表向导”对话框之“步骤 5-排序记录”　　图 8.8　“报表向导”对话框之“步骤 6-完成”

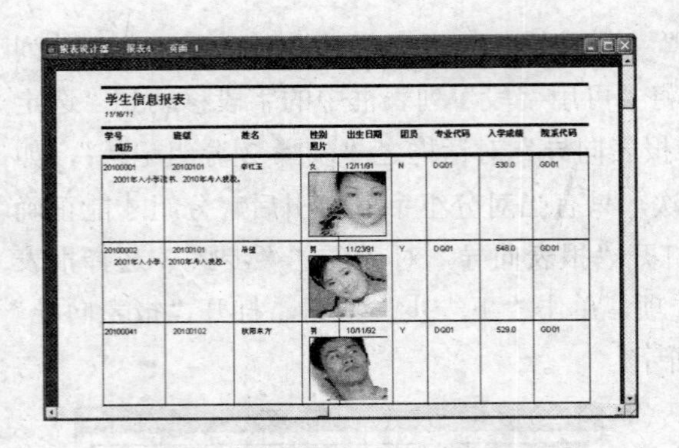

图 8.9 例 8.1 预览结果

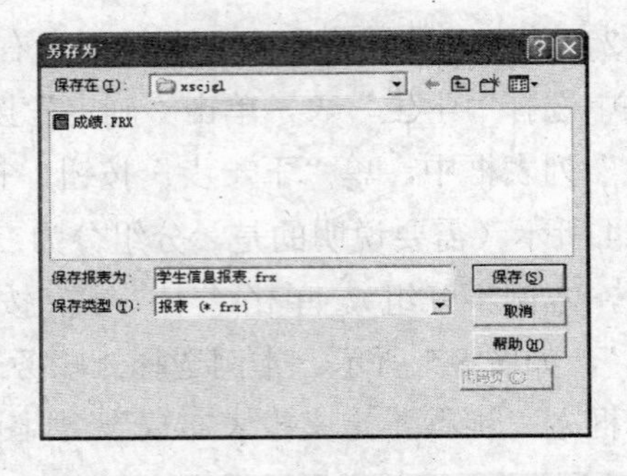

图 8.10 “另存为”对话框

2. 用“快速报表”创建报表

用“快速报表”创建报表时，必须在“报表设计器”窗口打开时才可以建立报表。

例 8.2 用快速报表为学生表建立报表。

（1）打开“报表设计器”窗口

执行“文件”→“新建”命令或单击工具栏中的“新建”按钮，打开“新建”对话框。在“文件类型”选项组中点选“报表”单选按钮，单击“新建文件”按钮，打开“报表设计器”窗口，如图 8.11 所示。此时在主菜单中出现“报表”菜单。

（2）用“快速报表”设计报表

执行“报表”→“快速报表”命令，打开“打开”对话框，在文件列表框中选择“学生”表，单击“确定”按钮，打开“快速报表”对话框，如图 8.12 所示。勾选“标题”复选框，勾选“添加别名”复选框，勾选“将表添加到数据源环境中”复选框，选择“字段布局”中左侧按钮（“字段布局”共有左右两个按钮，左侧按钮用于产生列报表，右侧按钮则产生字段在报表中竖向排列的行报表），单击“字段”按钮，打开“字段选择器”对话框，将“所有字段”列表框中的全部字段移动到“选定字段”列表框中，如图 8.13 所示。单击“确定”按钮，返回“快速报表“对话框。单击“确定”按钮，此时屏幕上的“报表设计器“窗口出现快速报表，显示结果如图 8.14 所示。

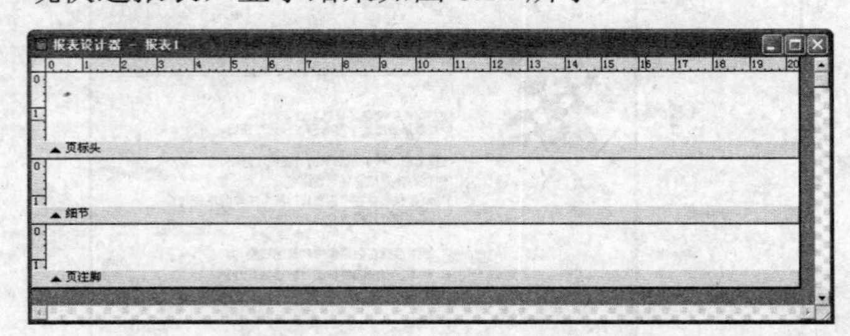

图 8.11 “报表设计器”窗口

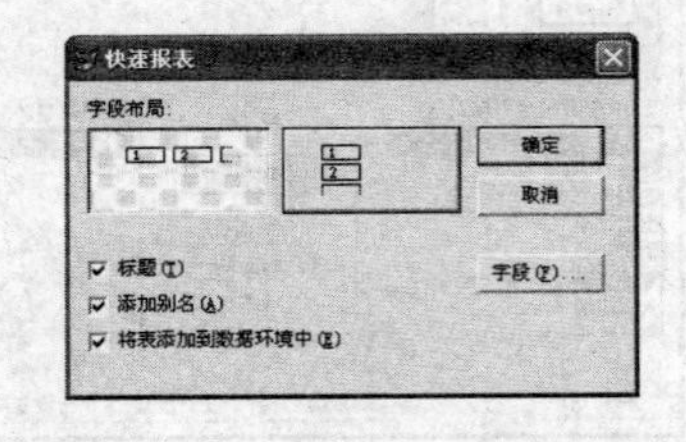

图 8.12 “快速报表”对话框

（3）预览报表

执行“显示”→“预览”命令或单击工具栏中的“打印预览”按钮，在屏幕上显示的预览结果如图 8.15 所示。

（4）保存报表

执行“文件”→“保存”按钮或单击工具栏中的“保存”按钮，将该报表以“学生快速报表.FRX”为文件名存入磁盘。

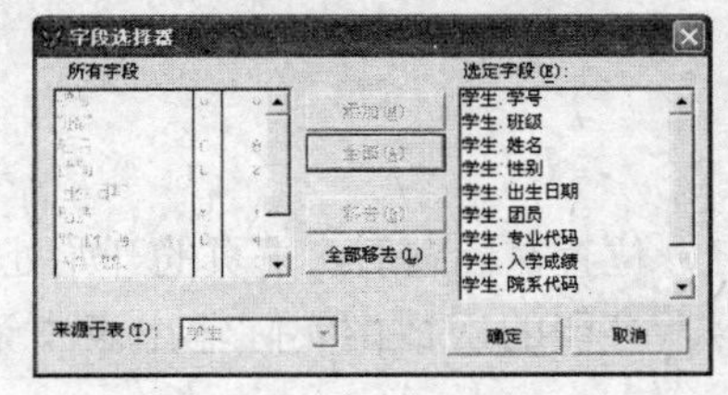

图 8.13　“字段选择器”对话框

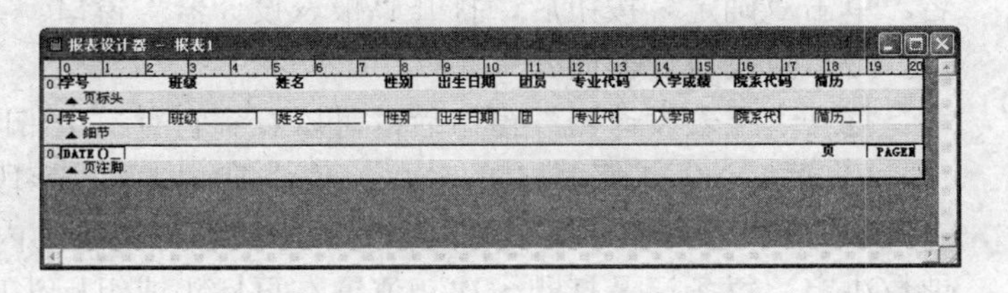

图 8.14　“报表设计器”窗口的显示结果

报表设计器 - 报表1 - 页面 1

学号	班级	姓名	性别	出生日期	团员	专业代码	入学成绩	院系代码	简历
20100001	20100101	李红玉	女	12/11/91	N	DQ01	530.0	GD01	2001年入小学读书，2010年考入我校。
20100002	20100101	希望	男	11/23/91	Y	DQ01	548.0	GD01	2001年入小学，2010年考入我校。
20100041	20100102	欧阳东方	男	10/11/92	Y	DQ01	529.0	GD01	
20100042	20100102	文晓红	女	12/11/92	Y	DQ01	550.0	GD01	
20100081	20100201	王晓红	女	06/15/92	Y	CP02	524.0	GD02	
20110082	20110201	王红	女	06/23/93	Y	CP02	570.0	GD02	13212312
20100121	20100202	刘江	男	02/28/91	N	CP02	539.0	GD02	
20100122	20100202	刘长江	男	03/09/92	Y	CP02	528.0	GD02	
20110161	20110203	张强	男	02/01/93	N	CP02	549.0	GD02	2002年入小学。
20100162	20100303	李文玲	女	10/23/92	N	CP03	546.0	GD02	
20110201	20110301	赵天明	男	06/08/93	Y	CP03	552.0	GD02	
20110039	20110101	希望	男	07/08/93	Y	DQ01	560.0	GD01	

图 8.15　例 8.2 的预览结果

3. 用“报表设计器”创建报表

用“报表设计器”可以创建比报表向导、快速报表创建的报表更灵活多样、更复杂的报表，还可以对由“报表向导”、“快速报表”创建的报表进行修改。

（1）打开“报表设计器”窗口

1）界面方式打开的方法如下。

执行“文件”→“新建”命令或单击工具栏中的“新建”按钮，打开“新建”对话框。在“文件类型”选项组中点选“报表”单选按钮，单击“新建文件”按钮，打开“报表设计器”窗口，如图 8.11 所示。

2）命令方式打开的方法如下。

格式 1： CREATE REPORT [文件名|?]

格式 2： MODIFY REPORT [文件名|?]

功能： 打开“报表设计器”窗口，格式 1 用于建立文件名指定的报表文件，格式 2 用于建立或修改文件名指定的报表文件。

说明：

① 当 CREATE REPORT 后无选项时，直接打开“报表设计器”窗口。

② 选择当 CREATE REPORT ？时，先打开“创建”对话框，在“选择文件名”文本框

中输入报表文件名，单击“确定”按钮后，打开“报表设计器”窗口。

③ MODIFY REPORT 后无选项时与 MODIFY REPORT ? 功能相同，都是先打开“打开”对话框，在“文件”列表框中选择报表文件或在“选择文件名”文本框中输入报表文件名，单击“确定”按钮后，打开“报表设计器”窗口。

（2）报表设计器简介

打开“报表设计器”窗口后，可以看到它有三个带区。

1）页标头区。每页打印一次，一般打印报表名及字段名，位置在标题后，每页的开始处。

2）细节区。它是报表的内容区，一般存放记录的内容。打印的次数由实际输出表中记录数决定，每条记录打印一次，位置在页标头或组标头后。

3）页注脚。每页打印一次，打印在每页的尾部，可以用来打印小计、页号等。

除此之外，报表还可有如表 8.2 所示的六个带区。

表 8.2　报表带区的建立和作用

带区名称	带区产生与删除	打印周期	打印位置
标题	执行“报表”→“标题/总结”命令	每个报表一次	报表的开头或独占一页
列标头	执行“文件”→“页面设置”命令，设置列数	在多列报表中每列一次	页标头后
组标头	执行“报表”→“数据分组”命令	每组一次	页标头、组标头、组注脚后
组注脚	执行“报表”→“数据分组”命令	每组一次	细节后
列注脚	执行“文件”→“页面设置”命令，设置列数	每列一次	页脚注前
总结	执行“报表”→“标题/总结”命令	每个报表一次	组脚注后，可占一页

（3）“报表设计器”工具栏

“报表设计器”工具栏如图 8.16 所示，从左至右按钮分别为“数据分组”按钮、“数据环境”按钮、“报表控件工具栏”按钮、“调色板工具栏”按钮、“布局工具栏”按钮。

（4）“报表控件”工具栏

“报表控件”工具栏如图 8.17 所示，从左至右按钮依次介绍如下。

图 8.16　“报表设计器”工具栏

图 8.17　“报表控件”工具栏

1）“选定对象”按钮：与表单中的选定按钮用法一样。

2）“标签”按钮：为报表创建一个标签控件。

3）“域控件”按钮：在报表上创建一个字段、内存变量、表达式。

4）“线条”按钮：用于画线条。

5）“矩形”按钮：可画矩形。

6）“圆角矩形”按钮：可画圆角矩形。

7）“图片/Activex 绑定控件”按钮：用于显示图片或通用字段的内容。

8）“按钮锁定”按钮：允许添加多个同类型控件，而不需多次选中该按钮。

（5）报表数据源

单击“报表设计器”工具栏“数据环境”按钮或执行“显示”→“数据环境”命令，和前面表单中的数据源用法是相同的。在数据环境中右击打开快捷菜单，执行“属性”命令，打开“属性”窗口，如图 8.18 所示。当数据环境中已有表时，在“属性”窗口中的对象下拉列表中选择“Cursor1”对象，此时该对象指向当前表，可对当前表相关的属性进行设置，如用“Order”属性可设置表的一个索引，报表可按表的索引顺序输出记录。

（6）数据分组

数据分组是指对报表中的数据进行分组。可执行“报表”→“数据分组”命令，或单击“报表设计器”工具栏中的“数据分组”按钮，打开“数据分组”对话框，如图 8.19 所示。

（7）报表的输出

1）报表的页面设计。执行“文件”→“页面设置”命令，打开“页面设置”对话框，如图 8.20 所示，可按对话框的相应提示进行各项设置。

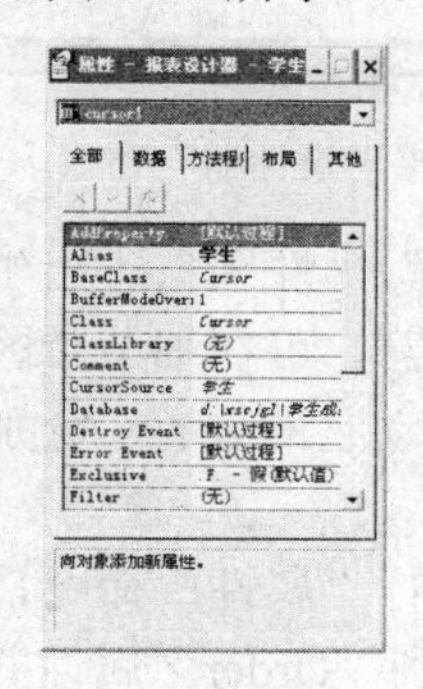

图 8.18　“属性”窗口

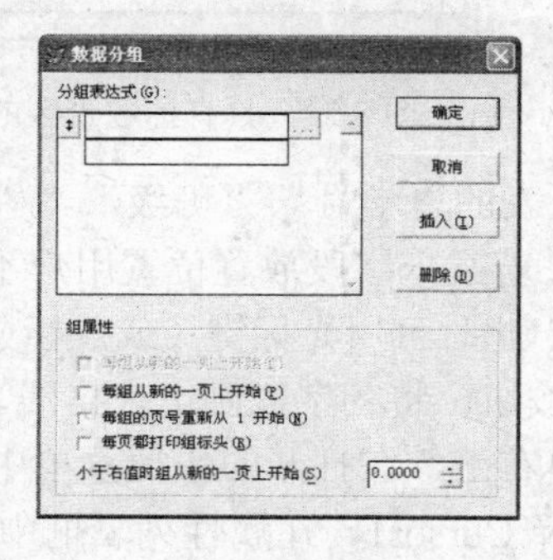

图 8.19　“数据分组”对话框

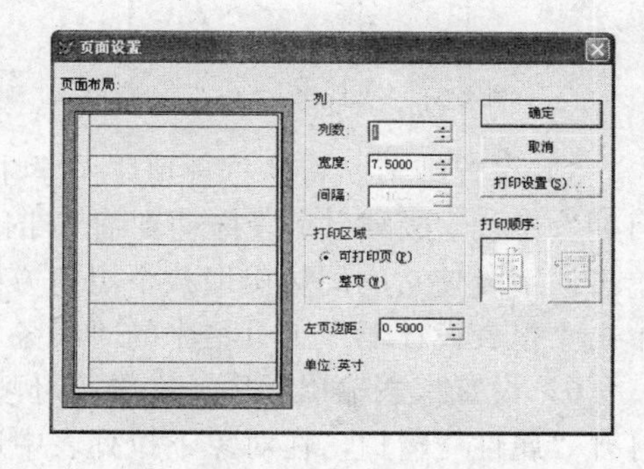

图 8.20　“页面设置”对话框

2）报表的输出。执行“文件”→“打印”命令或单击常用工具栏的“打印”按钮，打开“打印”对话框，在其中可进行相应设置，单击“确定”按钮即可。

例 8.3　对“学生”表创建“学生自然情况报表”。

（1）建立报表文件

在“命令”窗口中输入　CREATE REPORT 学生信息，打开“报表设计器”窗口。

（2）设置报表数据源

执行“显示”→“数据环境”命令或在“报表设计器”窗口中右击，在快捷菜单中执行“数据环境”命令，打开“数据环境设计器”窗口。在“数据环境设计器”窗口中右击，在快捷菜单中选择“添加“命令”，在打开对话框中选择“学生”表，单击“确定”按钮，打开“添加表或视图”对话框，在此不再添加其他表，单击“关闭”按钮。

（3）设计报布局

1）为报表添加标题带区。执行“报表”→“标题/总结”命令，打开“标题/总结”对话框，如图 8.21 所示。勾选“标题带区”复选框，单击“确定”按钮，“报表设计器”界面如图 8.22 所示。

2）为报表添加标题。单击“报表控件”工具栏的“标签”按钮，在标题带区的适当位置单击，确定标题位置，输入“学生自然情况表”。

3）对标题字体进行修饰。选中标题“学生自然情况表”，执行“格式”→“字体”命令，打开“字体”对话框　选择字体为“隶书”，字型为“粗体”，大小为“小二号”，颜色为“蓝色”，单击“确定”按钮。

4）设置页标头。单击“报表设计器”工具栏中的“标签”按钮，分别在页标头区输入

“学号”、“班级”、“姓名”、“性别”、“出生日期”、“入学成绩”。若某个标题放置位置用户不满意，可在页标头带区单击该标签使它的周边出现四个黑色方框，此时可用光标键（或鼠标）移动它的位置。分别单击“报表设计器”工具栏中的“线条”按钮，将各标签画上表格线。

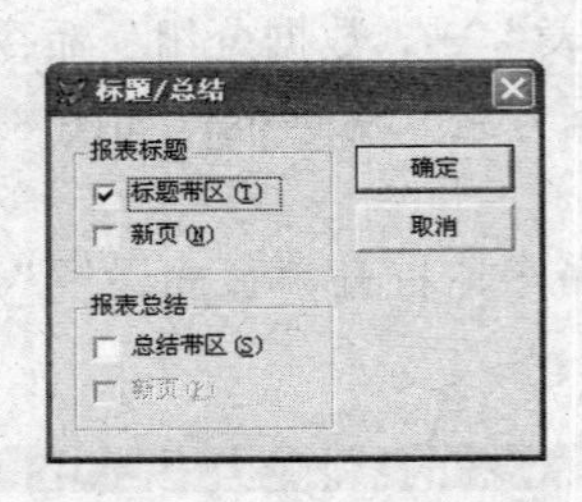

图 8.21 “标题/总结”对话框

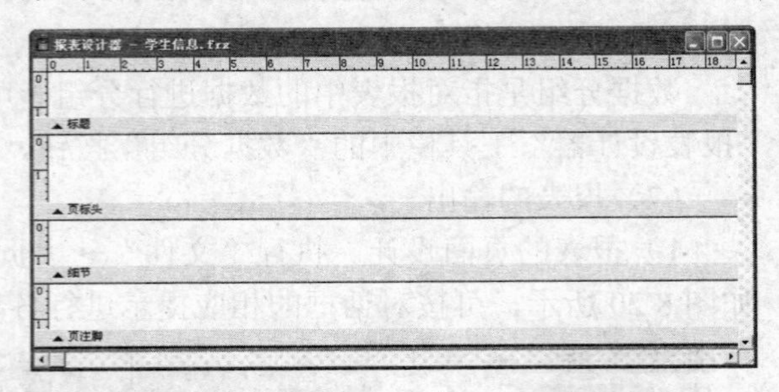

图 8.22 具有标题带区的“报表设计器”窗口

5）设置细节。将数据环境中“学生”表的“学号”、“班级”、“姓名”、“性别”、“出生日期”、“入学成绩”字段拖动到细节带区，若某个字段放置位置用户不满意，可在细节带区单击该字段使它的周边出现八个黑色方框，此时可用光标键（或鼠标）移动它的位置。分别单击“报表设计器”工具栏中的“线条”按钮，将各字段画上表格线。

6）设置报表输出顺序。在数据环境中右击，在打开的快捷菜单中执行“属性”命令，打开“属性”窗口，在对象下拉列表中选择 Cursor1，在属性列表框中找到“Order”属性并选中，在属性设置下拉列表中选择“学号”选项，关闭“属性”窗口。

7）设置页注脚。

① 为报表填写日期。单击“报表控件”工具栏中的“域控件”按钮，在页注脚区适当位置单击，打开“报表表达式”对话框，如图 8.23 所示。单击“表达式”文本框右侧的“...”按钮，打开“表达式生成器”对话框，如图 8.24 所示。在“日期”下拉列表中选择“DATE()”函数双击，单击“确定”按钮，返回“报表表达式”对话框，单击“确定”按钮。

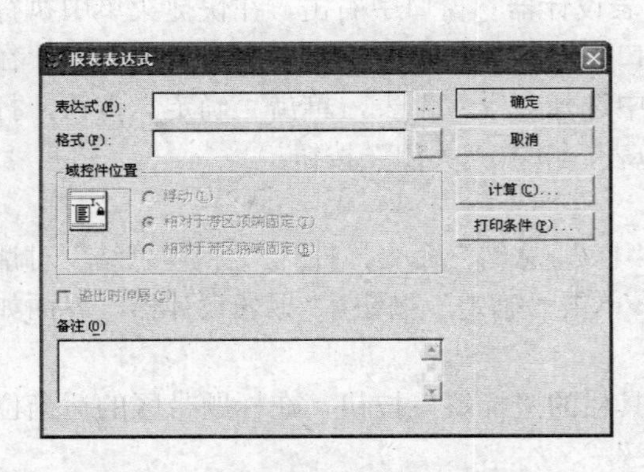

图 8.23 “报表表达式”对话框

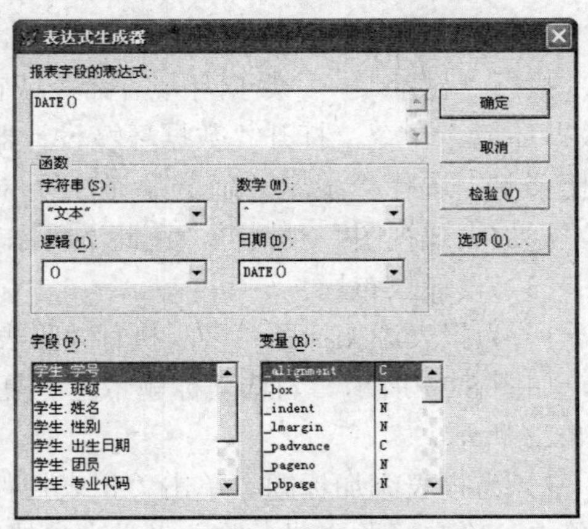

图 8.24 “表达式生成器”对话框

② 为报表填写页码。单击“报表控件”工具栏中的“域控件”按钮，在页注脚区适当位置单击，打开“报表表达式”对话框。单击“表达式”文本框右侧的“...”按钮，打开“表达式生成器”对话框。在“变量”列表框中选择“_pageno”，单击“确定”按钮，返回“报

表表达式”对话框，单击“确定”按钮。

（4）保存报表

执行“文件”→“保存”命令或单击工具栏中的“保存”按钮。

（5）预览报表

单击常用工具栏中的“预览”按钮，预览结果如图 8.25 所示。

此题只是做了一个简单的报表，读者若需要做复杂的报表，如数据分组等，可按前面介绍的方法制作。

报表设计器 - 学生信息.frx - 页面 1

学生自然情况表

学号	班级	姓名	性别	出生日期	入学成绩
20100001	20100101	李红玉	女	12/11/91	530.0
20100002	20100101	希望	男	11/23/91	548.0
20100041	20100102	欧阳东方	男	10/11/92	529.0
20100042	20100102	文晓红	女	12/11/92	550.0
20100081	20100201	王晓红	女	06/15/92	524.0
20100121	20100202	刘江	男	02/28/91	539.0
20100122	20100202	刘长江	男	03/09/92	528.0
20100162	20100303	李文玲	女	10/23/92	546.0
20110039	20110101	希望	男	07/08/93	560.0
20110082	20110201	王红	女	06/23/93	570.0
20110161	20110203	张强	男	02/01/93	549.0
20110201	20110301	赵天明	男	06/08/93	552.0

图 8.25　例 8.3 的预览结果

8.1.3　修改报表与打印

修改报表要在“报表设计器”窗口中进行。

1. 界面方式

执行“文件”→“打开”命令或单击工具栏中的“打开”按钮，打开“打开”对话框。在“文件类型”选项组中点选“报表”单选按钮，在“文件”列表框中选择要修改的报表文件，单击“确定”按钮，打开“报表设计器”窗口进行修改。

2. 命令方式

格式：MODIFY REPORT [文件名|?]

参见前面所述。

3. 用命令打印或预览报表

格式：REPORT FORM <报表文件名> [ENVIRONMENT] [PREVIEW] [TO PRINTER [PROMPT]]

功能：预览或打印由报表文件名指定的报表。

说明：

1）ENVIRONMENT 用于恢复存储在报表文件中的数据环境信息。

2）PREVIEW 预览报表。

3）TO PRINTER 打印报表，若选择 PROMPT 在打印前打开“打印”对话框，用户可以进行相应的打印设置。

8.2 标 签 设 计

标签是多列报表布局，即一种特殊的报表，为匹配特定标签纸而具有相应的特殊设置。可以使用“标签向导”或“标签设计器”迅速创建标签。

利用“标签向导”是创建标签的简单方法。如果不想使用“标签向导”来创建标签，可以使用“标签设计器”来创建布局。“标签设计器”是“报表设计器”的一部分，它们使用相同的菜单和工具栏。两种设计器使用不同的默认页面和纸张。“报表设计器”使用整页标准纸张，“标签设计器”的默认页面和纸张与标准标签的纸张一致。可以像处理报表一样为标签指定数据源并插入控件。标签是一种特殊形式的报表，它的创建、修改方法与报表基本相同。

习　题　8

一、思考题

1. 报表的基本格式分为几个带区？
2. 报表有哪几种输出方式？

二、选择题

1. 报表的数据源可以是数据库表、视图、查询或（　　）。
   A. 表单　　B. 记录　　C. 临时表　　D. 以上都不是
2. 在创建快速报表时，基本带区包括（　　）。
   A. 标题、细节和总结　　B. 页标头、细节和页注脚
   C. 组标头、细节和页注脚　　D. 报表标题、细节和页注脚
3. 报表布局包括（　　）等设计工作。
   A. 报表的表头和报表的表尾　　B. 报表的表头、字段及字段的安排和报表的表尾
   C. 字段和变量的安排　　D. 以上都不是
4. 不属于常用报表布局的是（　　）。
   A. 行报表　　B. 列报表　　C. 多行报表　　D. 多列报表
5. 报表以视图或查询为数据源是为了对输出记录进行（　　）。
   A. 筛选　　B. 分组　　C. 排序和分组　　D. 筛选、分组和排序
6. 在“报表设计器”中，可以使用的控件是（　　）。
   A. 标签、域控件和列表框　　B. 标签、文本框和列表框
   C. 标签、域控件和线条　　D. 布局和数据源

三、填空题

1. 报表由数据源和________两个基本部分组成。
2. 启动“报表设计器”的命令是________________。
3. 定义报表布局主要包括设置报表页面、设置________中的数据位置、调整报表带区宽度等。
4. 报表文件的扩展名是________。
5. 报表布局主要有列报表、________、一对多报表、多栏报表和标签等五种基本类型。
6. 报表中包含若干个带区，其中________与________的内容将在报表的每一页上打印一次。
7. 域控件是指与字段、内存变量和表达式计算结果链接的__________。

第 9 章　菜 单 设 计

VFP 的菜单为用户提供了一个结构化的、可访问的途径，便于使用应用程序中的命令和工具。用户在查找信息前，首先看到的便是菜单。如果将菜单设计好，则只要根据菜单的组织形式和内容，用户就可以很好地理解应用程序。因此，恰当的规划并设计菜单，可以提高应用程序的质量。

9.1　建 立 菜 单

在应用程序中一般采用两种菜单：一种为下拉式菜单，即应用程序主界面菜单，也称主菜单；另一种为快捷菜单。无论创建哪种菜单，首先都要根据需要对应用程序的菜单进行规划与设计，然后再创建。

9.1.1　规划菜单系统

应用程序的实用性，在一定程度上取决于菜单系统的质量。花费一定时间规划菜单系统，有助于用户接受这些菜单，同时也有助于用户对这些菜单的学习。

1. 菜单系统的组成

菜单系统的组成如图 9.1 所示。

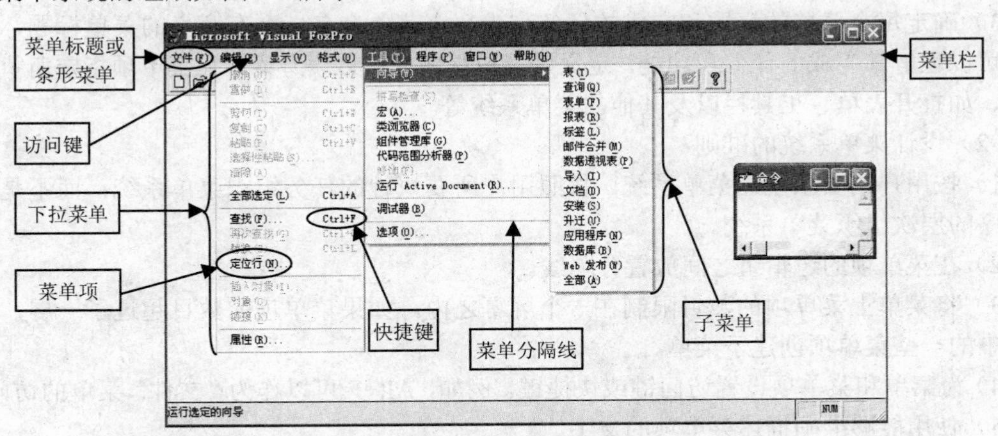

图 9.1　菜单系统的各个组成部分

2. 创建菜单系统的步骤

无论应用程序的规模有多大，想要使用的菜单有多复杂，创建菜单系统都需以下步骤。

（1）规划与设计菜单系统

创建一个完整的菜单系统，首先要分析设计菜单系统，确定需要哪些菜单、各菜单出现在屏幕的什么位置以及哪些菜单要有子菜单等。

（2）创建菜单和子菜单

使用“菜单设计器”可以定义菜单标题、菜单项和子菜单。

（3）按实际要求为菜单系统指定任务

指定菜单所要执行的任务，如打开表单或对话框等。另外，如果需要，还可以包含初始化代码和清理代码。初始化代码在定义菜单系统之前执行，其中包含的代码用于打开文件、声明变量或将菜单系统保存到堆栈中，以便以后可以恢复。清理代码中包含的代码在菜单定义代码之后执行，用于决定菜单和菜单项可用或不可用。

（4）生成菜单程序

菜单制作好后将以.MNX 为扩展名的菜单文件保存，该文件并不能直接被执行，必须将此菜单文件生成一个以.MPR 为扩展名的菜单程序文件才能被执行。

（5）运行生成的菜单程序

运行生成的菜单程序，以测试菜单系统。

3. 规划菜单系统

（1）菜单系统规划的内容

1）确定需要哪些菜单，有多少个菜单和子菜单。只要查看菜单和菜单项，用户就应该可以对应用程序的组织方法有一个感性认识。因此，要设计好这些菜单和菜单项，必须清楚用户思考问题的方法和完成任务的方法。

2）确定菜单应放在界面的哪个位置。当无法确定菜单的先后位置时，可以按字母顺序组织菜单项。太多的菜单项需要用户花费一定的时间才能浏览一遍，而按字母顺序则便于查看菜单项。

3）确定每个菜单的标题和完成的任务。为每个菜单命名一个有意义的菜单标题，通过标题可以理解其完成的任务和功能。定义好菜单标题后，必须为菜单和菜单项指定所执行的任务，如打开表单、工具栏以及其他的菜单系统等。

（2）设计菜单系统的准则

1）按用户的要求规划菜单系统。按照用户所要执行的任务组织菜单系统，而不是按应用程序的层次组织菜单系统。

2）在菜单项的逻辑组之间放置分隔线。

3）将菜单上菜单项的数目限制在一个屏幕之内。如果菜单项的数目超过了一屏，则应为其中的一些菜单项创建子菜单。

4）为菜单和菜单项设置访问键或快捷键。例如，Alt+F 可以作为“文件”菜单的访问键。

5）使用能够准确描述菜单项的文字。

下面以“学生成绩管理系统”为例，介绍菜单系统的设计与建立过程。

例 9.1 规划“学生成绩管理系统”的菜单系统。

根据规划菜单系统的内容和准则，我们对“学生成绩管理系统”的菜单进行了初步规划，认为“学生成绩管理系统”的菜单至少应包括以下五个部分。

（1）信息输入

此菜单的主要功能是对各个表的原始数据进行输入，在第 4 章为“学生成绩数据库”设计了八个表，因此，在“信息输入”菜单下设置了如下几个子菜单。

1）学生信息输入（完成“学生”表及“学生其他”表的数据输入）。

2）成绩信息输入（完成“成绩”表的数据输入）。

3）课程信息输入（完成“课程”表的数据输入）。

4）专业信息输入（完成“专业”表的数据输入）。

5）学院信息输入（完成“院系”表的数据输入）。

6）教师信息输入（完成“教师”表的数据输入）。

7）任课信息输入（完成“任课”表的数据输入）。

（2）数据维护

此菜单的主要功能是对各个表中的数据进行增加、删除、修改。本菜单下设置了如下几个子菜单：

1）学生信息维护（完成“学生”表及“学生其他”表的数据修改）。

2）成绩信息维护（完成“成绩”表的数据修改）。

3）课程信息维护（完成“课程”表的数据修改）。

4）专业信息维护（完成“专业”表的数据修改）。

5）学院信息维护（完成“院系”表的数据修改）。

6）教师信息维护（完成“教师”表的数据修改）。

7）任课信息维护（完成“任课”表的数据修改）。

（3）信息查询

此菜单的主要功能是从用户的角度出发，对所需的信息进行查询、统计、计算。本菜单下设置了如下几个子菜单。

1）学生信息查询。

2）成绩信息查询。

3）课程信息查询。

4）专业信息查询。

5）学院信息查询。

6）教师信息查询。

7）任课信息查询。

8）统计与计算。

（4）打印

此菜单的主要功能是根据用户所需，对一些需要保留存档的信息进行打印。本菜单下设置了如下几个子菜单。

1）打印学生情况表。

2）打印学生成绩表。

3）打印专业一览表。

4）打印院系一览表。

5）打印教师一览表。

6）打印教师任课表。

（5）退出

本菜单下设置了如下两个子菜单。

1）退出成绩管理系统（退出“学生成绩管理系统”，返回 VFP 系统）。

2）退出 VFP 系统（退出“学生成绩管理系统”并且退出 VFP 系统）。

9.1.2 建立下拉式菜单

规划好菜单系统之后，即可使用“菜单设计器”创建菜单系统。这时，用户可以创建菜单、快捷菜单、菜单项、子菜单和菜单项逻辑组之间的分隔线等等。

要新建菜单，可以定制已有的 VFP 菜单系统，也可以开发用户自己的菜单系统。若要从已有的 VFP 菜单系统开始创建菜单，则可以执行“菜单”→“快速菜单”命令。

1. 打开“菜单设计器”窗口

（1）界面方式

执行“文件”→“新建命令”或单击工具栏中的“新建”按钮，打开“新建”对话框。在“文件类型”选项组中点选“菜单”单选按钮，单击“新建文件”按钮，打开“新建菜单”对话框，如图 9.2 所示。单击“菜单”按钮，打开“菜单设计器”窗口，如图 9.3 所示。此时主菜单中增加了一个名为“菜单”的菜单，原来的“显示”菜单中的选项也发生了变化。

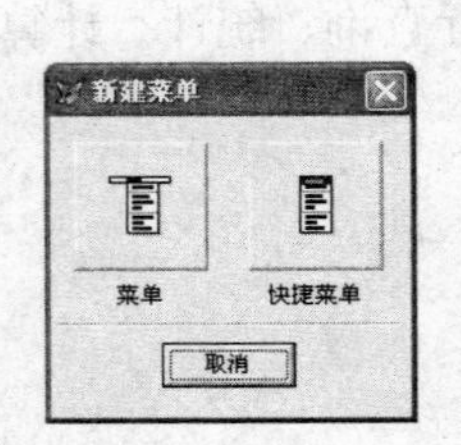

图 9.2 “新建菜单”对话框

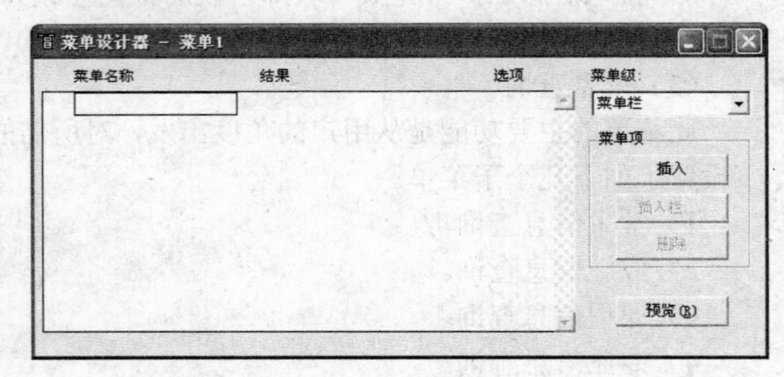

图 9.3 “菜单设计器”窗口

（2）命令方式

格式 1：CREATE MENU [文件名|?]

功能：打开“新建菜单”对话框，根据用户选择，打开相应的菜单设计器窗口，建立指定文件名的菜单文件。当 CREATE MENU 后无任何选项时与界面方式相同。当选择 CREATE MENU ? 时，打开“创建”对话框，用户输入菜单文件名后再打开“新建菜单”对话框。

格式 2：MODIFY MENU [文件名|?]

功能：建立或修改指定文件名的菜单文件。当指定的文件名存在时，直接打开“菜单设计器”窗口，修改指定的菜单文件。当指定的文件名不存在时，打开“新建菜单”对话框，根据用户选择，打开相应的菜单设计器窗口，建立指定文件名的菜单文件。MODIFY MENU 后无选项时与选择?相同，都是先打开“打开”对话框，从中选择一个已存在的菜单文件，或者输入要创建的新菜单文件名。

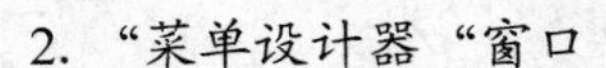

2. “菜单设计器“窗口

在“菜单设计器“窗口中有“菜单名称”列、“结果”列、“选项”列、“菜单级”下拉列表及“菜单项”选项组中的四个按钮。

（1）菜单名称

“菜单名称”列用来指定菜单项的名称。若菜单项需要设置访问键，则在名称后加（\<字符），如文件（\<F）。当名称输入后其左侧出现带上下箭头的按钮，它是用来调整菜单项顺序的。

（2）结果

“结果”列是一个下拉列表，内有“命令”、“填充名称”、“子菜单”、“过程”四个选项，默认值为“子菜单”。

1）命令。若选择此项，其右侧会出现一个文本框，可直接输入一条命令，当执行菜单中此菜单项时，就执行该命令。

2）填充名称。若选择此项，其右侧出现一个文本框，可输入菜单项的内部名或序号在子菜单中填充名称用菜单项代替。

3）子菜单。若选择此项，其右侧出现“创建”按钮，单击该按钮可建立子菜单，一旦建立了子菜单，“创建”按钮就变为编辑按钮，用来修改子菜单。

4）过程。若选择此项，右侧出现“创建按钮”，单击此按钮打开过程编辑窗口供用户编辑该菜单项被选中时要执行的过程代码。

注 意

“结果”列中的命令选项只能输入一条命令，而过程中可以输入多条命令。

（3）选项

每个菜单行的选项列都有一个“ ”按钮，单击该按钮打开“提示选项”对话框，如图 9.4 所示。供用户定义该菜单项的附加属性，一旦定义了这些属性，按钮会变成“✓”。

下面说明“提示选项”对话框的功能。

1）快捷方式。快捷方式用于定义快捷键。在“键标签”文本框中按组合键，如若同时按 Ctrl＋S 组合键，则在“键标签”文本框、“键说明”文本框中自动填入“Ctrl＋S”字符串，若要取消已定义的快捷键，只需在“键标签”文本框中按空格键即可。

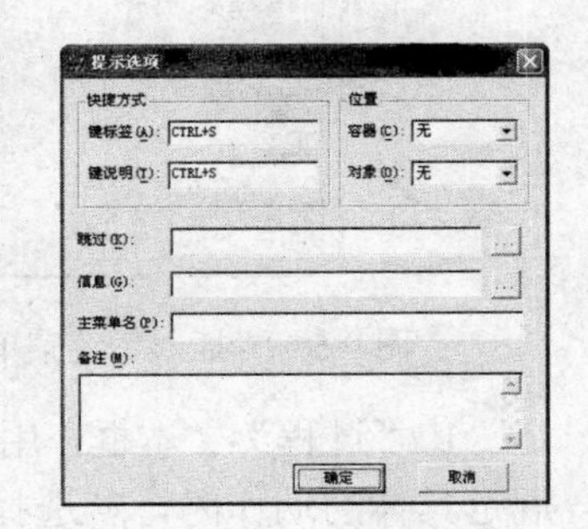

图 9.4 “提示选项”对话框

2）位置。在编辑 OLE 对象时，菜单显示在对象的哪一面，共有四种选择，分别为“无”、“左”、“中”、“右”。

3）跳过。该项定义菜单项跳过的条件。指定一个表达式，若表达式值为.T.时，此菜单项为灰色不可用；若表达式值为.F.时，此菜单项可用。

4）信息。该项定义菜单项的说明信息，此信息必须用字符定界符括起来，它显示在系统的状态栏中。

5）主菜单名/菜单项#。在主菜单中是“主菜单名”，在子菜单中是“菜单项#”，用于指

定菜单项的内部名称或序号。如果不指定系统会自动随机填入。

6）备注。该项用于输入用户自己的备注，不影响程序代码的生成。

（4）“菜单级”下拉列表

“菜单级”下拉列表用于显示当前设计的菜单级。它是一个下拉列表，内含该菜单中所有菜单级名，通过选择菜单级名可直接进入所选菜单级。如在设计子菜单时想返回最上层菜单级时，可选择名为“菜单栏”的第一层菜单级。

（5）“插入”按钮

单击此按钮，可在当前菜单行之前插入一个新的菜单项行。

（6）“插入栏”按钮

单击此按钮，打开“插入系统菜单栏”对话框，如图 9.5 所示。在“插入系统菜单栏”对话框中，选择需要的项目，然后单击“插入”按钮即可。

（7）“删除”按钮

单击此按钮，可删除当前菜单项行。

（8）“预览”按钮

单击此按钮，可预览菜单效果。

3. “显示”菜单

在“菜单设计器”窗口打开的情况下，“显示”菜单增加了“常规选项”和“菜单选项”两个命令。

（1）常规选项

执行“显示”→“常规选项”命令，将打开“常规选项”对话框，如图 9.6 所示。它可以对菜单的总体属性进行定义。

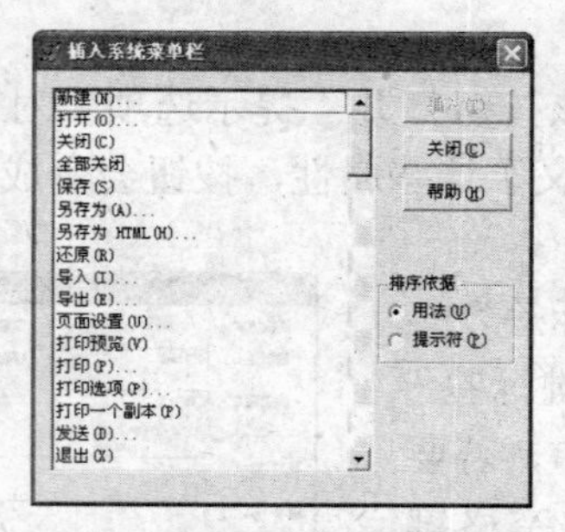

图 9.5　“插入系统菜单栏”对话框

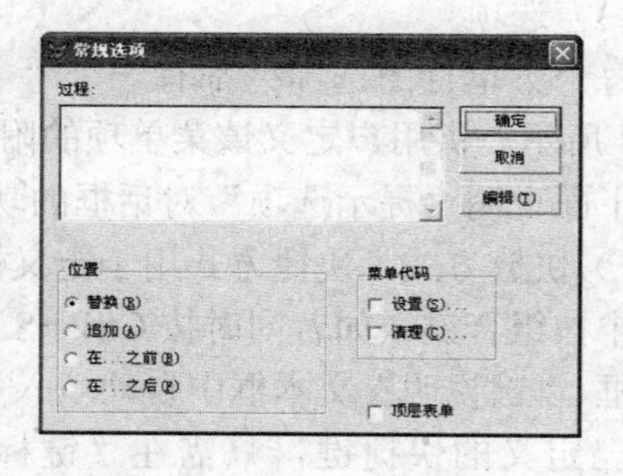

图 9.6　“常规选项”对话框

1）“过程”文本框，用于对条形菜单指定一个过程。当条形菜单中的某一个菜单项没有规定具体的动作时，若选择这个菜单项，则将执行此过程。

2）“替换”单选按钮，它是默认选项单选按钮，点选它表示用户菜单替换系统菜单。

3）“追加”单选按钮，点选它将用户菜单添加到系统菜单的右侧。

4）“在…之前”单选按钮，点选它将用户菜单插入到系统菜单某菜单项（即条形菜单中菜单项）之前。

5）“在…之后”单选按钮，点选它将用户菜单插入到系统菜单某菜单项之后。

6）“设置”复选框，勾选它可打开一个设置编辑窗口，单击“确定”按钮可在该窗口中

输入初始化代码。

7）“清理”复选框，勾选它打开清理编辑窗口，单击“确定”按钮可在该编辑窗口中输入清理代码。此代码在菜单系统退出后执行。

8）“顶层表单”复选框，勾选它则此必须在顶层菜单中运行出现。

（2）菜单选项

执行“显示”→“菜单选项”命令，打开“菜单选项”对话框，如图9.7所示。它用于定义弹出式菜单公共过程代码，当弹出式菜单某个菜单项没有具体动作时，将执行这段代码。

图9.7 “菜单选项”对话框

4. 正确退出菜单的常用命令

1）恢复VFP主窗口命令如下。

格式：MODIFY WINDOW SCREEN

功能：恢复VFP主窗口在它启动时的配置。

2）恢复VFP系统菜单命令如下。

格式：SET SYSMENU TO DEFAULT

功能：恢复VFP系统菜单。

3）激活“命令”窗口命令如下。

格式：ACTIVATE WINDOW COMMAND

功能：激活“命令”窗口。

5. 保存菜单

如果是用界面方式建立的菜单，执行“文件”→“保存”命令或单击工具栏上的“保存”按钮，打开“另存为”对话框，在“保存菜单为”文本框中输入要保存的文件名，如MNP1，单击“确定”按钮。此时，以MNP1.MNX为文件名，保存用户建立的菜单。如果是用命令方式建立的菜单，执行“文件”→“保存”命令或单击工具栏上的“保存”按钮即可。上述两种方法不关闭“菜单设计器”窗口。也可按Ctrl+W组合键存盘关闭“菜单设计器”窗口。

6. 生成菜单程序

在“菜单设计器”窗口打开情况下，执行“菜单”→“生成”命令，打开“生成菜单”对话框，如图9.8所示。单击“生成”按钮。此时生成一个名为“MNP1.MPR”的菜单程序文件。

图9.8 “生成菜单”对话框

7. 运行菜单

（1）界面方式

执行“程序”→“运行”命令，打开“运行”对话框，如图9.9所示。在文件列表框中选择菜单“MNP1.MPR”，单击“运行”按钮。

（2）命令方式

格式：DO <菜单程序文件名>

功能：运行菜单程序文件名指定的菜单程序。

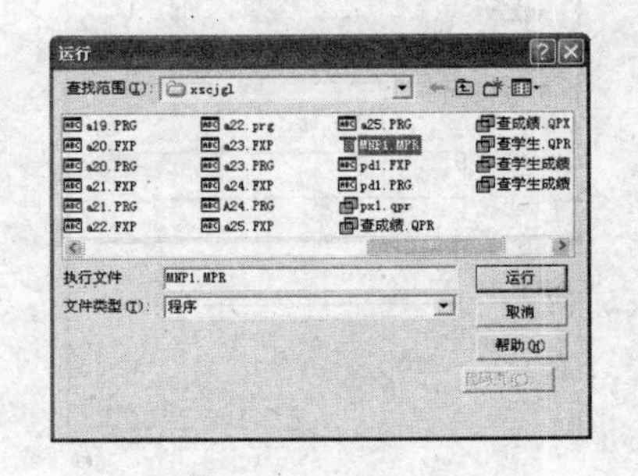

图9.9 “运行”对话框

说明：菜单程序文件名的扩展名.MPR 不能省略。

例 9.2 设计例 9.2 的下拉菜单，要求条形菜单中的菜单项形式为，信息输入(I)，数据维护(E)，信息查询(S)，打印(P)，退出(Q)，信息输入的内部名为 a1，数据维护的内部名为 a2，信息查询的内部名为 a3，打印的内部名为 a4；设计退出菜单的两个子菜单的内容；为“信息查询”的子菜单“学生信息查询”指定任务为调用例 7.1 的表单 FMS1.SCX 并设置其快捷键为 Ctrl＋K。

操作步骤如下。

1）在“命令”窗口中输入 CREATE MENU MNMAINP1，打开“新建菜单”对话框，单击“菜单”按钮，打开“菜单设计器”窗口。

2）定义条形菜单如图 9.10 所示。并单击“信息输入”菜单项选项列右侧的“ ”按钮，在打开的“提示选项”对话框的“主菜单名”文本框中输入 a1，单击“确定”按钮，此时选项列右侧的“ ”变成“√”。用同样的方法为其他条形菜单设置内部名。

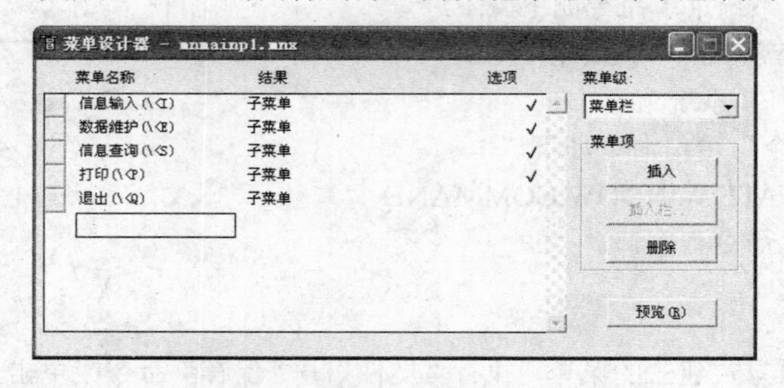

图 9.10 例 9.2 的条形菜单

3）建立各条形菜单的各子菜单如例 9.1 所示。

4）选中“退出”条形菜单，在“结果”列中单击“编辑”按钮，进入其子菜单中进行如下设置。

① 在“退出成绩管理系统”菜单项的“结果”列的下拉列表中选择“过程”后，单击右侧的“创建”按钮，打开过程编辑窗口，在窗口中输入如下代码，然后关闭过程编辑窗口。

```
MODIFY WINDOW SCREEN
SET SYSMENU TO DEFAULT
ACTIVATE WINDOW COMMAND
```

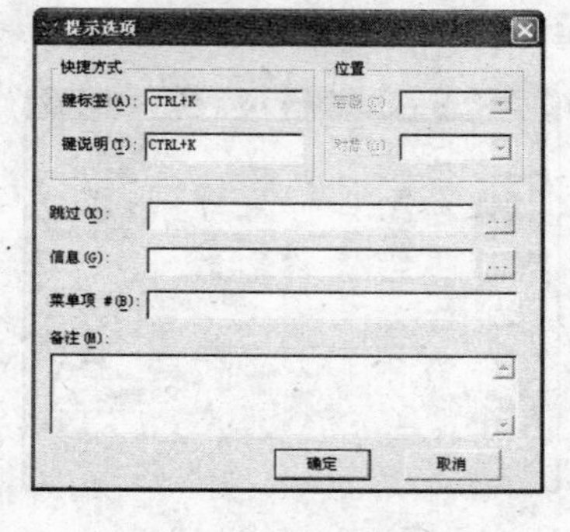

图 9.11 设置快捷键

② 在“退出 VFP 系统”菜单项的“结果”列的下拉列表中选择“命令”后，右侧出现文本框，在文本框输入 QUIT。

5）在“菜单级”下拉列表中选择“菜单栏”返回主菜单页。选择“信息查询”菜单条，单击“结果”列中的“编辑”按钮进入“学生信息查询”子菜单条，在“结果”列中的下拉列表中选择“命令”，在出现在右侧的文本框中输入 DO FORM FMS1.SCX。单击“选项”列中右侧的“ ”按钮，在打开的“提示选项”对话框中的“键标签”文本框中单击，按住 Ctrl＋K 键，如图 9.11 所示。单击“确定”按钮，返回“菜

单设计器”窗口。

6）保存菜单。单击工具栏中的“保存”按钮。

7）生成菜单程序。在“菜单设计器”窗口打开情况下，执行“菜单”→“生成”命令，打开“生成菜单”对话框，如图 9.8 所示。单击“生成”按钮。此时生成一个名为“MNMAINP1.MPR”的菜单程序文件。

8）执行菜单。在“命令”窗口中输入　DO MNMAINP1.MPR　后按 Enter 键即可。

9.1.3　在顶层表单中调用下拉式菜单

1. 建立下拉菜单使其必须在顶层表单中运行

1）用上述同样的方法，在“菜单设计器”窗口中设计下拉式菜单。

2）执行“显示”→“常规选项”命令，打开“常规选项”对话框，勾选“顶层表单”复选框，单击“确定”按钮。

3）保存菜单文件，并生成菜单程序文件。

2. 在顶层表单中调用菜单

1）建立表单并将表单的“ShowWindow”属性设置为 2，使其成为顶层表单。

2）在表单的 Init 事件代码中添加调用菜单程序的命令。

格式：DO <菜单程序文件名> WITH THIS,.T.

功能：在顶层表单中调用菜单程序文件名指定的菜单程序。菜单程序文件名的扩展名.MPR 不能省略。

3）在表单的 Destroy 事件代码中添加清除菜单的命令，使得在关闭表单时同时消除菜单，释放其所占用的内存空间。

格式：RELEASE MENU [<菜单名表> [EXTENDED]]

功能：从内存中删除用户自定义菜单栏。

说明：

① 菜单名表是指定要从内存中删除的各个菜单栏（条形菜单），用逗号分隔各菜单栏的名称。

② EXTENDED 表示在清除条形菜单时一起清除其下属的所有子菜单。

③ 若 RELEASE MENU 后无任何选项，则从内存中删除所有的用户自定义菜单栏。

4）保存并运行顶层表单。

例 9.3　设计一个顶层菜单。表单中有字样“欢迎使用学生成绩信息管理系统”、“版本：2.0”、“开发单位：永新软件公司”，并调用“学生成绩管理系统菜单”。如图 9.12 所示。

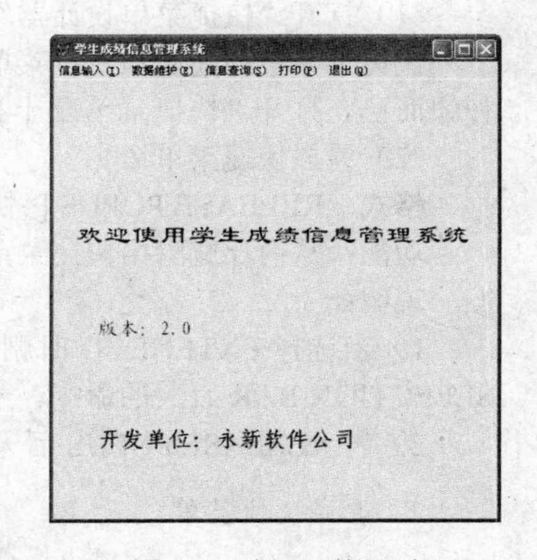

图 9.12　例 9.3 的界面

为了简单起见，我们可将例 9.2 中的“MNMAINP1.MNX”菜单，用“MODIFY MENU MNMAINP1.MNX”打开，执行“文件”→“另存为”命令，打开“另存为”对话框。在“另存菜单为”文本框中输入 MNMAIN，单击“保存”按钮，用 MODIFY MENU MNMAIN.MNX

打开做如下修改操作。

1）对 MNMAIN.MNX 进行如下修改。

① 执行“显示”→“常规选项”命令，打开“常规选项”对话框，勾选“顶层表单”复选框，单击“确定”按钮；②保存 MNMAIN.MNX 菜单；③生成菜单程序；④关闭“菜单设计器”窗口。

2）建立顶层表单的步骤如下。

① 建立表单文件 dcbdp1，打开“表单设计器”窗口，将 Form1 的“Caption”属性设置为“学生成绩信息管理系统”。在 Form1 中添加三个标签，将标签 Labell 的“Caption”属性设为“欢迎使用学生成绩信息管理系统”，将标签 Labe2 的“Caption”属性设为“版本：2.0”，将 Labe3 的“Caption”属性设为“开发单位：永新软件公司”。

② 将表单 Form1 的“ShowWindow”属性设为 2，作为顶层表单。

③ Form1 的 Init 事件代码如下。

```
DO MNMAIN.MPR WITH THIS, .T.
```

④ 保存并运行表单。保存表单后，在“命令”窗口输入 DO FORM dcbdp1，得到如图 9.12 所示的结果。

9.2 建立快捷菜单

快捷菜单由一个或一组弹出式菜单组成。它主要是对某一个界面对象选中后右击而打开的，它是针对用户对某一具体对象操作时快速打开的菜单，在这一方面它与下拉式菜单不同。由于快捷菜单简单方便，用户非常容易掌握它的操作和使用，因此应用极为普遍。

1. 快捷菜单的建立

（1）打开“快捷菜单设计器”窗口

快捷菜菜单的建立与下拉菜单一样，只是在打开“新建菜单”对话框中单击“快捷菜单”按钮而已。打开“快捷菜单设计器”窗口后的操作与“菜单设计器”窗口相同。

（2）释放快捷菜单命令

格式：RELEASE POPUS [<快捷菜单名表> [EXTENDED]]

功能：从内存删除由快捷菜单名指定的菜单。

说明：

1）当选择 EXTENDED 时删除菜单、菜单项和所有与 ON SELECTION POPUP 及 ON SELECTION BAR 有关的命令。一般此命令可放在快捷菜单的清理代码中。

2）若 RELEASE POPUS 后无任何选项，则从内存中删除所有用户自定义菜单。

2. 生成快捷菜单

快捷菜单与下拉菜单的生成方法相同，生成的快捷菜单程序文件的扩展名也是.MPR。

3. 快捷菜单的执行

在选中对象的 RightClick 事件代码中添加如下命令 DO <快捷菜单名>.MPR。

习 题 9

一、思考题

1. 使用“菜单设计器”窗口可以建立哪几种类型的菜单？
2. 简述创建菜单的步骤。
3. 如何打开“菜单设计器”窗口？

二、选择题

1. 以下（　　）不是标准菜单系统的组成部分。
   A. 菜单栏　　B. 菜单标题　　C. 菜单项　　D. 快捷菜单
2. 用户可以在“菜单设计器”窗口右侧的（　　）列表框中查看菜单项所属的级别。
   A. 菜单级　　B. 预览　　C. 菜单项　　D. 插入
3. 创建一个菜单，可以在“命令”窗口中输入（　　）命令。
   A. CREATE MENU　　D. OPEN MENU　　C. LIST MENU　　D. CLOSE MENU
4. 在定义菜单时，若要编写相应功能的一段程序，则在结果一项中选择（　　）。
   A. 命令　　B. 子菜单　　C. 填充名称　　D. 过程
5. 使用“菜单设计器”时，选中菜单项后，如果要设计它的子菜单，应在“结果”中选择（　　）。
   A. 命令　　B. 子菜单　　C. 填充名称　　D. 过程
6. 用 CREATEMENUTEST 命令进入“菜单设计器”窗口建立菜单时，存盘后将会在磁盘上出现（　　）。
   A. TEST.MPR 和 TEST.MNT　　B. TEST.MNX 和 TEST.MNT
   C. TEST.MPX 和 TEST.MPR　　D. TEST MNX 和 TEST.MPR
7. 在使用“菜单设计器”时，输入建立的菜单后，若要使其执行一段程序，应在结果（result）中选择（　　）。
   A. 填充名称　　B. 命令　　C. 过程　　D. 子菜单
8. 执行　SETSYSMENUTO　命令后，（　　）。
   A. 将当前菜单设置为默认菜单　　B. 将屏蔽系统菜单，使菜单不可用
   C. 将系统菜单恢复为缺省的配置
   D. 将缺省配置恢复成 VisualFoxPro 系统菜单的标准配置

三、填空题

1. 打开“菜单设计器”窗口的命令是________________。
2. 可运行菜单文件（菜单程序文件）的扩展名是________________。
3. VFP 主要使用________________与________________两种形式的菜单。
4. 在“菜单设计器”窗口中，要为菜项定义快捷键，可以利用____________对话框。
5. “菜单设计器”窗口中的____________组合框可用于上、下级菜单之间的切换。
6. 快捷菜单一般是由一个或一组具有上下级关系的____________组成。

第 10 章　数据库应用系统开发

当开发一个完整的数据库应用系统时，需用到菜单、表单、数据库、表、视图、报表等等一系列相关的文件。如果开发一个大型的软件，像这样的文件可能会很多，用什么样的方法能将这些文件有条不紊地组织和管理起来，最终形成一个整体的应用程序呢？用 VFP 提供的项目管理器可以解决这类问题。

10.1　项目管理器

10.1.1　项目管理器概述

1. 项目与项目管理器

（1）项目

项目是一个数据库应用系统的体现，是文件、数据、文档及对象的集合。如工资管理系统项目等。

（2）项目管理器

项目管理器是通过项目文件（扩展名为.PJX）对数据库应用系统开发过程中所有文件、数据、文档及对象进行组织和管理的工具。它是整个 VFP 开发工具的控制中心。它可以建立文件、修改文件、删除文件，可以对表等文件进行浏览；它可以轻松地向项目中添加、移出文件等。项目管理器最终可以对整个应用系统的所有类型文件及对象进行测试及统一连编形成应用程序文件（扩展名为.APP）或可执行文件（扩展名为.EXE）。

2. 项目文件的建立与修改

（1）建立和设置默认目录

1）建立目录的方法如下。

格式：MD|MKDIR [盘符][路径]<目录名>

功能：在盘符指定的磁盘上，路径指定的目录（文件夹）下，建立目录名指定的目录。

说明：当无盘符和路径项时，在当前盘、当前默认目录下建立目录名指定的目录。

例如，MK D:\XSCJGL

2）设置默认目录的方法如下。

格式：SET DEFAULT TO [盘符][路径]<目录名>

功能：设置目录名指定的目录为默认目录。

例如，SET DEFAULT TO D:\XSCJGL

（2）建立项目文件

1）界面方式建立项目文件的方法如下。

执行“文件”→“新建”命令或单击工具栏中的“新建”按钮，打开“新建”对话框。

在“新建”对话框中的“文件类型”选项组中点选“项目”单选按钮，单击“新建文件”按钮，打开“创建”对话框。在“项目文件”文本框中输入文件名后，单击“保存”按钮，打开“项目管理器”窗口，如图10.1所示。建立完相应内容后，可按Ctrl+W组合键存盘退出“项目管理器”窗口。

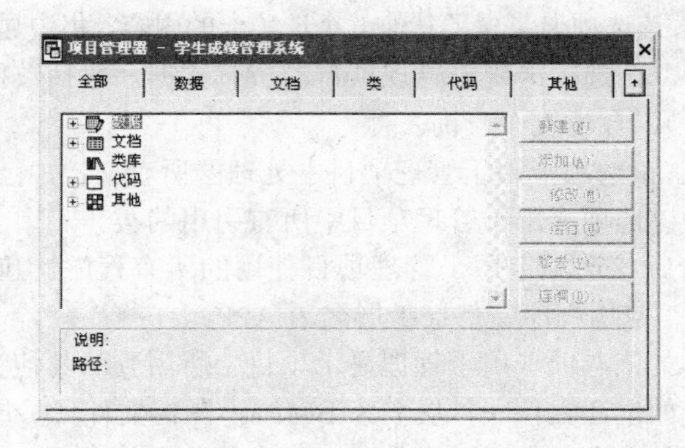

图10.1 “项目管理器”窗口

2）命令方式建立项目的方法如下。

格式：CREATE PROJECT [<文件名>|?]

功能：打开“项目管理器”窗口并创建一个文件名指定的项目文件。

说明：选择？时和无任何选项一样，都是打开“创建”对话框。在“项目文件”文本框中输入文件名后，单击“保存”按钮，打开“项目管理器”窗口。

（3）修改项目文件

1）界面方式修改项目方法如下。

执行“文件”→“打开”命令或单击工具栏中的“打开”按钮，打开“打开”对话框，在“文件名”文本框中输入要修改的文件名或在文件列表框中选择要修改的文件后，单击“确定”按钮，打开“项目管理器”窗口。

2）命令方式修改项目方法如下。

格式：MODIFY PROJECT [<文件名>|?]

功能：打开“项目管理器”窗口并修改或建立一个文件名指定的项目文件。

说明：选择？时和无任何选项一样，都是打开“打开”对话框。在“选择文件名”文本框中输入文件名后或在文件列表框中选择要修改的文件名后，单击“打开”按钮，打开“项目管理器”窗口修改或建立项目文件。

（4）保存项目文件

项目文件中的内容是自动保存的，即在关闭时自动保存，也可以按Ctrl+W组合键存盘退出“项目管理器”窗口。若是一个空的项目文件在关闭“项目管理器”窗口时，将打开提示对话框如图10.2所示。若单击“删除”按钮，则空项目文件就会被删除；若单击“保持”按钮，则将空项目文件保存起来。

图10.2 是否删除项目提示对话框

3. “项目管理器”窗口

“项目管理器”窗口中有六个选项卡和六个按钮。

（1）“项目管理器”窗口中的选项卡

1）“全部”选项卡。该选项卡包含了其他五个选项卡的内容，集中显示该项目的所有文件。

2）“数据”选项卡。该选项卡用于管理项目的所有数据，包括数据库（包括数据库表、视图、连接和存储过程）、自由表、查询。

3）“文档”选项卡。该选项卡用于管理项目中处理的所有文档，包括表单、报表、标签。

4）“类”选项卡。该选项卡用于管理项目中所有引用的类。

5）“代码”选项卡。该选项卡用于管理项目使用的所有程序，包括程序文件（扩展名为.PRG）、函数 API 库、应用程序文件（扩展名为.APP）。

6）“其他”选项卡。该选项卡用于管理显示项目中所用到的其他文件，包括菜单文件、文本文件、其他文件，如位图文件（扩展名为.BMP），图标文件（扩展名为.ICO）等。

在各选项卡中，若某项有一个或多个项时，则在其前有加号出现。单击标志前的加号，可查看此项的列表，此时加号变为减号。单击减号，可折叠展开的列表，减号又变为加号。这种层次结构视图与 Windows 资源管理器的使用是一样的。

（2）“项目管理器”窗口中的按钮

1）“新建”按钮。该按钮用于在项目中新建一个选中类型的文件。

2）“添加”按钮。该按钮用于向项目中添加一个已存在的文件。

3）“修改”按钮。该按钮用于修改在项目中选中的文件。

4）“运行”按钮。该按钮用于运行在项目中选中的文件。

5）“移去”按钮。该按钮用于移去、删除在项目中选中的文件。

6）“连编”按钮。该按钮用于将整个应用程序进行连编，形成扩展名为.APP、.EXE 的文件等。

7）“其他”按钮。除以上六个按钮外，因为所选择文件类型的不同，“项目管理器”窗口中的按钮也随之改变。“运行”按钮可变为“浏览”、“关闭”、“打开”、“预览”按钮。

①“浏览”按钮用于浏览选中的文件，如浏览表的内容；②关闭”、“打开”按钮可打开、关闭当前选中的文件，如数据库文件；③“预览”按钮可预览选中的文件，如报表文件。

10.1.2 项目管理器的定制

1. “项目管理器”窗口的移动、缩放、折叠

（1）移动

“项目管理器”窗口的移动、缩放与 Windows 窗口操作相同。如要移动“项目管理器”对话框可将鼠标指针定位在“项目管理器”窗口的标题栏上将其拖动到适当的位置。

（2）缩放

若想放大或缩小“项目管理器”窗口，可将鼠标指针定位在窗口的边缘，当出现双箭头边缘光标时，拖动鼠标指针就可以放大或缩小窗口。

（3）折叠与展开

在“项目管理器”窗口的右上角有一个“↑”按钮，单击此按钮，项目管理器显示为折叠方式，此时“↑”按钮变成“↓”按钮，如图 10.3 所示。折叠后的“项目管理器”窗口只有各选项卡的按钮，若想将“项目管理器”窗口展开，可单击“↓”按钮，此时“项目管理器”窗口还原。

图 10.3　折叠后的“项目管理器”窗口

2. 分离“项目管理器”窗口

VFP 允许将“项目管理器”窗口中的选项卡与其分离，分离的前提是“项目管理器”窗口必须在处于折叠状态。

在折叠方式下，按选项卡的按钮拖动即可将选项卡与“项目管理器”分离，如图 10.4 所示为分离后的“项目管理器”窗口，若想使分离出来的选项卡复原，可单击选项卡的“关闭”按钮。在选项卡从“项目管理器”窗口中分离后，在选项卡“关闭”按钮的左侧有一个“-⊐”图标，单击此图标可将该选项卡显示在屏幕顶层，再单击一次该图标，该选项卡顶层设置取消。

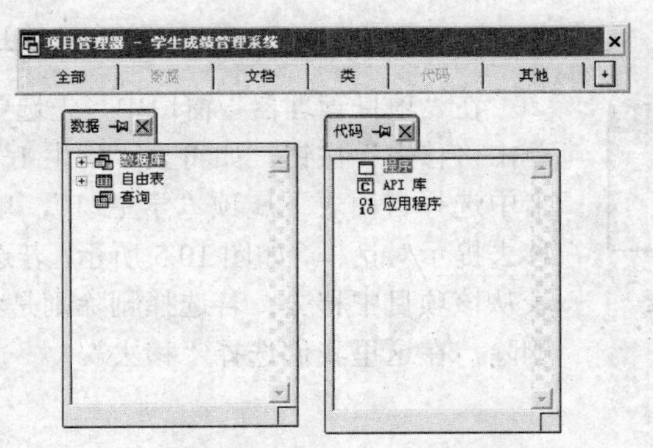

图 10.4　分离后的“项目管理器”窗口

3. “项目管理器”窗口的停放

所谓“项目管理器”窗口的停放，就是将“项目管理器”窗口放在工具栏中，显示在主窗口的顶部。拖动“项目管理器”的标题向工具栏中放置即可。此时的“项目管理器”是工具栏区域的一部分不能展开。在停放状态下也可以将各选项卡与“项目管理器”分离。若想改变停放状态恢复到正常显示状态，可在停放的“项目管理器”中任意位置右击，在打开的快捷菜单中执行“拖走”命令。

10.1.3　项目管理器的使用

1. 在“项目管理器”窗口中创建文件

在“项目管理器”窗口中，先选择文件的类型，然后单击“新建”按钮。如建立一个自由表，可在“数据”选项卡中选中自由表，单击“新建”按钮，打开“新建表”对话框，单击“新建表”按钮，打开“创建”对话框，在“输入表名”文本框中输入一个表名，如 XS，单击“保存”按钮，打开“表设计器”窗口，和在第 3 章中建立自由表相同，建立自由表。

2. 向项目中添加文件

在“项目管理器”窗口中，先选择文件类型，然后单击“添加”按钮。如向项目中添加自由表“学生 1”，可在“数据”选项卡中选择自由表项，单击“添加”按钮，打开“打开”对话框，选择“学生 1”表，单击“确定”按钮，此时已将“学生 1”表添加到项目中。

3. 在“项目管理器”窗口中修改文件

在“项目管理器”窗口中，先选中要修改的文件，再单击“修改”按钮。如修改自由表“学生 1”表，在“数据”选项卡中选择自由表项的下属项“学生 1”表，单击“修改”按钮，打开“表设计器”窗口，此时可以对“学生 1”表的结构等进行修改。

4. 在“项目管理器”窗口中运行文件

在“项目管理器”窗口中，选择要运行的文件，然后单击“运行”按钮。如运行一个表单（如果项目中还没有表单，则应添加一个），选中表单项的下属项“fms1”，单击“运行”按钮即可。

5. 从“项目管理器”窗口中移出文件

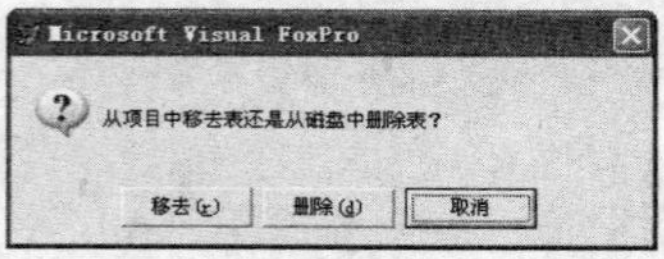

在“项目管理器”窗口中，先选中具体要移出的文件，再单击“移去”按钮。如将表“学生 1”移去，在“数据”选项卡中选择自由表下属项“学生 1”，单击“移去”按钮，打开移去提示对话框，如图 10.5 所示。若选择移去只是将“学生 1”表从该项目中移去；若选择删除则是将“学生 1”表从磁盘上删除，在这里我们选择“移去”。

图 10.5　移去提示对话框

10.1.4　连编应用程序

一个典型的数据库应用系统由数据结构、用户界面、查询选项和报表等组成。在设计时，应仔细考虑每个组件将提供的功能以及与其他组件之间的关系。

一个经过良好组织的 VFP 应用系统一般需要为用户提供菜单，一个或多个表单，供数据输入并显示。同时还需要添加某些事件响应代码，提供特定的功能，保证数据的完整性和安全性。此外，还需要提供查询和报表，允许用户从数据库中选取信息。

1. 连编应用程序前的准备

（1）设置主文件

主文件是应用程序开始执行的位置，即起始点。一般主文件为程序文件或表单文件。

若要设置主文件可在“项目管理器”窗口中，选择要设置为主文件的文件右击，在打开的快捷菜单中执行“设置主文件”命令，或执行“项目”→“设置主文件”命令。若要取消所设置的主文件，则重复一次上述操作即可。

注　意

应用程序的主文件自动设置为“包含”。这样，在编译完应用程序之后，该文件作为只读文件处理。项目中仅有一个文件可以设置为主文件。主文件用如图 10.6 所示的符号表示。

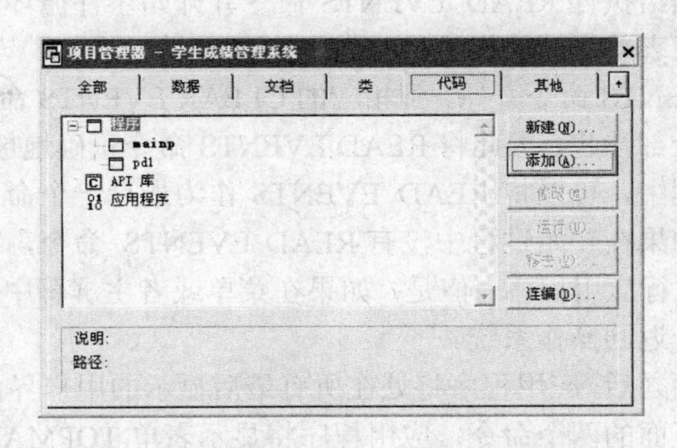

图 10.6　应用程序的主文件显示为粗体

（2）初始化环境

主文件或者主应用程序对象首先必须对应用程序的环境进行初始化。在打开 VFP 时，默认的开发环境将建立 SET 命令和系统变量的值。但是，对应用程序而言，这些值并非最合适，所以要对它们进行重新设置。

如果要查看 VFP 开发环境的默认值，可在命令窗口中执行　DISPLAY STATUS　命令。

初始化环境的理想方法是将初始的环境设置保存起来（以便以后恢复时使用），在启动程序码中为应用程序建立特定的环境设置。

若要从当前环境中截取相应的初始化命令，首先应执行“工具”→“选项”命令，然后按下 Shift 键并单击“确定”按钮。此时在“命令”窗口中显示环境的相关命令。

可以在“命令”窗口中，将命令复制和粘贴到程序文件中或应用程序对象中保存起来。

在一个应用程序特定的环境下，可能需要使用程序方式执行以下操作。

1）初始化变量。

2）建立一个默认的路径。

3）打开任一需要的数据库、自由表及索引。如果应用程序需要访问远程数据，则初始的例行程序也可以提示用户提供所需的注册信息。

4）添加外部库和过程文件。如果要在应用程序退出时恢复默认的设置值，则最好把这些值保存在公有变量、用户自定义类或者应用程序对象的属性中。

（3）显示初始的用户界面

初始的用户界面可以是一个菜单，也可以是一个表单或其他的用户组件。通常，在显示已打开的菜单或表单之前，应用程序会打开一个启动屏幕或注册对话框。

在主程序中，可以使用 DO 命令运行一个菜单，或者执行 DO FORM 命令运行一个表单来初始化用户界面。

（4）控制事件循环

应用程序的环境建立之后，将打开初始的用户界面，这时需要建立一个事件循环来等待用户的交互动作。

若要控制事件循环，则执行 READ EVENTS 命令，该命令使 VFP 开始处理如单击、按键等用户事件。

若要结束事件循环，则执行 CLEAR EVENTS 命令。该命令将挂起 VFP 的事件处理过程，同时将控制权返回给执行 READ EVENTS 命令并开始事件循环的程序。一般情况下，可以使用一个菜单项或表单上的按钮执行 CLEAR EVENTS 命令。

从执行 READ EVENTS 命令开始，到相应的 CLEAR EVENTS 命令执行期间，由于主文件中所有的处理过程全部挂起，因此将 READ EVENTS 命令正确地放在主文件中十分重要。例如，在一个初始过程中，可以将 READ EVENTS 作为最后一个命令，在初始化环境并显示用户界面后执行。如果在初始过程中没有 READ EVENTS 命令，在开发环境的“命令”窗口中，可以正确地运行应用程序。但是，如果在菜单或者主屏幕中运行应用程序，程序将显示片刻，然后退出，返回操作系统。

在启动了事件循环之后，应用程序将处在所有最后显示的用户界面元素控制之下。例如，如果在主文件中执行下面的两个命令，应用程序将显示表单 TOPMAIN.SCX。

```
DO FORM TOPMAIN.SCX
READ EVENTS
```

当应用程序退出后，必须提供一种方法来结束事件循环。

（5）恢复初始的开发环境

当应用程序退出后，不仅要结束事件循环，还要恢复 VFP 系统的初始环境，以备其他用户使用。

（6）将程序组织为一个主文件

如果在应用程序中使用一个程序文件（扩展名为.PRG）作为主文件，则必须保证该程序中包含一些必要的命令，这些命令可控制与应用程序的主要任务相关的任务。在主文件中，没有必要直接包含执行所有任务的命令。例如，常用的一些方法是调用过程或者函数来控制某些任务，如环境初始化和清除等。

如果使用了“应用程序向导”，同时使它建立了程序 MAIN.PRG，则没有必要再建立一个新程序，只需对该程序做些修改即可。该向导使用了一个特殊的类为该应用程序定义一个对象，主程序中包括对对象进行示例和对象配置的部分。

若要建立一个简单的主程序，步骤如下。

1）通过打开数据库、变量声明等初始化环境。

2）调用一个菜单或表单来建立初始的用户界面。

3）执行 READ EVENTS 命令来建立事件循环。

4）从一个菜单中（如退出）执行 CLEAR EVENTS 命令，或者单击一个表单按钮（如“退出”命令按钮）。主程序不应执行此命令。

5）应用程序退出时，恢复环境。

（7）引用可修改的文件

当将所有的文件加入到项目中后，要将一个项目编译成一个应用程序时，所有项目包含的文件将组合为一个单一的应用程序文件。在项目连编之后，那些在项目中标记为“包含”的文件变为只读。

而有些作为项目一部分的文件（如表）可能经常会被用户修改。在这种情况下，应该将这些文件添加到项目中，并将文件标记为“排除”。排除文件仍然是应用程序的一部分，因此 VFP 仍可跟踪，将它们看作项目的一部分。但是这些文件没有在应用程序的文件中编译，所以用户可以更新它们。VFP 假设表在应用程序中可以被修改，所以默认表为“排除”。

作为通用的准则，包含可执行程序（如表单、报表、查询、菜单和程序）的文件应该在应用程序文件中为“包含”，而数据文件则为“排除”。但是，可以根据应用程序的需要包含或排除文件。例如，一个文件如果包含敏感的系统信息或者包含只用来查询的信息，则该文件可以在应用程序文件中设置为“包含”，以免用户不留心进行了更改。反之，如果应用程序允许用户动态更改一个报表，则可将该报表设置为“排除”。

如果将一个文件设置为“排除”，必须保证 VFP 在运行应用程序时能够找到该文件。例如，当一个表单引用了一个可视的类库时，表单会存储此类库的相对路径。如果在项目中包含该库，则该库将成为项目的一部分，而且表单总能找到该库。但是，如果在项目中将该库排除，表单会使用相对路径或者 VFP 的搜索路径（使用 SET PATH 命令来设置的路径）查找该库。如果此库不在期望的位置时（例如，如果在建立表单之后将类库移动了），VFP 会显示一个对话框来询问用户指定库的位置，为安全起见，可以将所有不需要用户更新的文件设为包含。应用程序文件不能设置为“包含”，对于类库文件（扩展名为.OCX、.FLL 和.DLL）可以有选择的设置为“排除”。

若要排除可修改文件，则在“项目管理器”窗口中，选择可修改文件，执行“项目”→“排除”命令即可。如果已经排除了该文件，“排除”选项将不可用，“包含”选项将取而代之。

排除的文件在其文件名左边有排除符号“⊘”。标记为主文件的文件不能排除。

2. 连编应用程序

当所有的内容组织好后，即可连编应用程序。单击“连编”按钮，打开“连编选项”对话框，如图 10.7 所示。

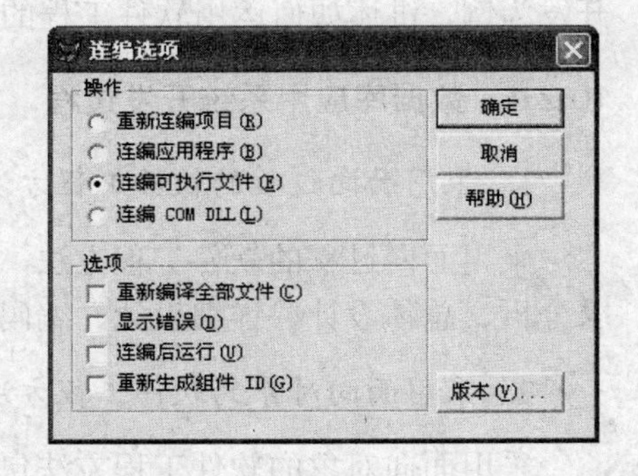

图 10.7　连编选项对话框

（1）连编应用程序

在“连编选项”对话框的“操作”选项组中点选“连编应用程序”单选按钮，单击“确定”按钮后，生成的是扩展名为.APP 的文件，它必须在 VFP 系统打开的情况下运行。

如果在连编过程中发生错误，这些错误会集中收集在当前目录的一个文件中，名字为项目的名称，扩展名为.ERR。编译错误的数量显示在状态栏中，也可以立刻查看错误文件。若要立刻显示错误文件的内容，则应勾选“显示错误”复选框。

当成功地连编项目之后，在建立应用程序之前应该试着运行该项目。

也可以使用命令方式连编应用程序。

格式：BUILD APP <应用程序文件名> FROM <项目文件名> [RECOMPILE]

功能：使用项目文件名指定的文件，生成应用程序文件名指定的主文件名，扩展名为.APP 的应用程序。

说明：选项 RECOMPILE 在生成应用程序前重新编译整个项目。项目中的所有组件，即程序，表单，标签，报表，可视类库，内部存储过程等都要重新编译。

在使用 BUILD APP 之前，要确保项目文件包含应用程序所需的所有文件。如果在生成期间遗漏所需文件，则 VFP 产生一个错误。这个错误和编译时产生的其他错误都存储于一个扩展名为.ERR 的错误文件中。错误文件名的前八个字符和项目名的前八个字符相同。

（2）连编可执行文件

在“连编选项”对话框的“操作”选项组中点选“连编应用程序”单选按钮，单击“确定”按钮后，生成的是扩展名为.EXE 的可执行文件，它可以在 VFP 系统下运行，也可以在 Windows 下双击直接运行，还可以在没有安装 VFP 系统的计算机上运行。在没有安装 VFP 系统的计算机上运行时，需要将 VFP 6R.DLL、VFP 6RCHS.DLL（CHS 表示 Chinese）这两个文件与可执行文件包含在同一个目录中。

也可以使用命令方式连编可执行文件。

格式：BUILD EXE <可执行文件名> FROM <项目文件名> [RECOMPILE]

功能：使用项目文件名指定的文件，生成可执行文件名指定的主文件名，扩展名为.EXE 的可执行文件。

在“连编选项”对话框中选择相应“操作”选项组中的内容时，也可以选择“选项”选项组中的内容。

10.2 数据库应用系统开发

学习 VFP 的真正目的是开发实用的数据库应用系统。本节以“学生成绩管理系统”的开发为例，讲述如何运用软件工程的思想方法在 VFP 环境下，开发数据库应用系统的过程。

10.2.1 数据库应用系统开发过程

1. 采用面向过程的软件工程方法

采用面向过程的软件工程方法，一般采用瀑布模型。它包括问题定义、可行性分析、需求分析、总体设计、详细设计、编码与单元测试、综合测试、软件维护等过程。

2. 采用面向对象的软件工程方法

采用面向对象的软件工程方法包括面向对象分析、面向对象设计、面向对象实现、软件维护过程。

由此可见，不管是采用面向过程的软件工程方法还是采用面向对象的软件工程方法，开发一个数据库应用系统的过程，都可以概括为系统分析、系统设计、系统实现、系统维护四个阶段。

10.2.2 系统分析

1. 可行性分析

可行性分析是从数据库应用系统开发的必要和可能两个方面进行论证，该系统的开发问题是否能够解决。一般至少应从三个方面进行分析。

（1）技术可行性

分析使用现有的技术和人员能否实现这个系统。

（2）经济可行性

分析实现这个系统带来的经济效益能否超过它的开发成本与维护费用。

（3）操作可行性

分析新系统的实施与使用是否可行，即新系统能否被有关单和人员以及上级单位接受和认可。

通过以上分析，可以写出可行性分析报告。请用户和使用单位审查，以决定是否进行这项工程和分析员推荐的方案。

2. 用户需求分析

用户需求分析是在可行性分析基础上进行的，要分析用户的各种需求，包括以下方面。

1）新系统要实现哪些具体目标？与现行系统目标有什么区别？有哪些新目标？

2）应包含哪些功能？要实现哪些现行系统功能？要求增加哪些新功能？

3）新系统要求提供哪些信息？除了现行系统之外还希望提供哪些新信息？

4）用户对新的系统的性能有什么具体的要求？例如，要求信息查询的响应时间多长，要求系统连续服务时间多长，对系统工作的可靠性、安全保密性有什么特殊的具体要求等。

5）用户对系统的人机界面有什么要求？例如，对数据的输入方式、输入操作有什么要求，对系统的操作方法、操作技术有什么要求，对输出信息的提供方式、传递方法有什么要求。

6）用户对系统的硬设备和软设备的配置有什么意向和要求？对系统中数据的处理方式、存储组织方法有什么特殊的要求？是集中处理、集中管理，还是分散处理、分散管理？哪种方法便于使用，也便于维护？哪类设备容易掌握，也便于使用？此时应听取用户的意见。

7）系统开发的步骤，首先解决的问题，首先实现的功能，首先要求提供的信息等，都要和用户协商确定。

3. 功能分析

功能分析是指为了达到系统目标要求，分析系统应该具备的功能是否齐备。系统功能分析工作，一般是通过系统功能层次结构图，进行系统功能结构分析。系统功能分析为系统设计时划分子系统和功能模块设计奠定基础。

4. 数据及数据结构分析

数据与数据结构分析是确定系统中使用的全部数据以及这些数据的数据结构。分析中要为每一个数据编写一个数据条目，然后将所有数据条目合编为数据字典。这样在随后的系统设计中无论有多少人参加，都可以把数据字典作为统一的依据，不必因数据不一致而出现矛盾和混乱。

系统分析结束后，要编写系统分析报告，它是开发人员与用户共同理解新系统的桥梁，也是设计人员设计新系统的依据。

10.2.3 系统设计

系统设计是在系统分析的基础上，根据新系统的逻辑模型建立物理模型，确定系统具体的实现方案，解决新系统“怎么做”的问题。系统设计通常分为总体设计和详细设计两步。

1. 系统总体设计

系统总体设计的内容有划分子系统、设计系统结构图、确定设备配置方案等。

（1）划分子系统

如果是一个大型系统，要根据模块划分标准，参照企业或单位组织机构业务职能的分工，将其划分为若干个子系统。设计好各子系统之间的接口关系是划分子系统的重要任务。

（2）系统功能模块的划分

采用自顶向下，逐步细化的方法划分模块。对于“学生成绩管理系统”，可划分为信息输入、数据维护、信息查询、报表输出四个模块。每个功能模块再按业务活动，划分子功能模块。当模块划分好后，一般要画出系统功能模块图。

（3）系统设备的配置

设备配置的主要依据如下。

1）系统性能。根据系统的吞吐量、系统的响应时间、系统服务时间等，估算出对计算机系统的运算速度、存储容量和对外部设备的具体要求。

2）系统环境条件。主要考虑应用环境的布局、数据源点的分布、环境用户的分布及其数据管理使用的要求。

3）系统开发费用。主要考虑是采用一次性投资，还是采用分期逐步投资。

4）设备的市场供应情况。要了解我国推广的优选系列机型，机器的性能价格比、机器质量、维修能力等。

2. 系统详细设计

系统详细设计是在系统总体设计的基础之上，进一步确定每个模块的具体实现方法。内容主要有代码设计、人机接口设计、数据库设计、编制模块说明书等。

1）代码设计。这里的代码设计不是设计程序代码而是指代表事物名称、属性、状态等的特殊符号的记号。如学生代码的内容，课程代码、专业代码的内容等。

代码设计一般应遵守以下原则。

①唯一性，每个代码唯一地表示一个实体；②规律性，代码的顺序和层次要有一定的规律，通过排序就可以方便地得到具有实际意义的分组；③通用性，在某个特定的范围内有通用性；④扩展性，增加新的实体或属性后，不致引起整个代码系统的重新设计；⑤简短性，在不影响代码系统容量和可扩充性的情况下，代码越短越易记，操作中出错也就越少；⑥标准化，向国家和主管部门现有标准靠拢。如财务管理系统的会计科目编码；⑦可靠性，输入代码时应有出错校验。

2）人机接口设计。新系统建立后，怎样才能使用户使用起来方便，在计算机上比较集中地反映在屏幕的设计上和输出报表、输出图形的设计上。在此采用表单实现。

3）数据库设计。可参见第 4 章。

4）编写模块说明书。程序模块说明书是程序员编写程序的依据。程序模块说明书应该简单、明了、准确地表达该模块的处理要求及处理内容。

3. 编写系统设计报告

系统设计报告是系统设计的主要成果，也是程序设计系统实施阶段的重要依据。

10.2.4 系统实现

1. 系统实现前的准备

（1）建立存放新系统各类文件的目录及其子目录

1）建立存放新系统文件的文件目录。如建立"学生成绩管理系统"的文件目录（文件夹）如下。

```
MD D:\XSCJGL
```

如果系统较大，还可在该文件中建立相应的子文件目录（子文件夹），将各类不同文件存放在不同的子文件目录中。如将数据文件、表文件、查询文件存放在 DATA 目录下，将程序文件存放在 PROGRAM 目录下等。

2）设置所建立的目录为 VFP 系统默认的目录。如设置 D:\XSCJGL 为默认目录，命令如下。

```
SET DEFAULT TO D:\XSCJGL
```

（2）用"项目管理器"组织和管理各类文件

参见 10.1。

2. 建立数据库文件和相应的表文件

在此建立的数据文件参见第 4 章，各表文件参见第 3 章。这里不再赘述。

3. 数据库应用系统界面设计

数据库应用系统界面设计就是各种表单设计与菜单设计。

4. 程序设计

程序设计是根据详细设计的文件，主要是模块结构图与模块说明书，使用某种程序设计语言，编写出可在计算机上执行的程序代码的过程。

为了加快程序设计的进度，通常是把不同的程序模块，分配给多个程序员同时进行设计。为了解决程序模块接口，程序的阅读及程序维护的问题，必须考虑程序设计标准化，即程序处理逻辑描述标准化、程序模块说明书标准化、共用模块标准化及程序代码标准化等。其次要求程序结构清晰，可读性好，可维护性好，以使数据库应用系统具有较强的环境适应性。

5. 系统调试和测试

系统调试就是为了在系统的试运行阶段，尽可能地查找出程序的错误，以保证系统的质量。系统调试包括程序调试和系统联调两个方面。程序调试是以模块为单位，对模块逐个进行调整测试。系统联调则是在模块逐个调试正确的基础上，将相关的模块连接起来进行接口调试。模块的调试方法可以在模拟环境下进行，在系统环境建立后再移入系统。这一切都在“项目管理器”中进行。

系统测试是为了验证新系统是否达到了设计的目标要求，以便决定新系统能否代替老系统。系统测试主要包括两个方面内容，即功能测试和性能测试。功能测试，看新系统的功能是否正确。性能测试，包括系统的吞吐量，即单位时间内系统的输入、输出能力；系统的响应时间，运行速度、屏幕查询速度、报表或图形输出速度等；系统的可靠性，通过测试系统连续工作时间和系统故障的间隔时间或故障的恢复时间，来分析和定量表示；系统的安全性和保密性，通过检查各项安全保密措施进行测试。

10.2.5 系统运行、维护和评价

完成系统调试和测试工作之后，如确认系统功能正确、性能良好、能投入实际运行，则要进行旧系统向新系统的转换工作。但是用刚刚建立起来的新系统去代替现行系统，承担现行系统所有业务是不明智的。在新系统实际运行之前，有必要让新系统在实际环境中运行，进一步考验各种功能和性能，而后再进行系统转换。

系统维护是系统运行中一项重要工作。经验表明，在整个系统生命用期中，维护是重要、最费时的工作。维护工作要贯穿于系统的整个生命周期，不断重复出现，直到系统过时或报废为止。随着软件规模扩大和复杂性增加，加之硬件价格下降，维护费用占系统开发总投资的比例愈来愈大，所以易维护性已成为衡量软件质量的重要标准之一。

请读者参照本书内容和有关例题，将“学生成绩管理系统”组织开发完成。

习 题 10

一、思考题

1. 试说明“项目管理器”窗口的主要功能。
2. 分别说明设计器、向导、生成器的作用。
3. 简述打开“项目管理器”窗口的一般步骤。

二、选择题

1.“项目管理器”窗口的“数据”选项卡用于显示和管理（　　）。

A. 数据库、自由表和查询　　B. 数据库、视图和查询

C. 数据库、自由表、查询和视图　　D. 数据库、表单和查询

2.“项目管理器”窗口的“文档”选项卡用于显示和管理（　　）。

A. 表单、报表和查询　　B. 数据库、表单和报表

C. 查询、报表和视图　　D. 表单、报表和标签

3. 利用 VFP 中的（　　）可以帮助用户高效方便地创建表、表单等文件。

A. 设计器　　B. 向导　　C. 生成器　　D. 工具栏

4.“项目管理器”窗口的“数据”选项卡用于显示和管理（　　）。

A. 数据库、自由表和查询　　B. 数据库、视图和查询

C．数据库、自由表、查询和视图　　　　　D．数据库、表单和查询

5．当说某个项目包含某个文件时是指（　　）。

A．该项目和该文件之间建立了一种联系　　B．该文件是该项目的一部分

C．该文件不可以包含在其他项目中　　　　D．单独修改该文件不影响该目录

6．项目管理器的功能是组织和管理与项目有关的各种类型的（　　）。

A．文件　　B．程序　　C．字段　　D．数据表

7．在“项目管理器”窗口中建立的项目文件的默认扩展名是（　　）。

A．.PRG　　B．.PJX　　C．.MPR　　D．.MNR

8．双击“项目管理器”窗口的标题栏，可以将“项目管理器”窗口设置为工具栏。如果要还原“项目管理器”窗口，可以将“项目管理器”窗口的工具栏拖动到 VFP 6.0 的窗口中，还可以（　　）。

A．双击“项目管理器”窗口的标题栏　　B．执行“窗口”→“项目管理器”的命令

C．执行“显示”→的“工具栏”的命令　　D．双击“项目管理器”窗口工具栏的边框

三、填空题

1．在 VFP 中，项目文件的扩展名是________。

2．“项目管理器”窗口的“移去”按钮有两个功能：一是把文件________，二是________文件。

3．打开“项目管理器”窗口的同时，在 VFP 菜单栏上自动添加一个________菜单。

4．如果要在项目中添加 VFP 对象，必须先打开________文件。

参 考 文 献

邓丽萍，缪静文．2011．全国计算机等级考试标准教程二级（考点、上机、真题与模拟）：Visaul FoxPro．北京：电子工业出版社．

卢湘鸿．2003．Visual FoxPro 6.0 程序设计基础．北京：清华大学出版社．

史济民，汤观全．2001．Visual FoxPro 及其应用系统开发．北京：清华大学出版社．

孙淑霞，等．2010．Visual FoxPro 6.0 程序设计教程（第 3 版）．北京：电子工业出版社．

陶宏才．2004．数据库原理及设计．北京：清华大学出版社．

张成才，夏永恒．2008．Visual FoxPro 程序设计教程．天津：南开大学出版社．

周永恒．2000．Visual FoxPro 基础教程．北京：高等教育出版社．

Tommas M.Connolly Carolyn E.Begg．2003．数据库设计教程．何玉洁，梁琦，等译．北京：机械工业出版社．

附录　课后习题参考答案

习　题　1

一、思考题

略。

二、选择题

1. C　2. A　3. B　4. B　5. D　6. C　7. D　8. D　9. C　10. B
11. D　12. B　13. A　14. D　15. A　16. D　17. D　18. C　19. A　20. B
21. C　22. B　23. A　24. A　25. D　26. B　27. A　28. B　29. D　30. B
31. D

三、填空题

1. DBMS　2. 元组或记录　3. 关系　4. 多对多　5. 字段　6 关系
7. 人工管理阶段，文件系统管理阶段，数据库系统管理阶段
8. 计算机系统，数据库，数据库管理系统，有关人员
9. 实体型　10. 事物之间的联系　11. 关系模型　12. 属性，记录　13. 选择，投影，连接　14. 32　15. Enter　16. 交互式，程序　17. 设计器　18. 交互式

习　题　2

一、思考题

略。

二、选择题

1. A　2. C　3. A　4. D　5. B　6. D　7. C　8. A　9. C　10. A
11. D　12. B　13. A　14. B　15. B　16. D　17. B　18. C　19. B　20.. B
21. A　22. B　23. B　24. D　25. D　26. C　27. A　28. A　29. A　30. D
31. D　32. B　33. B　34. C　35. B　36. D　37. C　38. A　39. C

三、填空题

1. 1，.F.　2. 606.00　3. .F.　4. RECNO()　5. 33　6. 日期型　7. 包含于　8. .T. .T.
9. 字段　10. N+1　11. N　12. .T.　13. 337.201　14. 15　15. 字符型　16. -1
17. 选项　18. ;　19. 代码　20. 函数>算术运算>关系运算>逻辑运算

习 题 3

一、思考题

略。

二、选择题

1. B　2. D　3. D　4. B　5. B　6. D　7. A　8. A　9. D　10. A
11. C　12. C　13. C　14. A　15. A　16. D　17. B　18. C　19. C　20. C
21. B　22. C　23. B　24. C　25. B　26. A　27. A　28. D　29. D　30. B
31. C　32. B　33. D　34. A　35. B　36. A　37. D　38. D　39. D　40. C
41. D　42. D　43. A　44. A　45. A　46. B　47. C　48. A　49. B　50. C
51. A　52. B　53. C　54. B　55. C　56. B　57. A　58. B　59. A　60. D
61. C　62. C　63. C　64. C　65. B　66. C　67. D　68. C　69. D　70. A
71. D　72. B　73. B　74. D

三、填空题

1. 编辑，浏览　2. 主索引或候选索引，普通索引　3. 复合索引文件　4. /A ,/D　5. 10　6. FOUND( ),EOF( )　7. 当前　8. 唯一，主索引　9. 文件末尾，指定范围的最后一条记录　10. EOF( )　11. REPLACE ALL　12. ON ,TAG

习 题 4

一、思考题

略。

二、选择题

1. A　2. A　3. B　4. C　5. B　6. B　7. A　8. B　9. B　10. C
11. C　12. D　13. A　14. D　15. D　16. C　17. D　18. C　19. B　20. D
21. C　22. B　23. C　24. B　25. B　26. B　27. B

三、填空题

1. 自由表，数据库表　2. 自然连接　3. .DBC　4. 表设计器　5. 2 种　6. 域
7. 主索引或候选索引，普通索引

习 题 5

一、思考题

略。

二、选择题

1. A　2. B　3. C　4. B　5. D　6. B　7. A　8. B　9. A　10. A
11. B　12. C　13. A　14. D　15. B　16. D　17. C　18. B　19. C　20. B
21. D　22. C　23. A　24. C　25. D　26. A　27. B　28. C　29. C　30. A
31. A　32. A　33. A　34. D　35. A　36. B　37. B　38. D　39. D　40. C

三、填空题

1. UPDATE　SET　2. AVG(工资)　WHERE　3. IN　系　4. INSERT ARRAY
5. ALTER ADD　6. *　AND　7. 满足联接条件　8. INSERT　UPDATE ALTER
9. WHERE　10. TOP　ORDERBY

习　题　6

一、思考题

略。

二、选择题

1. D　2. C　3. B　4. C　5. B　6. B　7. D　8. A　9. D　10. D
11. C　12. B　13. B　14. A　15. A　16. D　17. C　18. A　19. A　20. D
21. C　22. B　23. A　24. B　25.（1）D,（2）D,（3）D　26.（1）B,（2）A
27.（1）A,（2）B,（3）B　28. C　29. C　30. C　31. C　32. A
33.（1）B,（2）B　34. B　35. B　36. A　37. A　38. D　39. B　40. D　41. D
42. A　43. D　44. C　45. A　46. C　47. C　48. A　49. C

三、填空题

1. *　2. SCAN ENDSCAN　3. FOUND()　4. LOOP　5. X=X+1
6. &NUM　7. 等级="优秀"　8. SUBSTR(xy,n,2)，SUBSTR(xy,5,4)

习　题　7

一、思考题

略。

二、选择题

1. D　2. B　3. D　4. B　5. A　6. A　7. D　8. C　9. C　10. B
11. D　12. D　13. B　14. A　15. A　16. D　17. A　18. C　19. C

三、填空题

1．表单　2．MODIFY FORM [表单文件名]　3．数据源　4．.SCX，.SCT
5．多，一　6．按钮锁定　7．布局

习　题　8

一、思考题

略。

二、选择题

1．C　2．B　3．B　4．C　5．D　6．C

三、填空题

1．布局　2．MODIFY REPORT [报表文件名]　3．带区　4．.FRX
5．行报表　6．页标头，页注脚　7．文本框

习　题　9

一、思考题

略。

二、选择题

1．D　2．A　3．A　4．D　5．B　6．B　7．B　8．B

三、填空题

1．MODIFY MENU [菜单文件名]　2．.MPR　3．下拉式菜单　弹出式菜单
4．提示选项　5．菜单级　6．弹出式菜单

习　题　10

一、思考题

略。

二、选择题

1．C　2．D　3．A　4．C　5．A　6．A　7．B　8．D

三、填空题

1．PJX　2．从项目管理器中移去，从磁盘上删除　3．项目　4．项目